U0192706

宇 宙

漫 游 指 南

中国地图出版社

目 录

一颗恒星因为距离星系中央的超级质量黑洞过近而发生了扭曲变形

© SCIENCE PHOTO LIBRARY / ALAMY STOCK PHOTO

欢迎来宇宙

比尔·奈伊（Bill Nye，科学普及与
教育者、演员）

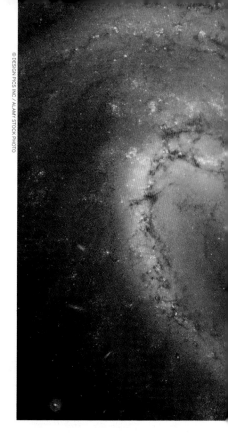

© DESIGN PICS INC / ALAMY STOCK PHOTO

Lonely Planet的这本《宇宙》将为想窥
探宇宙奥秘的你带来新奇的视角、独到的见
解以及许许多多闻所未闻的知识，引领你去
思考关于你我存在之深刻的偶然性——简而
言之，就是怎样一连串不可思议的巧合，才让
宇宙中有了地球，有了你我，有了你此刻正在
阅读的这本书。这本书的独特之处，就是拿地
球与其他太阳系行星乃至其他恒星身边的行
星进行了精彩的比较，让你得以接受一个惊
人的事实：你、我、千奇百怪的生命以及眼前
一切的一切，全部来自宇宙中远古恒星爆发出
的尘埃与气体，从星尘和漂浮的气体中，出现
了像你我一样多种多样的生物，而你我至少是
浩瀚宇宙表达自我的一种方式。每每想到此
处，我总会莫名地生出一种强烈的敬畏感。

我们每天忙忙碌碌，脑子里想的都是地
球上正在发生的事情，而这本书的意义就在于
带你离开眼下，神游太空，去看看很远很远的
地方，回顾长长久久的岁月。我们的祖先守着
这颗舒适的星球，并没有忘记去观测思考头
顶的太阳与夜空，思考地球以及人类与它们
的关系，因而学会了择地而居，与自然共存。我
们最优秀的科学家与工程师把一个个太空探
测器送入了冰冷幽暗的太空，不断去研究这
个宇宙，所有研究结果都说明了一件事：地球
是太阳系里独一无二的存在，是我们人类能
够生存繁衍的唯一所在。近千年来地球的变
化又告诉我们，如果人类打算继续生存繁衍下
去，就必须要保护地球的环境。在人类诞生之
前，地球上90%的物种都遭遇了灭顶之灾，如
果我们无所作为，下一个灭绝的就会是我们。

这本书既然是放眼宇宙，自然会拿地球
与宇宙中的其他地方进行比较。如果用我们
的脚步来丈量，地球似乎是一个很大的地方；
可事实上，一个木星就可以装下1300个地球，
一个太阳足可以装下100多万个地球。本书会
带你比较太阳系内外的行星，比较我们的太阳
和宇宙中的其他恒星（包括看得见和看不见
的），所有的描述都简单直观，并辅以具体客
观的数字。关于各天体之间的本质区别，我们
要么用文字，要么用数字，肯定让你弄得清清
楚楚，明明白白。

我们对宇宙的介绍，首先是从地球身边
的那些"邻居"开始的。火星、金星和水星都
是岩质行星，都含有金属，似乎与地球非常相
似，但它们上面的那些岩、坑、沙都具有独一
无二的化学构成，会发生独一无二的变化反
应，因此这些异星世界的环境与地球之间有

着天壤之别，彼此之间也是迥然相异。仅以火星与金星的表面温度为例，前者冷得要死，后者热得要命。书中的那些文字与图片能帮助你理解背后的原因。我们关于行星科学的成果和发现，多得好像漫天繁星，通过我们的介绍，你可以了解到温室效应有多么重要，地球上为什么会出现生命，生命的生化反应又如何改变了大气与海洋的化学属性。

打量过了这些邻居，我们来到离太阳更远的木星与土星。身为气巨星，它们并没有真正的表面，你在上面连站的地方都没有。而且它们的质量非常大，引力也非常大，你要是靠得太近，很快就会被压扁。之后亮相的是天王星和海王星，它们又大又冷，表面有冰风暴肆虐，规模无比巨大，风速难以想象。所有这些太阳系的成员，每一个都非常特殊，非常有趣，但除了地球，个个凶险无比。

随着书页的翻动，你将从太阳系一直神游到星系际空间，宇宙的边陲。请记住，在如此浩瀚的空间里，你找不到其他任何一个地方能让你喘口气，喝点水，更别说是定居下来，繁衍生息了。由此看来，再也没有比地球更精彩、更独特的星球了，而我们何其有幸，拥有这样美好的家园。

反观地球上的人类，即便按照宇宙的标准去衡量，也真的是很了不起，至少我们凭一己之力就能改变整颗行星的气候。相关数据书中都有，你可以自行分析，但气候变化是人类行为造成的，这一点毋庸置疑。如果我们打算在这颗星球上继续待下去，就必须立刻收手，停止伤害它的行为。地球的确不过是宇宙中的一个微粒，但它是属于我们的微粒，我们对它的认识越多，就会越感激欣赏它，种种生命才更有可能继续精彩下去。

宇宙
简介

我们的宇宙仅星系据估算就有2万亿个，而系外行星、恒星、黑洞、星云、星系团等加在一起根本无法计算，里面的瑰宝不胜枚举，科学家仍在不断探索之中。

我们的宇宙诞生于137亿年前的一场"大爆炸"，是穿越漫漫时空到达今天地球的光线，才让我们对此有所察觉。美国宇航局的威尔金森微波各向异性探测器（Wilkinson Anisotropy Microwave Probe，简称WMAP）曾发现一种微波电磁波，来自大爆炸仅40万年后，可以说是初生的宇宙给我们发来的信号。

大爆炸之后的宇宙一片黑暗，大约过了几亿年，第一批恒星才得以诞生，为宇宙带来了光明。与今天太阳系周边的恒星相比，这些第一代恒星要大很多，亮很多，质量大约是太阳的1000倍。它们慢慢地形成了一个个迷你星系，哈勃太空望远镜就曾捕捉到了它们的图像，极为震撼，其中最早的来自100亿年前。

大约在大爆炸发生的数十亿年后，这些迷你星系开始融合演变成成熟星系，其中就包括我们银河系这样的旋涡星系。在此期间，宇宙也一直在扩张，所谓的"哈勃常数"反映的就是宇宙扩张的速度。时至今日，大爆炸已经过去了137亿年，我们的地球正围绕着一颗人到中年的太阳旋转，太阳正躲在银河系的一条旋臂里，绕着中央那个超大质量的黑洞，随着整个银河系在宇宙里飞速运行。

在智利圣佩德罗-德阿塔卡马（San Pedro de Atacama）仰望银河

宇宙之大

从古至今，为了弄清物体的远近和大小，人类想出了各种各样的技术和办法，一代又一代的探索者逐渐深入浩瀚宇宙之中，新的技术源源不断，新的发现层出不穷，探索之旅仍将继续。

早在公元前3世纪，来自萨摩斯岛的阿利斯塔克（Aristarchus）就开始思索起"月亮到底有多远"的问题，并通过观测月食期间地球在月表投下的阴影，得出了答案。

大约300年前，埃德蒙·哈雷（Edmund Halley，也就是成功预测了哈雷彗星回归的那位著名天文学家）想到了一个办法，测量出了地球与太阳和金星的距离。当时恰逢金星凌日，这种现象非常罕见，大约每隔121年才有一组（一组两次，最近一次的金星凌日发生在2012年6月）。哈雷知道，凌日的金星在太阳表面出现的位置从地球上不同的观测点看是不一样的，根据这种位置的变化，利用复杂的计算，就可以确定地球与太阳和金星的距离。而地球与太阳的距离更为重要，正是哈雷的这一测算帮助人类第一次弄清了整个太阳系的真实大小。

后来，人类探索的脚步迈出了太阳系，这时我们发现，原来太阳和它身边的行星只是整个银河系的沧海一粟。银河系之大，简直无法想象，连光从一头射到另一头，都需要10万年。夜空中所有的星星，包括我们的太阳，也只是这个星系的一部分居民，里面还容纳着数百万颗恒星，只是因为太暗无法看

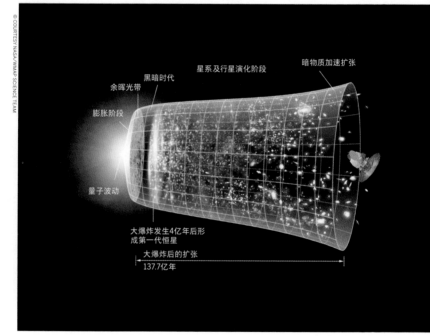

黑暗时代　　星系及行星演化阶段　　暗物质加速扩张

余晖光带

膨胀阶段

量子波动

大爆炸发生4亿年后形成第一代恒星

大爆炸后的扩张
137.7亿年

大爆炸以来的宇宙演化时间线

哈勃太空望远镜拍摄的这张图像捕捉到了一个星系团内的暗物质造成的引力透镜效应

到而已。

一颗恒星越远,看起来就越暗,天文学家以此为依据,想出了测量恒星距离的办法。只不过我们依然难以判断一颗暗淡的恒星究竟是因为其十分遥远,还是因为它只是尚未开始发光。1908年,亨丽爱塔·勒维特(Henrietta Leavitt)发现恒星会改变它们的脉冲频率,她将这种恒星的明暗换算成"瓦特数",并找到了瓦特数与距离的关系。这个问题的破解,让天文学家可以算出整个银河系里的恒星距离。

在我们银河系之外,还有无数其他星系。我们在宇宙中探索得越深,发现的星系就越多,至今已达数十亿,其中最遥远的那些,发出的光线到达地球就用了数十亿年,所以我们今天看到的它们,其实是它们很久很久以前的样子——久到地球尚未出现生命之时。

确定这些遥远星系的远近也是很有挑战的一件事,天文学家想出的办法是观测某些恒星异常明亮的爆炸,也就是所谓的超新星。因为某些类型的超新星爆炸的亮度——也就是瓦特数——是已知的,那么通过测量它们的观测亮度,就可以算出其所在星系与我们之间的距离。这样的超新星也是标准烛光(standard candles)的一种。

都已经算到这么远了,宇宙到底有多大呢?事实上,没人能够确定宇宙是否当真无边无际,甚至无法确定我们的宇宙是否是唯一存在的宇宙,哪怕是我们这个宇宙里那些非常遥远的角落,也有可能与太阳附近的区域非常不同。就目前来说,利用人类最先进的技术,依据宇宙目前扩张的速度,科学家估算我们的宇宙半径大约有460亿光年,换算过来就是4.4×10^{23}千米。如果听到这个数让你感到丈二和尚摸不着头脑,不用担心,因为大家都这样。宇宙的大,本就是我们人类无法理解的,根据天文学家的估算,我们这么多年的观测也只是覆盖了已知宇宙4%的部分。

现代观测手段

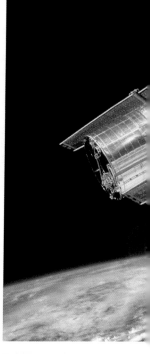

1609年，一位叫伽利略的意大利物理学家兼天文学家，在人类历史上首次将一种叫望远镜的东西对准了天空。尽管这台望远镜体积很小，画面模糊，但伽利略仍然通过它看到了夜空中那一道散漫的星带（也就是后来的银河系），甚至还看出了月球上的那些高山和撞击坑。在伽利略之后，尤其是牛顿时代，望远镜越造越大，越造越复杂，天文学因而开始飞速发展。凭借更先进的技术，天文学家找到了许多非常暗淡的恒星，还计算出了恒星的距离。到了19世纪，又出现了一种叫光谱仪的仪器，天文学家利用它可以获取天体的化学成分及运动的信息。

今天天文台望远镜的口径要比伽利略的望远镜大许多，但观测原理是一样的

轨道中的哈勃太空望远镜

　　进入20世纪后，望远镜的规格继续膨胀，天文学家甚至还发明了一系列专门的仪器，能够窥到时空的边界。不过最终他们发现，守护着地球生命的大气层，会扭曲遥远天体的面貌，削减观测的清晰度，建造再大的望远镜也无济于事。

　　于是在20世纪40年代，天文学家莱曼·斯皮策（Lyman Spitzer）率先提出了一个想法，后来得到了全世界同行的积极拥护，那就是将望远镜送到太空里。一旦脱离了地球大气层，望远镜就可以观测到恒星、星系等天体射来的未被吸收扭曲的光线，那种观测效果，是地球上最大的望远镜也绝对赶不上的。

　　20世纪70年代，欧洲航天局（ESA）和美国国家航空航天局（NASA）开始联手设计建造，打算将这个想法变成现实。1990年4月25日这天，在全世界的殷切期盼下，5名宇航员驾驶发现者号航天飞机，将这台望远镜送到了距离地表约600千米的轨道上，哈勃太空望远镜正式诞生，随后为地球传回了史无前例的清晰图像。哈勃的成功，标志着50年的太空梦想正式实现，是全世界无数科学家、工程师、承包商和机构组织倾力协作20多年的结晶。

　　哈勃之后，其他太空望远镜也成功进入了太空，从而深化了我们对宇宙的认知。为了纪念那位率先将望远镜以及天文观测带入这一新时代的天文学家，其中一台就被命名为斯皮策太空望远镜。

今天的望远镜

今天对于宇宙的研究，已经跨越了物理学、化学、生物学等学科，需要天文学家、太空科学家和天体物理学家的联手合作。他们的工作中，有相当一部分都依赖于天文望远镜对天体的观测数据。按照所在位置划分，今天的天文望远镜可以分为地面望远镜（在地球上）和太空望远镜（在轨道中，围绕地球旋转）两类。

地面望远镜自然是建在地球表面的，但具体位置必须要满足特定的观测要求。总的来说，那里必须空气质量良好，光污染较少，同时为了减少大气层对观测的影响，海拔一

加利福尼亚州的格里菲斯（Griffith）天文台，天文爱好者可以用那里的蔡司望远镜一窥苍穹

亚利桑那州的罗威尔（Lowell）天文台

般都很高。因此，世界上那些最重要的天文台大多位于高山之巅、沙漠之中或者岛屿之上，有些甚至会三者兼顾。像夏威夷的冒纳凯阿火山（Mauna Kea）、智利的阿塔卡马沙漠（Atacama Desert）和大西洋上的加那利群岛（Canary Islands）这种著名的观测地点，每个上面都建造了不止一台望远镜。

顾名思义，太空望远镜自然位于大气层外，在太空轨道中环绕地球运行。少了大气层的干扰，它们拍摄的天体图片清晰度要高出很多。最有名的此类望远镜包括哈勃太空望远镜和斯皮策太空望远镜，这两台都由位于加利福尼亚的美国宇航局喷气推进实验室（JPL）负责操作运转。还有凌日系外行星勘测卫星（TESS）和即将发射并取代哈勃的詹姆斯·韦伯太空望远镜。

望远镜分类

对天文学家而言，真正能够传递信息的，是望远镜从天体那里接收到的光，而根据光波的频率，望远镜还可以分成光学望远镜和射电望远镜这两大类。如果望远镜能够识别天体发出的可见光（也就是肉眼能够看到的光线，只占全光谱的很小一部分），就属于光学望远镜；如果能识别无线电波、红外线、紫外线、X射线和伽马射线，就属于射电望远镜。两者结合，就可以收获遥远天体的全电磁波谱信息。

现在的地面天文台，主要负责收集无线电波（利用天线捕捉）以及可见光和红外线（利用大型光学望远镜捕捉），然后利用光谱学技术从中挖掘信息。太空望远镜因为脱离了地球大气层的干扰，最适合捕捉X射线等频率的电磁波。

如何使用本书

　　既然书名叫"宇宙"，这本书自然是个大部头。正如人类对宇宙的理解十分有限一样，这本书也称不上全面。天文学家一直在利用日趋先进的技术持续探索宇宙，新的秘密与奥妙肯定会在未来不断涌现。这本书会告诉你一些你原本不知道的事实，但肯定也有一些暂时无法回答的问题和无法验证的猜想。

　　整本书的介绍顺序是由近及远，从小到大：由地球的近邻开始，随后到达太阳系的外围，接着前往相邻的恒星和行星，最终覆盖我们所在的星系直至整个宇宙。我们精挑细选，列举了许多具有代表性的系外行星、恒星、星云和星系，也加进了一些更为奇异的深空天体。我们地球附近的宇宙空间以及地球在其中的位置是本书的重点，太阳系的行星及其卫星、太阳、小行星带、柯伊伯带乃至神秘的星际天体，全都——收录其中。

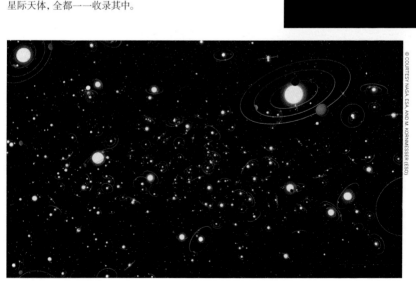

© COURTESY NASA, ESA AND M. KORNMESSER (ESO)

像太阳这种有行星环绕的恒星，在银河系里非常普遍（假想图）

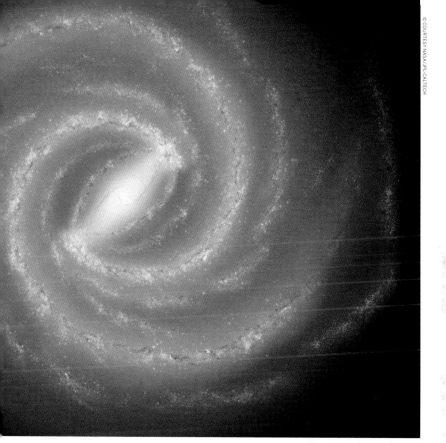

我们的银河系（假想图）

等离开了太阳系，这本书将引领你去拜访附近的一些著名恒星、恒星系统和系外行星，帮助你理解哪些行星有可能存在生命，围绕着哪颗恒星旋转，人类又是怎么把它们找到的——要知道，其中一些系外行星到底还是在银河系里面，另一些则距离我们星系的边界还有很远，只是因为地球独特的视角才被人类发现。

最终，这本书会带你一路走到现有技术可以观测到的宇宙的边缘。你可以了解到银河系的结构，认识仙女星系这样的相邻星系，随着镜头越拉越远，你将探索其他星系和由星系构成的星系团以及超星系团。等读到了最后一页，整个宇宙的结构以及有关人类在宇宙中的位置等重大疑问，想必你已经了然于胸。尽管书中介绍的那些行星卫星、系外行星和奇美的星云没办法在下个假期就去游览，但许多内容足以让此刻的你感到惊讶和震撼。

天体命名规范

在阅读这本书的时候，你肯定会发现同一个天体拥有多个不同的名字，有些名字尚是文字，另一些则干脆就是字母和数字构成的编号。天体到底该如何命名，在很长时间里一直存在争议。1922年，国际天文学联合会（International Astronomical Union，简称IAU）在罗马召开了第一届全体会议，会上首次对88个星座的正式名称和缩写进行了规范——其中超过一半的星座都是最初由托勒密划设的，其余的是后来添加的。在制定了星座命名规范之后，该联合会又对其他天体展开了标准化命名，只不过这些标准的名称并不总会立即得到广泛的使用。

1661年绘制的仙女座"星图"

天文学家查尔斯·梅西耶的肖像

螺旋星云，也称NGC 7293

另外，这些标准名称全部都是一组组字母加数字，几乎只有在专业的天体名录以及天文学专著中才会出现，日常交流时提到某个天体，肯定会使用某种俗称，这也让天体命名变得更为复杂。

事实上，给恒星登记入册并不是什么新鲜事，世界各地的古代文明都对夜空中最明亮、最显眼的星星形成了特有的叫法，只不过随着天文学在几百年里不断发展，学界发现有必要建立一个统一的命名体系，让来自不同国家、不同文化圈的天文学家可以无障碍地研究交流。

为此，文艺复兴时代的一些天文学家曾多次尝试为恒星命名制定准则。约翰·拜耳（Johann Bayer）在1603年的著作《测天图》（Uranometria Atlas）中介绍了自己的恒星命名法：一颗恒星的名称由一个小写希腊字母加所属星座名称构成，希腊字母顺序反映的是该恒星在本星座中视亮度的排名，比如金牛座α，指的就是金牛座里最亮的那颗星。拜耳恒

星命名法是历史上最早的天体命名法之一，至今仍然广为流传。

拜耳命名法诞生近200年后，天文学界又兴起了所谓的弗兰斯蒂德恒星命名法，制定者是首位英国皇家天文学家约翰·弗兰斯蒂德（John Flamsteed）。在这个体系下，恒星以一个数字加所在星座进行命名，数字反映的是该恒星在其星座中的赤经排序[比如61 Cygni（天鹅座）]。1879年，美国天文学家本杰明·古尔德（Benjamin Gould）也提出了自己的命名法，目前只有偶尔才会用到[比如38G Puppis（船尾座）]。至于其他的命名法，接受程度都不是很高。

后来，天文学家利用更强大的望远镜以及更先进的探测手段，找到了许多更为暗淡的恒星类天体，数量从数千飙升至数百万甚至数十亿，出于现实性的考虑，天文学家只能选择字母和数字组合，将它们一一收录。另外，双星系统、多星系统、变星、新星和超新星全都拥有特定的命名规范。当然，今天的这种命名方法也是由前人的成果一步步发展过来的。梅西耶（Messier）在1771年制定的《星云星团表》就是其中最有名的代表。这个星表中收录的都是非恒星类深空天体，在他那个年代，一个天体只要不是恒星或者彗星，都会被笼统地称作"星云"。1888年，天文学家德雷尔（John Louis Emil Dreyer）又制定了《星云星团新总表》（New General Catalogue，简称NGC），从星团、星云到星系皆有收录，在赫歇尔（Herschel）家族此前发现的天体的基础上，数量得到了进一步增加。梅西耶和德雷尔星表中的深空天体，分别以M和NGC加数字来命名，其中许多虽然有了更为普遍的名称，但原来的代号仍然在广泛使用。

这本书会同时介绍一个天体的常用名和正式编号，如果你只看到了正式编号，说明这个天体并没有常用名。说了这么多，现在你可以出发了。相信我们，不管你只是想待在地球的身前身后，还是想直接跳到目前所知的遥远边缘，这场宇宙神游一定会带给你无穷无尽的乐趣。

宇宙顶级亮点

认识我们的太阳

① 在宇宙里，我们的太阳平平无奇，但它是距离我们最近的恒星，是生命的源泉，对地球上的我们来说至关重要。所以你一定要了解它，知道火焰般的日冕里面到底发生了什么，了解科学家目前在对它进行的研究。

**前往火星，
踩点未来太空
移民目的地**

② 火星是地球的行星近邻，我们一直把它看作未来太空移民的潜在目的地。到底是什么让人类对它痴迷不已，到底是什么让它和地球越变越不同，读过之后，自然知晓。

拜访太阳系其他天体

③ 太阳系可不是只有太阳、八大行星和193颗已知卫星，你也应该去详细了解可爱的冥王星以及其他遭到忽视的矮行星，再去认识那些在太阳系里无处不在的小行星和彗星。

寻找系外类地行星

④ 飞赴TRAPPIST-1、开普勒-22这样的恒星系统，考察身处宜居带的系外行

火星纳米布沙丘上的好奇号漫游车

棒旋星系NGC 1672的彩色图像，它的旋臂里就是恒星育婴室

星。科学家相信其中一些行星的状况与地球很像，也许真的可以孕育出生命。

到恒星邻居那里串门

5 比邻星是距离太阳最近的恒星，两者只有4.243光年远。它与旁边的半人马座αA和半人马座αB两颗恒星一起构成了一个三星系统，而且自己身边还有一颗潜在的类地行星，这些都很好地说明了银河系中恒星系统的多样性。

欣赏奇妙的超新星与黑洞类星体

6 恒星种类繁多，所处演化阶段各异，我们最熟悉的黄矮星太阳只是其中之一。像开普勒超新星这样的爆炸在宇宙里留下了绚丽的星云，由超大质量黑洞赋能的遥远类星体ULAS J1120+0641能发出强烈的辐射波，这样的奇观不可能错过。

漫游银河系

7 我们银河系作为旋涡星系有怎样的旋臂？我们所在的那条猎户座旋臂又是什么样的？我们在夜空中为什么会看到那样的银河？银河系还有哪些未解之谜？这些问题的答案都在书中。

了解星系的相互作用

8 把目光放远，尝试去理解数千个星系如何在引力的束缚下，以各种各样的方式形成更为庞大的星系团。

21

太阳系

太阳系亮点

生活在地球上

1 宇宙里有许多奇观，但最大的奇观就是我们的家乡地球。别看宇宙中有那么多的恒星、行星、卫星和小行星，据我们目前所知，只有地球上才有生命，而且还是形形色色、千姿百态的生命。所以，你的这场宇宙漫游之旅不用带什么东西，但请记住这句话：这儿特别，那儿特别，还是家乡最特别。

在月球看"地出"

2 世上流传的经典照片数不胜数，但可媲美"地出"的少之又少——我们的母星从月平线上升起，明亮的蓝色星球悬浮在太空无尽的黑暗中，初展其神奇与脆弱之处。

追寻尼尔·阿姆斯特朗的足迹

3 阿波罗11号在静海着陆，尼尔·阿姆斯特朗与巴兹·奥尔德林在那里迈出了"个人的一小步，人类的一大步"——这可是连小学生都知道的事情。月球缺少大气层，所以只要月球还在，登月地点就会永远保存下去，不管你在未来什么时间前去参观，都可以清晰地看到人类第一次在地球之外留下的脚印——想想都过瘾。

到火星登奥林匹斯山

4 奥林匹斯山是火星上最大的火山，也是目前所知太阳系里最大的火山，高度是珠穆朗玛峰的3倍，占地面积和美国亚利桑那州相仿（约30万平方千米），但坡度仅有5%左右，爬起来一定相当轻松，有朝一日想必会成为每个火星旅行者行程中的一大亮点。

徒步穿越火星上的水手峡谷

5 美国的大峡谷是很大，但和火星上这个巨大的峡谷完全不是一个级别，它的长度是大峡谷的5倍，深度是其4倍，几乎占据了火星赤道的1/5，是太阳系第一大峡谷。若能在它高耸的锈红色峭壁下徒步一场，绝对会给你留下难忘的回忆。

去木星追踪大红斑

6 木星上的大红斑其实是一场风暴，至今已肆虐了数百年，而且还会继续下去。这场风暴无比威猛，规模大得吓人，把整个地球装到里面还有富余，地球上最恶劣的风暴和它一比，也只能算微风。

驾飞船穿越土星环

7 7道标志性的巨大光环盘绕着土星，形成了太阳系最大的奇观之一。土星环由冰块、岩石和尘埃组成，规模巨大，最远端距离土星28.2万千米，在地球上用一支说得过去的双筒望远镜就能看到，要是能乘坐飞船近距离从环中穿过，那种场面，你自己想想吧！

在水星上晒太阳

8 水星是太阳系最小的行星，因为离太阳太近，那里的太阳光要比地球上的强11倍，白天的气温和比萨烤炉差不多。如果你特别想把全身都晒成古铜色，一定要去水星，但被晒得筋疲力尽、晕头转向的你恐怕不会想要久待。

到金星欣赏日出西方

9 金星在西方以爱神维纳斯命名，名字虽美，地方却糟。大气层的温室效应极其严重，表面犹如烈火地狱，连铅都能熔化，日光浴还是算了吧。不过这颗星球的自转方向与地球相反，太阳在这里是西升东落，单凭这一点，金星还是值得一游的。

去天王星饱览震撼极光

10 天王星上也有极光，形成原因与地球上的北极光很像，都来自带电粒子与大气层里气体的相互作用，但考虑到天王星"打滚儿"一样的独特自转方式，再加上不对称的磁场，许多天文学家相信它的极光要比地球上的极光壮观得多。

月球上的"地出"美景

在海王星的旋涡里御风飞行

11 海王星与木星一样，属于气巨星，以氢气、氦气、甲烷为主要成分的大气层非常暴躁，经常会形成强大的风暴，也就是海王星所谓的"旋涡"。风暴里的风速可达每小时2400千米，比地球上风速最高的风暴强许多倍。其中一个风暴名叫大黑斑，1989年曾被旅行者2号观测到，1994年就消失了，不过后来观测到了其他类似的旋涡。

去木卫二玩潜水

12 太阳系里有许多卫星，木卫二是最有可能存在地外生命的一个。据推测这颗卫星的冰壳下藏着一片巨大的盐水海洋，海床上可能存在火山口或海底热泉，环境条件与地球生命诞生之际的条件非常类似。

去土卫二欣赏巨大冰喷泉

13 土卫二是土星的第六大卫星，从许多方面来说是最有趣的一颗卫星。因为包着厚厚一层冰壳，它是太阳系里最亮的天体。当然，那里也极其寒冷，表面温度大约只有-201℃。它还有一个独特的景点，那就是在它的南极，一个个巨大的间歇泉不时会喷出冰气。这也让土卫二的反照率高上加高，炫目无比。

到木卫一上看岩浆

14 在小小的木卫一上，科学家已经观测到了150多座火山，但他们认为这还只是其中的一小部分。因为受到木星引力的挤压扭转，木卫一是整个太阳系里地质活动最激烈的天体，喜欢火山的旅行者绝对不应该错过。

如果你喜欢

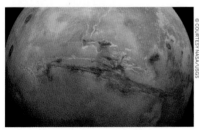
火星水手峡谷的全貌（拼接图）

地质奇观

珠穆朗玛峰： 珠穆朗玛峰海拔大约8848.86米，是地球上的第一高峰。

火星的水手峡谷： 雄伟的水手峡谷是火星上的一大奇观，长4000千米，深度是美国大峡谷的4倍。

维罗纳断崖： 太阳系最高的峭壁，位于天卫五，高度超过10千米。

水星的卡路里盆地： 因陨石撞击水星而产生的巨大撞击盆地，直径可达1545千米。

土卫二： 这颗土星的卫星在其南极拥有间歇泉，能够喷出震撼的冰喷泉。

土卫六的甲烷湖： 科学家认为在土卫六上面，液态甲烷汇聚成了河流和湖泊。

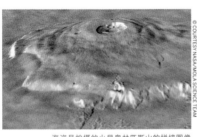
海盗号拍摄的火星奥林匹斯山的拼接图像

火山爆发

基拉韦厄火山： 地球上最活跃的火山之一，位于夏威夷的大岛。

火星的奥林匹斯山： 太阳系最大的休眠火山、最大的火山、最大的山，就在火星，高25千米，底面直径超过600千米。

木卫一： 这颗木星的卫星上有数百座活火山，可以任意选择，就是别离得太近了！

金星的玛阿特山： 巨大的盾形火山，金星上的第二高山。

海卫一： 太阳系已知存在火山活动的天体很少，除了金星、木卫一和地球，还有海王星的这颗卫星。

土卫六： 土星的这颗卫星上有冰火山，不喷火，只喷冰。

威尔米纳湾的浮冰

冰冻天地

南极： 地球上的一片冰冻大陆，凝集了全球淡水总量的90%。

天王星： 太阳系外行星中的两颗冰巨星之一，冰质物质形成了它翻腾稠密的液态表面。

海王星： 太阳系另一颗冰巨星，水冰、甲烷冰和氨冰构成的浓稠液体占到了星球总质量的80%以上。

木卫三： 太阳系最大的卫星，表面覆盖着一层冰体，冰体上布满山脊和沟槽（称作皱沟）。

木卫二： 这颗卫星表面全是冰，冰层下藏着一个巨大的液态海洋。

海卫一： 海卫一上的冰火山除了喷射液态的氮和甲烷，还会喷射一种尘埃，落回表面时仿佛在下雪。

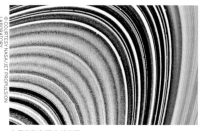

谷神星上的冰山: 这颗矮行星上面孤零零立着一座圆头圆脑的冰穹丘。

从太空中看到的印度洋

汪洋大海

地球: 海洋占地球表面积的70%, 比例实在惊人。

木卫二: 尽管木卫二表面都是冰, 但下面却有海洋, 可能深达60~150千米。

土卫六: 液态甲烷在土卫六表面汇成了波涛翻滚的汪洋, 里面也许存在地外生命。

木卫四: 与同门的木卫二一样, 木卫四的冰壳下也可能掩藏着盐水海洋。

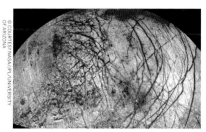

土星7道光环中的C环

完美光环

土星: 土星足足有7道壮观的主环, 宽度可达数千千米, 但厚度仅有10米左右。

天王星: 天王星也有光环, 共13道, 分为3个区域, 虽比不过土星环, 但也非常壮观。

海王星: 海王星的光环极其微弱, 几乎渺无影踪。

木卫二冰封表面壮观的裂隙

古怪地貌

火星的乌托邦平原: 这是一个巨大无比的撞击坑, 直径有3300千米, 规模全太阳系第一。

木卫二上的裂隙: 木星的这颗卫星外覆冰壳, 上面布满山脊、裂缝和褶皱, 有些甚至长达数百千米。

土卫八的阴阳脸: 这颗土卫一面黑一面白, 长相非常之怪。

天卫五的峡谷: 天卫五满面深纹, 尽是巨大的峡谷, 有些比美国大峡谷还要深12倍。

"死星": 一次猛烈的撞击令土卫一像极了《星球大战》中达斯·维德那座毁天灭地的太空要塞"死星"。

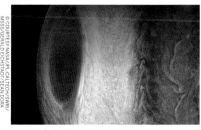

大红斑肯定是每个风暴追逐者的终极梦想

凶猛风暴

地球的龙卷风走廊: 龙卷风走廊是横跨美国南部的条形地带, 不少地球上最猛烈的龙卷风都诞生于此。

木星的大红斑: 木星上的风暴可不是我们地球比得了的, 有些大得足以吞噬整颗行星。

海王星上的旋涡: 与木星一样, 海王星上也存在可以毁天灭地的猛烈风暴。

凌与食

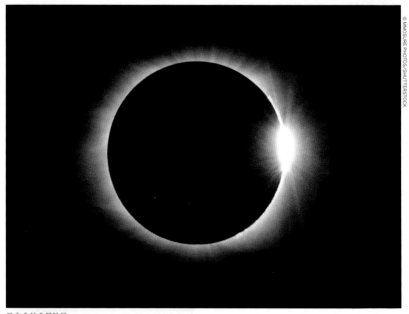

© MMOSURE PHOTOS/SHUTTERSTOCK

日全食的食甚阶段

从地球上看，太阳系可不是个容易搞得明白的地方。身处地球，我们总感觉自己在宇宙中的位置是固定不动的，可事实上地球一直在一个非常复杂的星际轨道上绕着太阳系的中心太阳运行，大概速度是喷气式民航客机巡航速度的近百倍。而那些恒星、行星也时时刻刻都在运动，每次抬头，我们眼前的夜空都已经发生了微妙的变化，只不过因为离地球太远，我们难以察觉到它们的运动。

好在有一种壮观的天文现象，能让我们注意到太阳系时时不断的运动，能让我们清清楚楚地看出某个天体在位置上的变化，那就是"食"。

对我们地球来说，食无外乎月食与日食两种。当地球运行到太阳与月球之间，地球挡住了太阳的光线，把自己的影子投到了月球表面，这时候就会发生月食。如果月球表面只有一部分被地球的影子挡住，这种月食就叫月偏食；如果日、地、月恰好三点连成一线，月表完全被地球的影子挡住，这种月食就叫月全食。发生月全食时，太阳光中的蓝色光线被地球大气层吸收，而红色光线折射到月球上，令月亮呈现出奇异的血红色。月偏食每年至少会发生两次，每次可以持续数小时，月全食则相当罕见。

当月球运行到地球与太阳之间时，就会发生比月食还要壮观的日食。日食也分日偏食和日全食两种。当日、月、地三点并不是绝对在一条直线上的时候，发生的就是日偏食，月亮只会遮住太阳的一部分，太阳仿佛被啃掉了一块。

如果日、月、地完全处于一条直线上，日全食就出现了。太阳先是被月球啃掉一个边儿，随后被越啃越多，最终变成了一个黑色的圆盘，只剩下外面一圈薄薄的光晕，也就是日冕。这时的地球等于是到了月球的影子里,虽是白昼,其黑如夜。地球上只有很小一个区域内的人能看到日全食,这个区域叫本影区,即月亮落在地球上的阴影的中心地带;而在本影区外围还有一片区域叫半影区,在那里可以看到日偏食。与月食不同的是,日食每次只能持续几分钟。

事实上还存在第三种日食,即月球处于远地点时发生的日环食。因为此时月球离地球最远,所以并不能挡住整个太阳,只能遮住中间一部分,让太阳看起来像是天上的一个大环,把月球环绕在里面。

食并不是地球、月球和太阳之间的独有现象,同样的现象也发生在其他行星和卫星之间,这种现象被称作"凌"。当一个天体从另外一个天体前方经过时,就会产生凌,这与食的产生原理一样;但是在凌现象中,前方天体比后方天体小得多,不能完全将其遮住,看上去就仿佛一个较小的暗影从后方行星或恒星的表面划过。借助地球上的望远镜等仪器,或者地球之外的人造卫星,我们偶尔能观测到宇宙中的凌现象。

我们上一次观测到的凌,是2012年发生的金星凌日。历史上有记载的凌现象非常多,但总的来说仍然相当罕见。以金星凌日为例,两次相隔8年的凌日为一组,每组之间的间隔长达120年左右。在地球上,我们能够直接看到的凌现象只有金星凌日和水星凌日。上一次水星凌日出现在2019年11月11日,下一次要等到2032年11月13日。下一组金星凌日将出现在2117年12月11日(第一次)和2125年12月8日(第二次)——如果2012年那次你没瞧见,这辈子也就没指望了。

历史上最著名的凌日观测恐怕当属库克船长(Captain Cook)进行的那一次。1769年,他率领船队横跨太平洋,正式的任务就是前往刚刚被发现的塔希提岛,在那里观测金星凌日,以期能帮助天文学家破解18世纪一大科学之谜:太阳系到底有多大。结束观测后,库克船长又接到了另一项任务:率船前往太平洋的南缘,在那里寻找传说中"未知的南方大陆"。他在海上苦苦搜索了好几个月也没找到(不存在的地方你让人家怎么找啊?),却误打误撞发现了澳大利亚和新西兰,其间还差点儿在大堡礁沉船。

如今观测食与凌绝对比库克船长当年容易很多。感兴趣的人不妨把未来几次日食的时间和地点记下来:2021年12月4日(南极洲),2023年4月20日(澳大利亚西澳大利亚州和印度尼西亚西巴布亚省),2024年4月8日(北美洲部分地区),2026年8月12日(欧洲部分地区)。这几场日食的观测区域的确很小,但日全食难得一见,绝对值得仔细筹划一番。相比之下,月食的观测区域要大很多。

美国国家航空航天局(NASA)为什么要研究食现象?

几百年前,古人在观测月食时发现,原来地球是圆的。即便到了今天,科学家仍然能从月食之中学到很多东西。2011年12月,NASA的月球勘测轨道飞行器(Lunar Reconnaissance Orbiter)就是在月食期间收集到了月球正面(一直朝向地球的一面)温度下降速度的数据。因为月球表面某个区域越是平坦,降温就越快,科学家据此就可以判断出月球表面哪里石块较多,较为粗糙,哪里较为平坦,从而进一步弄清月球表面的物质构成。

同时,NASA也没有忽视日食,因为日食是研究日冕(太阳的最外层)的良机。在日环食期间,月球挡住了太阳的刺眼强光,他们就可以利用地面以及地外观测设备仔细地分析日冕。

© VADIM SADOVSKI/SHUTTERSTOCK

太阳系行星速览

太阳系诞生至今已经46亿年了，相比之下，我们人类存在的时间非常短，研究我们系内"邻居"的时间更是短上加短。

自地球仰望太空绘制出的各大行星（和冥王星）假想图

　　早在10,000~11,000年前的巨石文化时代，古人就已经开始追踪记录太阳与月亮的运行轨迹，苏美尔人更是创造了自己的太阴历。在那之后的若干个世纪里，世界各地的天文学家们有了一个个惊人的发现，他们所依仗的并非是什么先进的技术，而是一颗孜孜以求的心——有时候也包括令人惊异的数学造诣，比如6世纪的印度学者阿耶波多（Aryhabata）。随着望远镜在17世纪的出现，包括伽利略在内的一众科学家得以亲眼观察诸行星的面貌。1963年，尤里·加加林成了第一个进入太空的人类。1969年，尼尔·阿姆斯特朗成了首个登上月球的人，同时也是第一个在另一天体表面行走的人。但至今还没有任何人造访过地外行星，如果你对此有兴趣，不妨先看看下面这份速览，在这里，我们以各大行星和太阳的距离为顺序，一一展示了你可能需要了解的知识。

31

水星（Mercury）

代言神

　　长翅膀的信使墨丘利

我小我骄傲

　　水星是太阳系最小的行星，也是离太阳最近的行星。有多近呢？用数据说，就是0.4天文单位；形象地说，站在水星上看太阳，亮度是地球上看的7~11倍。按理说，这应该让水星成为太阳系最热的行星才对，但因为水星没有大气层，这个头衔就被金星抢走了。此外，水星还是绕日公转速度最快的行星，平均速度快得惊人，可达170,505千米/小时。水星的轨道是椭圆形的，近日点和远日点之间相差

2400万千米，环绕太阳一周只要88天，可谓是地球一年，水星四年。

发现时间

　　水星十分明亮，肉眼可见，在夜空中还会移动，所以早就进入了古人的视野。古希腊人将其定义为行星，只是他们的"行星"概念与今天不太相同。此外，古巴比伦人也留下了有关它的记录。科学史上对水星的首次观测发生在17世纪初——感谢望远镜的发明。观测活动由英国天文学家哈里奥特与意大利科学家伽利略各自独立完成。1631年，人类观测到了水星凌日现象。

奇闻趣事

众所周知，水星是一个速度飞快、温度极高的行星，但后来的观测证明，它也具有相当的复杂性和矛盾性。以温度为例：水星南北极存在很深的撞击坑，撞击坑内部始终处于阴影之中，所以，尽管水星其他地方的温度可以高达427℃，坑内的温度却要低很多，根据2012年信使号探测器的观测结果，里面可能存在水冰。

表面特征

水星表面潘提翁槽沟迷人的棘突结构十分抢眼。这个直径40千米的撞击坑是2008年信使号首次飞临水星时发现的，位于水星北半球的卡路里盆地内，即水星北侧的所谓"火平原"。在这里，中心撞击坑向外辐射出了一道道又细又长的槽沟（也就是行星壳上的断层线），因此，潘提翁槽沟又被昵称为"蛛网坑"。"潘提翁"之名来自古罗马万神殿，其大名鼎鼎的穹顶自中央核心向四周辐射线条，由同样著名的古希腊建筑师大马士革的阿波罗多洛斯（Apollodorus of Damascus）设计。

卫星和光环

小小的水星独自围绕着太阳旋转，既无卫星，也无光环。

宜居性

水星上的环境不适合已知生命形态的生存。太阳直射带来高温，大气层的缺乏决定了其无法抵御太阳风和小天体撞击，因此，通常认为酷热的水星上不具存在生命体的可能性。

流行文化中的水星

水星刚刚出现在流行文化中的时候，人们对它的了解还非常有限，所以只好听命于艺术家的猜测和想象。后来，科幻大师艾萨克·阿西莫夫（Isaac Asimov）也被水星吸引了，以它为背景创作了小说《我，机器人》，故事的主角是一个能够抵御极端太阳辐射、亦正亦邪的机器人——别跟那个抱有人类野心的机器人"桑尼"弄混了，那部2004年由威尔·史密斯主演的同名电影只是借了个名字而已。此外，在桑给巴尔出生的音乐人法罗克·布尔萨拉（Farrokh Bulsara）将"水星"之名为己所用，世界乐坛从此有了一位大名鼎鼎的弗雷迪·墨丘利（Freddie Mercury）。而在动画片《外星入侵者Zim》（*Invader Zim*）中，水星还被改造成了一艘宇宙飞船。

水星探索任务

信使号多次飞临水星，给科学家提供了大量有关水星成分结构的信息，比如，我们现在知道了，水星其实有一个很大的金属星核，半径占星体总半径的85%。另外，信使号传回的图像中也揭示了"撞击辐射线"的存在，那是小天体撞击产生的抛射物在行星表面形成的巨大条纹。2015年，信使号坠落水星表面，正式结束了探索任务。

科学家如是说

新的水星项目已经启动，科学家希望能从中获得水星的更多秘密。2018年，欧洲航天局发射了贝皮·科伦布号探测器（Bepi Colombo）。如果一切顺利，这个探测器将在2025年12月追上这颗飞速运动的火球，到达水星，随后对其进行多次近距离观测。这是欧洲航天局首次将探测器派往太阳系如此炎热的区域，它需要接受对抗太阳强大引力等多个残酷的考验，同时肩负检验爱因斯坦相对论的任务。本次太空飞行任务由两个轨道器完成，其中一个由日本宇宙航空研究开发机构（JAXA）制造，负责分析水星磁场或磁层；另一个由欧洲航天局自己制造，负责研究水星表面和内部结构，帮助科学家进一步理解金属行星核及行星表面受到的冲击。

金星 (Venus)

代言神

爱神维纳斯

我是大火球

许多年来，科学家一度将金星视为地球的"姐妹行星"。这两颗星球在半径和结构上的确相似，以天体标准来说，与太阳的距离也都差不多——地球离太阳1天文单位，金星是太阳系从里到外第二颗行星，离太阳0.72天文单位。因为离太阳更近，曾有推测认为金星上的气候应该和地球的热带地区相仿。后来的发现完全推翻了"温和热带环境"理论。原来，金星的大气层里存在超高比例的二氧化碳，再加上球体表面没有水，导致这颗星球无法保持稳定的气温。简单来说，就是它一直都在变热，堪称温室效应的典型例子。现在，我们知道金星是太阳系最热的行星，表面温度可达470℃。

发现时间

金星在天文史上非常抢眼，其中一个原因就是它每隔100年左右，就会出现在地球与太阳之间，上演精彩的"金星凌日"。早在公元前650年，玛雅的天文学家就根据金星的运行规律创造了一部行星历法，事实证明它非常准确。

奇闻趣事

金星的高温之名可能会对你产生误导,事实上,在距离行星表面约48千米的大气层中,云朵开始成形,温度显著下降,基本接近于地球的表面温度。另外,金星大气层里极高的二氧化碳浓度,决定了它的云由硫酸构成。这些云朵以最高可达354千米/小时的速度飞快流动,环绕金星一圈只需要4天,而在地球上,同样的"云之旅行"需要4倍的时间。

表面特征

高温在塑造金星表面的过程中扮演了关键性的角色。就比如太阳系里最长的峡谷巴尔提斯峡谷(Baltis Vallis),就可能是由火热的岩浆流开凿而成的。这条蜿蜒漫长的峡谷是苏联的两个金星号探测器于1983年首次发现的,当时探测到的长度就有将近1000千米,根据目前的测算,峡谷总长度约7000千米,宽度达1~3千米,若非两端被岩体阻挡,巴尔提斯峡谷可能会更长。但不管怎么说,地球上最长的河流尼罗河那6650千米的总长度在它面前依然相形见绌。

卫星和光环

与水星一样,金星也没有卫星和光环。

宜居性

金星太热,表面无法维系生命,但有科学家推测其大气层的温度也许能够支撑某些空气中微生物的存活,它们可能类似地球海底热液喷口附近的那些微生物。而在温度尚未飙升、我们推测中的海洋尚未蒸发之前的早期演化阶段里,金星或许曾经存在更大的生命体。

流行文化中的金星

就像美国两性关系学家约翰·格雷(John Gray)在书里说的那样,"男人来自火星,女人来自金星"。金星自古便被人类赋予了女性气质,其表面所有特征都以女性命名,只有三个例外——火山麦克斯韦山(Maxwell Montes)以男性命名,另外两则以希腊字母命名。音乐人卢·里德(Lou Reed)受到了金星的启发,创作了一首《穿裘皮的维纳斯》。20世纪50年代的通俗漫画书也没有放过金星的性感,它们描绘的金星人多是衣不遮体的亚马孙女战士之类的形象,此类作品的品位虽然不高,数量却非常之多。

金星探索任务

1989年5月,麦哲伦号探测器发射升空,在15个月的飞行之后,于1990年9月进入了金星轨道。旅途虽然漫长,回报却很丰厚。借助它传回的高清雷达图像,科学家对这颗神秘星球的表面有了非常细致的了解。探测器的名字起得也很妥帖,因为16世纪的葡萄牙探险家费迪南德·麦哲伦乃是地图测绘的代名词,历史上首批海洋图大都出自他手。当太空中的这位"麦哲伦"结束任务时,它已经记录下了金星表面将近85%区域的图像数据。

科学家如是说

金星是地球姐妹行星的观点已被科学家推翻,但后来的研究也发现了,在遥远的过去,金星也许真的宜居过。NASA戈达德太空研究所(GISS)利用模型演算分析,认为在有可能长达20亿年的时间里,金星表面曾拥有与地球类似的温度,还可能存在过一片浅海。这一发现对于NASA未来搜寻潜在宜居行星、研究大气层演化的相关项目具有重大意义,其中包括凌日系外行星勘测卫星(Transiting Exoplanet Survey Satellite)和詹姆斯·韦伯太空望远镜(James Webb Space Telescope)项目。

地球 (Earth)

我是生命星球

地球或许是太阳系内唯一真正拥有海洋的行星，但不论是在中文还是在英文中，它的名字都与一系列表示"土地"的古老词语有关。地球是我们赖以衡量整个宇宙的标准，它与太阳之间的平均距离便是1天文单位，即1.5亿千米。作为太阳系第五大行星，地球或许是系内唯一存在生命的行星，而这一切都仰赖于太阳，是它为我们带来了温暖，让植物能够发生光合作用，带来了光明，照亮我们的生存之路。然而，太阳送来的并不仅仅是历时8分钟抵达地球的阳光，还有太阳风，其中携带了大

量有害辐射。幸好地球有一个名叫大气层的防护罩，可以阻挡辐射以及小天体的撞击。但是，太阳与地球的关系并不会一直像现在这样美好。再过50亿年，太阳的半径会膨胀100倍，即便是太阳系里密度最高的行星——地球，那时候也会被它化为灰烬。

地球探索历史

我们的祖先一直在试图理解地球及其在宇宙中的位置，其间诞生了不少很有意思的想法。一个通常的误解是：直至中世纪以前，人们都以为地球是平的。事实上，人类早在2000多年前就发现了地球是球形的。古希腊

天文学家曾通过夏至那天影子的长度，算出了地球的周长。亚里士多德发现埃及夜空中的恒星位置与自己故乡希腊的不同，由此推测地表应该是一个球面。古罗马的水手发现在一定距离外，只有高的物体能够被看见，于是得出了同样的结论。早在6世纪，印度学者阿耶波多就算出了地球的周长——他并没有算对，但只差了172千米。

奇闻趣事

占据地球表面70%面积的海洋供养了无数生命，其平均深度4000米，容纳了地球上97%的水。与此同时，海面下还藏着地球上最壮观的一些陆地结构。比如，在北冰洋和大西洋的波涛下，你就可以找到地球上最长的山脉——中央海岭。它的总长度达到了惊人的65,000千米，比安第斯山脉、落基山脉和喜马拉雅山脉首尾相连串在一起还长。

卫星和光环

月球是地球唯一的卫星，也是太阳系内人类唯一踏足的其他天体。此外，它还掌控着地球的潮汐活动。

表面特征

地球最具代表性的地貌莫过于各项"最"。地球最高点是海拔8848.86米的珠穆朗玛峰，每年大约有800人会冒着生命危险试图登上它的最高峰。地球最低处是太平洋马里亚纳海沟的挑战者深渊，虽然其确切的深度目前还无法确认，但至少不低于10,994米，那里的水压是海平面大气压的1000倍，约等于每平方英寸8吨力，相当于同时举起50架大型喷气式客机的力量。大堡礁也是地球上为数不多的能从太空中看到的自然特征。它位于珊瑚海，靠近澳大利亚西北海岸，总面积344,400平方千米，2300千米的总长叫人惊讶。这些披坚执锐、状如岩石的珊瑚实际上是由微生物建造起来的，在地球的这一区域已经生长了2500万年。

地球探索任务

提到NASA，人们想到的都是对于太空的探索，但其近期即将启动的一系列重点项目都聚焦于我们的家园。NASA地球科学部是该机构的分支部门，专注监测地球的大气、陆地和海洋。"地表水与海洋地形"（SWOT）就是下一步将要启动的重点项目。该卫星计划于2021年9月发射，届时将首次对地球地表水进行全球性调研，以期帮助科学家更好地理解包括极地海洋在内的地球水体变化方式。此外，"对流层排放污染监测"（TEMPO）是另一大重要项目，相关卫星发射后，将在距地表35,400千米的轨道上对整个北美洲的空气污染物展开监测。

科学家如是说

从很多方面看，地球生命的未来都是未知数。在过去几十年里，地球温度上升得比此前2000年还快。根据年轮、海洋沉积物和极地冰盖里面隐藏的地球古气候数据分析，全球变暖的速度要比之前预想的快10倍，其中的主因就在于人类活动。结果就是，我们的海冰在消失，海水在变暖，世界各国都经历着更为频繁、更为剧烈的极端天气事件。但变暖并不是地球面临的唯一威胁。森林退化的加速也将带来严重的后果，尤其是在巴西的亚马孙盆地，那里本是地球上生物多样性最高的区域之一。尽管几乎每隔一天就有一种新的植物或动物被发现，可最近一项为期两年的调查发现，依照眼下森林退化的速度，依然有很多生物等不及被发现就会灭亡。我们所处的地质年代已被命名为"人类世"（Anthropocene），意味着人类已经成了影响地球命运的主导因素。

火星（Mars）

代言神

战神马尔斯

我是红色星球

火星是离太阳第四近的行星，与之相距
1.52天文单位，又被称为"红色星球"。这个
绰号并不新鲜，早在4000多年前，古埃及人
就将它称为"Har Decher"，即红色的东西。
红色来自其表层土壤里的含铁矿物质，它们
发生氧化"生锈"后，赋予了火星那种独特的
红色。NASA的洞察号着陆器（InSight）已于
2018年11月登陆火星，至今仍在那里。事实
上，NASA在它之前已经派出了一系列探测器

飞赴火星，以判断人类有朝一日是否真的可
以移民火星。火星现在的条件非常不理想，平
均温度远低于冰点，空中风暴肆虐，漫天尘
土，大气层非常稀薄，基本上无法阻挡小天
体的撞击。最重要的是，它没有液态水。近期
的火星探索发现，曾经的火星可不是这个样
子，那里不但发生过洪水，地下还可能有盐水
存在。

发现时间

1877年是火星观测史上的重要年份，只
是其中有惊喜，也有误会。这一年8月，美国天
文学家阿萨夫·霍尔（Asaph Hall）有了重大

发现：火星的卫星不是一颗，而是两颗。他以希腊神话中战神艾瑞斯两个儿子的名字将它们分别命名为"德莫斯"（Deimos；火卫二）和"福波斯"（Phobos；火卫一）。与此同时，意大利天文学家乔范尼·夏帕雷利（Giovanni Schiaparelli）在火星上观测到了纵横交错的"河道"。当他向科学界公布这一发现的时候，翻译上出现了问题，意大利语"canali"被译成了英文"canal"（运河），以至于有人误以为它们出自外星工程师之手。

奇闻趣事

《火星救援》里演得没错，至少，从理论上讲，你可以在火星上种土豆。事实上，太空种植的基本技术已经出现并开始投入实践了。国际空间站目前正运营着一个名叫"Veggie"的太空农场，利用光线照射培育生菜等一系列农作物。在地球上，类似荷兰这样农田相对短缺的国家已经有了这种新型农业，用LED灯取代常规光照，热量和二氧化碳排放相较传统农业更低。

表面特征

大瑟提斯高原（Syrtis Major Planum）是火星表面最大的黑斑，曾经被误以为是海洋，名字里的"大瑟提斯"来自古罗马时代的大流沙湾，即今天利比亚的锡德拉湾。1659年，大瑟提斯高原被荷兰天文学家克里斯蒂安·惠更斯（Christiaan Huygens）绘制成图，成了火星首个有据可查的表面特征。这片高原从火星赤道向北绵延1500千米，东西长1000千米，黑色暗影来自玄武岩。以火星标准而言，相对少生的空气也使得这个区域更容易被观察到。在1877年火星到达近日点附近时的一幅早期地图中，你就可以找到这片高原。同样由于空气相对"清澈"的原因，它也是未来火星探测器的候选着陆点之一。

流行文化中的火星

"火星人"几乎成了流行文化中外星人的代名词，什么"金星人""海王星人"，听起来就是不带感。火星人似乎一度被地球人当成了一种真实的存在。1938年，《世界大战》的广播剧开播，据报道，有美国人竟把它当成了新闻，信以为真——很难想象"冥王星人入侵"能引发同样的恐慌。此后，在20世纪50年代美国政治气氛的影响下，来自红色星球的火星人成了完美的反派代表：无情冷血，一心只想占领地球。

火星探索任务

洞察号前往火星是要完成一项前所未有的任务：给一颗行星做一场"全身体检"。自2018年登陆火星，洞察号已经利用多种仪器对火星内部状况进行了一系列实验，给火星"量体温""把脉""测反射"。这些研究将提供有关火星形成的重要信息，科学家顺藤摸瓜，能更为深入地理解水星、金星、地球这三个内太阳系类地行星的构成。从洞察号传回的数据中，我们也许还能找到系外行星起源的相关线索。

科学家如是说

NASA的猎户座载人飞船目前正处于测试阶段，未来将把航天员首次送上火星。这艘飞船的设计初衷是把人类送上国际空间站。2018年，NASA宣布将建造一个绕月运行的月球轨道平台门户（Lunar Orbital Platform-Gateway）。身负"门户"之名，它很可能作为大本营，继续用来探索更深处的宇宙，尤其是火星。飞船本身很像阿波罗号，但技术水平要比后者高出许多，生活区可以容纳6名宇航员。如果一切顺利，预计"门户"模块将在21世纪20年代初发射升空，到20年代后半段，宇航员就能登上猎户座飞船挺进深空了。

木星 (Jupiter)

代言神

众神之王朱庇特

我是巨无霸

气巨星木星是太阳系最大的行星，半径为地球的11倍。17世纪，伽利略首先发现木星表面覆盖着独特的条纹云。后世科学家研究发现这些云主要由水和氨气构成，而且非常厚。木星的大气层中富含氢气，如果放到其他星系，再提供足够的氦，这样的条件原本有可能演化出一颗恒星。然而，木星的表面条件让它显得更像是在世界末日，而非开端。无数

巨大的风暴覆盖了木星的大部分表面区域，其中最著名的，就是据推测诞生于300年前的"大红斑"。

发现时间

木星的观测历史可以追溯到公元前8世纪，当时的古巴比伦天文学家就曾经记录下它的存在。木星的英文名来自古罗马神话中的众神之王、战神之父朱庇特。1610年，伽利略利用望远镜对木星进行了首次细致观测。也是他首先发现了木星的四颗最大的卫星，其中两颗半径甚至比水星还大。

奇闻趣事

巨大的半径令木星拥有了巨大的重力，以至于开始向内收缩。在这一过程中，木星内部的物质遭到大力挤压，从而产生了强烈的摩擦和大量的热。事实上，木星散发的热量比从太阳获得的热量还多。

表面特征

在木星已知的79颗卫星中，木卫一的体积排名第三，而它同时还是我们已知火山活跃度最高的天体，上面存在着数百座火山（这还只是我们已经发现的），每座火山都在向它的大气层喷射出数万米高的岩浆。科学家相信这些岩浆的成分主要是熔化的硫和硅酸盐，而木卫一稀薄的大气层则主要由二氧化硫构成。此外，木卫一还可能拥有铁质星核，大到足以形成自己的磁场。事实上，木星的磁场强度是地球的16~54倍，而木卫一的轨道恰好将其一分为二，从而产生高达40万伏特的电流。

卫星和光环

除了伽利略找到的四大木卫，木星身边至少还存在75颗其他卫星。1979年，旅行者1号对于木星光环的发现令科学家们大吃一惊，这也是太阳系已知的第三个行星环系统。只是作为尘环，这个光环相当暗淡，很难观测到。

宜居性

木星属于气态巨行星，缺乏固态的行星壳，再加上磁层的因素，本身并不适宜生存。但它的诸多卫星就是另一回事了。有些木卫上可能存在海洋，公转轨道也相当稳定，木卫三、木卫二和木卫四甚至拥有稀薄的大气层，因而成了科学家在太阳系里搜寻地外生命的首选目标。

流行文化中的木星

半径超大、卫星众多的木星为无数作家和艺术家带去了灵感。2019年，网飞推出了一部以木卫一（Io）为名的电影《少女地球守护者》（*IO*），讲的是人类放弃污染严重的地球，去木卫一上寻找新家园的故事。2015年由沃卓斯基姐妹（Wachowskis）导演的科幻史诗大片《木星上行》（*Jupiter Ascending*）便以木星为故事背景，凭借其独特的风格被科幻迷誉为"太空歌剧"。其他几颗木卫也在大卫·米切尔（David Mitchell）2004年的小说《云图》（*Cloud Atlas*）中亮相。这部小说入围了布克奖最终评选名单，后来同样被沃卓斯基姐妹改编成了电影。

木星探索任务

尽管人类对木星的观测或许已持续了数个世纪之久，但直到最近，我们才开始对那里的真实情况有了更为详细的了解。2000年，土星探测器卡西尼号在飞临木星时拍到了木星的真彩照片，只不过因为距离木星将近1000万千米（要知道，木星在近地点时距离地球有5.87亿千米），这些照片属于拼接合成照片。NASA在2011年发射朱诺号探测器，2016年进入了木星轨道，从这个更为"亲密"的位置上，它正不断地传回有关木星构成及特征等各个方面的详细数据。

科学家如是说

人人都有钟爱的木卫，毕竟，选择有足足79颗之多，而且还可能继续增加，超越了太阳系里的其他行星卫星。仅2018年，就有12颗木卫被发现，当时科学家们正在搜寻超远天体，特别是那颗设想中比冥王星还要远很多的"X行星"。除了多，木卫也非常有趣，随着研究的持续，科学家相信有些木卫甚至存在维系生命的条件。希望最大的是木卫二，在它的表面下可能藏着一片巨大的海洋。目前，NASA正在筹划"木卫二快船"项目，计划在21世纪20年代内发射，期望能一劳永逸地解决海洋存在与否的问题。

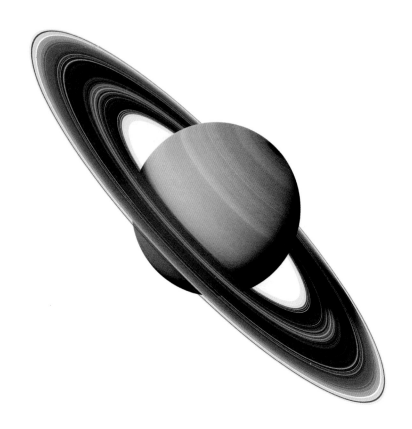

土星 (Saturn)

代言神

  农神萨图努斯

我是光环之王

  土星的7道光环就是它最大的特征。这些光环是由冰和尘埃构成的，借助一支望远镜就可以从地球上看到。不那么容易看到的是，虽然每道光环都有数千千米宽，但其各自的平均厚度却都只有10米左右。与木星一样，土星也是气巨星，因此，虽然拥有铁、镍等金属构成的坚硬的行星核，但它并不具备真正的固态表面，而是被翻腾盘绕的气体所包裹，其中主要成分是氢气和氦气，人类肉眼所见的条纹只是强风及风暴造成的视觉效果。

发现时间

  最早留下土星观测记录的，是公元前700年古代中东地区的亚述天文学家。他们记录下了一个"有环围绕的星球"，将其命名为"尼尼布之星"，以此向他们的一位太阳神明致敬。公元150年前后，托勒密也在自己的天文学著述中提到了土星。1610年，伽利略第一次正式观测到土星环，但他并没有正确推测出其来由。1659年，天文学家惠更斯终于确认，这些神秘的东西其实是一套光环系统。

奇闻趣事

土星拥有太阳系里独一无二的气候特征。在它的北极存在一个六边形喷气流，旅行者1号探测器发现了它，卡西尼号对其进行了测量。科学家们借此推算出，这个喷气流的直径约为32,000千米，中心是一个强大的风暴眼，风速可达每小时320千米。

独特之处

且不说土星本身，它的卫星就很有意思。比如土卫一，这颗卫星的直径不过396千米，算是小个子卫星中的小个子，在20世纪80年代旅行者号到来前，它看起来始终都只是土星表面的一个小点儿。土卫一以其与《星球大战》电影中"死星"的极度相似而闻名，在它的表面留有许多撞击坑，其中最大的赫歇尔环形山（Herschel Crater）直径约为整个星体的三分之一。

卫星和光环

土星是带光环行星的黄金标准，共拥有4道较亮较宽的主光环和3道较暗较窄的光环，光环系统的边缘距离土星8万千米。尽管某些土星环里的碎片足有一栋房子那么大，但它们总体都偏薄，以宽度来补足了厚度上的不足。已确认的土星卫星有53颗，还有29颗待确认和命名，从迷你款的小卫星到巨无霸土卫六，后者体积甚至超过身为行星的水星。光环与卫星相互影响：土星从光环中吸收尘埃和微粒到星体表面，让自己渐渐变大；而E环又是土卫二喷射出的冰冻碎片所构成的。

宜居性

土星本身风太强，压力太大，不适宜维系生命，但它的卫星就不同了。如果土卫二真的拥有液态地下海洋，那它很可能成为我们的候选者。

流行文化中的土星

土星在流行文化中的形象异常丰富多样。在已故德国作家泽巴尔德（W.G.Sebald）的小说《土星之环》（*The Rings of Saturn*）中，作者走笔英格兰的萨福克郡，但在他对时间与记忆本质的思考中，土星的影子却无处不在。克拉克（C.Clarke）与阿西莫夫（Isaac Asimov）等科幻作家也都曾将土卫用作故事背景。古典音乐家古斯塔夫·霍尔斯特（Gustav Holst）曾以地球之外的七大行星为主题创作了组曲《行星》，其中土星乐章就是他本人的最爱。

土星探索任务

2004年，NASA的卡西尼号探测器到达土星，土星卫星的秘密从此得以一一揭示。该探测器的名字是向17世纪意大利天文学家乔凡尼·卡西尼（Giovanni Cassini）致敬。从进入土星轨道直至2017年任务结束，卡西尼号环绕这颗气巨星将近300圈，发现了多颗存在液态水、有可能维系生命的卫星。

科学家如是说

土卫九虽然格外暗淡，却有可能成为人类了解太阳系过去的窗口。与火星的火卫一类似，土卫九是典型的受较大行星引力俘获的外来天体。目前看来，构成它的黑暗物质在太阳系外围相当普遍，这说明土卫九有可能形成于太阳系诞生之初，因为位置靠外，早期并未受到塑造其他星球的引力牵引；也就是说，如果它没有经历过行星形成过程中的升温，那么其化学成分有可能在数十亿年里保持不变。从这个意义上说，土卫九身上也许藏着整个银河系诞生之初的证据。作为已知唯一拥有厚实大气层的卫星，土卫六同样非常值得关注。它是太阳系第二大卫星，仅次于木卫三。

天王星 (Uranus)

代言神

　　泰坦之父乌拉诺斯

我是天王巨星

　　天王星属于冰巨星，身材在太阳系行星中排名第3，是地球的4倍，其英文名源自古罗马神话中的天空之神乌拉诺斯。科学家推测天王星形成之初距离太阳较近，后来才移动到了太阳系外侧，如今从里到外排在第7位。天王星独特的蓝绿色来自星体表面流动的甲烷云气，其温度极低，仅-200℃。天王星的大气层主要由氦气和氢气构成，与土星、木星类似，只是更为稀薄。天王星的公转轨道距日距离为25亿到30亿千米，绕太阳一周需要84地球年。

发现时间

　　在太阳系的行星中，天王星进入天文史的时间相对较晚，古人没有留下有关它的任何记录，直到1781年，英国天文学家威廉·赫歇尔才首次观测到它。6年后，赫歇尔又发现了它身旁最大的两颗卫星：天卫四和天卫三。在极佳的观测条件下，单凭肉眼就可以在夜空中看到它，只是你得先知道该去哪里找。

奇闻趣事

尽管科学家对天王星的研究已经进行了许多年，但直到2017年，天王星表面亮眼的蓝色云气的成分才被发现。在距离太阳更近的大行星上，云气中一般都含有高浓度的氨气，天王星却不同，它的云气里存在剧毒气体硫化氢。

表面特征

和金星一样，天王星自东向西自转，也是太阳系行星中的异类。但它最独特的，还是其自转角度几乎成直角，就像一个绕着太阳打滚的球。对此，一种理论认为天王星在数十亿年前遭到了一个大型天体（可能跟地球差不多大）的撞击，结果被彻底撞倒了。奇特的姿态让天王星上的季节也变得非常奇特，其北极地区的冬季为持续21地球年的极夜，夏季则为21地球年的极昼。春秋两季更加夸张，光明与黑暗的交替间隔足有42年。

卫星和光环

天王星有5颗较大的卫星，在英文中全部都以莎翁戏剧人物命名，已知卫星总数为27颗，大多数都是在人类进入太空时代后才发现的。其中一些卫星或许诞生于那场可能发生过的大碰撞：先是被撞飞，然后被主星捕获，沿着一定的轨道绕行。天王星也有自己的光环系统，相对比较年轻，共包括13道光环。它们全都由小尘埃和大颗粒组成，非常暗淡，直到1977年才被发现，据推测也是由撞击产生的。除非能获得新的物质补给，否则这些光环都只能存在100~1000年。对这些光环而言，有的卫星可能扮演着"牧羊犬"的角色。

宜居性

天王星属于冰巨星，本身接收到的太阳辐射非常微弱，侧向自转的姿态使得它的每个季节都极端漫长。风速也可能是个问题，向着星球自转反方向吹的风，风速可达每小时900千米。这一切都在告诉我们，天王星绝不适宜生存。它的较大卫星倒是具有一定的可能性，只是科学家们还需要很长时间才能对它们展开相应评估。

流行文化中的天王星

天王星在《内裤超人》（*Captain Under-pants*）系列儿童漫画书中十分抢眼，曾在《内裤超人与吃人马桶》《内裤超人与恐怖的史多屁教授》等经典故事中登场亮相。此外，在漫威多部系列漫画中同样能找到天王星的身影，备受地球人喜爱的时间领主神秘博士就常常造访天王星。音乐方面，平克·弗洛伊德（Pink Floyd）乐队在1967年发行的单曲*Astronomy Domine*中提到了天卫三。古斯塔夫·霍尔斯特（Gustav Holst）的《行星组曲》中当然也少不了天王星，这位作曲家为这一乐章选定的副标题是"魔术师"。

天王星探索任务

天王星距离地球26亿千米，实在太过遥远，人类探测器尚未对其进行过外围轨道观测。NASA于1977年8月20日发射的旅行者2号是唯一飞到天王星附近的探测器。历经9年多的太空飞行后，它于1986年1月24日到达了天王星8万千米范围内的位置，在那里进行了短短6个小时的观测，传回了有关这颗星球的首批数据，包括行星环和卫星的特写照片。

科学家如是说

鉴于天王星与地球的距离，要对它的"迷你卫星"们展开研究充满了挑战，要知道，其中有一些直径都不超过12千米。尽管如此，爱达荷大学的一支科研团队认为他们有可能在它的外侧光环附近找到两颗更小的卫星。

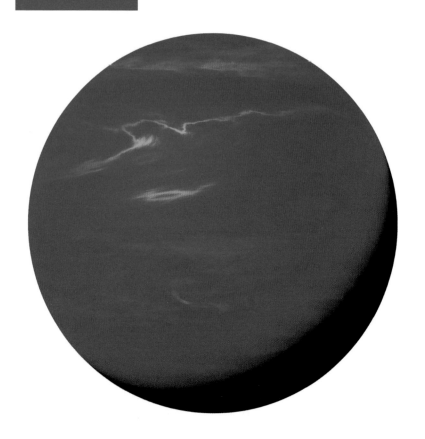

海王星（Neptune）

代言神

海神尼普顿

我是最蓝星球

海王星距离地球的最近位置也有43亿千米，是太阳系内唯一无法用肉眼直接观测的行星。作为距离太阳最远的行星，这颗冰巨星的阴冷荒芜自然完全不值得惊诧。事实上，海王星与太阳的距离是地日距离的30倍，接收到的日照能量只有地球的1/900。在海王星上，几乎不存在光亮或温暖，其平均温度约为−200℃。只有极地地区稍稍暖和一点，甲烷还没有冻结，可以从大气层深处散逸出来。

海王星的一年等于165个地球年，长达40年的夏季与冬季能让极地的温度稍微上升10℃，因为南极或北极在此期间能接收到更多日照。从好的方面说，海王星表面那惊艳的蓝足以叫地球上最蓝的海洋也自惭形秽。

发现时间

以法国数学家勒威耶（Urbain Joseph Le Verrier）的研究成果为基础，德国天文学家伽勒（Galle）在1846年发现了海王星。在此之前，两人都相信还有一颗暂时未能被观测到的行星在影响着天王星的运行轨道，两者应该相距不远，并且仅凭科学计算便精确预测了海王星的存在及其位置。

奇闻趣事

海王星幽暗冰冷，对太空旅行者来说是很大的挑战，只不过他们可能还来不及为此烦恼就已经被吹走了。海王星表面风力极强，风速是地球最强风的4倍，而它的冰风暴更可达到1930千米/小时的惊人速度。

独特之处

海王星的卫星海卫一得名自海神波塞冬之子特里同（Triton），绝对担得起一个"酷"字。它不但独占了海王星轨道上99.5%的物质，更重要的是，根据1989年旅行者2号飞临期间得到的数据，这颗卫星的表面温度甚至比海王星还要低，堪称太阳系最冷的天体之一。因为实在太冷，氮气都被冻成了冰，几乎覆盖了整个星球。海卫一的冰面能够反射四分之三的阳光，可惜它离太阳太远，看上去还是那么暗淡。

卫星和光环

海王星共有14颗卫星，其中，只有海卫一和海卫二是借助地面望远镜找到的，前者在伽勒发现海王星后的第17天就现身了，后者却直到1949年才被观测到，此后其他卫星的发现则要归功于旅行者2号探测器和哈勃太空望远镜。1984年，海王星成了太阳系第四个被观测到有光环的行星，它拥有5道光环，大都暗淡朦胧，成分更接近木星环，而非土星环。

宜居性

海王星没有固态表面，严寒多风，并不宜居，但它的卫星海卫一却有可能成为人类太空移民的备选目标。

流行文化中的海王星

1997年的科幻恐怖片《黑洞表面》（*Event Horizon*）就把故事背景设定在了海王星，主人公前去调查一艘消失在海王星轨道上的飞船，其扮演者劳伦斯·菲什伯恩（Laurence Fishburne）正是后来《黑客帝国》系列中的墨菲斯。在科幻大师威尔斯（H.G. Wells）的短篇小说《星》（*The Star*；1897年）中，一场行星碰撞导致了海王星的毁灭。2001年翻拍的《星际迷航》电视剧中更是出现了能够在6分钟内往返地球与海王星的飞船。

海王星探索任务

自科学家在柏林的一个天文台发现海王星近150年之后，NASA的旅行者2号探测器终于在1989年更近地探究了这颗星球。迄今为止，它也是唯一对海王星实现了较近距离观测的飞行器，对海王星的成分及其卫星提供了全新的阐述。自此之后，科学家都只能依靠哈勃太空望远镜来观测这颗冰巨星，因为距离实在太远，目前还无法对其定位发射飞行器。

科学家如是说

海王星依旧遥远而神秘。变幻无常的气候似乎意味着它正经受着猛烈、持久的风暴，就像那个已在木星表面肆虐了300年的大红斑。旅行者2号曾在海王星南部发现一个暗区，大小与地球相仿，被命名为"大黑斑"，后来的观测却再也没能找到这块黑斑。不过，哈勃望远镜倒是发现了一个新的斑块，只是这一次是在北部。靠近斑块边缘处，高高喷向大气层的甲烷气体似乎冷凝形成了冰晶云；靠近斑块中央的气体较为清澈，就像开了一扇窗，透过它可以看到更接近星球表面的不同云层。目前为止，科学家在海王星上已经观测到了6个大型风暴，其中一些还处于形成初期。看来，在消散之前，它们还会漫游很长的距离。

载人航天飞行

征服地轨

人类几乎从第一次仰望星空那一刻开始，就一直在梦想着探索外太空，但足足经过了数百年的研究、计划、开发和科技创新，才真正实现了这个梦想——把宇航员送到太空里。在20世纪五六十年代，把人类送入太空不仅仅是科学项目：随着美苏两国的核对峙持续发酵，争夺太空控制权成了军备竞赛、信息竞赛中的一场关键战役。

"二战"结束后，美苏两国投入大笔资金和资源，以弹道导弹技术为基础，开始发展各自的航天计划。弹道导弹技术成熟于战后，本是用于发射洲际核武器，哪承想这样一个毁天灭地的不祥之物却带领人类踏上了一段感天动地的和平征程：奔向太空。

计划之初，美国方面着力要开发出一种能够飞到近地轨道上的喷气式飞机，最终发现这无论从技术上来讲，还是对飞行员身体来说，都很难实现。美苏两国于是退而求其次，想出了一个更为简单的方案：用一个大大的火箭，顶着一个小小的胶囊舱，将其送入地球轨道。大火箭可以提供足够的推动力让胶囊舱脱离引力束缚，发射后可以与胶囊舱分离，进入轨道后的胶囊舱则可以自行绕地球旋转，返回时使用反推式火箭减速，从而落入大气层，里面的人也无须担心性命。这个方案至少在理论上是可行的，是否真的如此，

苏联纪念加加林成功进入太空的周年纪念明信片

斯普特尼克1号

将加加林首次送入太空的东方1号运载火箭(复制品)

还需要后来测试。

直到1957年,才有一个国家率先成功完成了测试——不是凭借先进的原子弹技术先发制人的美国,而是后来居上的苏联。1957年10月4日,苏联将斯普特尼克1号(Sputnik 1)送入地球轨道,世界首颗人造卫星就此诞生,它在绕行地球近3个月后最终坠回地球。同年11月,苏联又发射了斯普特尼克2号卫星,里面除了各种科学设备,还有一只名叫莱卡(Laika)的小狗。莱卡运气不佳,既是首个

被送入太空的生物,也成了首个在太空丧命的生物。美国人并未被落下太远。1958年1月31号,他们也成功发射了自己的第一颗卫星——探险者1号(Explorer 1)。苏联很快还以颜色,于1958年5月15日将斯普特尼克3号送入太空。

在接下来的赛段里,就要看哪个国家能率先把人类送入太空,并且还能让他活着回来了。3年后,1961年4月12日,苏联人再次领先:东方1号(Vostok 1)成功发射,在距离地表327千米的轨道上绕

行了89分钟,坐在里面的尤里·加加林(Yuri Gagarin)正式成为历史上首个进入太空的人。在冷战如火如荼之时被苏联连胜两局,此时美国的精神压力可想而知。

事实上,苏联只比美国快了几周而已。1961年5月5日,艾伦·谢泼德(Alan Shepard)随着自由7号(Freedom 7)的成功发射,成了历史上第一个进入太空的美国人——这场比赛到此,还算势均力敌。

登月竞赛

看到自己未能在航天计划中压过苏联，心有不甘的美国人决定放手一搏，出奇制胜。1961年5月25日，在美国首次载人航天飞行成功仅仅20天后，肯尼迪总统宣布他打算在十年内让人类登陆月球，一时间举国哗然。这样一个宏伟到不切实际的构想，本是为了给忧心忡忡的美国带去希望和勇气，至于能否实现，可就另当别论了。

为了完成这个目标，NASA启动了大名鼎鼎的阿波罗计划，具体来说，就是在大型土星运载火箭[其基本设计最初是由德国火箭专家韦纳·冯·布劳恩（Wernher von Braun）完成的]的顶部放置一个小型指令舱，里面搭载3名宇航员，将他们送入太空。为了给阿波罗计划提供支持，NASA同期还开展了双子座计划（Project Gemini），任务与阿波罗计划类似，每队只有2名宇航员，主要是为了给最终的登月提供可靠的数据参考。

1962年2月20日，约翰·格伦（John Glenn）乘坐友谊7号（Friendship 7）成了第一个环绕地球飞行的美国人，美国因此信心大涨。但苏联并未就此作罢。1965年3月，苏联宇航员阿列克谢·列昂诺夫（Alexei Leonov）爬出上升2号（Voskhod 2）太空舱，在舱外总共待了10分钟时间，完成了人类首次太空行走，再次拿下一个震惊世界的"第一"。美国第一次太空行走是由艾德·怀特

从左至右，依次为尼尔·阿姆斯特朗、迈克尔·科林斯和绰号"巴兹"的艾德文·奥尔德林

（Ed White）在双子座4号（Gemini 4）外面完成的，比苏联几乎晚了3个月。顺便说一句，在近20年后的1984年，世界终于有了第一位完成太空行走的女性——斯薇特拉娜·萨维茨卡娅（Svetlana Savitskaya）。

作为回应，美国人加倍努力，飞速推进阿波罗计划，指令舱及服务舱首次近地轨道测试很快就已准备就绪，计划升空日期定在1967年2月21日，此时距离肯尼迪总统发表演说才过去了不到6年。可惜速度虽快，代价也高：在那一年1月27日的发射演练中，阿波罗1号指令舱起火，加斯·格里森（Gus Grissom）、艾德·怀特（Ed White）与罗杰·夏菲（Roger Chaffee）三名宇航员全部遇难，首次测试飞行因而夭折。悲剧发生后，阿波罗计划顶着困难继续发展，在随后18个月里，完成了多次成功发射。1968年圣诞前夜，阿波罗8号飞船上的弗兰克·波尔曼（Frank

Borman）、比尔·安德斯（Bill Anders）与吉姆·拉威尔（Jim Lovell）成了首次进入月球轨道的人类。NASA随后又完成了两次探索式的发射任务，并决定在1969年首次挑战登月。

1969年7月20日，在全世界惊叹的目光中，阿波罗11号飞船上的三名宇航员终于完成了这件看似不可能的事情：迈克尔·科林斯（Michael Collins）随指令舱继续绕行月球，尼尔·阿姆斯特朗（Neil Armstrong）和艾德文·奥尔德林（Edwin Aldrin）驾驶登月舱小鹰号（Eagle）完成了一次教科书式的着陆，成功降落到了月表的静海（Sea of Tranquillity）。几分钟后，阿姆斯特朗走出舱外，说出了一句响彻历史的豪言："这是我的一小步，却是全人类的一大步。"

这是人类历史上的一个标志性时刻，亲历者必当永生难忘。阿姆斯特朗的那一小步，真的是人类向另一个世界迈出的第一步。

航天飞机

阿波罗计划一直持续到了1972年，总共完成了6次登月，共有12名宇航员先后完成了月表行走，总耗资254亿美元，大约等于今天的1500亿美元，数目十分惊人，可以说甚至超过了"二战"后重建欧洲的马歇尔计划。

鉴于载人航天探索的巨大成本，NASA转移了工作重点，希望能开发出一种可以反复使用、完成许多不同任务的航天飞机。

航天飞机的正式叫法是"空间运输系统"（Space Transportation System，简称STS），世界上第一架航天飞机是哥伦比亚号（Columbia），于1981年4月12日从佛罗里达州肯尼迪航天中心的发射平台上首次升空。

那个长着翅膀、很像飞机的东西，我们大多数人都管它叫航天飞机，事实上它的学名叫"轨道器"（orbiter），只是航天飞机的一部分，也是唯一一会进入轨道的部分。搭载着轨道器的部分叫火箭助推器（booster），燃料用尽后会与轨道器分离，掉进大西洋，回收后可以重复使用。另外一个部分叫外挂燃料箱（external tank），是航天飞机上唯一不能重复使用的部分，根据专门的设计，在返回地球时会自动焚毁。最关键的是，轨道器在返回地球时不需要像阿波罗

航天飞机的宇航员

目前，一共有355人搭乘NASA的航天飞机进入过太空，他们来自16个国家，男性306人，女性49人。坐过全部5艘航天飞机的只有斯托利·马斯格拉夫（Story Musgrave），参与飞行任务次数最多的是杰瑞·罗斯（Jerry Ross）和张福林（Franklin Chang-Diaz），两人都飞过7次。执行任务时年纪最大的是约翰·格伦，1998年，他乘坐发现号前去执行STS-95任务时已经77岁了，距离他代表美国完成首次环绕地球飞行已经过去了36年。

太空舱那样使用降落伞，而是可以凭借翅膀滑翔降落，就和普通的飞机一样。

NASA的航天飞机舰队成员包括哥伦比亚号、挑战者号（Challenger）、发现号（Discovery）、亚特兰蒂斯号（Atlantis）和奋进号（Endeavour），从1981年4月12日首次发射，到2011年7月21日最后一次着陆，其间一共执行了135次飞行任务，除了让宇航员们完成了许多次划时代的太空行走，它们也完成了许多次卫星发射、回收和维修工作，进行了一系列前沿科学研究，并建造了太空中最大的人工建筑国际空间站（International Space Station）。但在巨大成就的背后，也有悲剧发生：1986年1月28日，挑战者号在发射仅仅

亚特兰蒂斯号航天飞机从肯尼迪航天中心发射

73秒后发生解体，机上7位宇航员全部遇难；2003年2月1日，哥伦比亚号在返回地球时解体，7位机组人员同样未能幸免。

航天飞机是人类在航天飞行方面取得的又一个重大进展，不过和此前的阿波罗计划一样，其成本依然高得令人心痛，仅以2010年为例，每次任务据估算都耗费了约7.75亿美元。所以，尽管成就多多，这一计划还是难以为继。2011年7月21日，执行STS-135任务的亚特兰蒂斯号着陆，NASA的航天飞机计划就此告终。在计划期间，航天飞机的飞行总里程长达872,906,379千米，绕行地球21,152圈，总耗资据估算约为1137亿美元，约等于甚至略高于阿波罗登月计划。航天飞机虽已退役，但它们对科学发展的推动作用却不容小觑，许多我们今天离不开的科技和产品，比如太空毯、高营养婴儿食品、假肢、眼科激光手术、数码相机、太阳能板乃至便携式吸尘器，都源自人类对外太空的探索。

今日航天

如今，在星辰大海的征途上，不再只有俄罗斯与美国的身影。欧盟、印度、日本与中国都已拥有了各自先进的航天计划。2019年，中国的嫦娥四号探测器在月球背面着陆，这既是中国的一大创举，也是人类前所未有的成就。

与此同时，一些私人企业也加入了太空探索的队伍中。理查德·布兰森（Richard Branson）专门成立了维珍银河（Virgin Galactic）公司，旨在让普通人也能体验航天飞行。埃隆·马斯克（Elon Musk）的SpaceX公司也正在努力实现下一个宏伟的目标：把人类送到火星。

随着阿波罗计划的成功，登陆火星也成了航天人的话题，尽管相关技术挑战巨大，目前已有多个国家的宇航局和私人企业启动了相关工作。NASA已经公开宣布，打算在本世纪30年代将人类送至火星，只是具体日期尚未敲定。

出席SpaceX公司活动的埃隆·马斯克

维珍银河公司创始人理查德·布兰森在维珍飞船2号发布会上讲话

国际空间站

1869年，一位美国小说家在笔下描绘了一种可以绕着地球轨道飞行的"砖头月亮"（Brick Moon），里面有人值守，借此为地球上的海轮导航，这是人类首次关于载人空间站的构想。1923年，赫尔曼·奥伯特（Hermann Oberth）构思出了一种轮盘式设施，可以悬浮在太空里作为人类前往月球和火星的跳板，他在描述中首次使用了"空间站"（space station）这个词。1952年，韦纳·冯·布劳恩在《科利尔》杂志上发表文章，提出了自己对于空间站的想象，他脑海中的空间站直径76米，轨道距离地表应超过1600千米，公转时也必须自转，从而以离心力模拟地球上的重力。

1971年，苏联在首次将人类送入太空的10年后再次发力，成功发射了世界第一个空间站礼炮1号（Salyut 1）。美国在1973年也发射了自己的第一个空间站，名为天空实验室（Skylab），体积比苏联的更大，内有3名工作人员值守，但在1974年就将空间站弃之不用。苏联以及后来的俄罗斯则继续聚焦长期航天任务的发展，并于1986年发射了和平号（Mir）空间站的第一批舱段。

1998年，国际空间站（简称ISS）的前两个舱段成功发射，并在轨道上完成了组装，其他舱段很快跟进，2000年，首批工作人员正式入驻。

从2000年11月至今，国际空间站的使用从未间断。里面的工作人员来自多个国家，每次少则3人，多则6人，工作生活全在一起，同时还随着空间站以每秒钟8千米的速度飞行，每90分钟就会绕行地球一周——这等于在24小时里就要绕行地球16周，在一天之内经历16次日出日落。航天员们为了空间站的建设、保养、维修和升级，从1998年12月至今总共进行了216次太空行走（这个数还会持续增大）。幸运的话，你在地球上仅凭裸眼就可以看到空间站飞驰而过。

国际空间站总长109米，比一个美式橄榄球场（包含得分区）要短1码。站内设有6个睡眠区、2个卫生间和1个健身房（人体在微重力环境下容易发生肌肉萎缩和骨质疏松，作为预防，航天员每天至少要锻炼2小时），外加一个360°宇宙全景大飘窗！生活和工作空间加在一起，比一个6卧大别墅还宽敞。在国际空间站持续停留时间最久的航天员叫佩吉·惠特森（Peggy Whitson），截至2017年9月2日，他已经连续在那里工作生活了整整665天，真是不可思议！

正在国际空间站工作的航天员安妮·迈克兰（Anne McClain）与赛琳娜·奥侬-钱瑟勒（Serena Auñón-Chancellor）

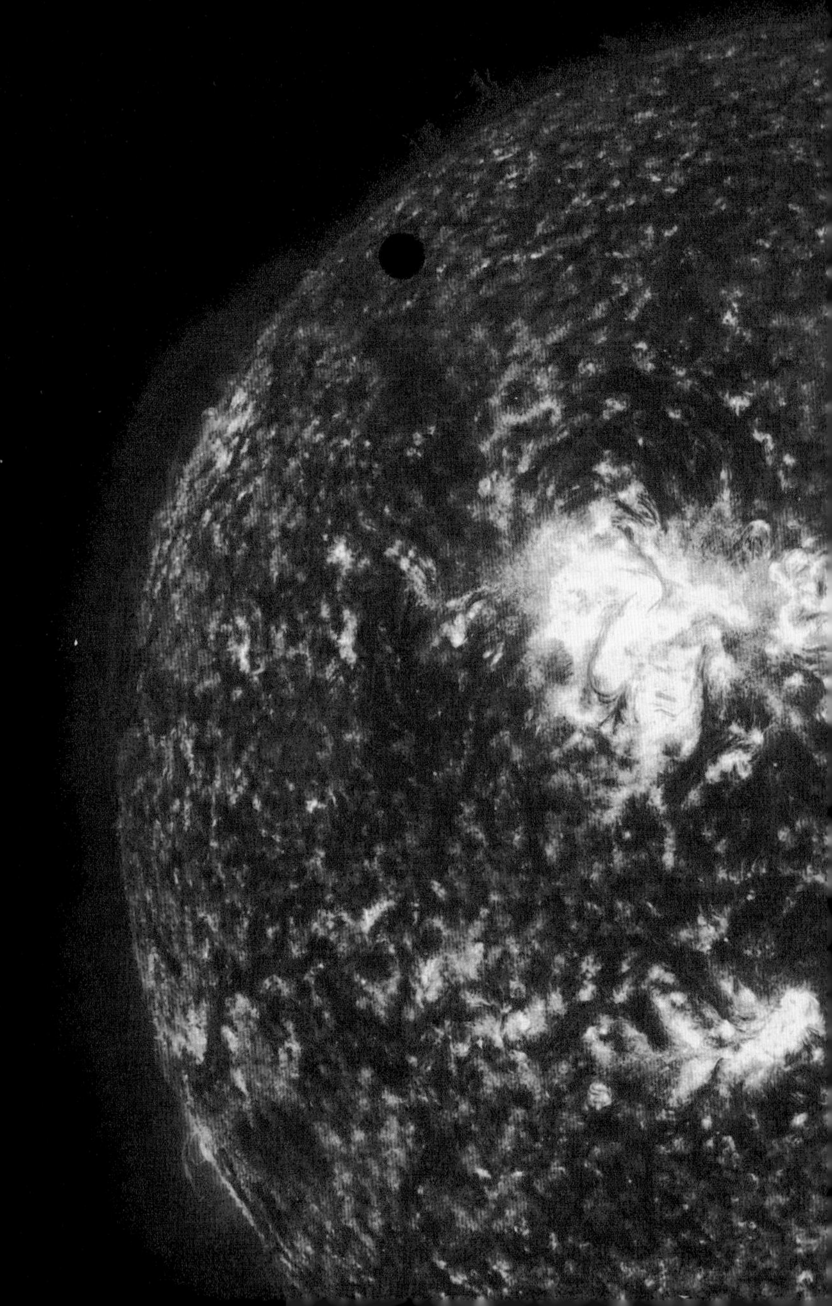

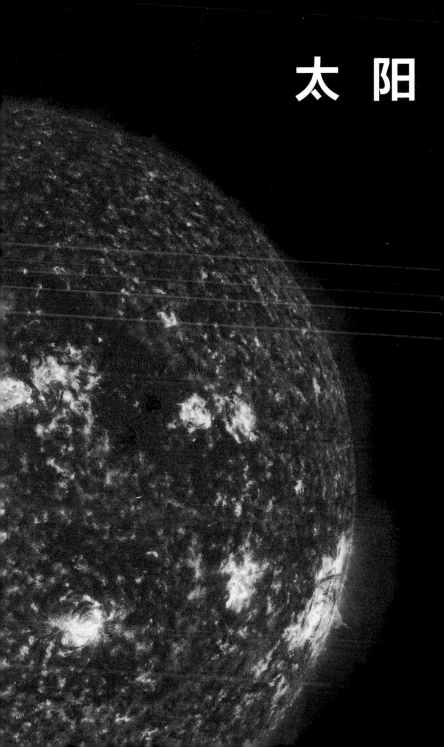
太阳

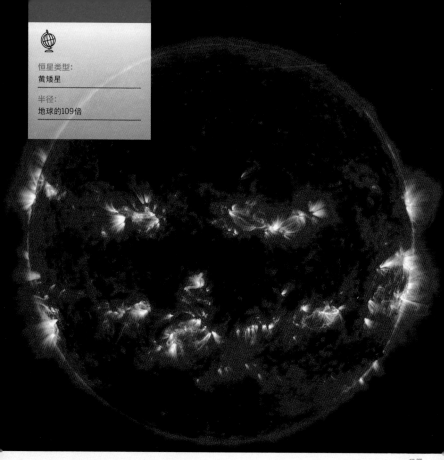

恒星类型:
黄矮星

半径:
地球的109倍

日冕

太阳速览

太阳属于恒星中的黄矮星,是一颗由发光气体构成的火球,位于我们太阳系的中心,也是我们人类的生命之源。

太阳以其自身引力将整个太阳系聚拢在一起,从最大的行星到最小的尘埃微粒,一切都围着它转。太阳上的电流形成了一个巨大的磁场,随着"太阳风"(自太阳向外喷射的带电气流)蔓延至整个太阳系。太阳与地球之间的关联与相互作用驱动着季节、洋流、天气、辐射带与极光的变化。没有太阳强烈的辐射

能,地球上就不会有生命的存在。

太阳不但是我们太阳系位置上的中心,更汇聚了整个星系99.8%的质量。它没有卫星和光环,却被8颗行星、至少5颗矮行星、数以万计的小行星和3万亿彗星围绕着,所有天体都在太阳引力的束缚之下。对地球来说,太阳或许显得非常特殊,但在银河系里,却散布着

数十亿这样的恒星。

2018年11月，NASA的帕克太阳探测器（Parker Solar Probe）首次飞临太阳，与太阳表面的最近距离达到了破纪录的2400万千米。随着速度不断增加，它与太阳的距离将越来越近，这个纪录也将被持续打破，直到探测器到达69万千米/小时的极限速度（相对太阳而言）。到目前为止，在已经抵达的最新近日点上，飞行器已经受住了612℃的高温考验。科学家给帕克号设计了一个防热罩，用以抵御太阳强烈的辐射，还安装了各种自动化系统，让探测器无须地球指令就可以保证自己的安全，其中就包括可自动回缩以调节温度的太阳能板。

地日平均距离：
1天文单位

距离银河系中心：
2.6万光年

临近区域：
猎户座旋臂

自转周期：
赤道地区25个地球日，两极36个地球日

大气层成分：
氢气、氦气

© COURTESY NASA/BILL INGALLS

帕克太阳探测器发射升空

重要提示

出发前往太阳之前，记得把珠宝首饰留在家里。太阳表面温度虽然远比不上核心温度（相差1500万摄氏度），也有大约5500℃，钻石到了那里就不是熔化的问题了，而是会直接气化。

到达和离开　

如果乘坐我们熟悉的交通工具前往太阳，你将领会到"长途旅行"的全新含义。按照现代大型客机每小时885千米的平均巡航速度计算，从地球到达太阳外围需要19年。另外，用脚想都知道，机舱里绝对闷热难耐……

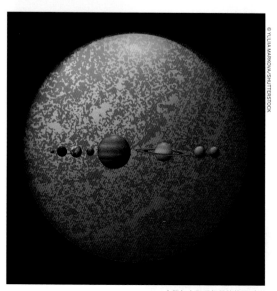

太阳与太阳系行星的体积对比

半径：
地球的
109倍

质量：
地球的
333,000倍

体积：
地球的
130万倍

表面重力：
地球的
28倍

平均温度：
地球的
171倍

表面积：
地球的
11,917倍

表面气压：
地球的
1/1000

密度：
地球的
25%

公转速度：
约地球的
7倍

轨道半径：
没有数据

太阳简报

就恒星而言，我们的太阳不算特别大。许多恒星都明显比它大，还有的甚至将它比成了"小矮人"——宇宙中已知最大的恒星大犬座VY（VY Canis Majoris），半径是太阳的1420倍。尽管如此，太阳依旧举足轻重。比起我们的行星家园，它依旧是个庞然大物：就质量而言，332,946个地球才能抵得上一个太阳；就体积而言，它能装下130万个地球。

太阳与地球之间的距离约1.5亿千米，这个距离被定义为1天文单位（astronomical unit，简称AU）。距离太阳最近的恒星是半人马座α，这是个三星系统（对，就是你读过的《三体》），其中的比邻星（Proxima Centauri）

离太阳4.24光年，另两颗半人马座αA和B环绕彼此运行，离太阳4.37光年。1光年即光在一年内移动的距离，约合9.46万亿千米。

太阳及环绕它运行的一切天体都属于银河系。确切地说，太阳位于银河系的一条"旋臂"里。这条旋臂被称为猎户座旋臂（Orion Spur），起点是银河系公认的星系中心人马座A*（Sagittarius A*）。太阳带着它所有的行星、小行星、彗星以及其他天体，一同围绕这个中心旋转。太阳系的平均公转速度是724,000千米/小时，即便快成这样，环绕银河系一整圈也要大约2.3亿年。

除了围绕银河系中心公转，太阳本身也自转，其自转平面与太阳系行星的公转平面呈7.25°夹角。另外，因为太阳并非固态，不同位置的自转周期也不相同，赤道附近约25个地球日，两极约36个地球日。

和其他恒星一样，太阳是一个由气体构成的大球，就元素而言，91%是氢，8.9%是氦；就质量而言，70.6%是氢气，27.4%是氦气。

如此巨大的质量能被牢牢地束缚在一起，依靠的是太阳引力，引力又在太阳内部产生了难以想象的压力与温度。从结构上看，太阳可以分为内外共六层，内三层从里到外分别是日核（core）、辐射层（radiative zone）和对流层（convective zone），外三层就是太阳可见的表面，从里到外依次为光球层（photosphere）、色球层（chromosphere）和最外圈的日冕层（corona）。

日核部分的温度约为1500万摄氏度，足以支持热核聚变反应。在这个反应过程中，原子结合成较大的原子，释放出惊人的能量。最重要的是，太阳的氢原子正是在这里转化成氦原子的。

日核是太阳的能量之源，太阳所散发的热与光全都来自于此。日核的能量以辐射的形式向外释放，在辐射层内弹来弹去，大约要花费17万年才能抵达对流层顶部。在对流层，温度降到了200万摄氏度以下，高温等离子大气泡（就像一碗电离原子汤）开始往上层移动。太阳表面，也是我们能看到的部分，温度约为5500℃。但不同区域的温度也不尽相同，比如，我们可以在太阳表面看见较暗的太阳黑子，那是磁场活动极其剧烈的区域，可能发生强烈的磁暴。

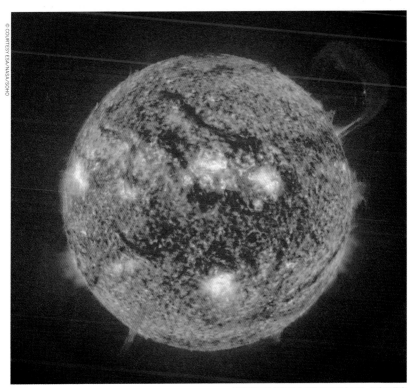

温度相对较低的高密度等离子形成日珥，悬在日冕中

大气层

和近日轨道上那几个类地行星不同，太阳没有固态表层，所以主体与大气层之间并没有明确的界限。通常，我们认为光球层、色球层和日冕层共同组成了太阳相对偏薄的大气层。光球层厚度为483千米，那里是太阳辐射向外逃离的区域，越往外温度越高。从光球层逃出来的辐射就是我们所谓的太阳光，历时约8分钟即可抵达地球。黑子、耀斑等著名的太阳表面特征，都发生在太阳大气层里。

日全食发生时，光球层完全被月球遮挡，色球层看上去就是一个围绕太阳的红圈，同时，日冕层的等离子体流向外流动，每一道都呈现出内宽外窄的花瓣形态，组合成一顶美丽的白色王冠。

有趣的是，虽说越往外离日核越远，太阳的大气层温度却是越往外越高。日冕层的温度可达数百万开尔文，只是热量来源至今仍是未解之谜。

生命之源

太阳本身绝不可能存在生命，不过，若没有太阳提供的能量，太阳系也就没有了生命。阳光是地球上无数有机体得以构建的基石之一，这些有机体又转而成了食物链的原点。

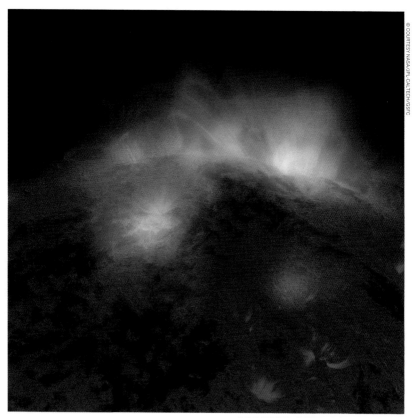

核分光望远镜阵列拍摄的正在逃离太阳的X射线流

日球层

太阳内的电流创造出复杂的巨大磁场，并向外扩展，形成行星际磁场。我们把受到太阳磁场控制的宇宙空间称作日球层（Heliosphere）。

太阳磁场借助太阳风（自太阳向四面八方逃逸的带电气流）扩展到整个太阳系。由于太阳的自转作用，磁场也随之旋转，形成一个巨大的螺旋体，也就是"帕克螺旋"（Parker spiral，得名自天体物理学家、太阳风的发现者尤金·帕克）。

不过，太阳并非始终如一。事实上，它有自己的活动周期。大约每隔11年，太阳的南北磁极就会翻转。届时，平常比较安静的光球层、色球层与日冕层都会变得极其活跃。这个时期被称为太阳峰年（solar maximum），其间种种现象统称为太阳风暴（solar storm），大略可以分为太阳黑子、太阳耀斑和日冕物质抛射几种。这类"太空天气"现象都是太阳磁场的不规则变化导致的，过程中释放出大量的能量与粒子，其中一些会到达我们的地球上，可能损坏卫星、腐蚀管道、影响电网。

大球长尾巴

日球层范围极广，最远可达太阳以外177亿千米处，大致呈球形，却拖着一个类似彗星的尾巴。日球层的外侧边界被称为日球层顶（heliopause）。

© COURTESY NASA/GSFC/SOLAR DYNAMICS OBSERVATORY

NASA太阳动力学天文台生成的日球层图像

太阳耀斑观测指南

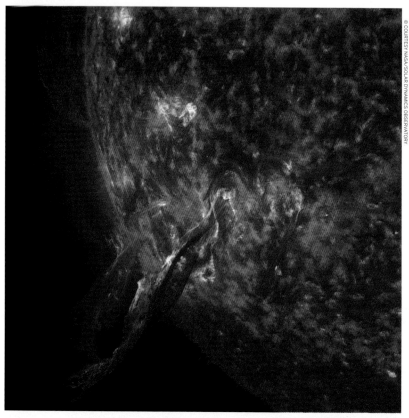

© COURTESY NASA/SOLAR DYNAMICS OBSERVATORY

2014年11月1日发生的一次无黑子耀斑，持续时间3小时

太阳耀斑是太阳上发生的大爆炸，将能量、光与高速粒子释放到宇宙中，常与被称为日冕物质抛射（coronal mass ejections，简称CMEs）的太阳磁场风暴伴随发生。除了这些最常见的太阳活动外，太阳还会向外发射被称为太阳高能粒子（solar energetic particle，简称SEP）的高速

质子流。还有一类太阳风的异常活动名叫共转相互作用区（corotating interaction regions，简称CIRs）。这些太阳活动都可能引发地球的"地磁暴"，足够猛烈的话，短波无线通信、GPS信号和电网都会受到干扰。

美国国家海洋和大气管理局已经给太阳耀斑制定了

分级标准，类似描述地震强度的里氏震级。根据太阳耀斑的强度，共分5级，依照A、B、C、M和X逐级增强，相邻两级所代表的能量相差10倍，也就是说，X级耀斑能量为M级的10倍，是C级的100倍。此外，每个大级别内又可分为1~9级。

太阳耀斑分级

A级和B级耀斑

强度最低的耀斑，对地球不会产生任何影响，自然也最难观测到。

C级耀斑

C级耀斑要比A级和B级强烈很多，但仍然不足以对地球产生明显的影响。

M级耀斑

要小心了，它们曾导致地球极地地区无线电通信短暂中断，引发过轻微的辐射风暴，还可能对宇航员造成伤害。

X级耀斑

耀斑中的"战斗机"，强度最高。由于可能出现能量超过X1级耀斑10倍以上的情况，这一级别的分等可以使用9以上的数字。

用现代技术测量到的最强太阳耀斑发生在2003年的太阳峰年。它的能量实在太过霸道，传感器测到X15级的时候就被烧爆了，根据某些科学家的估算，其真正等级有可能达到X45级。迄今为止，所有X级耀斑都是太阳系内最剧烈的爆炸，景象非常壮观。耀斑的产生源于太阳南北磁极的翻转，届时，磁场交错，磁力线重新连接，磁力圈的半径可能达到地球的数十倍，自太阳向外跃出，其间释放出来的能量，堪比10亿颗氢弹爆炸的威力。

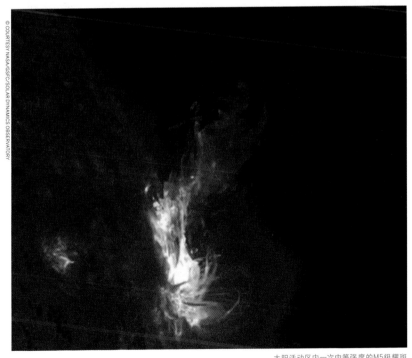

太阳活动区内一次中等强度的M5级耀斑

历史

太阳乃至整个太阳系都是在约46亿年前由一个气体和宇宙尘埃构成的旋转云团（即太阳星云）中形成的。由于引力太大，星云发生坍缩，旋转速度越来越快，最终被甩成了盘子形。其中绝大多数物质都被拉到中心，集结成了我们的太阳，只有0.2%的质量留给了太阳系其他所有天体。科学家预测，今天的太阳即将步入生命旅程的中点，并估测其状态在此前40亿年里并未发生太大的变化。自诞生至今，太阳

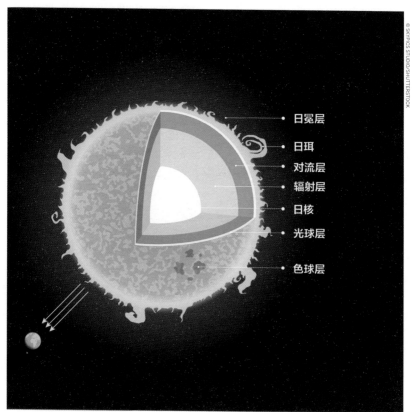

- 日冕层
- 日珥
- 对流层
- 辐射层
- 日核
- 光球层
- 色球层

太阳结构剖面图，从活跃的日冕层、色球层至高压的日核

一直扮演着太阳系发电站的角色，源源不断地输出能量，虽然就恒星而言这很平常，但在我们人类看来绝对震撼无比。简单地讲，太阳就是一个大型核反应堆，每秒钟能以核聚变的方式把大约6亿吨氢气转化成氦气，其间有400万吨的物质被转化成能量，以光和热的形式释放出来。尽管速度很慢，但日核内部的氢核聚变反应正在减弱，根据理论模型推算，在未来50亿年内，日核的温度与密度会发生明显增加，外层会持续扩张，最终让太阳变成一颗红巨星。这对它身边的那些行星邻居来说可不是好消息，水星、金星乃至地球，都可能会被变大的太阳吞掉。最终，太阳会从红巨星变成白矮星，密度更大，温度逐渐降低，不再产生能量，却仍然可以依靠曾经的太阳活动发光发热。

太阳观测史

公元前467年

古希腊哲学家阿那克萨戈拉（Anaxagoras）对太阳的观测结果中就有了我们今天所说的太阳黑子等各项特征的记载。

公元前28年

中国古代的天文学家记录下了太阳黑子的存在。

公元150年

古希腊学者托勒密（Claudius Ptolemy）撰写学术著作《至大论》，正式提出了以地球为中心的太阳系结构理论。直到16世纪，这一观点一直占据主流地位。

1543年

哥白尼（Nicolaus Copernicus）发表《天体运行论》，提出了以太阳为中心的太阳系模型，是为"日心说"。

波兰天文学家哥白尼

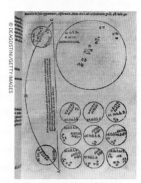

伽利略的太阳黑子观测记录

1610年

意大利天文学家伽利略与英国数学家托马斯·哈里奥特利用望远镜，分别首次正式观测到了太阳黑子（两人的眼睛也都因此遭了殃）。据现藏于大英图书馆的"太阳黑子书信集"，伽利略直到1609年才听说有望远镜这种东西。促使他写下这些著名书信的，是一位名叫克里斯托弗·施内（Christoph Scheiner）的耶稣会数学家在1611年3月发布的观测结果。1612年，施内发表不同意见，认为太阳黑子事实上是太阳的卫星。伽利略对此并不认同，在经过进一步观察后，于1613年正确推断出，太阳黑子就是太阳本身表面的斑块。

伽利略还确定了一个推论：太阳黑子的位置在移动，由此可知，太阳一定在进行自转运动。借助更先进的技术，当代天文学家已经确认，太阳黑子的长短周期变化与太阳磁场活动水平的增长有关。

流行文化中的太阳

许多古代文明都反映了人类试图理解太阳的本能需求。比如玛雅人于1000~1200年在今墨西哥地区建造的库库尔坎金字塔[Kukulkan Pyramid，通常被称为卡斯蒂略（El Castillo）]。这座金字塔将近23米（75英尺）高，每到春分、秋分两天，就会上演一场精彩奇妙的光影秀，而金字塔的西北角和西南角能够分别精确指向夏至、冬至太阳升起和降落的方向。美国新墨西哥州的法加达岩山（Fajada Butte）在阳光的照射下能够投射出闪耀的"太阳匕首"（sun dagger），以此为指针，借助精巧的螺旋形岩画，阿纳齐族原住民（Anasazi）能够跟踪记录下全年的太阳位置变化。此外，夏至日是解读英格兰巨石阵（Stongehenge）的关键，而如今的纽约人每年也有两次机会为阳光普照曼哈顿街道的"曼哈顿悬日"（Manhattanhenge）现象欢欣鼓舞。

古埃及神话中的太阳神拉（Ra）在众神之中地位最为尊崇，乃万物之父，为供奉拉而修建的卡尔纳克神庙（Karnak Temple）十分恢宏，内有巨大的石柱，可以与阳光和谐共舞。在后世的艺术与文化中，太阳与太阳活动几乎可以用来隐喻人类生活的方方面面。文学方面，以太阳为主题或题目的小说、诗歌数不胜数。音乐方面，从摇滚巨星吉姆·莫里森（Jim Morrison）到作曲家爱德华·格里格（Edvard Grieg），

为冬至日而建的供奉太阳神拉的卡尔纳克神庙

每个门类的音乐人也都从太阳那里获得过灵感。

影视方面，自1941年超人首次登上银幕（漫画首秀三年之后）以来，太阳就是他的能量之源。事实上，在大多数太空主题的电影里，太阳都扮演着温暖的配角。当然，丹尼·博伊尔（Danny Boyle）的《太阳危机》（Sunshine；2007年）是个例外，那一次，太阳以将死的状态出任反派，意图将地球打入永恒的冰冻深渊，一队宇航员为了拯救人类飞了过去，最终不出所料地利用一颗炸弹将太阳重新点燃。此外，太阳也深受世界各地广告公司的青睐，从加利福尼亚州葡萄干盒子上的阳光少女，到澳大利亚诸多银行的标志，太阳的身影无处不在。

人群会聚曼哈顿欣赏落日

此太阳，
彼太阳

流行文化中涉及太阳的作品比比皆是，其中一些任意将其作为生命最高主宰的形象加以发挥，却绝少考虑这颗巨大黄矮星复杂的科学性。在此，我们给出了几个例子，并思考和呈现太阳在其中的意义。

这部海明威的小说书名富有感染力，是众多以太阳为题的作品之一

《太阳照常升起》（*The Sun Also Rises*）——海明威

严格地讲，在1926年小说面世时，这只是它的副标题，至少在英国是这样，当时的书名叫《狂欢节》（*Fiesta*），直指故事的重头戏场景潘普洛纳（Pamplona）奔牛节。太阳在故事中频频现身，主人公杰克流浃背坐在公汽车上的场景尤其令人印象深刻。除了太阳，书中的温暖元素还来自当地的葡萄酒，里面的人几乎顿顿饭都离不开它们。

《等待太阳》（*Waiting for the Sun*）——大门乐队

这是乐队第三张专辑的名字——其中《五比一》（*Five to One*）、《无名士兵》（*The Unknown Soldier*）知名度最高，当然还有专辑同名歌曲，这首同名歌曲也是随后发行的专辑《莫里森酒店》（*Morrison Hotel*）中的一首，它散发着强烈的太阳气质，歌词处处回响着古人对太阳赋予万物生命之能的智慧理解："感觉到了吗？春天已经来了/阳光下的日子

就要到了。"

《电视里阳光永远灿烂》（*The Sun Always Shines on TV*）——啊哈乐队

这是20世纪80年代挪威流行音乐传奇风靡全球的大热单曲。此前，乐队首次在美国发行的单曲《带上我吧》（*Take on Me*）就成功登上公告牌排行榜。这首歌的主题是少女与少年的爱情，唯一的小麻烦在于，她是人类，而他却是卡通人物。"相信我，"主唱莫顿·哈克特（Morten Harket）颤声唱出，"电视里阳光永远灿烂"。太阳之能尽在于此。

《半轮黄日》（*Half of a Yellow Sun*）——阿迪奇埃

小说以20世纪60年代内战时期的尼日利亚为背景，对殖民统治下的非洲做出了强有力、多层面的批判，睿智的政治分析与痛苦的人生起落交相融合，备受好评，获得了包括2007年橘子文学奖在内的无数赞誉。书名指的是内战的

一方"比亚法拉共和国"的半日旗。

《日之东，月之西》（*East of the Sun and West of the Moon*）——凯·尼尔森

凯·尼尔森为这部1914年出版的经典挪威民间故事集所作的插画被认为是插画的黄金时代巅峰之作。书中所收同名故事讲述了农家少女解救被邪恶继母囚禁在城堡里的王子的故事，这座城堡位于"日之东，月之西"。可见古人对于天体的理解已经渗透到了世界各国的神话体系当中。

"比亚法拉共和国"的半日旗

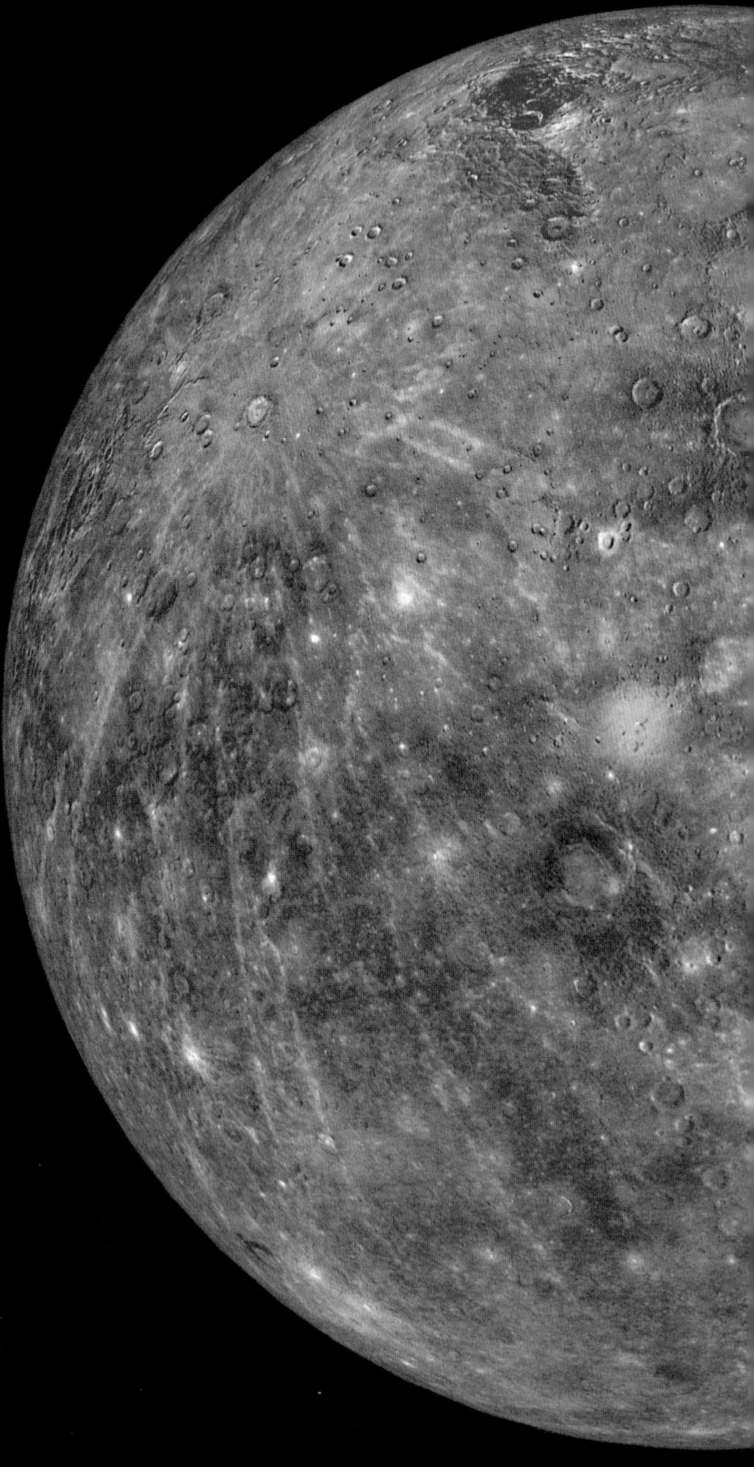

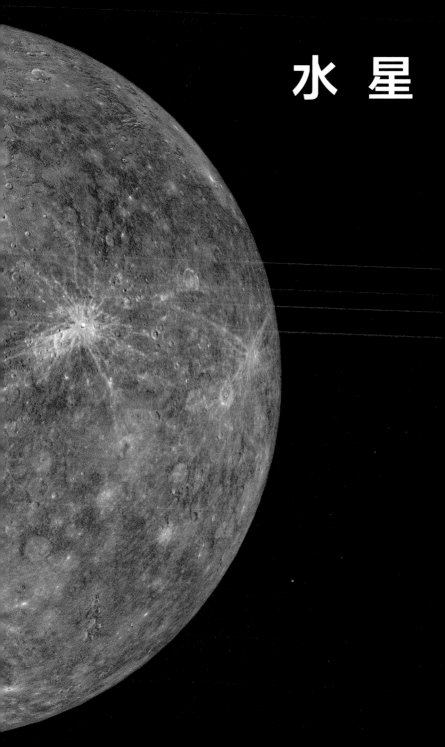

水 星

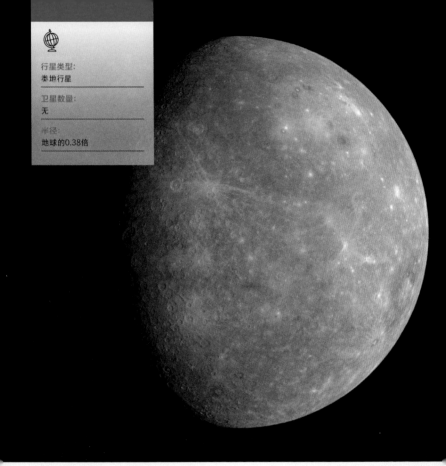

行星类型:
类地行星

卫星数量:
无

半径:
地球的0.38倍

水星表面疤痕累累，都是陨石造成的撞击坑

水星速览

水星是太阳系最小的行星，只比地球的卫星月球稍大一点儿，也是离太阳最近的行星，还是运行速度最快的行星，每88个地球日就能环绕太阳一周，换算过来，每秒钟可以在太空中移动近47千米。

论体积，水星远小于太阳系其他行星，但论速度，完全可以排在八大行星之首，其英文名"墨丘利"本就是古罗马神话中跑得最快的神，因此可谓实至名归。水星半径2440千米，仅比地球半径的三分之一略大，与太阳之间

的平均距离是5800万千米，大约等于0.4天文单位——1天文单位等于地球到太阳的距离，也就是1.5亿千米。就这一距离，太阳光照到水星上需要3.2分钟。从水星表面看太阳，比从地球上看到的要大出3倍还多，亮度也足有

地球上的11倍。水星的轨道偏心率很高，是所谓的椭圆轨道，近日点距离为4700万千米，远日点距离则为7000万千米。这听起来好像挺远的，但事实上连日地平均距离的一半都不到。尽管离太阳很近，但水星的大气层很稀薄，所以它并不是太阳系里最热的星球，它的邻居金星才是。

信使号探测器利用GRNS设备（即γ射线和中子光谱仪）拍摄的水星图像

距离太阳：
0.4天文单位

太阳光到达水星所用时间：
3.2分钟

自转周期：
59个地球日

公转周期：
88个地球日

大气层成分：
钠、氢、氦、钾和氧，含量不稳定

重要提示

去水星旅行不用担心带的衣服不应季，因为它上面根本就没有季节之分。水星的自转轴倾角只有2°，这意味着它几乎是直着身子在太阳身边转圈的，这样的星球是不会存在季节交替的。

到达和离开

水星爱好者们都知道，前往那里的交通方式并非只有一种。高端游客不妨搭乘有史以来最快的航天器新视野号（New Horizons），短短40天即可到达——只不过新视野号目前是往反方向飞的，你得先让它掉个头才行。经济型游客可以选择信使号探测器，票价含飞掠水星轨道，但花的时间要长一点儿。一点儿是多少？1220天。另外还要注意，这个探测器在燃料耗尽后是会坠毁在水星表面的，所以快没油了就赶紧跑！

精美的日出水星渲染图

行星简报

水星是太阳系里密度第二大的行星，仅次于地球。其行星核巨大，核半径大约是行星半径的85%，富含金属。有证据表明其行星核处于部分熔融的状态或半液态。水星的外壳——相当于地球的地幔和地壳——厚度只有400千米左右。由于大气层太稀薄，无法起到保护作用，水星表面和月球表面一样，有许多流星和小行星撞击留下的撞击坑。

水星表面没有水，行星壳铁含量高，质地脆，在人类眼中，大多数区域都呈灰棕色，上面还有一些清晰可辨的明亮条纹，叫辐射纹，是天体撞击水星表面造成的。由于撞击所释放的能量极大，不但地面被砸出个大坑，撞击点下方的

岩石也被砸得碎块四射，飞出老远，在水星表面留下了这种辐射状的痕迹，又因为岩石碎块颗粒很小，反照率更高，所以条纹看起来更亮。只不过身处这样的宇宙环境，宇宙尘埃的冲击和太阳风粒子的作用会使这些条纹随着时间推移慢慢淡化。

水星表面的特征虽然不算特色十足，但它们的命名却是剑走偏锋。太阳系里大多数撞击坑都被冠以庄重严肃的拉丁名，可水星上的撞击坑名字都取自艺术家、作家和音乐家，从儿童作家苏斯博士（Dr Seuss），到先锋舞蹈家艾文·艾利（Alvin Ailey），形形色色的文艺名人都"留名"水星。

水星还有其他的奇特之处。当水星沿着其椭圆形轨道运行在近日点前后时，随着

半径：
地球的
38%

质量：
地球的
5.5%

体积：
地球的
5.6%

表面重力：
地球的
38%

平均温度：
比地球高约
152℃

表面积：
地球的
14.7%

表面气压：
地球的
千万亿分之一

密度：
地球的
98%

轨道速度：
地球的
1.6倍

轨道半径：
地球的
39%

它的自转而产生的日出与日落与大多数其他行星上的日出日落大相径庭。在水星表面某些区域，日出时太阳升起不久就会落下，随后重新升起；在另一些区域，日落时太阳落山不久又返升而起，随后再次落下。水星上的一个太阳日（solar day；也就是行星完成一昼一夜的完整循环）等于地球上的176天，而水星的公转周期——也就是所谓的"一年"——才88个地球日，言外之意，水星上的"天"比"年"长，"一天"等于"两年"。

磁层

与其赤道相比，水星的磁场存在偏离，也就是说其磁场中心并没有落在行星内核上。产生这种偏离的原因尚不清楚。另外，水星表面的磁场强度只有地球的1%，但它偶尔会与太阳风里的带电粒子相互作用，形成强烈的磁旋风，把太阳风里的等离子体引向行星表面。在撞击表面的时候，带电粒子会不断把不带电的原子撞起，高高地抛向空中。

散逸层

水星的大气层太过稀薄，算不上是大气层，应该叫散逸层，由被太阳风吹离行星表面或因流星撞击而散射出的原子构成，主要就是氧、钠、氢、氦和钾几种原子。

极限挑战

水星表面温度要么极高，要么极低。白天温度高达430℃，但是因为只有散逸层，日落后这些热量就几乎全都散到太空中去了，温度陡然降至−180℃。好凉爽！

冰火两重天

波多黎各的阿雷西博天文台（Arecibo Observatory）通过地面射电望远镜，在水星南北两极地区深深的撞击坑里探测到了水冰存在的证据。只不过，水星上的水冰只能存在于常年不见太阳的阴影里，只有足够阴凉，它们才可能不被日照区域的极端高温融化掉。

水星南半球表面撞击坑特写图

水星和太阳系其他行星一样,大约形成于46亿年前。它是由气体和尘埃在引力的吸引下聚合而成的一颗小型行星,属于类地行星,由行星核、岩石行星幔和坚固的行星壳构成。在诞生后不久,水星表面遭到了小行星的冲撞,留下了卡路里盆地(Caloris)、拉赫玛尼诺夫撞击坑(Rachmaninoff)等非常大的撞击坑。除了这种比较平坦的大盆地,水星上还有一些长长的峭壁,叫作叶状悬崖(lobate scarp),究其成因,是在水星形成后的几十亿年内,随着内部温度冷却,行星开始收缩,半径缩小了1600米,行星壳因此发生断裂,从而形成了这些峭壁。

水星的密度在太阳系行星中排名第二,仅次于地球。但由于水星上缺乏引力压缩(gravitational compression,即重力作用于物体的质量,使其压缩、变小并密度变大的一种现象),因此若是抛开两者的重力影响不计,那么

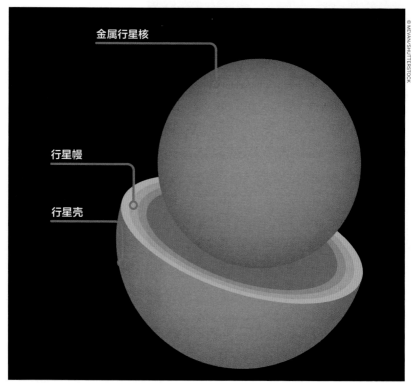

金属行星核

行星幔

行星壳

© MEVAN/SHUTTERSTOCK

水星的行星核在行星总体积中的占比很高

水星的密度可能比地球的密度还大。这为科学家们提供了重要信息，他们由此推断水星核心是由高密度物质组成的，包括大量的铁物质。水星的核心估计占到了水星总体积的一半以上，在55%左右，这个比例要远远高于地核在地球的体积占比（17%）。水星核心被行星幔和行星壳层层包裹在内。地球的地壳与水星的行星壳虽然主要成分大相径庭，但是厚度相当。

探索水星

因为水星距离太阳很近，体积又小，常常隐身于太阳强烈的光线中，从地球上很难直接观测到，黎明、黄昏之际的观测条件最好。尽管如此，它仍然没有逃过人类的法眼，兴致勃勃的观测者们能够从地球上看到水星掠过太阳表面的景象，也就是所谓的"水星凌日"，这个现象每100年大约会出现13次，许多天文爱好者对此都是翘首以盼。

首个飞掠水星的探测器是水手10号（Mariner 10），它拍摄了水星表面45%区域的图像。信使号探测器从2008年起先后3次飞掠水星，环绕水星4年，完成了对剩余区域的拍摄，随后燃料耗尽，坠毁于水星表面。

探索时间表

1609年

英格兰的托马斯·哈里奥特与意大利科学家伽利略分别通过望远镜观测到了水星。但事实上，水星在古代便已被发现，只不过它一直被视为一颗流浪的恒星。早在公元前14世纪，亚述的天文学家就留下了水星的观测记录，比希腊人还早了不少。

1631年

法国哲学家皮埃尔·伽桑迪（Pierre Gassendi）利用望远镜观测到了水星凌日。

1965年

天文学家通过地面雷达发现，水星每绕行太阳两圈，会完成三圈自转。而在此前的数百年间，人们认为水星始终只有一面朝向太阳。

1974~1975年

水手10号探测器三次飞掠水星，拍摄下了水星表面将近一半的区域。

1991年

科学家利用射电望远镜发现水星极地地区长期处于阴影中的撞击坑里存在水冰。

2008~2009年

信使号探测器三次飞掠水星，完成了对水星表面的拍摄。

2011年

信使号开始进入水星轨道执行任务，其间传回了大量珍贵图片和有关行星构成的数据，做出了许多重要的科学发现。

2015年

根据设计，信使号在耗尽燃料之后坠毁在水星表面，正式结束了探测任务。

环绕水星轨道运行的信使号（艺术渲染图）

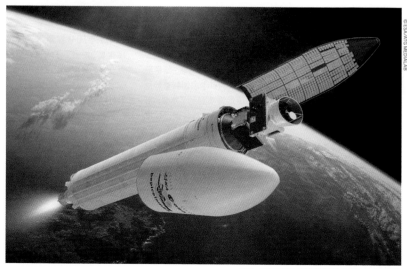

贝皮·科伦布号从阿丽亚娜5号火箭分离的示意图

贝皮·科伦布号

2018年10月，贝皮·科伦布号探测器发射升空，开始执行欧洲航天局（简称ESA）与日本宇宙航空研究开发机构（简称JAXA）合作开展的水星探索任务。"贝皮·科伦布"指的是意大利帕多瓦大学的教授朱塞佩·科伦布（Giuseppe Colombo；1920~1984年；"贝皮"是他的昵称），正是他率先发现水星之所以每环绕太阳两圈就可以自转三圈，是因为受到了轨道共振的影响。航天科学家们认为这是史上最具挑战的行星探索任务之一，因为水星距离太阳太近，探测器必须要与太阳强大的引力场相抗衡才能维持既定轨道，也必须要能经受住太阳辐射的摧残。预计2025年末，探测器将抵达

水星，接着将在350℃的极端温度条件下连续工作一年，随后还可能再延期一年。它收集的数据将为我们推断太阳系的形成提供重要线索，这是从地球上进行远距离观测完全不可能做到的。

除了水星的构成以及历史，贝皮·科伦布号所收集的信息还将让我们更清楚地了解带内行星（即介于火星和木星轨道之间的小行星带内侧、靠近太阳的行星）的构成和历史。贝皮·科伦布号探测器由两个独立的轨道飞行器（也就是进入太空轨道的探测器）组成，一个叫水星行星轨道器（Mercury Planetary Orbiter，简称MPO），由欧洲航天局负责建造；一个叫水星磁层轨道器（Mercury

Magnetospheric Orbiter，简称MMO），由日本方面负责建造。前者用以研究水星的表面及内部构成，后者用以研究水星的磁层，也就是行星周围以该行星磁场为主的区域。

贝皮·科伦布号任务耗资20亿美元，时间跨度非常久，会进行数次近飞探测，除了水星，还包括两次金星和一次地球近飞探测。执行任务期间，探测器将进入一个漫长的"巡航"阶段，用以对抗太阳引力，从而稳定在水星轨道上。此外，贝皮·科伦布任务还计划通过精确计算探测器的轨道和位置，来验证爱因斯坦相对论。这一定程度上基于对水星轨道的推断：根据相对论，水星轨道的变化是因为太阳造成了其周围的时空弯曲。

流行文化中的水星

这是太阳系里最小的行星，却是人类集体想象中的一颗巨星。其英文名"Mercury"，指的既是古罗马神话中行走如飞的传信使者墨丘利（其前身是希腊神话中的赫尔墨斯），也是一种广泛存在的金属——水银（即元素周期表里的汞）。多年来，水银（因其受热快速膨胀的特性）被用作温度计的主要成分，考虑到这颗离太阳最近的行星快速运行的特点，两者同名也就理所当然了。水星是许多科幻作家的灵感来源，它在雷·布拉德伯里（Ray Bradbury）、C.S.刘易斯（CS Lewis）、亚瑟·查理斯·克拉克（Arthur C Clarke）和H.P.洛夫克拉夫特（HP Lovecraft）等人的作品中皆有亮相，在艾萨克·阿西莫夫（Isaac Asimov）的作品中更是反复登场，其中最出名的是《我，机器人》（*I, Robot*）——一个能够抵御太阳强烈辐射的机器人的故事。

电视电影剧作家也觉得，一个离太阳这么近的星球更容易让他们写出精彩的故事。2001年在尼克儿童频道播出的动画片《外星入侵者Zim》（*Invader Zim*; 2001年）中，水星被火星人改造成了一架巨型飞船的样机。在2007年的电影《太阳浩劫》（*Sunshine*）中，伊卡鲁斯二号飞船为了与之前的伊卡鲁斯一号会合而选择进入水星轨道。

英国作曲家古斯塔夫·霍尔斯特（Gustav Holst）曾创作了管弦乐组曲《行星组曲》，其中关于水星的乐章很短，只有4分钟多一点儿，用以表现水星公转周期之短。在比尔·沃特森（Bill Watterson）创作的人气漫画《凯文的幻虎世界》（*Calvin and Hobbes*）中，主人公凯文与同班同学苏西共同完成了一场关于水星的课堂报告，只不过凯文的介绍里面存在不少问题，他说："水星的名字来自墨丘利，他是罗马神话里的一个神，脚上长着翅膀，是鲜花与花束之神，所以才被FTD（美国著名花艺公司）注册成了商标。

为什么用这么个家伙的名字命名一颗行星，我实在是想不通。"

凯文想不通，但一个叫法露克·布勒萨拉（Farrokh Bulsara）的音乐人似乎想通了，所以就把水星这个名字放进了自己的艺名里。他就是大名鼎鼎的皇后乐队主唱弗雷迪·墨丘利（Freddie Mercury）。另外，英国和爱尔兰还设立了一个一年一度的水星音乐奖（Mercury Prize），用以奖励年度最佳专辑，只不过该奖项的名字源于其曾经的一位赞助人，与皇后乐队那位墨丘利无关。

© FREDERICO MENDES/IMAGES/GETTY IMAGES

正在演出的皇后乐队主唱弗雷迪·墨丘利

水星亮点

卡路里盆地

1 卡路里盆地形成于近400万年前，本身是一个巨大的撞击坑，规模在太阳系里也可算非常巨大。直到最近，人类才意识到其总面积到底有多大，其中包括浅层岩浆运动形成的奇绝的熔岩流。缔造了这一地貌的那块岩质天体，直径据估算至少也有100千米。

潘提翁槽沟

2 独一无二的地貌：中央一个凹陷坑，四周呈放射状分布着一系列细小的槽沟，因而最初被称为"蛛网坑"，现在名字里的"潘提翁"指的是古罗马的万神殿。

拉德特拉迪盆地

3 水星上较为年轻的地貌特征之一，直径263千米，规模对行星撞击坑来说绝不算大，但里面却有独特的岩层结构。

拉赫玛尼诺夫撞击坑

4 这是水星上的最低点，得名自俄罗斯作曲家谢尔盖·拉赫玛尼诺夫，里面隐藏着水星火山运动留下的线索，具有极高的科学价值。

卡路里山脉

5 这一系列所谓"炎热的山脉"位于卡路里盆地边缘，棱角分明的高山是由地质构造活动造就的，但粗糙不平的外表则是陨石碎片等太空物质撞击的结果。

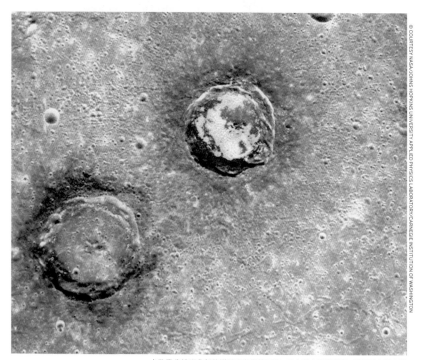

© COURTESY NASA/JOHNS HOPKINS UNIVERSITY APPLIED PHYSICS LABORATORY/CARNEGIE INSTITUTION OF WASHINGTON

卡路里盆地西北部的增强彩色拼接图像，从左至右可见蒙克、桑德两个撞击坑

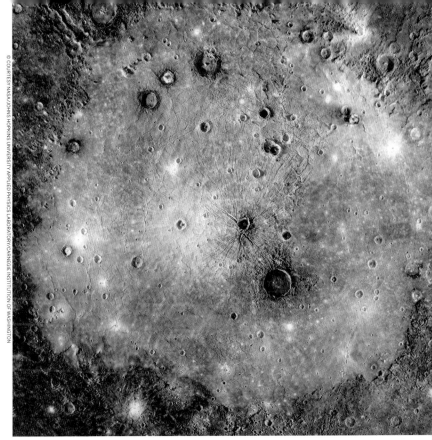

信使号拍摄的卡路里盆地图像

卡路里盆地

古老的卡路里盆地诞生于一连串行星际撞击，它时常要接受太阳的烘烤，里面的山体和熔岩具有很高的地质学研究价值。

卡路里盆地（Caloris Planitia）直径大约1545千米，由水手10号探测器发现于1974年。"Calor"一词在拉丁语中指"热"，水星运行到近日点的时候，太阳会从这一地区的正上方经过，灼热无比，因而得名。盆地底面上存在剧烈的熔岩流，从地球上望过去是一片黑影，外观类似月球上的月海。盆地被卡路里山脉围在当中，它诞生于一场天体撞击，所在区域内的撞击坑相对来说非常少见，这说明其形成时间大约是在38亿年前，也许是在理论推断的晚期重轰炸（Late Heavy Bombardment）时期之后。

科学家最初观测卡路里盆地的时候，这个地区正在经历昼夜变化，这令他们远远低估了其真正的面积。事实上，卡路里盆地的规模在太阳系所有已知撞击坑中位居前列。

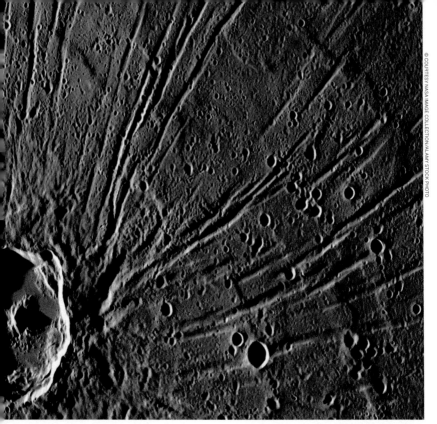

潘提翁槽沟和阿波罗多洛斯撞击坑

潘提翁槽沟

潘提翁槽沟纹如蛛网，十分诡异，是水星表面独一无二的地貌，得名自古代世界的建筑奇观万神殿。

潘提翁槽沟（Pantheon Fossae）是卡路里盆地中央一个非常奇特的结构，它以一个直径40千米的撞击坑为中心，向外呈放射状分布着许多条细长槽沟，纹路如同蛛网，因此最初被叫作蛛网坑。直到信使号2008年飞赴水星对其表面进行了更为细致的观测，科学家才发现潘提翁槽沟要比原先以为的宏大很多。他们认为那些槽沟应该是水星行星壳上的断层线。

所谓"潘提翁"，指的就是古罗马的万神殿，其穹顶中央开口，四周结构也呈放射状，该地形结构让人联想起万神殿的穹顶图案，而"fossae"在拉丁语中就是"槽沟"的意思。万神殿的设计者据说是著名的罗马帝国工程师阿波罗多洛斯（Apollodorus of Damascus），因此槽沟正中央的那个撞击坑就被称为"阿波罗多洛斯撞击坑"。

作为信使号首次飞掠水星的一个重大发现，潘提翁槽沟当时是水星表面上发现的首个槽沟地形，即使到了今天，水星表面已被拍了个遍，它仍是这颗行星上独一无二的存在。

拉德特拉迪盆地属于水星上比较小的撞击坑

拉德特拉迪盆地

这个盆地以非洲著名剧作家拉德特拉迪的名字命名，是水星上最年轻的地貌特征之一，以蓝为主的色彩搭配颇有毕加索的风格，堪称水星上的一座天然"美术馆"。

拉德特拉迪盆地（Raditladi Basin）位于卡路里盆地西边，是水星上很年轻的一个地貌特征，年纪才区区10亿岁。名字里的"拉德特拉迪"取自博茨瓦纳著名剧作家里提勒·迪桑·拉德特拉迪（Leetile Disang Raditladi）——前文曾提到过，根据国际天文学联合会的规定，水星表面的撞击坑都是以著名艺术家命名的。按照形态来划分，这个盆地属于峰环撞击坑（peak ring crater），虽然有个"峰"字，但盆地内并没有中央峰，而是在盆地底面的中央凸起一个环形高地，也就是所谓的"峰环"。

拉德特拉迪盆地直径263千米，和太阳系其他地方的那些巨无霸撞击坑相比，身材不算魁梧，但其地理特征极具魅力：盆地边缘的环形山以及散布在盆地底面的许多小丘，都露出了一种蓝得令人惊艳的岩石物质。从美学角度来看，这个盆地可以说是水星上的毕加索，而且正处于"蓝色时期"。

水星表面的拉赫玛尼诺夫撞击坑以及以其为背景的信使号探测器

拉赫玛尼诺夫撞击坑

这里是水星上海拔最低的地方，但重要性丝毫不低，可以提供水星地质作用的证据，附近还存在神奇的"火雪"。

拉赫玛尼诺夫撞击坑（Rachmaninoff Crater）比水星表面平均海拔低5300米，堪称水星的至低点，得名自俄罗斯作曲家谢尔盖·拉赫玛尼诺夫（Sergei Rachmaninoff），是信使号在第三次飞掠水星期间发现的，至今仍令研究者痴迷不已。这个盆地中央有一个峰环，直径约130千米，那里的平原呈明亮的红色，说明曾经有岩浆流动，而且从外观上看形成时间较晚，这对火山活动水平很低的水星来说很不寻常。

就在拉赫玛尼诺夫撞击坑东北面，还有一个火山口群，为这一地区当年的"火爆"经历提供了更多证明。其中不少火山口都覆盖着一种像雪一样的微粒物质，据推测是由火山释放的火成碎屑颗粒组成的。虽说看起来像雪，但当年毕竟诞生于火山运动，姑且可以视为滚烫的"火雪"。

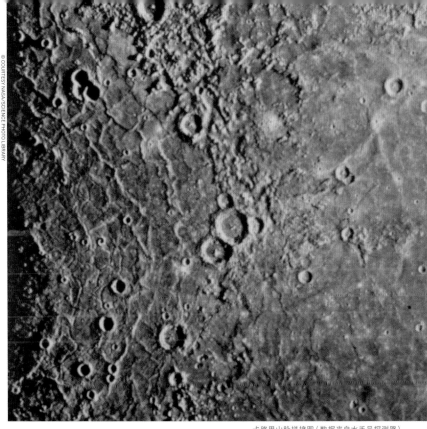

卡路里山脉拼接图（数据来自水手号探测器）

卡路里山脉

卡路里山脉（拉丁文意为炎热的山脉）听名字像是卡梅隆电影《阿凡达》里的某个神秘所在，其实是水星上经年累月受无数次撞击雕琢而成的一连串高大山丘。

卡路里山脉（Caloris Montes）位于卡路里盆地边缘，高度可达2000米，它并非一道山脉，而是多道山脉的统称。这些山脉短的大约10千米，长的大约50千米，其形成原因并不是很明确，但据信与火山活动导致的水星行星壳断裂有关。

这些高山的外表极其粗糙，地质学家将这种质地描述为锯齿状。学界认为，在当年创造了卡路里盆地的那次大撞击发生后很久，又发生了二次撞击，细小的碎片砸到山体上，就造成了那样的疤痕。同样的理论还可以解释月球表面的"雨海雕塑"（Imbrium Sculpture）。卡路里山脉南段还存在一个明显的裂隙，形成机制不同于其他行星山脉上的类似裂隙，具体成因目前仍是未解之谜。

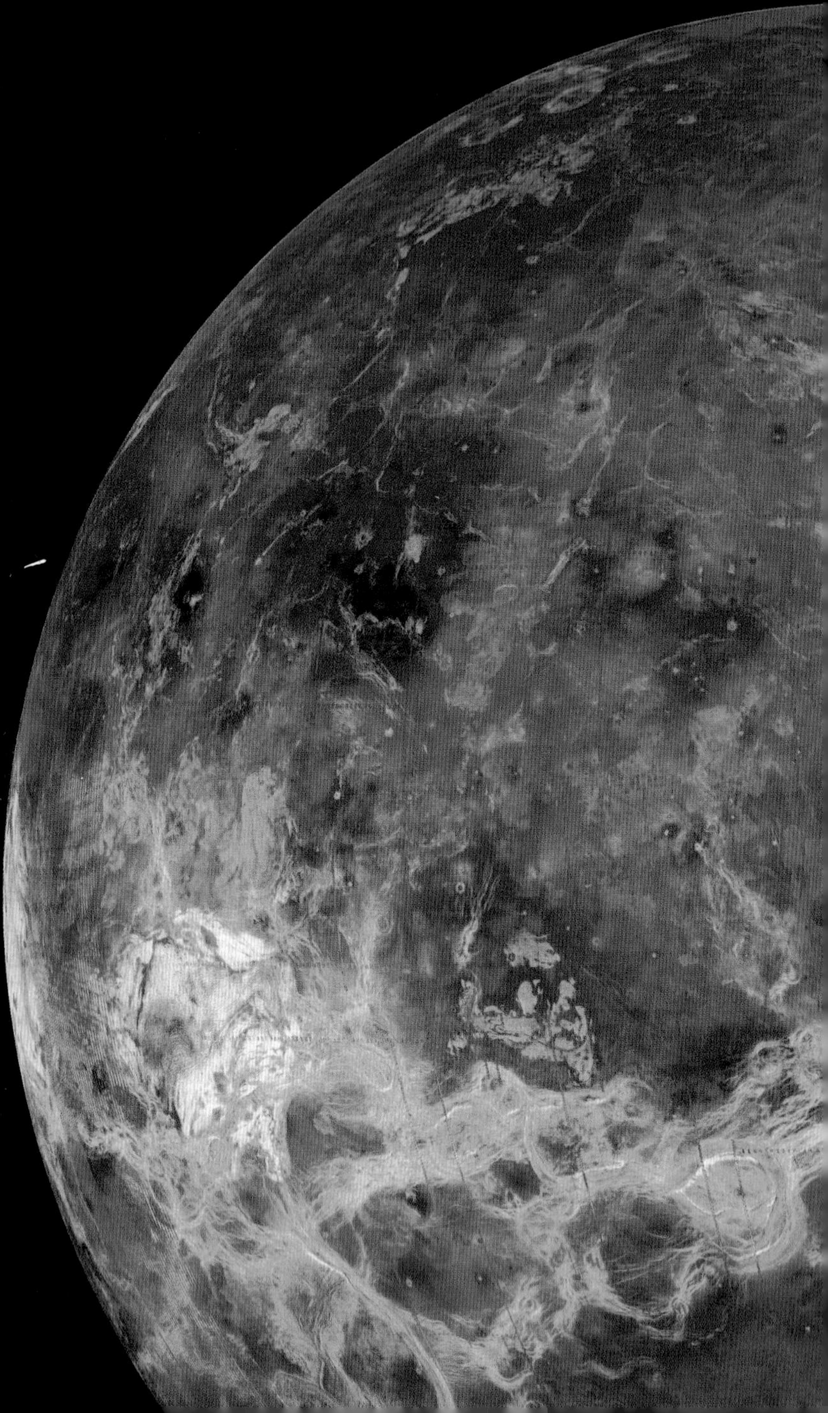

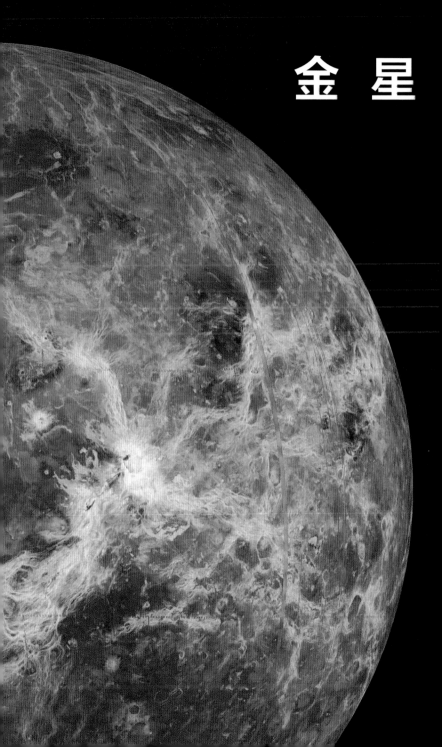
金星

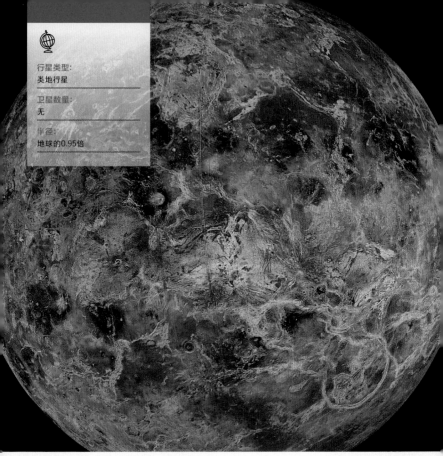

行星类型：
类地行星

卫星数量：
无

半径：
地球的0.95倍

麦哲伦号金星探测器拍摄到的金星图像

金星速览

金星是距离太阳第二近的行星，大小与地球相仿，上面温度极高，还存在火山活动，好比一口"压力锅"，大气层满是二氧化碳，云层由硫酸构成，可以说又热又毒。

金星在西方得名于罗马神话中的爱与美之神维纳斯，自古便被视为一颗女性化的星球。金星上的那些地貌特征几乎全部都以著名女性命名，比如萨卡加维亚（Sacajawea）火山口得名于帮助刘易斯与克拉克探索美国西部的印第安女子，又比如戴安娜（Diana）峡谷

之名来自罗马女神，可以说是八大行星中唯一紧跟时代思潮的一位。

金星在结构与体积上与地球相似，科学家曾经因此将其视为地球的"姐妹行星"。而且因为金星的轨道离太阳更近，大多数科学家曾经认为它比地球更热，其中一些觉得它

的气候应该和地球的热带地区差不多，不过也有一些开始思索温室效应的影响。直到1958年，射电观测数据显示，金星的温度竟然接近300℃。

很快，在1962年，水手2号飞掠金星，测量到金星表面温度为150~200℃，大气压是地球的20倍。之后飞掠金星的探测器也对温度和大气压进行了测量，但数值远超前一次。水手2号还发现金星与地球不同，磁场非常微弱，不足以捕获太阳风中的带电粒子形成辐射带来保护自己，所以表面一直在遭受宇宙射线的狂轰滥炸。另外，金星的自转方向与大多数行星相反，而且自转速度也非常慢。

慢到什么程度呢？金星的自转周期——即一个恒星日（sidereal day）——得有地球上差不多243天那么长。

而因为距离太阳很近，金星公转一周只要225个地球日，言外之意，金星上的"一天"要比"一年"还长。所谓恒星日，就是行星完整自转一次、让天球上的遥远恒星连续两次经过同一个固定位置所需要的时间。但是通常我们所说的一天，指的是一个太阳日（solar day），也就是一个完整的昼夜循环所需要的时间。因为金星的自转方向与公转方向相反，所以金星的太阳日要比恒星日更短，只有约117个地球日，但仍然长得不可思议。

金星几乎始终处于云层的包裹之下，只有偶尔透过缝隙，我们才能看到金星表面存在火山群和山脉。因为离地球很近，金星是我们的天空中最明亮的天体之一，日出日落之时尤为醒目，所以被古人当成了两颗星，一个叫启明星，一个叫长庚星。

距离太阳：
0.7天文单位

太阳光到达金星所用时间：
6分钟

自转周期：
恒星日为243个地球日，太阳日为116.75个地球日

公转周期：
224.7个地球日

大气层成分：
二氧化碳和氮气

重要提示

如果你想找个行星去开派对，金星最合适了，因为自转速度过慢，金星上的夜晚似乎永远不会结束，根本不用着急回家。

到达和离开

金星与地球的平均距离是4000万千米，每584天就会到达近地点。从地球飞到这颗太阳系最热的行星需要3个月——至少在20世纪60年代，NASA的手手2号就花了这么久。但除了耐心，你恐怕更需要强大的财力支撑。据NASA估算，对金星展开全面探索的金星旗舰号（Venus Flagship）探测器成本高达30亿美元，票价定然不菲。

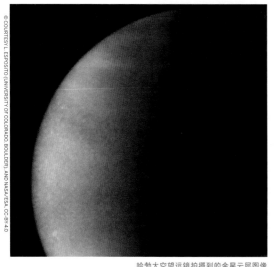

哈勃太空望远镜拍摄到的金星云层图像

行星简报

金星呈火山地貌，固体表面上覆盖着广袤的平原，高山、熔岩流和辽阔的脊状高原是其主要特色。金星半径为6052千米，只比地球略小，两者的半径仅相差5%。金星与太阳的平均距离为1.082亿千米，相当于0.7天文单位，太阳光射到金星只需要短短6分钟。

除了昼夜循环需要约117个地球日外，地球人到了金星还会感到其他不适应：金星的转轴倾角只有3°，基本上是直着身子在太阳身边旋转的，因此那里不存在明显的季节变化。另外，金星的公转轨道是太阳系行星中最圆的，几近于完美的圆形，而其他行星的公转轨道或多或少都像椭圆形。

金星与地球的表面状况差别很大——毕竟连铅到了那里都会熔化，但它与地球的结构非常相似。金星有一个半径约3200千米的铁质行星核，地球的地核半径大约为1220千米；行星核外面是由缓慢翻腾的高温岩石组成的行星幔，温度据估算大约4000℃，与地球的核幔交界处温度相近。

金星表面是一层薄薄的岩质行星壳，会随着行星幔的搅动而隆起并移动，金星上数万座火山就是这样形成的。金星上最高的山是麦克斯韦山脉（Maxwell Montes），比周围低地高出11千米，比地球最高峰珠穆朗玛峰还要高很多。金星表面与地球不同，干燥多尘，平均温度在471℃左右，而且还能更高——要是能到它上面去晒日光浴，再高个10℃

金星 VS 地球

半径：
地球的
95%

质量：
地球的
81%

体积：
地球的
85.7%

表面重力：
地球的
90.5%

平均温度：
比地球高
455℃

表面积：
地球的
90%

表面气压：
地球的
92倍

密度：
地球的
95%

轨道速度：
地球的
117%

轨道半径：
地球的
72%

© COURTESY NASA/JPL

麦哲伦号的地图测绘仪拍下的金星图像

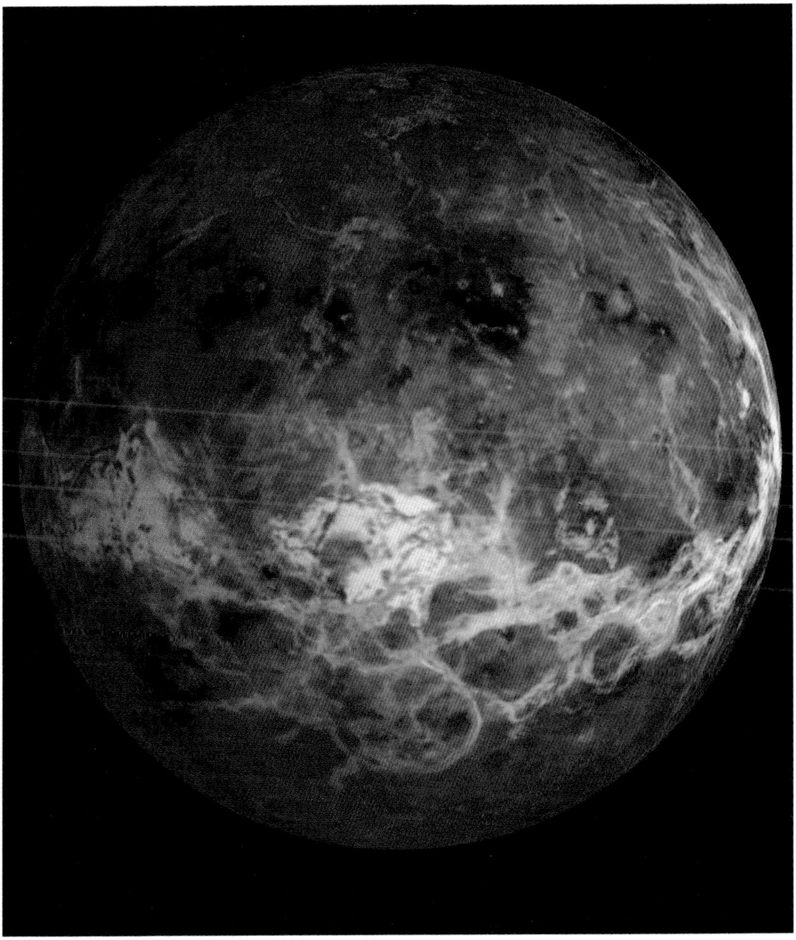

金星表面渲染图

估计你也不在乎。

　　从太空里看金星，真是美得如梦似幻。金星外面厚厚的云层能反射阳光，令它看起来一团亮白。金星表面的岩石与地球上的一样，是或深或浅的

灰色，但金星浓密的大气层会过滤阳光，因而这些岩石看起来是橙色的。

　　金星表面也存在撞击坑，最小的直径也有1.6千米左右。这是因为金星大气层很浓

密，小型流星体没等砸到表面就被烧没了，只有较大的流星体才能留下撞击坑，所以撞击坑都比较大。

大气层

金星动荡的大气层形成的闪电（假想图）

金星的大气层主要由二氧化碳构成，形成的温室效应保存吸收来的太阳热量，使得金星表面温度达到471℃以上，实在是不可思议。金星大气层实际上又分为好多层，每层的温度和条件都不同，比如距离行星表面大约48千米的云层成分是硫酸，温度就与地球表面差不多。

在速度大约360千米/小时的飓风推动下，金星最外层的云只用4个地球日就可以环绕金星一周（在地球上，相同质量的云气需要大约两个星期才能环绕地球一周）。另外，金星自转速度很慢，只有这一风速的1/60；相比之下，地球上的最大风速也只有地球自转速度的20%。

大气放电现象会照亮快速移动的云层，让初来金星的你更觉得兴奋刺激。可惜随着你越来越接近金星表面，这种激动人心的现象也就消失了，等你降落到表面，风速估计就慢得和人的步速差不多了。站在金星上放眼望去，天地一片朦朦胧胧，就像地球上阴沉沉的雾霾天。金星的大气层很厚，所以表面气压极高，让你感觉就像站在1609米深的水底。尽管金星与地球大小相仿，而且也有相似的铁质核心，但因为自转速度过慢，所以磁场要比地球微弱很多。

金星还有一个特点，那就是它的电离层偶尔会出现空洞，科学家认为这可能是太阳的磁力线穿过金星导致的。因此，我们更应该感激地球强大的磁场，没了它的保护，这样的事情也会发生在我们身上。

历 史

　　46亿年前，当太阳系形成如今的格局时，金星和另外那几颗类地行星一起诞生了。引力是其形成的关键，它将由气体和尘埃形成的云团牵引到一起，构成了这个固态行星体。金星是距离太阳第二近的行星，结构从内到外依次是行星核、岩质行星幔和固态行星壳。金星可是个暴脾气，科学家认为，在3亿到5亿年前，这颗行星

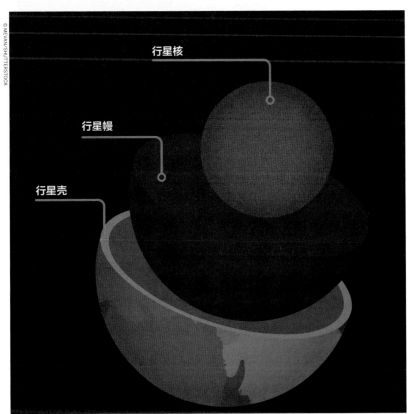

行星核

行星幔

行星壳

金星上火山尤其多，不存在板块运动，据我们所知，它的行星壳是一个整体

因火山活动而彻底改头换面。事实上，金星上的火山比其他任何一颗行星上的都要多，至今人类已在其表面发现了1600多座大型火山，总数不好准确估算，少说也有1万，多的话得有数百万。

金星表面有两片巨大的高原地带，即伊什塔台地（Ishtar Terra）和阿佛洛狄忒台地（Aphrodite Terra）。伊什塔台地位于金星北极地区，面积和澳大利亚相仿。阿佛洛狄忒台地跨越金星赤道，直径将近1万千米，面积与南美洲相仿。

因为表面环境极端恶劣，温度可高达471℃，电子设备在这种环境下很快会被烧坏，所以人类派往金星的探测器都没能在那里坚持很久，更不要说是人类亲自到访了——怎么想我们在那里都不可能活下来。根据近期的轨道探测以及日本宇宙航空研究开发机构一个团队的模拟演算，金星的高纬度地区似乎会形成喷射气流，对云层产生影响，与地球云层的机制类似。

今天金星上的情况和数百万年前相比恐怕有明显差异，那时的金星估计比现在这个大温室要温和得多。2016年进行的气候模拟表明，金星上或许曾经有过海洋，表面温度也比现在低许多，这大大增加了金星上存在过生命的可能性——不过就算有，也是相当久远的事了。

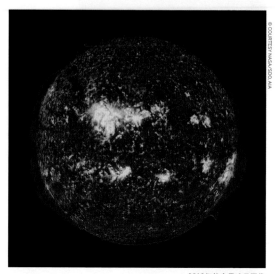

2012年的金星凌日图像

探索金星

数千年来，地球上的人类举目遥望金星——夜空中除月亮以外最亮的天体。地球与太阳之间只有水星、金星和月球这三个天体。每隔100多年，金星经过太阳表面，就会发生非常罕见的凌日现象。观察金星凌日有助于天文学家研究金星，并进一步了解太阳系以及地球在太阳系里的位置。金星凌日会成组出现，一组两次，每次相隔8年，每组相距百余年。有据可考的金星凌日分别发生在1631年和1639年、1761年和1769年、1874年和1882年，以及2004年和2012年。

古人认为金星凌日具有某种神秘或宗教意义。现代空间科学从更为实证的角度出发，甚至可以精准预测其出现的日期——下一组金星凌日将发生在2117年12月11日和2125年12月8日。两组凌日之间之所以会隔那么久，是因为地球的公转轨道与金星的公转轨道存在夹角，金星运行到太阳与地球之间时，多数时候并不能与日、地连成真正的直线。

世界上有几个国家已经发射航天器飞赴金星，苏联的"金星计划"（Venera）与"维加计划"（Vega）就曾经先后16次成功执行金星探测任务，其中金星3号更是在1965年登陆金星，成了历史上首个登陆地外行星的人造物体。NASA的麦哲伦号探测器则在1990~1994年利用雷达完成了金星表面98%区域的地图测绘。2015年至今，日本宇宙航空研究开发机构的破晓号（Akatsuki）探测器一直在金星轨道上研究它的大气层。

探索时间表

公元前650年

玛雅天文学家对金星的运动进行了详细观测，并据此创造了相当精准的金星历法。

1610年

伽利略出版了《星际信使》（Sidereus Nuncius）一书，书中就记录了金星相位的变化。英语中表示恒星的单词"sidereal"，词源便来自书名中的拉丁语"sidereus"，由其构成的术语恒星时（sidereal time）是指天文家以地球相对恒星的自转周期为计时标准的时间计量系统。伽利略这本著作在西方流传更广的英译名是 The Starry Messenger。

1639年

天文学家杰雷米亚·霍罗克斯（Jeremiah Horrocks）和威廉·克拉布特里（William Crabtree）在英格兰观测到了人类历史上首次被成功预测的金星凌日现象。

1761~1769年

两支欧洲的探险队远赴塔希提岛，任务是在那里观测1769年的金星凌日。其中一支来自瑞典，另一支来自英国（由大名鼎鼎的库克船长率领）。这次观测让科学家首次计算出了比较准确的日地距离。

1961年

科学家对金星进行了雷达测距，由此测出的日地距离要比之前的数据更为准确，相关结论在第二年正式发表。

1962年

NASA的水手2号在这一年的12月14日首次飞掠金星，观测到那里的表面温度非常高。水手2号也是历史上第一个从地外行星将数据传回地球的探测器。

1962~1983年

苏联的金星计划多次成功地向金星发射了一系列无人探测器，并传回了历史上第一批来自地外行星大气层的数据。

1990~1994年

NASA发射麦哲伦号环绕金星进行观测，这艘探测器利用雷达完成了金星表面98%区域的地图测绘。

2005~2014年

欧洲航天局的金星快车号发射升空，任务是研究金星的大气层和表面。2006年4月，金星快车号开始在金星轨道上对它进行持续研究，直至2014年底结束。

2015年

日本宇宙航空研究开发机构2010年发射的破晓号探测器在这一年进入金星轨道。这是该机构的首个金星探索任务。

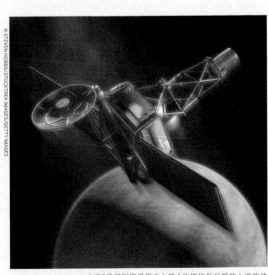

水手2号探测器是历史上首个飞掠地外行星的人造物体

© PETER HORREE/ALAMY STOCK PHOTO

波提切利创作的《维纳斯的诞生》

流行文化中的金星

金星在西方得名于爱与美之神维纳斯，自从波提切利（Botticelli）在15世纪创作了名画《维纳斯的诞生》，与维纳斯同名的金星就更加成了女性的代名词，难怪那本婚恋畅销书会说"男人来自火星，女人来自金星"。

20世纪科幻小说的拥趸一定多次通过文字游历过金星。人们当时并不知道在金星厚厚的云层下隐藏着什么秘密，于是便开始对金星上可能存在的生命展开了天马行空的想象，比如巨型食人蚁，或是衣着"清凉"、成群出动的女战士（漫画书的常用套路），可以说金星凭借一己之

力，就养活了整个三流文学艺术圈。随着太空探索发现金星并不宜居，这些比较庸俗的作品渐渐没了市场，金星开始得到了这类艺术形式中一流人物的关注，这里面就包括科幻小说家雷·布拉德伯里（Ray Bradbury）和阿西莫夫。

而金星赖以得名的维纳斯，因为在神话中兴风作浪，也成了不少情欲小说的主题，其中较有名气的就是1870年由利奥波德·范·萨克-马索克（Leopold von Sacher-Masoch）创作的《穿裘皮的维纳斯》（Venus in Furs）。这部虐恋经典的粉丝并不多，不过其中一个叫卢·里德（Lou Reed）的人以该小说为灵感，在1967年给自己的

乐队地下丝绒（The Velvet Underground）写了一首同名歌曲。

肯尼斯·罗纳根（Kenneth Lonergan）受到金星启发，创作了戏剧《星际信使》（The Starry Messenge），说的是一个屡屡受挫的天文学家的故事，由电影明星马修·布罗德里克（Matthew Broderick）担任主演。《超人类空间》（Transhuman Space）、《战争地带》（Battlezone）等电子游戏也都以金星作为故事背景。在迪士尼动画电影《公主与青蛙》中，萤火虫雷（Ray）以为明亮的金星是一只名叫"伊万杰琳"（Evangeline）的雌性萤火虫，对它倾心不已。

聚焦水手号

水手2号1962年飞掠金星，是人类首次近距离观察一颗地外行星，因而名垂世界科技史。水手号（Mariner）任务前后发射了两个探测器。首先发射的是水手1号，只不过它刚刚升空就出现了状况，搭载探测器的宇宙神-爱琴娜火箭（Atlas-Agena）严重偏离轨道，地面控制人员出于安全考虑，不得不摧毁探测器，水手1号仅仅飞行了几分钟，还没有离开大气层就结束了生命。至于发射失败的原因，据说就是某人在给探测器通信软件写代码的时候少打了一个连字符。这真叫失之毫厘，差之千里。

在一个多月后的8月27日，水手2号也发射升空，这一次并无差池。当时，坐落于加利福尼亚州帕萨迪那（Pasadena）的喷气推进实验室（Jet Propulsion Laboratory，简称JPL）刚刚归到NASA管辖之下不久，仅用一年多一点儿的时间就完成了水手2号的规划和开发工作。这个探测器自重202千克，搭载6台总重18千克的科学仪器。这些特别设计的仪器就是用来分析金星的大气层和温度、搜寻潜在磁场并研究宇宙射线的。

水手2号在路上一共花了108天，其间传回了有关行星际环境的宝贵信息，帮助科学家确认了太阳风——也就是太阳射出的带电粒子流——真实存在。只不过这段旅程并不顺利，探测器出现了多次硬件方面的异常，有几次莫名其妙地就自我修复了，等快到金星的时候，一个太阳能电池板失灵，导致整个探测器严重过热。12月14日，水手2号飞到了距离金星34,704千米以内的范围，开始以每秒钟8比特的速度把相关数据传回地球。这个传输速度在当时可以说是快得吓人，但和今天完全没法比：NASA目前使用的通信网络每秒钟可以传输大约300兆信息，是普通家用网络的两倍。1963年1月3日，水手2号传回了最后一批数据，随即与地球失联。在水手2号之后，喷气推进实验室至今已进行了数十次探索任务，向内可至水星，向外可至海王星，但水手2号是所有这些探测器的范本，是人类探索行星当之无愧的先驱。

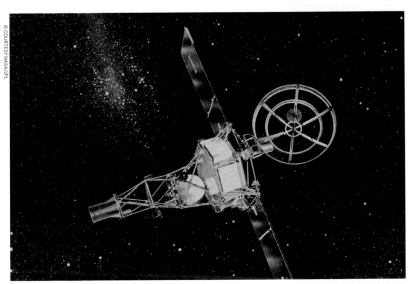

行星探索先驱水手2号（概念图）

聚焦麦哲伦号

发射前被安放在洁净室里的麦哲伦号探测器

发射日期：
1989年5月4日
入轨日期：
1990年8月10日

　　NASA展开的麦哲伦号任务得名自16世纪葡萄牙探险家、举世闻名的航海先驱费迪南德·麦哲伦（Ferdinand Magellan）。他当年冒险前往东印度群岛，最终完成了人类历史上首次环球航行。他出色的航行技术也赢得了天文学家的尊敬，从矮星系到火星撞击坑，宇宙中到处都有他的名字。NASA的这个"麦哲伦"，是美国在近11年时间里首次发射的深空探测器，也是第一个由航天飞机（亚特兰蒂斯号）运载的探测器。麦哲伦号的任务是对行星进行近距离勘测，为此科学家为它安装了一个合成孔径雷达（synthetic aperture radar）。这个雷达可以对金星表面地貌进行三维立体测绘，分辨度可至120~300米。

1989年5月5日，也就是发射升空一天之后，麦哲伦号从亚特兰蒂斯号的有效载重舱中施放出来，随后由推进器送入前往金星的航线。1990年8月10日，麦哲伦号抵达金星轨道。然而，正如水手号30年前所展示的那样，深空作业的挑战极大。进入轨道6天之后，麦哲伦号通信中断长达15小时，而后又遭受了第二次为时17小时的通信中断，随后NASA向探测器发送了新的预防软件，对其系统进行重置。

恢复正常后的麦哲伦号从1990年9月15日开始对金星展开测绘，很快便把金星表面地形的高清雷达图像传回了地球，科学家从中发现了金星存在火山活动和构造运动的证据。1991年5月15日，麦哲伦号完成了第　阶段的雷达测绘任务，传回金星表面83.7%区域的清晰图像，总用时243天，恰好是金星的自转周期。探测器每环绕金星一周可以传回1.8千兆的数据，总数据量高达惊人的1200千兆——要知道，此前NASA所有行星探测器传回的数据加在一起才900千兆！

尽管已经超额完成了任务，但麦哲伦号还是进入了第二阶段的测绘，到1992年1月15日结束时，数据覆盖比例已经达到了96%，到同年9月13日结束第三阶段测绘时，又上升到了不可思议的98%。

麦哲伦号发现，金星表面至少有85%的区域覆盖着火山熔岩流。另外，尽管金星表面温度极高，气压极高，但因为完全不存在液态水，侵蚀过程非常缓慢，其表面地貌特征能够保存数亿年不变。麦哲伦号依照指示进入金星大气层收集数据之后，于1994年10月13日与地球失去联系，几小时后在金星大气层中烧毁，NASA有史以来最成功的深空探索任务之一就此终结。

出色的领航者：麦哲伦号的成果

» 麦哲伦号完成了金星表面98%区域的测绘，分辨率为每像素75米。

» 合成孔径雷达可以用很小的天线实现大天线雷达的效果。麦哲伦号凭借这一设备，发现金星表面有85%的区域覆盖着火山熔岩流。

» 麦哲伦号找到的证据表明，金星上存在构造运动、动荡的表面风、岩浆沟渠和平顶的火山穹丘。

» 麦哲伦号传回了金星表面95%区域的高清重力数据，也对一种利用空气阻力来调节探测器轨道的技术——空气动力制动（aerobraking）技术进行了测试。

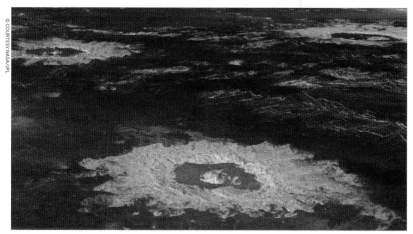

根据麦哲伦号数据绘制的金星拉维尼亚平原（Lavinia Planitia）立体透视图

金星早期表面形态可能如该图所示，海洋和陆地清晰可辨

生命的迹象：

金星宜居吗？

正是因为金星在体积和结构上与地球相似，距离地球又很近，所以长久以来一直被视为地球的一颗姐妹行星——只不过是热了一些。历次金星探索任务早已推翻了这个观点，但也有研究表明，在遥远的过去，金星的确有可能存在维系生命的条件。

NASA戈达德太空研究所（Goddard Institute for Space Studies，简称GISS）把预测地球气候变化的模拟程序用在了金星上，发现金星在诞生后的20亿年里，有可能曾经有一片由液态水构成的浅海，甚至其表面温度也可能适合生命存活。该研究所

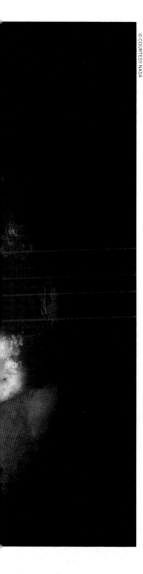

© COURTESY NASA

研究员迈克·韦伊（Michael Way）表示："我们模拟地球气候变化的工具，许多都能应用到其他行星上，而且既可以推测过去，也可以预测未来。相关结果显示，金星在很久以前可能与现在非常不同。"现在的金星是一个地狱般的世界，由二氧化碳构成的大气层要比地球大气层浓密90倍以上，气压非常大，里面几乎没有水汽，平均温度高达471℃。

之前的研究已经发现，一颗行星的自转速度能够决定它的气候是否宜居。金星的自转速度很慢，一个太阳日长达117个地球日。此前，学界以为这样缓慢的自转是由它浓密的大气层导致的，但近来的研究表明，即便金星在很久以前拥有地球那样的大气层，它的自转应该也和今天一样慢。地貌也是影响行星气候宜居性的一个因素。GISS的研究团队认为，远古金星的陆地面积总体上可能要比地球大，尤其在热带地区，因此海洋面积更小，其蒸发产生的水汽也就更少，水汽引起的温室效应自然也就有限。

有足够的水能维系丰富的生命，又有足够的陆地能降低行星对阳光引发的变化的敏感性，这样的表面地貌，似乎应该属于一颗宜居星球。

GISS的科学家首先建构出了一个假想的早期金星：大气层与地球类似；自转周期与今天的金星一样；表面假设存在一片浅海，属性与NASA先驱者（Pioneer）计划早期观测数据（见边栏文字）一致；地形采用20世纪90年代NASA麦哲伦号的雷达测绘结果；假设低地都被水覆盖，只有高地露在外面，形成了金星的"大陆"。他们也没有忘记在金星旁边加上一颗早期太阳，亮度设定为今天太阳的70%——即使这样，这颗金

大海也能被煮干

尽管金星与地球结构类似，但演化路线却与地球不同。20世纪80年代，NASA开展了先驱者计划研究太空气象，相关数据首次表明金星过去可能拥有海洋。但金星距离太阳要比地球近很多，所以受到的日照也多很多，海洋就算存在，也会被蒸发干净，气态水分子还会遭到紫外线辐射释放出氢，飘到太空里去。表面没了水，大气层里的二氧化碳越来越多，由此引发温室效应失控，造成了金星目前的环境。

星获得的阳光仍然比今天的地球多出40%左右。

GISS科学家安东尼·戴尔·吉尼奥（Anthony Del Genio）解释道："根据GISS的模拟演算，这颗金星缓慢的自转将让它的'向日面'每次暴露在阳光下将近两个月，但表面受热，液体蒸发，又会形成厚厚的云，像伞一样遮住金星表面，大大抵御了日照的热量，结果造成表面平均温度要比今天的地球还低一些。"这一发现将对NASA将来搜寻潜在宜居行星、分析其大气层的探索任务产生直接影响，如凌日系外行星巡天卫星（Transiting Exoplanet Survey Satellite，简称TESS）、詹姆斯·韦伯太空望远镜（James Webb Space Telescope）等。

金星亮点

巴尔提斯峡谷

① 蜿蜒的巴尔提斯峡谷总长6800千米,在太阳系里长到没朋友。曾经流淌其中的是沸腾的岩浆,想要乘船观光,怕是找不到不会被烫化的船。

玛阿特山

② 金星上最高的火山,得名自古埃及的正义和真理女神,据说她在闲暇时喜欢摆弄恒星和行星,让它们待在该待的位置上。

阿尔法区

③ 金星上最典型的镶嵌地块,岩体结构奇异,放在哪颗行星上都是很有格调的装饰。

麦克斯韦山脉

④ 金星上的至高点,气压和温度要比其他地方低很多,只不过在这个金星上最凉快的地方,你还是撑不了两分钟。

阿佛洛狄忒台地

⑤ 金星上最大的大陆高原,被分为奥瓦达区(Ovda Regio)和忒提斯区(Thetis Regio)两部分,表面留有混乱奇异的火山活动遗迹。

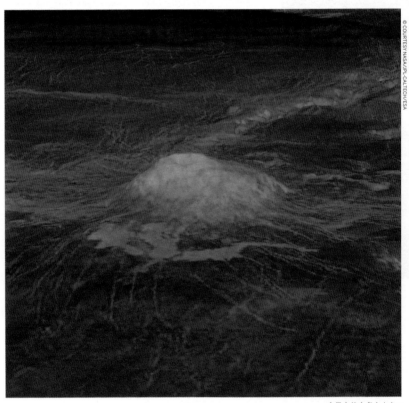

© COURTESY NASA/JPL-CALTECH/ESA

金星上的众多火山之一

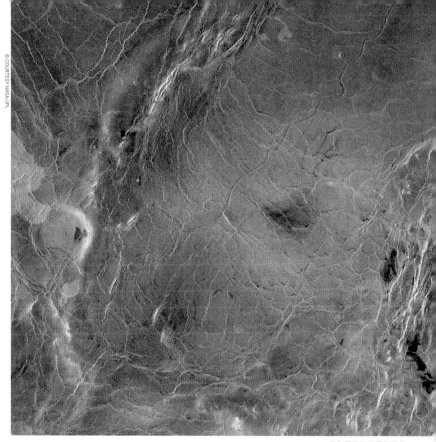

巴尔提斯峡谷局部图像

巴尔提斯峡谷

这是太阳系最长的河床，比尼罗河还要长，只不过原先在其中咆哮翻滚的或许是熔岩。关于它的形成，科学家刚刚开始有些头绪。

漫长蜿蜒的巴尔提斯峡谷（Baltis Vallis）是太阳系最长的河床，最初是由苏联的金星15号和16号探测器发现的。尽管当时技术比较落后，图像分辨率只有每像素1千米，但根据这两台轨道器的测算，这条峡谷的长度至少也有1000千米。后来发现，巴尔提斯峡谷全长6800千米，宽度为1~3千米，长度超过埃及的尼罗河，而且曾经可能更长。因为峡谷两端都被后来形成的岩石阻挡住了，科学家相信这里曾经流淌着一条岩浆河，平均深度有100米。有些河段呈现岩浆向上流动的痕迹，说明在不同的历史时期，河床曾经历过明显的构造隆升。

玛阿特山近景立体透视图

玛阿特山

金星上最高的火山，此刻虽然未在喷发，但你可不要掉以轻心，因为有证据显示这座火山刚刚发过脾气，而且绝不是冒点儿烟那么简单。

玛阿特山（Maat Mons）是一座巨大的盾形火山，也是金星上最高的火山，高出行星表面平均值8000米。山顶上有一个大火山口，直径在31千米左右，另外至少还有5个由结构塌陷造成的小火山口。山名中的"玛阿特"，指的是埃及神话中的正义女神，其职责是安排星象，维护宇宙的秩序。有证据表明金星上大部分区域目前火山活动活跃。1990～1994年，麦哲伦号在勘测金星时发现玛阿特山山顶附近有火山灰流，这说明尽管当时玛阿特山并不在喷发，但在不久前应该喷发过。而且，先驱者金星计划的探测器在20世纪70年代末收集到的相关数据表明，金星的大气层上层存在浓度极高的二氧化硫和甲烷，这些物质很有可能就是玛阿特山向高空喷发气体形成的。

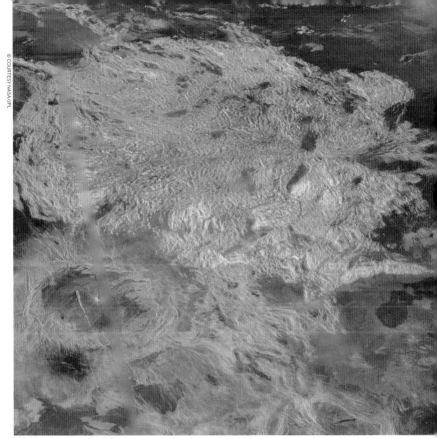

阿尔法区立体图像

阿尔法区

阿尔法区比周围的火山平原高出1000~2000米，上面的岩层十分神秘，仿佛是被什么人一块一块贴上去的，因此被比作宇宙里的镶花地板。

阿尔法区（Alpha Regio）发现于1963年，是金星上最典型的镶嵌地块（tessera，来自希腊语，意思就是镶嵌贴砖）。看看苏联金星15号和16号轨道器传回的图像就很容易理解这一地貌：这片高原上的岩层凹凸不平，呈一个个多边形，仿佛镶花地板一样。2006年，金星快车号探测器在执行金星探测任务期间，首次绘制了这一地区的红外线地图，结果发现，阿尔法区的岩石颜色要比金星大多数区域的岩石颜色更浅，这说明它经历的风化作用更久，因此形成时间要比其他区域的岩石久远很多。阿尔法区是金星上仅有的三个未以女性或女神命名的地貌特征，其他两个分别是附近的镶嵌地块贝塔区（Beta Regio）以及麦克斯韦山脉。

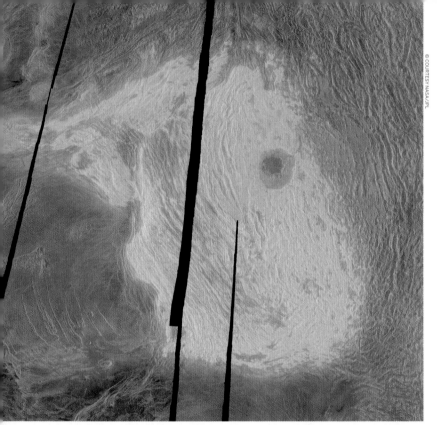

麦克斯韦山脉与附近的克里奥帕特拉撞击坑（Cleopatra Crater）俯视图

麦克斯韦山脉

想去金星旅行，你一定不要错过这座雄山，因为它绝对是金星上最凉快的地方，幸运的话，你还能在山上遇到难得一见的"金属雪"。

麦克斯韦山脉（Maxwell Montes）位于高原伊什塔台地（Ishtar Terra），山顶是金星至高点，高出行星表面平均值11,000米。这样的高度也使那里成了金星上最凉爽的地方——只不过金星是太阳系最热的行星，它最凉爽的地方温度也有380℃左右。同样因为高，山顶也是金星表面气压最低的地方，但也有45巴（巴，压强单位，1巴=0.987标准大气压）！山名起自著名数学家、物理学家詹姆斯·克拉克·麦克斯韦（James Clerk Maxwell），

他的研究对电磁波的发现功不可没。麦克斯韦山脉最初于1967年由阿雷西博射电望远镜（Arecibo Radio Telescope）发现，在10多年后的1978年，轨道器先驱者金星1号证实麦克斯韦山的确是金星的至高点。科学家还对这座山进行过雷达探测，结果发现回波图像异常明亮，这很有可能说明山体的矿物质含量很高，应该是以一种"金属雪"的形式沉积下来的。

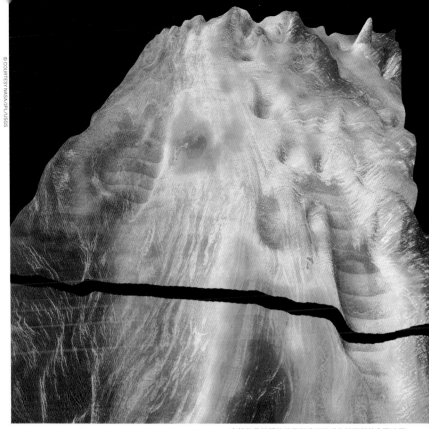

麦哲伦号拍摄的位于阿佛洛狄忒台地西部的奥瓦达区

阿佛洛狄忒台地

阿佛洛狄忒台地是金星上第二片大陆，也是最大的一片。这片高原位于金星赤道附近，是独特而又迷人的火山活动宝库。

火星上只有两片"大陆"（也就是高原），一个是伊什塔台地，另一个就是阿佛洛狄忒台地（Aphrodite Terra）。不用问，名字里的"阿佛洛狄忒"自然指的是希腊神话中的爱神。明明可以分到一整颗行星，偏偏只分到了一片大陆，这样做肯定会让女神感到寒心。不过，这片大陆的面积真的很大，介于南美洲和非洲之间，也不算太对不起女神。

阿佛洛狄忒台地无疑不如高山耸立的伊什塔台地那么壮观——毕竟那里有若隐若现的麦克斯韦山脉称霸一方，但它有自己的火山宝藏：无数的熔岩流造就了变化多端、崎岖混乱的地形。阿佛洛狄忒台地跨越金星的两个半球，西边的区域叫奥瓦达区，东边的叫忒提斯区。其中奥瓦达区更为独特，表面有深深的裂谷横贯这片大陆，可谓疤痕满面。

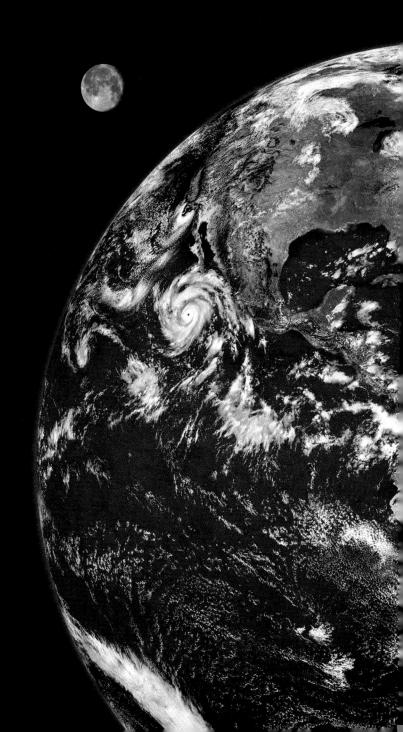

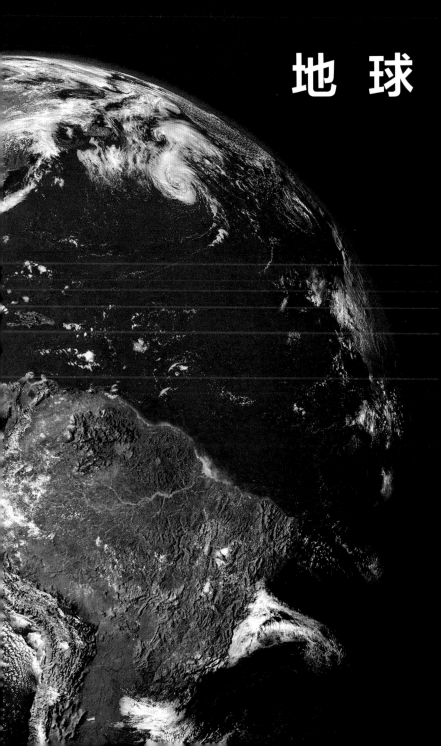

地 球

行星类型：
类地行星

卫星数量：
1颗

太空中看到的地球

地球速览

且不论整个宇宙行星无数，单在太阳系里也是行星众多，但根据天体物理学家与天文学家目前的推测，上面存在生命的行星，只有我们的地球这一颗而已。

地球在西方是八大行星中唯一一个没有用希腊罗马神祇命名的成员，其英文名"Earth"至少有1000年的历史，由撒克逊语的"eartha"、荷兰语的"aerde"与德语的"erda"融合而成，每个词都是"大地"的意思。这颗行星是我们的家园，在太阳系里距离太阳第三近，在质量上排在第五位，体积也远小于太阳——如果说太阳是一扇门，那么地球就只有一枚硬币那么大。太阳这颗恒星距离我们1.5亿千米，地球绕行它一周需要365天。地球是整个太阳系里唯一一颗表面存在液态水的天体，其结构从内向外依次是处于熔融状态的地核、岩质的地幔和坚硬的地壳。地球身边有一颗卫星，没有光环，外面包裹着的大气层能粉碎飞来的宇宙碎片，保证我们的安全。

第一个有幸从太空打量地球的生物并不是人类，而是一只叫莱卡（Laika）的小狗，它在1957年乘坐苏联的斯普特尼克2号进入了地球轨道，可惜命丧太空。苏联随后又派出了两只"太空犬"——贝尔卡（Belka）和斯特莱卡（Strelka），它们在1960年成了首次从地球轨道上平安返回的生物，为后来的载人航天探索铺就了道路。在流行文化中，艺术家们为地球想象出了无数种命运——从类人猿到巨石，都可能成为未来的主宰。但在现实中，我们最关心、争论得最激烈的一件事就是：人类，外加猫猫狗狗等所有生物，到底还能在地球上生存多久？

地球的命运事实上与太阳的命运息息相关。根据种种模型演算的预测，太阳再过50亿年左右就会变成一颗红巨星，半径增长到现在的100倍，亮度增长到现在的2000倍。那时候，别说是水了，就连地球本身都会汽化。幸好在此之前，我们还有充裕的时间去欣赏高山、大海、沙漠、丛林这些自然奇观，去享受已知宇宙中绝无仅有的勃勃生机。

首次进入地球轨道的太空犬莱卡现在还活在许多人的记忆之中

距离太阳：
1天文单位

太阳光到达地球所用时间：
8.25分钟

自转周期：
24小时

公转周期：
365.25天

大气层成分：
氮气、氧气以及多种微量气体

重要提示

威尼斯正在沉没，马丘比丘正在垮塌，葱郁的刚果盆地到2040年可能就会缩水三分之二。尽管亚马孙雨林和深海里经常会有新的物种被人类发现，但根据专家预测，每天都至少有27种在地球上彻底消失。面对种种事实，作为太空旅行者的你首先应该警醒，然后做好规划——一旦与某个美景失之交臂，也许此生也就无缘相见了。

到达和离开

随着商业太空旅行即将兴起，你也该做些功课了。比如想体验亚轨道飞行，用时不到1个小时，但如果想去月球观光，路上大约就要3天。如果要去曾经的太阳系第九大行星冥王星那里，即使搭乘史上最快的探测器新视野号（2006年发射升空），路上也要9年半。目前看来，能离开地球到太空中观光是极少数人才能体验到的事情。

地球上的季节

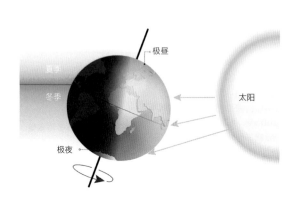

地轴倾角决定了地球一年之中季节的变化

行星简报

要是有人能飞到太空里，他看到的地球会是什么样子呢？我们这颗行星半径6371千米，在八大行星中排名第五，是太阳系最大的类地行星，与太阳的平均距离是1.5亿千米，天文学家把这一距离叫作1天文单位（简写作AU）。使用这种距离单位描述其他行星，它们与太阳的远近也就一目了然了。太阳光射到地球大约需要8分钟。

地球在环绕太阳公转的同时也会进行自转，公转周期为365.25天，自转周期为23.9小时。要知道，在我们的公历中，一年只有365天，比真实的公转周期少了四分之一天，为了让历法上的一年与真实的一年保持一致，人类想出了一个办法：每隔四年，就在历法年里多加上一天。这多加的一天，术语叫闰日，多加了一天的那一年，就是人们更为熟悉的闰年。

事实上，地球上的"一天"正在慢慢变长。在46亿年前地球刚刚形成的时候，它的自转周期只有大约6小时，在6.2亿年前，这个数字涨到了21.9小时，现在则是24小时，平均每一百年就会多出大约1.7毫秒。地球自转周期的变长，其实和月球引起的潮汐有关。地月引力在地球表面造成的潮汐隆起给地球的自转造成了阻力，让它越转越慢。

人们还想象有一条从顶到底穿过地球的地轴，地球沿着这个轴旋转一周就是一

地球 VS 其他太阳系行星

 半径：
木星的
1/11

 质量：
海王星的
1/17

 体积：
木星的
1/1321

 表面重力：
木星的
2/5

 平均温度：
比金星低
455℃

 表面积：
水星的
6.8倍

 表面气压：
金星的
1/92

 密度：
土星的
8倍

 自转周期：
天王星的
1.41倍

 公转周期：
火星的
53%

天。地球上每个地方都存在的昼夜交替，就是因为这种自转才产生的。根据推测，我们的地球在形成后不久遭到了一个大天体的撞击，结果被撞歪了，让垂直的地轴发生了一定的倾斜。在地球环绕太阳运行期间，地轴的这个倾斜方向是固定不变的，所以在一年中的不同时间，地球上能够得到阳光直射的地方也不一样，由此产生了季节更迭。

粗略地讲，每年4月至9月，地球的北半球倾向太阳，南半球离太阳较远，太阳在北半球的天空中显得更高，给北半球的热量更多，那时的北半球就是夏季，南半球则是冬季。6个月后，情况发生了颠倒，夏冬自然南北互换。而在春秋两季，南北半球从太阳那里获得的热量大致相同。地轴的倾角也叫黄赤交角，目前是23.5°，但这个角度是会发生变化的，一个周期大约4万年，其间，往小可以变到22.1°，大到24.5°。黄赤交角这种变化会对地球上的季节产生很大的影响。

日地距离的变化与我们的季节感受没什么关系。尽管从近日点到远日点，地球与太阳之间的距离会增加480多万千米，但因为日地距离本身非常远，这个数不过九牛一毛，所以不会对地球全年的气候产生显著改变。而地球大气层是影响地球气候以及短期局地天气的重要因素。

冰山下的来客

2018年11月，参与NASA冰桥行动（Operation Icebridge）的冰川学家通过极地飞行器收集的雷达数据，在格陵兰岛西北部发现了一个大型撞击坑。这个撞击坑藏在希阿瓦萨冰川（Hiawatha Glacier）800多米厚的冰层下，深300米，直径13千米，撞击时间据估算至少在1.2万年前。这一发现足以说明，负责保护我们的大气层偶尔也有失手的时候。

NASA拍摄的格陵兰岛希阿瓦萨冰川图像

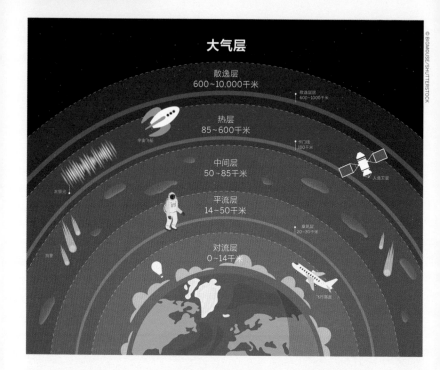

大气层

散逸层
600~10,000千米

散逸层顶
600~1000千米

热层
85~600千米

卡门线
100千米

中间层
50~85千米

宇宙飞船

人造卫星

平流层
14~50千米

极光

臭氧层
20~30千米

对流层
0~14千米

流星

飞行高度

大气层的结构

对流层

对流层是大气层密度最高的部分，从地表开始向上延伸14千米，是地球天气系统的载体，里面的变化我们每天都能体会到。

平流层

平流层在对流层外面，层顶距地表可达50千米，内含对人类至关重要的臭氧层，能够吸收太阳的紫外线辐射，保障地球生命的健康。

中间层

中间层在平流层外面，层顶距地表可达85千米，要是没有它的燃烧阻截，肯定会有更多的陨石砸到地球上来。

电离层

电离层内的原子和分子被电离，所以含有大量游离的电子。也可以说大气层从平流层往外都是电离层，其层底距离地表50千米，层顶也就是大气层与太空的边界，距离地表大约600千米。电离层是大气层的一个动态结构，会随着太阳状态的变化膨胀或者缩小。

它是地球与太阳风发生互动的重要媒介，也是无线电通信的必要条件——电台发出的无线电信号，正是依靠那些离子、电子的"反射"，才能被接收器接收到。

热层

热层在中间层外面，层顶距离地表600千米，是极光现象发生的区域，也是大多数人造卫星环绕地球的地方。

散逸层

散逸层是大气层的外延，层顶距离地表足有1万千米。

磁 层

地球的磁层就是包围着地球的磁场空间。太阳系里其他行星也有磁层，但地球的磁层强度是所有岩质行星中最高的，仿佛宇宙中一个彗星造型的大气泡，地球上之所以有生命存在，与它有不可忽视的关系。在地球面对太阳的一侧，磁层受到了太阳风不断的轰炸，因而形态扁小，厚度是地球半径的6~10倍。而在地球背对太阳的一侧，磁层则在宇宙中延伸了很远，形态像是一条大尾巴，术语叫磁尾（magnetotail）。磁尾的长度会上下波动，但都有地球半径的数百倍，早已超过了月球轨道。

磁层的产生，一是因为地球快速的自转，二是因为它由熔化的镍铁构成的地核。和大气层一样，磁层也对地球起到了保护作用，尤其是针对太阳风——即太阳时时不断射出的带电粒子流。这些飞向地球的粒子，大多数都被我们的磁层挡开了，而那些被俘获到地球磁场里的带电粒子，会与极地上方大气层中的气体分子发生碰撞，从而产生绚丽的极光。

不管你面向何方，手中的指南针总会指向北极，这也是地球磁场在发挥作用。只不过地球的磁场两极并不是固定不变的，根据地质学的研究，每隔20万年至40万年，南北极就会发生反转。这一变化的周期并不规律，其具体影响尚不清楚。

就目前所知，下一次磁极反转至少要在千年以后才会发生，而且并不会对地球上的生命产生任何伤害，只不过在磁极尚未稳定的几百年里，地球上的指南针会左摇右摆，瞎指方向，等到反转完成，也就不再乱动，开始以北作南了。

磁层虽然看不见，却可以防止宇宙中的带电粒子到达地球表面

地球这颗距离太阳第三近的行星，是在大约46亿年前由宇宙中翻腾的气体与尘埃在引力的作用下聚合而成的。地球本身大致由四部分构成，最中心的是内地核，往外依次是外地核、岩质的地幔和坚硬的地壳。

内地核是一个固态球体，半径大约1221千米，主要由铁、镍两种金属构成，温度高达惊人的5400℃。把内地核包在里面的是外地核，厚度大约2300千米，主要由液态的铁和镍构成。外地核外面的地幔是地球最厚的一层，厚度大约2900千米，成分是熔融岩石，温度高，黏性大，质地类似焦糖。

与这些部分相比，地球最外面的地壳非常薄，陆地区域的平均厚度大约30千米，海底更薄，从地幔顶部到海床只有大约

内地核

外地核

下地幔

上地幔

软流层

岩石层

地球内部结构图

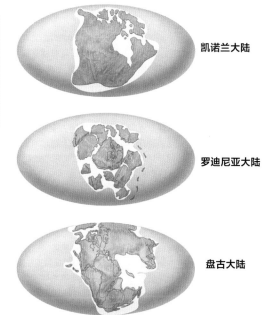

凯诺兰大陆

罗迪尼亚大陆

盘古大陆

地球上的板块分分合合，多次形成了所谓的超级大陆

水中有山

覆盖全球的海洋占去了地球近70%的表面积，平均深度在4千米左右，集中了地球97%的液态水。地球上几乎所有火山都藏在海洋下面，就比如夏威夷的冒纳凯阿火山，从山底到山顶足足超过1万米，所以比珠穆朗玛峰还高，只不过大部分淹在水下，看不出来而已。

地球上最长的山脉也不在陆地上，而是在北冰洋和大西洋海底的中央海岭。这座山脉全长65,000千米，比安第斯山脉、落基山脉和喜马拉雅山脉加在一起还要长4倍。

5千米——地壳的这一部分又叫软流层（asthenosphere，严格意义上来说属于地幔）。

和火星与金星一样，地球上也有火山、高山和谷地。这些表面地貌，加上大陆地壳、海洋地壳以及地幔的上层，被统称为岩石层（lithosphere）。岩石层可以被分成若干时时处于移动状态的大板块，比如其中的北美板块，就正在太平洋盆地（Pacific Ocean basin）上向西移动，速度大约和人类长指甲差不多。当不同板块发生了剐蹭或者错位，就会产生地震；板块发生了撞击，就会产生山脉。事实上，这些板块并不是一直处于分离状态的，而是每隔一段时间就会聚合在一起，形成所谓的"超级大陆"，被覆盖全球的海洋围在当中，然后再次分离。根据学界目前的推测，地球上最古老的超级大陆是20多亿年前形成的凯诺兰大陆（Kenorland），随后是18亿年前形成的努纳大陆（Nuna），再后来是10亿年前形成的罗迪尼亚大陆（Rodinia）。罗迪尼亚大陆在8亿年前发生了分解，其中心部分就是今天的北美洲。众多碎片中，有一些又在2.5亿至5亿年前重新撞在一起，形成了今天北美洲的阿巴拉契亚山脉（Appalachian Mountains）以及俄罗斯和哈萨克斯坦的乌拉尔山脉（Ural Mountains），并最终聚合成了盘古大陆（Pangaea），被海洋包围。正所谓分久必合，合久必分，5000万年后，盘古大陆也开始解体，先是被分成了冈瓦纳大陆（Gondwanaland）和劳亚大陆（Laurasia），然后又慢慢分裂形成了今天各大陆的格局。我们现在正处于超级大陆分裂、合并的漫长过渡期，大大小小的陆地板块在地球表面七零八落，仿佛打翻了的拼图，科学家只有对地球各处含铁的磁性矿物质进行分析，判断其最初冷却成形的位置，参照地球磁极确定其"古纬度"，最终才能把它们拼在一起，还原超级大陆的真实面貌。至于未来，有一种理论认为，加勒比海和北冰洋将消失不见，北半球将形成一个新的超级大陆，名叫美亚大陆（Amasia）。

地球原是雪球

在过去的65万年里，地球上的冰川时冻时化，时进时退，一共经历了7个周期，每个周期里冰川占上风的时期就叫"冰期"。一些科学家相信，地球也许在其中4个冰期里，由于大气层里的甲烷、二氧化碳等温室气体减少，气候变得极端寒冷，整个星球从北极到南极，完全都被冰川盖在了下面，冰雪又将大多数太阳光反射到了太空中，使得温度进一步下降，当时的全球平均气温可能低至−50℃左右。他们的这种推测在学界被称为"雪球地球"（Snowball Earth）理论，但也有人认为地球并不曾被完全冰冻，这也就是与之相对的"融雪球地球"（Slushball Earth）理论。

上一个冰期大约在7000年前突然结束，把地球送入了现代气候时代，也让人类文明得以兴起。在科学家看来，此前的那些气候变化大多数是因为地球的公转轨道发生了微小的变化，改变了我们从太阳那里获得的能量。但是20世纪中期以来，地球气候呈现出逐渐变暖的趋势，在短短几十年里，温度上升的速度竟然超过了过去1000年，这在科学家看来有很大的可能性（超过95%）是由人类活动导致的，因此值得我们特别关注。

从南极洲和格陵兰岛提取的冰核中，科学家可以分析出历史上大气层的二氧化碳含量，从树木年轮、海洋沉积物、珊瑚礁和沉积岩上，他们也能找到有关古气候的数据。种种证据表明，地球目前的变暖速度是冰期恢复期平均值的10倍左右。

19世纪中期，二氧化碳等气体被发现具有截留热量的作用，如今这些气体被统称为温室气体。NASA根据它们能改变红外线在大气层中传播的特点，设计出了很多科学仪器。大气层中二氧化碳的上升虽然在数据上看起来很不起眼，却能对我们产生巨大的影响。

自19世纪末以来，地球的平均温度已经上升了大约0.9℃，这主要都是人为排放二氧化碳等气体导致的，而且温度上升主要集中在过去35年里。从2010年到现在，有记录以来的年平均气温最高纪录先后被打破5次，2016年的纪录想必也保持不了多久。

随着气候变暖，阿拉斯加的亚库塔特冰川正在逐渐消退

人类与地球

利用人造卫星以及其他先进技术，科学家可以看到地球的全貌，也正在借此收集证据，试图推断全球性气候快速变暖到底在多大程度上是由人类活动造成的。

从地球轨道上看到的地球和月球

1) 海洋变暖

地球增加的热量，很大一部分都被海洋吸收了。2019年，相关研究表明，海洋变暖的真实速度要比此前联合国政府间气候变化专门委员会（简称IPCC）的估算值超出40%。

2) 冰层变薄

从2002年到2017年，格陵兰岛平均每年融化2860亿吨冰，南极洲的数字是1270亿吨。对南极洲来说，这个速度是上一个10年的3倍。

3) 极端天气

1950年至今，破纪录的高温天气事件数量在增加，低温天气事件数量在减少。热浪在欧洲、亚洲、澳大利亚、北美洲和南美洲伤人夺命，还造成了更严重的季节性山火。强降雨事件在全球越来越多，但干旱年数也越来越多。

4) 海平面上升

整个20世纪，全球海平面上升了大约20厘米。而在过去20年里，上升速度几乎比之前翻了一番，而且目前每年都在加速。

5) 北极海冰缩减

在过去几十年里，北极海冰在面积和厚度上都发生了快速缩减。2012年，北极海冰最小值（出现在每年9月前后，那时因为融化，海冰体量最小）达到了有记录以来的最小值。就在本世纪内，夏天也许就会出现"无冰北极"，这或将成为全球航运乃至北极商业开发的重要契机。

6) 冰川消退

根据太空探测器的监测，冰川正在从全球几乎每一座山脉上快速消退，乞力马扎罗、阿尔卑斯、喜马拉雅、安第斯、落基山脉无一幸免。

7) 海洋酸化

工业革命至今，海水的酸度已经增加了大约30%。这是因为排放到大气层中的二氧化碳越来越多，被海水表层吸收的二氧化碳每年会以20亿吨的速度增长，形成的碳酸降低了全球海洋的平均pH值。海洋酸化是珊瑚礁白化现象的原因之一，它也增加了有害藻华的出现。

© TANAKORN KHATIYASONTORN/SHUTTERSTOCK

月食就是地球投在月球上的影子，它也可以作为地球是球形的证据

地平说迷思

15世纪的画家耶罗尼米斯·博斯（Hieronymus Bosch）有一幅作品叫《人间乐园》（The Garden of Earthly Delights），他在三联画的外部把地球想象成了一个盘子一样的东西，漂浮在一个大球里面，令人印象十分深刻。也许正是因为这些艺术家的渲染，现在许多人都误以为中世纪人眼中的地球是平的。

事实上，西方人早在2000多年前就知道地球是一个球了。古希腊科学家当年就通过夏至时影子的长度，算出了地球的周长，还能通过天空中恒星与星座的位置估算地球上两个地点的距离，更在观测月食的时候根据地球圆圆的影子反推出了地球的形状。今天，像这种研究地球形状、重力和自转的科学被称为大地测量学。大地测量学家不仅证实了地球是球形的，还能对地球的大小与形状做出非常准确的测算，误差不到1厘米。而从太空拍摄的照片再次验证了地球和它的卫星月球一样，都是球形的。

但由于社交媒体等因素作怪，现在还是有许多人对这个科学事实表示怀疑。2018年，英国就召开了首届地平论者大会（Flat Earth Convention）。这些人的论调毫无根据，只有一个地方说对了：地球并不是一个完美的球形。因为自转，地球已经把自己给甩"胖"了：赤道直径为12,756千米，两极直径则是12,714千米。前者比后者多出42.78千米，只有0.3%的差值，从在太空中拍摄的地球照片上根本看不出来，说它是球形的，并没有问题。最近，根据美国喷气推进实验室的研究，地球上的冰川融化正在让地球的"腰围"进一步增长。

地球形状认识简史

1）古希腊

从公元前6世纪开始，古希腊天文学家就开始一致认为地球是球形的。亚里士多德发现，埃及夜空中的那些恒星，位置与爱浦路斯夜空中的不同，由此推测地球表面应为球形。他还认为土、水这种比较重的东西会被吸向地球中心，火、气这种比较轻的东西则会向天上飘。

2）罗马帝国

在公元前50年前后，西塞罗（Cicero）、普林尼（Pliny）等罗马帝国的学者也认为地球是球形的。斯特拉波（Strabo）等地理学家还对这一观点提供了新的证据。斯特拉波在著作中提到，在同样远的距离上，水手能够看到很高的物体，却看不到很低的物体，如果地表不是球面，这个现象根本不可能出现。

3）印度

到了6世纪，一些天文学家就已经能够比较准确地测量出地球的大小了。当时印度有一位学者名叫阿耶波多（Aryabhata），在著作《阿耶波多历书》（书名起得真不低调）中估算出了地球的周长，数值为4967逾缮那（yojana），换算过来就是39,968千米，这和地球赤道的真实长度40,075千米极其接近！

4）中世纪西方

中世纪时，一位叫依西多禄的主教——即后来的圣依西多禄（Isidore of Seville）——曾经到处宣扬地圆论，只不过他特别喜欢使用稀奇古怪的拉丁术语，所以有些人觉得他并不是想说地球是球形的，而是盘子形的。事实上，中世纪的很多西方人并不认为地球是平的，他们只是想不明白一件事：生活在南半球的人为什么不会掉下去？

5）伊斯兰世界

为了计算地球上任何一个地点与圣城麦加之间的距离，伊斯兰古代的数学家开创了球面三角学。在10~11世纪，学者艾布·赖哈尼·比鲁尼（Abu Rayhan Al-Biruni）发展了三角测量的原理，借此精确计算出了地球的半径——这个数据西方人直到16世纪才算出来。

6）中国

作为地圆说的后来者，中国的天文学家直到17世纪才开始坚信地球是球形的。他们了解到，一艘船如果直线航行，就可以最终重回原点。

地平论概念图

借卫星，识地球：
NASA 开展的 10 次人造卫星任务简介

为了监测我们的地球到底在如何发生变化，NASA 启动了研究范围十分广泛的地球科学计划（Earth Science），利用极其灵敏的仪器，愈加详细地去了解地球上海洋、大气层、陆地与生命之间的互动，并通过人造卫星，对天气、干旱、污染、气候改变等现象进行研究和预测。下面一共介绍了 10 次重要的人造卫星任务，有些已经在实施中，有些尚在酝酿。

1）陆地卫星

发射日期：1972年7月

陆地卫星（Landsat）原名地球资源技术卫星（Earth Resources Technology Satellite），于1972年首次发射。利用它传回的数据，生态学家得以对森林退化和高山冰川消退进行跟踪分析，水利部门得以对美国西部的农田灌溉状况进行监控，人口研究者得以对全球各地的城市增长进行观察。新一代的陆地卫星9号（Landsat 9）计划于2020年12月发射升空。

2）重力恢复及气候实验卫星

发射日期：2002年3月

重力恢复及气候实验卫星（Gravity Recovery and Climate Experiment）简称GRACE卫星，能够跟踪湖泊、冰层、冰川等地球水源地的变化，也能监控淡水进入海洋造成的全球海平面上涨，负责跟进的GRACE-FO卫星已于2018年5月升空。科学家利用这两颗卫星传回的数据，建构了地球重力场地图，了解各种物质（尤其是水）在全球移动的详细情况。

3）太阳辐射与气候实验卫星

发射日期：2003年1月

太阳辐射与气候实验卫星（Solar Radiation and Climate Experiment）简称SORCE卫星，负责测量太阳产生的电磁辐射及其对地球表面的影响。它最大的功劳之一，就是记录了地球大气层上方每天的太阳总辐照度（Total Solar Irradiance，简称TSI）。该变量能够反映地球从太阳那里获得的能量，而这种能量又会影响地球的气候及天气系统，是至关重要的科学数据。

4）索米国家极地轨道伙伴卫星

发射日期：2011年10月

索米国家极地轨道伙伴卫星（Suomi National Polar-orbiting Partnership）简称Suomi NPP卫星，得名自气象学家韦纳·索米（Verner Suomi），负责测绘地球上的土地覆盖，监控植被生产力的变化，跟踪大气层中的臭氧及气溶胶含量、海洋及陆地表面温度以及火山爆发与洪水等自然灾害。

© COURTESY NASA

地球轨道上的陆地卫星

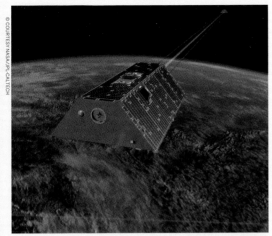

GRACE-FO卫星假想图

5）土壤湿度主被动探测卫星

发射日期：2015年1月

　　土壤湿度主被动探测卫星（Soil Moisture Active Passive）简称SMAP卫星，是一个环绕地球运行的太空观测站，负责对地表层土壤中的水进行测量。利用它提供的土壤湿度数据，科学家得以进一步理解地球上的水循环与碳循环。土壤湿度可以反映陆地蒸发到大气层中的水量，对于科学家理解水与热量影响气候的具体方式至关重要。

6）冰层、云层、地表层高度测量卫星2号

发射日期：2018年9月

　　冰层、云层、地表层高度测量卫星2号（Ice,Cloud and Land Elevation Satellite-2）简称ICESat-2卫星，上面安装有光子计数激光测高仪，科学家利用

它就可以测量冰原、冰川和海冰的厚度，进而研究地球上的冰冻区域——即所谓的低温层（cryosphere）——发生变化的原因和方式。同时，这颗卫星也可以对温带地区、热带地区和植被水平进行监测。

7）地球观测系统

发射日期：1999年12月（陆地号）、2002年5月（水文号）和2004年7月（大气号）

　　NASA打造的地球观测系统（Earth Observing System，简称EOS），旨在利用多颗卫星联合观测，全面把握地球的气候状况。其中的陆地号卫星（Terra）负责监控人类活动以及自然灾害对生态系统的冲击，水文号（Aqua）负责收集有关地球水循环的数据，大气号（Aura）负责测量大气层中的臭氧及其他气体。

8）全球降水量测量计划主卫星

发射日期：2014年2月

　　全球降水量测量计划(Global Precipitation Measurement, 简称GPM）由NASA与日本宇宙航空研究开发机构联手打造，目的是升级目前对全球降雨、降雪的观测方式，通过一颗主卫星与多颗副卫星构成的网络，每3小时传递一次数据，实现对全球降水量的统一测量。

9）地表水与海洋地形学卫星

发射日期：2021年9月

　　地表水与海洋地形学卫星（Surface Water and Ocean Topography, 简称SWOT）任务由美法两国的海洋学家和水文学家共同参与，将对地球表层水进行首次全球性调研，揭示海洋地形的更多细节，测量水体随时间发生的变化。

10）对流层排放污染监测卫星

发射日期：有待确认

　　对流层排放污染监测卫星（Tropospheric Emissions: Monitoring Pollution, 简称TEMPO卫星）将成为历史上首个常驻太空的主要空气污染物监测仪器，其轨道位于赤道正上方，监测范围覆盖北美大陆，每天都会记录臭氧、二氧化氮以及其他空气污染物的变化。

地球亮点

从沙漠到平原，再到生机勃勃的水下，我们上天入地，为你选出了地球上一系列一生必游的自然奇观，任何到访地球的游客都不应该错过。

珠穆朗玛峰

① 地球上的海拔至高点珠穆朗玛峰高达8848.86米，一边属于中国，另一边属于尼泊尔。

挑战者深渊

② 挑战者深渊藏在太平洋底，位于马里亚纳海沟南端，10,900米的深度使它成了地球海床上已知最深的地方。

阿塔卡马沙漠

③ 智利北部的阿塔卡马沙漠尽管挨着世界第一大洋太平洋，本身却是地球上最干旱的地方。

冒纳凯阿火山

④ 冒纳凯阿火山是夏威夷的一座休眠火山，年龄已有100万岁，海面以上的部分高达4207米，海面以下的部分还有6000多米，绝对是地球上的第一高山。

希克苏鲁伯陨石坑

⑤ 希克苏鲁伯陨石坑位于墨西哥，是地球上已知最大的撞击坑遗迹，诞生于6600万年前的一次碰撞，缔造它的小行星直径为10~15千米。

丝浮拉大裂缝

⑥ 丝浮拉大裂缝位于冰岛的辛格韦德利国家公园，是北美板块与欧亚板块的分界线，那里拥有地球上最清澈的水，能见度超过100米，绝对是潜水天堂。

死亡谷

⑦ 死亡谷位于美国加利福尼亚州东边的莫哈韦沙漠，曾经出现过56.7℃的气温，是地球上最炎热的地方。

南极洲尽管并不适合大多数生命的存活，但仅企鹅就有7种之多

日落时分的月亮谷风貌诡异，偌大的坑中可见积盐

南极洲

8 这里是地球上最寒冷的地方，冬季平均温度将近-50℃，同时却拥有丰富的野生动物和壮美的地质奇观，所以南极洲面临的气候危机更加让人揪心。

大堡礁

9 这处地球上最大的珊瑚礁长达2300千米，

是由微生物创造的最大的结构体，即便在太空中都可以看到！

亚马孙雨林

10 巴西的亚马孙雨林占地550万平方千米，树木多达3900亿棵，全球五分之一的鸟类、250万种昆虫全都生活在这里，其他的生物还有很多很多。

恩戈罗恩戈罗自然保护区

11 这里是顶级游猎目的地，一个地方就能看全非洲五霸（大象、狮子、犀牛、水牛和豹）。

长城

12 全长超过21,000千米，这座人造奇观从太空中也看得见——只不过看的时候得用些设备才行。

在尼泊尔萨迦玛塔国家公园的卡拉帕塔眺望珠峰，珠峰大本营还在前方

珠穆朗玛峰

珠穆朗玛峰海拔8848.86米，是地球上最著名的山峰，1953年首次被埃德蒙·希拉里（Edmund Hillary）和丹增·诺盖（Tenzing Norgay）征服，如今在4月至5月的登山旺季里，众多登山者都会争相前来挑战。

地球上"8000米俱乐部"的成员只有14座高山，珠穆朗玛峰是其中最高的一座。登顶路线主要有两条，每条路线的起点位置都设有珠峰大本营，南坡大本营位于尼泊尔，北坡大本营位于中国西藏。每年都有800多人来到这里，不惜一切代价，只为征服世界最高峰。严格地讲，珠穆朗玛峰并不是最难爬的山——乔戈里峰在难度上就能超过它，但高原反应、天气骤变和雪崩等风险仍然不容小觑。从尼泊尔这边登顶，最大的危险其实在山底，也就是极不稳定的昆布冰瀑（Khumbu Icefall）；从中国这边登顶，最大的危险在峰顶附近，也就是那条又长又没有遮蔽的东北山脊。早在20世纪20年代，有人就开始从中国这边试图征服珠峰，但全部以失败告终，1924年6月在登山途中失联的乔治·马洛里（George Mallory）与桑迪·欧文（Sandy Irvine）是其中最著名的悲剧人物。至今，已有将近300人在攀登珠峰的过程中丧命，其中很多并不是外来的登山者，而是担任向导和挑夫的夏尔巴人。

景 点

尼泊尔丹增-希拉里机场（Tenzing-Hillary Airport）

1 这里被视为全世界最危险的机场，跑道很短，而且建在峭壁顶上。从加德满都飞过来航程不远，但已能让人惴惴不安，着陆时更是极其恐怖。

庞拉（Pang La）

2 这是从中国西藏一侧登顶前到达的最后一个山口，名字意为"草甸山口"，在那里可以看到马卡鲁峰、卓奥友峰、希夏邦马峰、干城章嘉峰和珠穆朗玛峰五峰雄起的绝景。

昆布冰瀑

3 这座壮观的冰河暗藏凶险，上面布满裂缝，容易发生雪崩。从尼泊尔登顶珠峰的遇难者中，有四分之一都是被它夺去了性命。美丽却致命。

那木齐巴扎村（Namche Bazaar）

4 这个尼泊尔山村很受登山者的喜爱，海拔3440米，是适应高海拔气候的理想地点，也可以在此临时购买一些登山装备及物资。

绒布寺（Rongbuk Monastery）

5 中国西藏珠峰大本营前的最后一站，珠峰尽陈眼前。因其宗教地位很高，许多随同登山的夏尔巴人都会到此接受喇嘛的祝福。

名从何来？

这座世界第一高峰备受喜马拉雅地区居民的崇敬，尼泊尔人称其为萨迦玛塔，藏族人称其为珠穆朗玛，翻译过来大致就是"女神"的意思。珠峰在西方最常被称为埃弗勒斯峰（Everest），这个名字是英国皇家地理学会在1865年起的，纪念的是英属印度测量局局长、著名探险家乔治·埃弗勒斯爵士（Sir George Everest）。

测高竞赛

喜马拉雅山脉是由印度板块与亚欧板块撞击形成的山脉，由变质岩构成，山脉上的珠穆朗玛峰如今被两国名占去一半，但关于珠峰的真正高度，双方仍然存在分歧。中国认为应该以珠峰上最高的岩面计算，尼泊尔认为应该以珠峰上最高的雪面计算。另外，一些独立的地质学家发现，因为亚欧板块和印度板块的持续碰撞，珠峰每年还会增高大约6厘米，但与此同时，风化侵蚀又会把珠峰的高度往下拉，具体数值并不是不变的。尼泊尔已经展开了一个新的测量计划，希望能得出更为精确的结果，而中国的测量登山队于2020年5月27日登顶珠峰，最新的测量结果是8848.86米。不管怎么说，有一件事是确定的：珠峰峰顶的空气密度只有海平面地区的三分之一。

尼泊尔丹增-希拉里机场跑道上的飞机

生活在马里亚纳海沟热液喷口附近的管虫

挑战者深渊

挑战者深渊得名自英国皇家海军挑战者号，正是这艘舰艇在1872年首次对其深度进行了测量。根据现代潜水器的记录，1998年科学家推测这个深渊的深度应该是10,898～10,916米，但声呐测试显示，真实数值可能不止于此。

当地球上的两个构造板块发生碰撞时，较轻的板块会以所谓"俯冲"的方式被较重的板块拉到身下，形成一道深沟。马里亚纳海沟（Mariana Trench）就是由太平洋板块与菲律宾海板块碰撞形成的深沟，而里面的挑战者深渊（Challenger Deep）更是深沟中的深沟，它的深度让科学家越研究越着迷。2010年，美国国家海洋大气局（US National Oceanic and Atmospheric Administration，简称NOAA）利用声呐进行测量，得出的数据是10,994米，目前尚未得到证实。两年后，著名导演詹姆斯·卡梅隆自行展开测量，驾驶潜水器潜到了10,898米的深处，而且坚信自己还能继续下潜。2014年，新罕布什尔大学的科学家发表了相关海床测量的数据，把挑战者深渊的深度定在了前所未有的10,984米。而2020年11月10日，中国的载人潜水器"奋斗者"在马里亚纳海沟坐底得到的深度是10,909米。

趣闻集锦

又长又窄

1 马里亚纳海沟长2542千米，是美国大峡谷的5倍多，但平均宽度只有69千米，可以说是一条又长又窄的深沟。

似球非球

2 严格地说，地球并不是完美的球体，而是一个扁球体，赤道略丰满，两极较扁，两者的半径差有25千米。也是因为这个原因，北冰洋海床与地心的距离要比挑战者深渊更近，尽管北冰洋的平均深度只有1038米。

天然压力锅

3 挑战者深渊底部的水压约为每平方厘米1.24吨，是海平面位置气压的1000多倍，能举起50架大型客机。2012年3月，潜水探险家、电影人詹姆斯·卡梅隆之所以潜到那里还没被挤扁，是因为他驾驶的潜水器拥有64毫米厚的钢壳作为保护。

白烟囱

4 挑战者深渊里存在罕见的水下火山，术语叫热液喷口，会向外咕嘟咕嘟地喷热液，形成所谓的"白烟囱"。其中的埃夫库（Eifuku）水下火山喷射的就是液态的二氧化碳，温度高达103℃。

深过高峰

5 要是你把珠穆朗玛峰拿到挑战者深渊里，那它的峰顶距离海面大约还差2千米呢。

海沟也有纪念地

马里亚纳群岛属于美国的海外领地，因此海下的马里亚纳海沟和挑战者深渊也都归美国管辖。2009年，美国将这一带的海床及海域划设为海洋保护区，建起了马里亚纳海沟国家海洋纪念地（Mariana Trench Marine National Monument）。

海下异形

对人类来说，深海区域甚至比宇宙的某些部分还要神秘。我们一直在掠夺海洋，污染海洋，但海洋生机依旧。据估算，地球上80%的生命体都存在于海洋之中，科学家到今天才仅仅找到了其中的22.5万种，还有75万至2500万种海洋生物等待着他们发现。仅在挑战者深渊一个地方，科学家在海泥样本中就找到了200多种微生物。2017年，深藏不露的马里亚纳蜗牛鱼也终于现身。这种动物生活在8000米深的水下，被科学家认定为马里亚纳海沟水域的顶端猎食者。

NASA正在考虑派遣类似挑战者深渊潜水器的仪器去探索土卫六的海洋

智利阿塔卡马的塔迪奥间歇泉

阿塔卡马沙漠

智利的阿塔卡马沙漠占地105,000平方千米，分布着间歇泉和盐田，干旱荒凉如同火星，令人一见难忘。

阿塔卡马沙漠（Atacama Desert）被安第斯山脉和智利海岸山脉夹在当中，两座巍峨无比的山脉将大西洋和太平洋的湿气尽数挡在外面，让这里成了东西两面高山的雨影区，也因此成了地球上最干旱的地方。事实上，相关研究表明阿塔卡马沙漠上一次出现显著降雨还是400多年前的事情，有些区域甚至从古至今没有下过一滴雨！这里的区域年平均降雨量仅为1毫米，就算是那些稍微湿润一点儿的地方，比如海滨城市阿里卡（Arica）和伊基克（Iquique），也才有3毫米。干旱也不是只会造孽，还赋予了这片沙漠一种荒凉之美和许多许多的盐。阿塔卡马区域的硝酸钠盐和金属锂生产是当地的支柱产业，产量皆为全球第一。

景 点

月亮谷

1 月亮谷（Valle de la Luna）位于火烈鸟国家保护区（Reserva Nacional los Flamencos）内，最能体现阿塔卡马异星风景的奇妙。岩石被大风雕凿得精致无比，虽出天然，不逊于人工。

圣米格尔德阿扎帕考古博物馆

2 最古老的埃及木乃伊来自公元前3000年，但你在圣米格尔德阿扎帕考古博物馆（Museo Arqueológico San Miguel de Azapa）里，可以看到比它们还要早4000年的新克罗木乃伊（Chinchorro）。能保存这么久，阿塔卡马的干旱功不可没。

塔迪奥

3 塔迪奥（El Tatio）海拔4320米，属于阿尔提普拉诺-普纳（Altiplano-Puna）火山群的一部分，是南半球最大的间歇泉区。在这里玩上一天，肯定相当"火"爆。

红石高原

4 红石高原（Piedras Rojas）因红色岩石而得名，看起来十分美妙，只不过因为海拔足有4000米，徒步前往的路上最好悠着点儿。

盐田

5 阿塔卡马盐田（Salar de Atacama）是智利最大的盐田，里面的塞加湖（Laguna Cejar）湖水含盐量高达28%，一下水就可以轻松地浮起来，体验类似死海。

智利安第斯山脉的塔拉尔盐田（Salar de Talar）

向宇宙放电

一年有300多天是晴天，没有光污染，海拔还高——这样的阿塔卡马自然是地球上观测星空的最佳地点之一，也难怪科学家会在这里建设阿塔卡马大型毫米/亚毫米波阵列望远镜（Atacama Large Millimeter/sub-millimeter Array）。这组望远镜简称ALMA，由66台射电望远镜构成，其中就包括世界上最大的地面望远镜。

从沙漠到火星

NASA的科学家对阿塔卡马的岩石与矿物质进行过研究，发现干旱状况已在这里持续了至少1000万年。再加上来自太阳的强烈紫外线辐射，这里并没有什么生命体，只有生活在地下或者岩石里面的微生物。有趣的是，阿塔卡马的干旱与辐射水平使它非常接近火星表面，火星上如果存在生命，可能也会钻到地下。因此，阿塔卡马成了人类在地球上研究火星潜在生物的重要试验场地。2016年，NASA在永加站（Estación Yungay）附近的阿塔卡马沙漠腹地，对KREX-2漫游车原型机和多种搜寻地外生命的设备进行了测试，目的是有朝一日把它们送上火星，去寻找可能生活在那里的微生物。

冒纳凯阿火山上的天文望远镜

冒纳凯阿火山

"冒纳凯阿"意为"白山",因为这座雄伟的火山山顶覆盖着白雪,能在太平洋热带地区看到这种现象,实在是不可思议。

冒纳凯阿火山(Mauna Kea)位于夏威夷的大岛(Big Island),直接从海床上拔地而起,它和整个夏威夷群岛事实上都是由同一个火山热点缔造的。这座火山露出海面的部分高度只有将近4207米,但从海底算起,高度足有10,000米,所以绝对是地球上的第一高山,只是真人不露相而已。从上到下,冒纳凯阿火山展现了多元至极的自然环境:山顶一带基本上就是一片高山沙漠,那里生活着不少小型捕猎者,其中一种叫wēkiu的虫子,体内含有天然防冻剂;在水下的"山脚"一带,生活着许多神秘的深海生物。在山顶和山脚之间,你还能找到山地森林(里面生活着夏威夷仅有的原生哺乳动物灰蓬毛蝠)、灌木茂盛的低地以及许多种海洋环境。不夸张地说,你在冒纳凯阿的山坡上既能遇到飞鸟,也能邂逅鲸鱼!

景点和活动

登顶观星

1 冒纳凯阿火山天文台（MKO）世界知名，天文台的游客信息站（Mauna Kea Visitor Information Station, 简称MKVIS）有当地天文学家驻守，可以免费为游客提供观星指导。

观鲸

2 冒纳凯阿周围海域的"阳光区"——也就是海水表面至396米深处的浅海区——常有多种海洋动物光顾，12月至次年4月有可能看到座头鲸的身影。

冲浪

3 大岛的确没有夏威夷北海岸那种四层楼高的巨浪，但冬季4.5米高的大浪还是一浪接一浪的，冒纳凯阿海滩就是一个不错的冲浪地点。

怀奥湖

4 当地传说这片高山湖泊连接着天界与人间，夏威夷当地人会把新生儿的脐带放到怀奥湖（Lake Waìau）中，让自己的孩子结下神缘。

世界上最累人的骑行路

5 这条骑行路起于怀克罗阿海滩（Waikoloa Beach），全长92千米，海拔攀升4192米，几乎是一路上坡，坡度最高可达20%。

蓄势待发

冒纳凯阿火山虽然上一次喷发是在4500年前，但再次发威的概率非常高，旁边处于同一个地热系统的冒纳罗阿火山（Mauna Loa）自1843年至今已经喷发了33次。

"神盾"

冒纳凯阿火山属于盾形火山，形态像是倒扣过来的盾牌，是岩浆从一个火山热点不断地喷出冷却、一点点堆积起来的。根据科学家的估算，它大约在80万年前破水而出，在20万年前达到了稳定状态，只有山坡上的火山渣锥（cinder cone）还在活跃，中央火山口也被之后的喷发掩埋了。即便上覆冰雪，冒纳凯阿仍然可以喷发，但未来可就不好说了：太平洋板块每年都会将火山推离其下方的热点将近8厘米，等到完全失去了岩浆的支持，冒纳凯阿就会垮塌入海。夏威夷大岛共有5座盾形火山，其中的冒纳凯阿更是夏威夷岛链上的第一高山，因此被当地原住民视为圣地神域，从前只有祭司和王室可以踏足。冒纳凯阿曾经的名字是"冒纳欧瓦吉"（Mauna o Wakea），"瓦吉"（Wākea）指的是当地传说中的天父，整个世界都是由他与妻子地母Papahānaumoku一同创造的。

冒纳凯阿火山山顶的死火山口和天文台

© MARK GARLICK/GETTY IMAGES

小行星撞击形成希克苏鲁伯陨石坑的瞬间（演示图）

希克苏鲁伯陨石坑

希克苏鲁伯陨石坑属于撞击坑，直径超过150千米，科学家相信当年正是缔造了它的那颗小行星导致了恐龙的灭绝。

希克苏鲁伯陨石坑（Chicxulub Crater）位于墨西哥尤卡坦（Yucatan）半岛上，因为被1000米厚的岩石和沉积物埋在下面，直到1978年才被人类发现。大多数科学家都认为这个陨石坑诞生于6500万年前，是一颗很大的小行星或者彗星撞击出来的，其直径据估算为11~81千米。这次撞击导致地球气候骤变，大约有70%的生物遭到了灭顶之灾，其中就包括恐龙。科学家当时是通过这一地区的磁场以及重力数据，才在地下发现了这个巨大

的圆形结构，今天分布在尤卡坦半岛北端的那一连串天然井就是由陨石坑边缘处的断裂形成的，只有从太空中俯视才能一窥其规模的巨大。

科学家通过分析，甚至在海地的岩石与海洋沉积物中找到了那场撞击产生的喷射物和熔化的球粒，碰撞的猛烈程度可见一斑。他们因此相信，希克苏鲁伯陨石坑的出现是地球上生命演化的一个转折点，标志着恐龙时代的结束和哺乳动物时代的开启。

在丝浮拉浮潜

丝浮拉大裂缝

丝浮拉大裂缝藏在冰岛辛格韦德利国家公园晶莹剔透的水下，是地球上两块越离越远的构造板块留下的杰作。

丝浮拉大裂缝（Silfra）位于冰岛的辛格韦德利国家公园（Thingvellir National Park），就在首都雷克雅未克城外不远，本身是北美板块与欧亚板块的分界线，两块板块一直在以每年大约2厘米的速度"分道扬镳"。丝浮拉深63米，是辛格韦德利一带最深的裂缝之一，上方的那片湖泊，湖水既来自天然地下泉，也来自冰岛第二大冰川朗格冰川（Langjökull）的融水。全世界的潜水爱好者都喜欢丝浮拉大裂缝，一是因为能潜入两块大陆板块之下，机会实在难得；二是因为丝浮拉水下地质景观优美，能见度极佳。主要潜水区的能见距离基本大于70~80米，根据许多潜水者的反馈，甚至可以达到100米。丝浮拉大裂缝的主要潜水区分别被称为大厅（Hall）、大教堂（Cathedral）和潟湖（Lagoon），其中大教堂区域最为壮观，水下阳光充盈，可同时望见裂隙两壁，更何况在两块大陆板块之间玩深潜这种体验可不是天天都有的。

加利福尼亚州死亡谷国家公园赛马场盐湖（Race Track Playa）中一块"会走路的石头"

死亡谷

死亡谷虽为地球上最炎热的地方，却绝非毫无生机。这里被划设为一个占地1.4万平方千米的国家公园，是联合国教科文组织莫哈韦沙漠与科罗拉多沙漠生物圈保护区的最大看点。

死亡谷（Death Valley）位于恶水盆地（Badwater Basin），那里的海拔为−86米，是北美洲的最低点。夏季平均气温高达47℃，谷中小村熔炉溪（Furnace Creek），气温在1913年7月10日更是达到了破纪录的56.7℃。地面温度更夸张，在1972年7月15日飙升到了93.9℃，因而被奉为地球上最炎热的地方。即便炎热至斯，生命在这里仍然想方设法地存活了下来。

死亡谷所在的保护区由美国国家公园管理局（National Park Service）负责维护。根据他们给出的数据，这里生活着超过1000种植物，包括大名鼎鼎的约书亚树、三齿拉雷亚灌木和沙漠冬青，动物方面则有许多短尾猫、郊狼和鹰隼。死亡谷内还建设了几片营地招待游客，每年还会组织至少一场超级马拉松（视季节而定）。冬日，周围的山顶上会出现降雪。降雨虽然很少见，但足以让草甸上野花烂漫，生机盎然。

景点和活动

恶水超级马拉松

① 恶水超级马拉松（The Badwater Ultramarathon）也叫"恶水135"（Badwater 135），全程135英里（217千米），每年7月举行，选手需要顶着54℃的高温，从海拔−86米的恶水盆地跑到海拔2500米的惠特尼山口（Whitney Portal）。跑完全程，基本上等于是在地狱里闯了一遭。

大角峡谷

② 大角峡谷（Bighorn Gorge）里面的徒步小道走起来不长，但海拔攀升超过1500米，而且沿途绝无水源，所以只适合硬核徒步者。徒步当天一定要及早动身。

西沿公路自驾

③ 西沿公路（West Side Road）是国家公园里比较难走的一条公路，起点在190公路南侧，全程64千米，一路没有什么上下坡，但属于碎石路面，辙痕较重。只要是在这一地区旅行，就一定要带够水。

扎布里斯基角和但丁观景台

④ 如果你想要体验加利福尼亚州沙漠的标志性风光，一定要在扎布里斯基角（Zabriskie Point）和但丁观景台（Dante's View）里选一个。日落尤其美妙。

史考特城堡

⑤ 史考特城堡（Scotty's Castle）位于葡萄藤山脉（Grapevine Mountains），靠近烟囱井（Stovepipe Wells），是戏剧经理、诈骗大亨沃尔特·史考特（Walter Scott）为自己设计建造的一座西班牙殖民风格别墅，建筑奇异，历史迷人。

电影中的死亡谷

死亡谷因为风光宛如异星，常常被当成科幻电影的取景地。《星球大战》三部曲中许多有关沙漠的戏份都是在这里拍摄的，尤其是《星球大战之曙光乍现》和《星球大战之绝地大反攻》，比如卢克·天行者被塔斯肯突击队偷袭的那一段。事实上，死亡谷里面还有一个名叫巴克农场（Barker Ranch）的地方，位置偏僻，臭名昭著，美国邪教领袖、杀人魔王查尔斯·曼森当年曾藏匿在那里。

气温纪录

虽然已是史上最高日平均气温纪录的保持者，死亡谷仍然野心不减，在2018年7月，对温度疯狂施威，一举创造了史上最高月平均气温的纪录（42.28℃）。此前的最高月平均气温纪录是死亡谷在2017年7月创造的，再之前的纪录还是死亡谷在1913年创下的（足足保持了100多年），这回又被它自己超越了将近0.5℃。也是在2018年，死亡谷在连续4天里，日间最高温都达到了52.7℃，夜间最低温也在38℃以上。根据世界气象组织的规定，气温必须在地表上方1.5米高的地方、在没有太阳直射的情况下测量，利用卫星虽然也可以测量温度，但科学家认为其可靠性较差。

死亡谷国家公园葡萄藤山脉中的史考特城堡

科研人员乘坐一艘冲锋艇探索南极冰山

南极洲

南极洲是地球上温度最低、湿度最低、风最大的大陆，冬季几乎没有生命迹象，夏季的海洋却焕发出勃勃生机，并带来震撼的景色。

南极洲几乎99%的面积被冰层覆盖，冰层平均厚度足有1.6千米。南极洲史上最低温是−89.6℃，数据来自1983年东方站的记录。冬季平均温度低至−49℃，风速可达每小时320千米。而且由海路前来，还必须经过地球上最凶险的南大洋，气候环境的极端不言而喻，但这也让人类对南极洲心驰神往。南极洲的年降水量只有200毫米，因此被归为荒漠，但这里也生活着大量野生动物，包括一些稀有的海豹和企鹅。

这样的南极洲并不存在人类定居点，但30个国家都已在这里派驻了科考团队。随着气候变暖的加剧，南极洲和北冰洋都受到了越来越严重的威胁，温室效应使得南极洲的冰层大幅缩减，这对当地野生动物以及全球海平面都会产生重要影响，科学家将对此持续关注。

景 点

火地岛

① 这是世界尽头的一座城市，也是大多数探险队前往南极的跳板。火地岛（Tierra del Fuego）与南极洲之间隔着一条小猎兔犬海峡（Beagle Channel），得名自达文1831年前往南美洲时乘坐的小猎兔犬号舰船。

南乔治亚岛

② 南乔治亚岛（South Georgia）是南桑威奇群岛（South Sandwich Islands）的一员，也是著名英国探险家沙克尔顿（Sir Ernest Shackleton）的安息之地，那里的帝企鹅和象海豹预示了南极洲野生动物的丰富多彩。

罗斯海与罗斯岛

③ 罗斯岛（Ross Island）的冰架附近尽是冰川，罗伊兹岬（Cape Royds）那里的沙克尔顿小屋（Shackle-ton's Hut）更是不容错过，只不过海面上常有浮冰把守，每年只有几个月才能登岛。

德雷克海峡

④ 跨越德雷克海峡（Dra-ke Passage）一般需要两天，途中惊心动魄，胃里翻江倒海，只适合最坚韧的航海者。快熬不住的时候，可以看看天上那些优雅的信天翁分分神。

南极群岛

⑤ 南极半岛外分布着许多小岛，周围生机勃勃，动物多种多样，包括巴布亚企鹅、食蟹海豹、大贼鸥、座头鲸、虎鲸等。

一路向南

南极点也就是地球的最南点，是人类在19～20世纪探索地球的黄金时代的重大发现之一，第一个抵达南极点的人是挪威探险家罗尔德·阿蒙森（Roald Amundsen），时间是1911年12月14日。

你好，冰山

2018年10月，NASA公布了一张震撼的冰山照片。照片拍摄于威德尔海（Weddell Sea），画面中的冰山宽度大约1.6千米，呈现出规整的长方体形态，这说明这块冰山应该是刚刚从冰架上断裂下来的。尽管这种整整齐齐的"桌面型冰山"并非闻所未闻，但这么大、保存这么好的样本绝对是极其少见。任何一座冰山露出水面的部分都只占总体积的一个零头，根据NASA的估算，这座冰山大约有90%的部分都藏在水下。冰山都会沿着海流汇入所谓的南极绕极流，其间可能会与其他冰山或者陆地发生碰撞。南极绕极流是地球上唯一一条环球洋流，第一个发现其存在的人是英国天文学家埃德蒙·哈雷（Edmond Halley），英国的哈雷南极科考站就是用他的名字命名的。

虎鲸也叫杀人鲸，全球大约70%的虎鲸生活在南极地区

大堡礁

澳大利亚的大堡礁是地球上由活微生物组成的最大结构体，看起来像是隐藏在水中，实际上连在太空里都能看见，一点儿都不低调！

大堡礁位于昆士兰海岸外，长2300千米，总面积344,000平方千米。根据澳大利亚海洋学家的推测，大堡礁应该形成于20,000年前，但实际上珊瑚已在这一地区生活了2500万年。作为珊瑚礁，大堡礁实际上是由珊瑚虫"修建"的。这种微生物喜欢聚集在一起，利用碳酸钙给自己长出了一层外骨骼，上面好似覆盖着鳞片，所以人们不小心踩到了会容易划伤。珊瑚形成的关键是水足够浅，这样阳光才可以穿透，引发光合作用。

大堡礁之所以如此吸引人，主要因为其周围清澈的海水里生活着丰富的海洋生物，你可以找到1500种热带海洋鱼类、134种鲨鱼、30种哺乳动物以及一些稀有的海龟。大堡礁已被联合国教科文组织认定为世界遗产，里面共有30个生物区（bioregion），很多生物区里的珊瑚品种都极具特色。

景点和活动

白天堂海滩

❶ 很多人喜欢乘坐水上飞机来到白天堂海滩（Whitehaven Beach），从圣灵群岛（Whitsunday Islands）直接降落在那片清澈蔚蓝的潟湖里。先在洁白的沙滩上舒展一下筋骨，然后就可以拿上浮潜设备下水了。

永嘉拉号

❷ 永嘉拉号（Yongala Shipwreck）的残骸距离汤斯维尔（Townsville）海岸不远，是全世界最佳潜水地之一，可以看到海蛇、巨鲹、石斑鱼、鳐鱼、鲨鱼以及无数种热带鱼类。

洛岛

❸ 洛岛（Low Isles）是大堡礁上最隐蔽的浮潜目的地之一，道格拉斯港（Port Douglas）每天都有船发往那里，如果不浮潜，可以乘坐玻璃底的观光船。

去蒙恩雷波斯岛看海龟

❹ 11月至次年1月，濒危的红海龟会在夜里壮着胆子爬到蒙恩雷波斯岛（Mon Repos Island）的海滩上产卵，孵出来的海龟宝宝在1月至3月陆续爬向大海，景象不容错过。

与鲸鱼共舞

❺ 每年6月和7月，小须鲸都会造访大堡礁，你只要跳到水里，抓着水面绳等着，这些友好又好奇的动物肯定会游过来和你碰面。

珊瑚礁漂白

和地球上许多自然瑰宝一样，大堡礁也受到了全球变暖的威胁。珊瑚礁生态系统本就十分脆弱，水温只有在23~29℃才最适合，一旦超过这个温度，珊瑚就可能死亡，发生所谓的"漂白现象"。2016年，大堡礁将近一半的珊瑚都在一次热浪中死去，这是有记录以来最惨烈的一场"屠杀"。

环境"堡"卫战

面对遇险的珊瑚礁，人类伸出了援手。2016年，NASA启动了为期3年的珊瑚礁空中实验室计划（Coral Reef Airborne Laboratory，简称CORAL），利用最先进的空中成像技术结合水下调查，以期获得有关珊瑚礁系统的关键数据。目前，该计划正处于信息收集阶段，取样范围横跨澳大利亚以及太平洋海域，将大堡礁从坎普里科恩-邦克群岛（Capricorn Bunker Group）到托列斯海峡（Torres Strait）分成6个区域分别进行调查。未来科学家通过分析这些数据，就可以掌握珊瑚礁状况的变化趋势，审视自然以及人为因素在生物及环境方面对珊瑚礁造成的影响。

大堡礁的华丽色彩

©JC PHOTO/SHUTTERSTOCK

鸟瞰亚马孙雨林中一条蜿蜒的河流

亚马孙雨林

这是地球上最大的雨林，占地550万平方千米，能把大量二氧化碳转化成生命所需的氧气，因而被誉为地球"绿肺"。

亚马孙雨林是一片狂野不羁的绿色仙境，位于一片巨大的盆地之中，亚马孙河从中流过。雨林60%的区域属于巴西，另外40%由另外8个国家分享。这片雨林诞生于5000万年前的始新世，当时的地球表面应该到处都是这样广阔茂密的森林。到了今天，随着森林不断退化，亚马孙雨林已经成了地球上最后一个"绿色堡垒"，占世界雨林总面积的一半以上。

亚马孙雨林气候湿润温暖，含氧量高，堪称理想的生命孵化器，是地球上生物多样性最高的森林。根据估算，全球三分之一的物种都生活在这里，其中包括2000种鸟类、哺乳动物和爬行动物，在亚马孙河1100条支流中还能找到2000种鱼类，植物的丰富性更是称霸全球，仅树木就有16,000种。

景点和活动

树顶观光

① 穿好护具，把自己吊到雨林的树冠层，混进僧帽猴和吼猴之中，从10层楼的高度俯视脚下，欣赏身边的凤梨和稀有兰花。

两河交汇处

② 亚马孙雨林中的大河不止一条，亚马孙的支流尼格罗河（Rio Negro）同样大气磅礴，两条河交汇于玛瑙斯（Manaus），你在那里可以看到尼格罗河深色的河水与亚马孙米色的河水交融，形成一个个漩涡。

阿纳维哈纳斯群岛

③ 阿纳维哈纳斯群岛（Anavilhanas Archipelago）指的是巴西境内尼格罗河上的400多个小岛，上面可以看到粉红海豚和海牛，观鸟者则会去那里寻找白翅林鸱和白翅紫伞鸟。

夜间徒步

④ 夜间徒步是邂逅亚马孙雨林中树蛙、巨型蟋蟀等夜行动物的最佳方式。如果不想迷路，最好找一位可靠的向导。

丛林歌剧院

⑤ 玛瑙斯的亚马孙剧院（Teatro Amazonas）富丽堂皇，是在19世纪末当地橡胶产业鼎盛时期建造的，保存下了这座城市殖民时代的辉煌。在那里欣赏一段咏叹调，再妙不过了。

新物种层出不穷

2017年，世界野生动物基金会对亚马孙地区展开了一项调查，多个研究团队在24个月的时间里一共找到了381个新物种，其中包括216种植物、93种鱼类、32种两栖动物、20种哺乳动物、19种爬行动物和1种鸟类。可以说，亚马孙雨林每隔一天就会有一个新物种被发现。

生命倒计时

发现新物种肯定会让生物学家欣喜若狂，但也有些人担忧不知道有多少物种在被发现之前就已经灭绝了。自1975年开始，科学家一直利用NASA的陆地卫星传回的图像监测全球森林退化的状况。在一系列聚焦隆多尼亚州（Rondonia）的图像中，他们发现亚马孙雨林出现了一个奇怪的"鱼骨纹"。实际上，中间那根主刺是一条干线公路，两边那些小刺是岔出来的次级公路。后来，次级公路之间的森林也被砍光了，那里成了一片片无林区。根据世界野生动物基金会的估算，到2030年，亚马孙雨林最多将有四分之一的森林区域彻底消失。

秘鲁坦博帕塔国家保护区（Tambopata National Reserve）里的一只红吼猴

恩戈罗恩戈罗自然保护区里的斑马

恩戈罗恩戈罗自然保护区

恩戈罗恩戈罗自然保护区位于坦桑尼亚火山口高地之上，夹在东非大裂谷和塞伦盖蒂平原之间，是天堂级的野生动物观光目的地。

说到观赏野生动物，恩戈罗恩戈罗自然保护区（Ngorongoro Conservation Area）无出其右。它的中心地带恩戈罗恩戈罗火山口上下落差有600米，其间林木葱郁，内外野兽无数，著名的非洲五霸（水牛、犀牛、狮子、豹和大象）齐聚于此，鬣狗数量尤为可观，斑马与羚羊在草原上比比皆是。此外，该自然保护区还是角马大迁徙的往返必经之地——那可是自然界最震撼的奇观之一，每年出现一次，超过170万只角马届时会从塞伦盖蒂（Serengeti）集体赶往肯尼亚的马赛马拉（Masai Mara），然后又掉头返回。你完全可以把恩戈罗恩戈罗火山口当成一座天然的圆形剧场，好好欣赏一番这出自然大戏，而周围的那些度假村里也少不了精彩的美景，粉红火烈鸟聚集的碱湖最好也不要错过。恩戈罗恩戈罗本是一座活火山，250万年前火山锥发生了塌陷，形成了今天的火山口，也留下了这片生机无限的天地。

景点和活动

马加迪湖

1 马加迪湖（Lake Magadi）位于东非大裂谷肯尼亚一段，是一片浅浅的碱湖，里面富含藻类，全年咸水不断，因而吸引了不少粉红火烈鸟。

欣赏角马大迁徙

2 这场全球有蹄类动物的盛大集会发生在12月至次年3月，届时，你在恩戈罗恩戈罗自然保护区的恩杜图湖（Lake Ndutu）可以看到超过100万头角马、斑马和汤姆森瞪羚。

火山口过夜

3 野生动物的确是这片自然保护区最大的魅力，但住宿也非常吸引人，不妨在火山口边缘找一家精品度假村，细细品鉴天地的辽阔。

邂逅黑犀牛

4 感谢细心的保护工作，曾经濒临灭绝的黑犀牛又重新壮大了起来，全球总数量已达5000头，其中50头就生活在这个火山口的山坡上。

安帕凯火山口

5 恩戈罗恩戈罗火山口肯定会挤满游客，此时不妨去看看旁边的安帕凯火山口（Empakaai Crater）。这座火山口禁止小汽车通行，自带一片湖泊，而且还是一个鸟类天堂，从咬鹃到冠鹰全有，是避开人流的理想备选方案。

人类起源地

这一地区还有一个非常重要的原生物种：人类！自然保护区里有一个地方叫奥杜威峡谷（Olduvai Gorge），1959年，古人类学家路易和玛丽·利基夫妇（Louis and Mary Leakey）在那里发现了一个能人的化石标本。这种生活在170万年前的灵长目动物据推测就是我们人类最古老的祖先。

大滑坡

恩戈罗恩戈罗火山口据推测形成于250万年前，但近来，NASA从空中对火山口高地进行了勘测，不但确定了这座火山口的相对高度，还发现这一地区的地质变化仍在进行中。这种变化在恩戈罗恩戈罗附近的卢马拉辛山（Mt Loolmalasin）东坡上最为明显：就在距今很近的一个地质年代里，陡峭的火山锥发生了一次大规模滑坡，沉积物向东绵延了10千米，甚至跨过了大裂谷的谷底。在地球上，这样大规模的滑坡遗迹是很罕见的。不过，除了地质奇观，这个自然保护区的自然奇景更是不容错过：天蓝地绿，生机盎然。"震撼人心""不可思议""美到窒息"——怎么夸都不为过。

© JONATHAN GREGSON/LONELY PLANET

恩戈罗恩戈罗火山口里的一只雄狮正在休息

万里长城何止万里，其长度据估算可达21,000千米

长城

长城东起虎山，西至嘉峪关，是人类有史以来在地球上修建的最长的建筑，既可轻松漫游，也可来一场史诗徒步。

中国的万里长城始建于公元前7世纪，后来不断重建翻修，成了历朝历代的"形象工程"。目前总共有19座结构类似的建筑都被冠以"长城"的名号，其中最有名的就是公元前200年由中国历史上首位皇帝秦始皇修建的秦长城。秦长城的位置更靠北，遗迹所剩无几，这一是因为长久以来无人照管，二是因为某些游客顺手牵羊，把砖石都偷走了。

现在说到的长城主要指的是明长城。明长城高15米，厚9米，沿线共设有7000座烽火台，目的是扼制来自北方的侵略者，保护繁荣的明王朝，如今几乎可以说是地球上人气最高的景点之一。如果你不想挤在人群中，不妨在北京之外选择金山岭长城这种较为偏远的区段。

景点和趣闻

司马台长城

1 司马台长城距离北京市区仅有一小时多一点儿的车程，山势陡峭，气势卓绝，更是唯一一段允许夜间游览的长城。

长城是长墓?

2 根据推测，参与修建长城的劳工总数多达100万人，其中有40万人丧命于此。传说他们的尸体被埋在了城墙里，只不过至今一块人骨也没有发现。

居庸关长城

3 居庸关长城是保存最好的长城区段之一，内有用白色大理石砌成的云台。12世纪，成吉思汗曾率领蒙古军队从附近的居庸关进军中原。

长城也有间断

4 有了天然屏障，也就无须堆砌砖石了，所以长城并不是连续的，遇到高山大河常会间断。

长城会消失吗?

5 戈壁沙漠里某些长城区段由于受到风沙侵蚀，状况堪忧，预计在20年内，甘肃、宁夏的长城就会彻底消失。

防不胜防

长城的目的是阻挡入侵者，但它在历史上仍被攻破过好几次。今天的长城主要都是在明朝修建的，但它在1449年却未能挡住蒙古瓦剌部的进攻；同样，在1644年也没能挡住清兵入关——只不过这一次是吴三桂主动开的门。

从太空中是否能看见长城?

几乎所有人都认为从太空可以看到长城，持不同意见的只有一类人——宇航员! 尽管NASA的雷达照片中偶尔会出现长城的身影，但大名鼎鼎的尼尔·阿姆斯特朗就说过，长城在太空里用肉眼绝对看不到。先后参与过20世纪六七十年代的阿波罗计划和太空实验室任务的美国资深宇航员威廉·伯格说他在太空中的确看到了长城，但他使用了一支双筒望远镜，而且他当时处于低轨道位置，距离地表大约才300千米。即便是中国宇航员杨利伟，也表示他当时并没有看到祖国的这个古迹，"长城可见论"因而遭到了进一步动摇。不过后来，宇航员焦立中利用一台数码相机配合一个180毫米的镜头，在国际空间站上拍下了一张照片，其中出现了几小段长城，全部位于内蒙古，距离北京大约320千米，这让"长城可见论"再次露头。

由石头、砖块、夯土和木材筑造的慕田峪长城

© BERNARD TAN/GETTY IMAGES

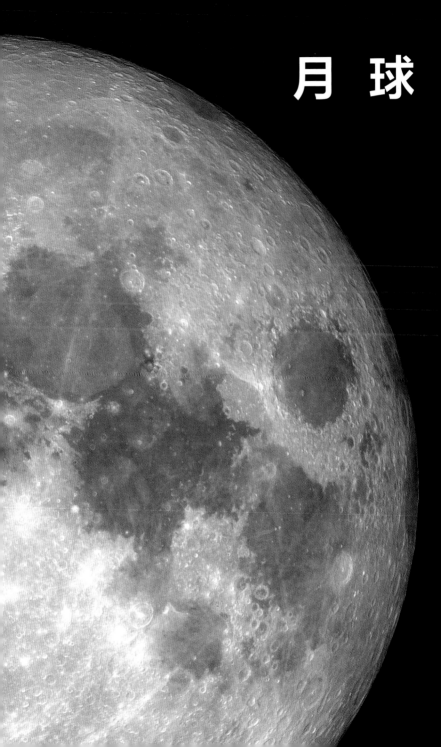

月　球

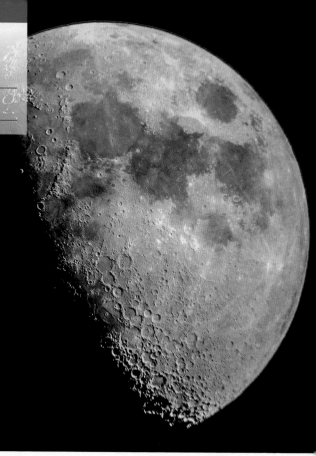

天体类型：
地球的卫星

半径：
地球的1/4

月球的光面与暗面界线清晰，术语叫"光暗分割线"

月球速览

地球的卫星月球是太阳系第五大卫星，也是目前人类唯一登陆过的外太空天体。

1969年7月20日，阿波罗11号的宇航员在月球表面着陆，人类也因此在探索宇宙的征途中迈出了一大步。英语中凡是与月球相关的事物，皆可用"lunar"一词形容，而这个词来自拉丁语中对月球的称谓"Luna"。月球是目前唯一一个表面被人类拜访过的外太空天体，人类发射的探月航天器前前后后加在一起已经超过了118个。阿波罗登月计划的宇航员们将共计重达382千克的月球岩石和土壤标本带回了地球，因为标本数量实在太多，NASA的科学家今天仍然在研究它们。

月球是地球唯一的一颗卫星，也是太阳系第五大卫星（前四个分别是木卫三、土卫六、木卫四和木卫一）。英语中的"moon"原意就是"卫星"，可既然宇宙中的卫星那么多，为什么偏偏用它专指月球呢？这是因为在1610年伽利略发现环绕木星的四颗卫星之前，月球是人类知道的唯一的卫星。

我们自己的这颗卫星不但是夜空中看起来最亮、最大的天体，也让地球成了一个更适合人类生存的地方。月球可以调节地球的地轴摆动，从而使地球的气候获得相对的稳定性。月球的引力还能在地球上引发潮汐，满月时引力作用最明显，潮汐最大。通过其他一些或大或小的方式，月球对地球上生物的行为规律也产生了影响，只不过狼人变身这种事，真不能赖在月球头上。

与地球长相厮守的月球，为我们的生活赋予了一种节奏，数千年来未尝间断。月球本身也拥有大气层，但极其稀薄，很不稳定，被称为散逸层。再加上月球缺少液态水和可以呼吸的空气，所以月球上并不存在生命。又因为月球质量很小，一个人在上面的体重只有在地球上的16.5%，所以你才能看到宇航员在月表纵身一跃，就飞出去好远。

距离太阳：
1天文单位

太阳光到达月球所用时间：
8.3分钟

自转周期：
29.5个地球日

公转周期：
27.3个地球日

大气层成分：
少量氢气、氩气和氖气

阿波罗17号的宇航员在月球表面，摄于1972年12月

重要提示

月球表面仍有一些NASA的装备和物品，包括几面美国国旗以及宇航员当年留下的一台相机。但要找到它们并不容易，你至少需要知道大致的位置。另外，月球的重力只有地球的六分之一，所以尼尔·阿姆斯特朗那著名的月球漫步——可不是迈克尔·杰克逊的舞步——看起来才会那么轻盈。

到达和离开

对地球来说，月球是所有天体中"交通"最便利的一个。从地球前往月球单程只要3天，不过如果打算在月表着陆，你还需要把进入月轨的时间算进去。拿阿波罗11号为例，进入月轨一共用了76小时，准备登陆又花了一天时间。

月球简报

人概是因为人类在20世纪六七十年代展开了多次登月计划，所以今天的许多人都以为月球离我们很近。事实上，地月的平均距离长达384,400千米，往中间塞进30个地球也有富余。另外，月球正在慢慢地远离地球，速度大约是每年2.5厘米。就本身而言，月球的半径是1738千米，"腰围"大致相当于地球的四分之一。

月球的自转周期与公转周期大致相同，这种现象被称为同步旋转（synchronous rotation）。正是因为这一点，我们在地球上只能观察到月球的一个半面。另一个半面被一些人称为月球的"暗面"，实际上那里只是看不到，并非一片黑暗，称为"远面"更为妥帖。随着月球围绕地球旋转，月表在不同时间接受阳光照射的范围也不同，这就是为什么站在我们的角度上看，月球会呈现出所谓的"月相"。当月球的一个半面完全被太阳照射到的时候，夜空中就会出现"满月"，当太阳光只蹭到了月亮的边儿，就会出现"新月"。

月球绕行地球一周本需要27天，但因为地球也要自转，所以从地球上某一固定位置进行观察的话，月球绕地球一周就需要29天。

月球本身由核、幔和壳构成。与其他类地天体相比，月核体积较小，半径240千米（只有地核的五分之一），内核呈固态，富含铁元素，包裹在内核外面的中核也由铁元素构成，呈液态，厚90千米，最外面的外核为半固态，厚150千米。外核与月壳之间的部分即是月幔，科学家认为月

月球 VS 地球

半径：
地球的
25%

质量：
地球的
1.2%

体积：
地球的
2%

表面重力：
地球的
16.3%

平均温度：
比地球低
35℃

表面积：
地球的
7.4%

表面气压：
0

密度：
地球的
60%

轨道速度：
地球的
3.4%

轨道长度：
地球的
1/389

月相变化图：新月—满月—残月，盈亏往复

地月大小对比图

大气层

月球的大气层极其稀薄微弱，被称为散逸层，根本无法抵挡来自太阳的辐射，也无法抵挡流星的撞击。

磁层

关于类地行星何以产生覆盖整个星球的磁场，学界存在自激发电机假说（Dynamo theory）。在月球诞生之初，内部也许的确形成过这种巨大的"发电机"，但现在的月球，磁场非常非常微弱，只有地球磁场强度的几千分之一。

幔的主要成分是橄榄石和辉石等矿物质，由镁、铁、硅和氧原子构成。

月壳向地面的厚度大约69千米，背地面的厚度大约150千米，主要由氧、硅、镁、铁、钙、铝元素构成，也存在少量的钛、铀、钍、钾、氢。很久以前，月球上曾有活跃的火山，但它们在过去数百万年里都没有爆发，处于休眠状态。而在月球两极地区仍残留着水冰。

我们能观察到的月球向地面都是高原地貌。那些阴暗的区域被称为月海（maria，即拉丁语中的"大海"一词），是由撞击形成的盆地，科学家在月海边缘发现了不同构成和年代的岩石，因而推测在距今42亿年到12亿年前，月海曾一度为岩浆填满，是实实在在的一片火海，岩浆随后结晶，才形成了早期的月壳。和那时候相比，今天的月球要"凉快"许多，但在太阳直射时，月表温度仍会高达127℃，在阳光照不到的地方，又会直线下降至-173℃。

历史

伽利略在1611年发现了木星的四颗卫星，从而彻底颠覆了人类对地球的卫星月球的看法。此前，人们都以为地球是宇宙中唯一一个被另一个天体环绕的星球。从那时开始，对于卫星的研究不断深入，科学家们发现卫星的形成机制不尽相同。有些卫星，比如火星的双子卫星（即火卫一和火卫二），不过是被火星引力场截获的两块流浪岩石。而月球的形成却并非如此，很可能是数十亿年前一次大冲撞的结果。当时的地球还很年轻，估计是被一块和火星差不多大的流星狠狠地撞了一下，"吐"出了好大一堆东西，渐渐形成了月球。

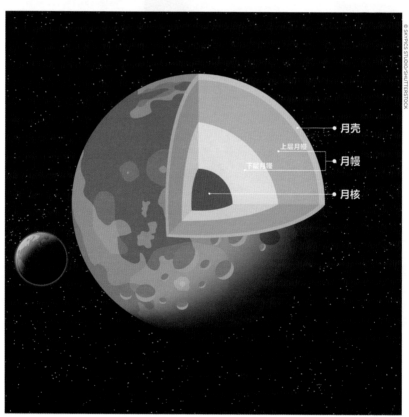

月壳

月幔
上层月幔
下层月幔

月核

月球内部剖面图

因为月球表面空气极其稀薄，无法抵御冲撞，行经此处的大小流石才会不断地砸下来，在月球表面留下一个个陨石坑。月球向地面南部有一个第谷环形山（Tycho Crater），宽度超过83千米，据测算形成于1.08亿年前，年纪不算太大，环形山内还有前几次撞击的痕迹。由此看来，月球和我们一样，也饱受疤痕问题的困扰，只不过它的疤痕根本无望愈合，只能旧疤填新疤。

月球受到天体冲撞的记录，能为我们了解地球的历史提供重要的线索。受到表面各种地质、化学和物理变化的影响，远古天体在地球表面留下的撞击坑等遗迹在时光的淘洗下如今很难辨认。因为地月系可能会受到共同的冲撞，所以科学家可以通过研究月表撞击坑来判断不同的冲撞期。

数十亿年来，陨石——大的如巨石，小的如尘埃——屡屡冲撞月球，致使月表破碎不堪，绝大多数区域都覆盖着由岩石残块和碳灰一样的粉尘构成的混合物，名叫细风化层（lunar regolith），也就是所谓的月壤。月壤下方那一层断裂受损的岩床叫粗风化层（megaregolith）。

根据阿波罗号宇航员带回来的月球标本，科学家们渐渐发展出了一套晚期大撞击理论（Late Heavy Bombardment，简称LHB理论，也

称月球晚期重轰击或月球灾难理论），认为包括月球、地球在内的整个内太阳系，大约在距今40亿年前遭受过一系列猛烈的小行星轰炸。

随着这一理论的不断发展，我们对于地球早期形成过程的理解，尤其是天体生物学界对于生命起源的理解，都得到了修正。因为晚期大撞击规模极大，频率极高，科学家认为地球表面的液态水肯定会发生汽化，至少在地表范围内不可能再存在生命，如果说今天的生命都是在地球上自然演化而来的，那么这一过程只能发生在晚期大撞击之后。

许多天体生物学家对这个问题感兴趣，是因为这个理

论对于地球生命起源的时间节点具有重要的参考价值。但是近年来，晚期大撞击理论在科学界遭到了越来越多的质疑。有些人认为撞击期相对较短，影响未必那么大。另一些人认为，根据月球所受撞击的情况来看，整个撞击期可能是从大约42亿年前一直持续到34亿年前，而并非集中在39亿年前那一段时间，灾难性未必那么大。看来对于月球数据的重新解读，竟可以影响到我们对生命诞生之时地球状态的理解。因为月球表面并不存在移动的板块，那里便成了验证晚期大撞击理论以及基于彗星轨道不稳定性的尼斯理论模型的完美实验室。

© COURTESY NASA/GSFC/ARIZONA STATE UNIVERSITY

第谷环形山的坑洼来自陨击熔融物

探索时间表

美国阿波罗11号登陆月球绝非是人类前往月球的首次尝试。阿波罗8号飞船在1968年就成功完成了人类首次脱离地球轨道的载人航天任务。历次月球探索任务目前已达118个，参与的国家越来越多。

1959年1月4日

苏联的月球1号首次成功飞至月球附近——距离月球表面6000千米处。此前美苏两国一共启动了7次探月计划，全部都在发射阶段失败。

1959年9月13日

月球2号成功在月球实现硬着陆，成了历史上第一个碰触到外太空天体表面的人工制品。

1959年10月7日

月球3号首次拍摄到了月球暗面（远面）的照片。

1961年4月12日

尤里·加加林乘坐东方1号太空船升空，成了历史上首位进入太空的人类，为之后的登月探索奠定了基础。

1964年7月31日

在13次连续失败之后，美国的徘徊者7号成功登上月球。它采用了硬着陆的方式，在撞上月球前15分钟就开始传送月面影像，画面壮观无比。

1965年3月24日

徘徊者9号在撞向阿方索环形山（Alphonsus Crater）的过程中，以电视直播的形式传回了月球表面的景象。

1966年6月2日

美国的勘测者1号首次成功在月球实现软着陆，随后传送回了超过11,000张照片以及有关月壤、雷达反射率和温度的信息。

1966年8月24日

NASA的月球轨道器1号开始在太空中对月球进行地图测绘。

1968年12月29日

阿波罗8号首次将人类送至月球表面附近。在绕过月球背地面的过程中，太空船里的宇航员们第一次见证了"地出"奇观，眼看着家乡地球在月球的地平线上冉冉升起。

1969年7月20日

宇航员尼尔·阿姆斯特朗

阿波罗15号的宇航员詹姆斯·B.厄文（James B Irwin）正在调试猎鹰号月球车，远处即是哈德利山

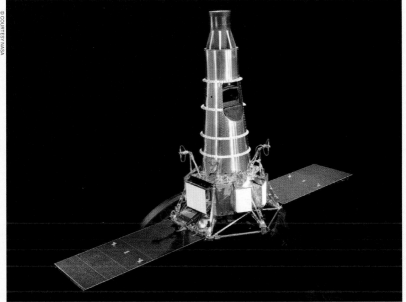

无人太空探测器徘徊者号，它是为首次拍摄月球的清晰图像而设计的

与艾德文·奥尔德林成了首次在月表行走的人类。此后在月球漫步的美国宇航员队伍又陆续添加了10名成员，直至1972年阿波罗计划终止。

1970年和1973年

1970年，苏联的八轮自动漫游探测器月球车1号登陆月球。1973年，另一辆结构类似的探测器月球车2号再度登月，并创造了天体表面最长行驶距离的纪录，直到2014年才被火星探测器机遇号打破。

1994年和1998~1999年

被称为"猎冰者"的月球勘测者号与克莱门汀号终于在月球两极地区探测到了固态水存在的迹象。

2003~2006年

欧洲航天局发射的SMA-RT-1号月轨探测器记录到了构成月球的重要化学元素。

2007~2008年

日本第二颗探月卫星"辉夜姬"和中国第一颗探月卫星嫦娥一号成功发射，任务期一年。很快，印度首颗探月卫星月船1号也加入了它们的行列。

2009年

LRO和LCROSS两颗卫星同时发射，标志着NASA重新开启月球探索计划。当年10月，LCROSS经过遥控在月球的一处永暗区实现硬着陆，最终证实了水冰的存在。

2011年

GRAIL双子卫星发射，开始从月壳至月核对月球展开全面测绘。同年，NASA的阿尔忒弥斯号卫星也进入了月球轨道，任务是研究月球内部及表面的构成。

2019年

中国的嫦娥四号探测器在月球背面的南极-艾特肯盆地（South Pole–Aitken Crater）着陆。

流行文化中的月球

自从我们的祖先首次仰望夜空，月亮那张灰白而坑洼的面容就为人类的想象源源不断地提供着灵感。有些西方人深信他们在月亮上能够看出人类的面部特征，并称之为"月中人"（Man in the Moon），还有些人认为月表的那些撞击坑很像奶酪上的洞，估计是饿花眼了。

儒勒·凡尔纳（Jules Verne）1865年创作的小说《从地球到月球》，据说曾为罗伯特·H.哥达德（Robert H. Goddard）和赫尔曼·奥伯特（Hermann Oberth）等火箭先驱提供了灵感——奥伯特的创新研究帮助希特勒把V2火箭打到了英吉利海峡那头，但后来也帮助美国把探测器发射到了太空中，总的来说，可谓功过参半。凡尔纳的小说虽是一部科幻作品，但其中的某些细节似乎的确具有前瞻性。

1969年，阿波罗11号首次把人类送上了月球表面，而这次登月计划的指令舱哥伦比亚号（Columbia），不论是大小还是外形，都与凡尔纳的构想十分相似。凡尔纳在书中还预言登陆月球需要3名宇航员，而首次登月的艾德文·奥尔德林、尼尔·阿姆斯特朗和迈克尔·科林斯恰恰是3个人。凡尔纳为登月太空船设计了一种"反推式火箭"，而事实上，阿姆斯特朗等3位宇航员的确是依靠一种类似的技术，在着陆时通过推进器"刹车"，才完成了这一历史性的航行。

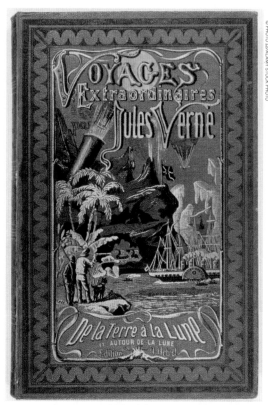

科幻先驱儒勒·凡尔纳早早就构想出了登月之旅

凡尔纳对失重的预言也非常接近现实（雪茄那段除外），只不过他相信失重状态只会出现在登月旅程的中段，也就是月球与地球的引力相互抵消的时候。这位法国作家又断言探月者在返回地球时会撞进太平洋，而在小说首次出版106年后，阿波罗11号飞船也的确是在那里着陆的。

凡尔纳还在小说中描述了人们如何通过一架望远镜观察登月旅行。事实上，位于休斯敦的约翰逊航天中心（Johnson Space Center）的确是依赖一架望远镜监测到

了阿波罗13号飞船1970年在距离地球33.2万千米的太空中发生的爆炸事故。

真正的月球探索史也孕育出了许多文化符号。阿波罗11号计划期间，佛罗里达州和得克萨斯州为了能够成为火箭发射地展开了激烈的竞争，最终只好交由国会裁决。结果，佛罗里达的肯尼迪航天中心（Kennedy Space Center）拿下了发射权，而得克萨斯州的休斯敦则成了该计划地面控制中心（Mission Control Center）的所在地。阿波罗13号计划期间，宇航员杰克·斯

威格特（Jack Swigert）在联系地面控制中心时说的那句"休斯敦，我们遇到麻烦了"（Houston,we've had a problem）日后广为流传，被玩成了一个千年老梗——只不过不少人都误以为他说的是一般现在时（Houston, we have a problem）。

1902年的法国黑白默片《月球旅行记》是月球的银幕首秀。而月球最经典的银幕角色则诞生于人类成功登月的前一年，那部电影就是大名鼎鼎的《2001：太空漫游》。电影由斯坦利·库布里克（Stanley Kubrick）导演，讲述了一群宇航员从月球基地向木星进发过程中的种种离奇经历，即便在上映几十年后的今天，仍被视为史上最佳科幻片之一，影片中心怀叵测的机载电脑哈尔（HAL）现在经常会被当作反例，警示人类不可盲目信任人工智能。

目前，月球上并没有什么基地，但人类留下的印迹非常多，仅宇航员插在月表的美国国旗就足足有6面。这并不是说月球已被美国人占领了，事实上，没有任何一个国家有权对行星、恒星或者任何自然天体宣告主权，这在1967年就已经被写进国际法了。

平克·弗洛伊德乐队（Pink Floyd）的第八张专辑就叫《月之暗面》；乡村歌手约翰·丹佛（John Denver）曾经大言不惭地唱到，自己想要"跳着舞翻越月亮上的山"；乌干达有一座鲁文佐里山脉（Rwenzori Mountains），意思就是"月亮上的山"，曾经被认为是尼罗河的发源地。月亮也许就是我们人类最古老的缪斯，感染力至今未减丝毫。

1902年法国电影《月球旅行记》中的一个画面

聚焦阿波罗11号

艾德文·奥尔德林正在月球上行走,旁边就是阿波罗11号登月舱

1961年5月25日,美国总统约翰·肯尼迪对美国宇航局的工作人员发表了一段著名讲话:"把一个人送上月球,再让他安全返回地球,我相信在未来十年内,我们的国家能够全力完成这个目标。"有了总统令做背书,NASA随即启动了阿波罗11号计划,首要目标就是完成这件开天辟地的壮举。

此时,冷战正在升温。苏联在1957年成功发射了世界第一颗人造卫星斯普特尼克1号(Sputnik 1),西方很多国家对此大为惊恐,担心苏联马上就要实现自己的洲际核导弹计划。作为回应,当时的美国总统艾森豪威尔于1958年批准成立了NASA,太空竞赛正式打响。

在阿波罗11号计划之前,美国在太空探索上屡遭败绩。1967年阿波罗1号计划实施期间,火箭发射平台失火,飞船上的3位宇航员全部遇难。阿波罗11号的飞船由3部分组成:3位宇航员操控飞船飞向月球的部分叫指令舱(command module,简称CM),即哥伦比亚号;为飞船提供推进力、电力、氧气和水的部分叫服务舱(service module,简称SM);把3位宇航员最终送至月球表面的部分叫登月舱(lunar module,简称LM),即小鹰号(Eagle)。

1969年7月16日,巨大的土星5号(Saturn V)运载火箭将阿波罗11号飞船从肯尼迪角(Cape Kennedy,后来又改回原来的名字卡纳维拉尔角)送上太空。飞船里的尼尔·阿姆斯特朗任指令长,迈克尔·科林斯任指令舱驾驶员,绰号"巴兹"的艾德文·奥尔德林任登月舱驾驶员。飞船进入地球轨道后完成了第三级推进,并与运载火箭分离,随后用了3天时间才进入月球轨道。7月20日,在发射后的第四天,阿姆斯特朗与奥尔德林两人离开了指令舱,经一条连接通道爬进了登月舱,又进行了最后一遍检查,随即让登月舱与指令舱分离。此时,他们已在太空中飞行了100小时零12分钟。

登月舱开始逐步接近月球,轨道半径越来越小,在第13次进入轨道后,推进器引擎开动了30秒,借助反向推力帮助登月舱安全着陆。着陆过程由阿姆斯特朗进行手动干预，最终着陆地点位于宁静之海（Sea of Tranquility），距离预计着陆地点大约6.4千米。

"小鹰已经着陆！"听到阿姆斯特朗的这句确认指令，地面控制中心瞬间就沸腾了。登月舱上提前已经安装上了一块纪念铭牌，上面有当时的美国总统尼克松和3位宇航员的签名（后来留到了月球上）。在着陆近4小时，即距离发射大约109小时零42分钟后，阿姆斯特朗终于走出了登月舱，走到了月球表面，20分钟后，奥尔德林也走了下来。整个过程通过电视向全世界进行了直播，观看人数据估算高达

5.3亿，堪称历史上最有意义的一档电视节目。阿姆斯特朗的那句"这是我的一小步，却是全人类的一大步"，给无数人带去了心灵的震撼。半小时后，尼克松总统通过电话与宇航员们进行了交谈。

阿姆斯特朗与奥尔德林一共在月球表面停留了21小时36分钟，从登月舱走出去了91米。两位宇航员回舱后，推进引擎点火，登月舱返回月球轨道，并与指令舱成功对接。此时指令舱已环绕月球飞行了27圈，其间一直由科林斯一个人驾驶。阿波罗11号在月球上留下的不仅有一面美国国旗，还有若干纪念章——其中3枚分别刻有阿波罗1号3位遇

难宇航员的名字，2枚刻有在事故中牺牲的苏联宇航员的名字。他们还留下了一张1.5英寸的硅质圆盘，上有来自73个国家的留言，向宇宙致敬。

7月24日，阿波罗11号的指令舱重新进入地球轨道，最终落入了太平洋，整个飞行时间为195小时18分钟35秒，比原计划多了36分钟。因为计划着陆区域的天气状况不佳，最终着陆地点被改到了大约400千米外，距离回收船大黄蜂号（USS Hornet）21千米。阿波罗11号计划是这3位宇航员最后一次执行太空飞行任务，也标志着美苏太空竞赛的结束。

大黄蜂号正在回收阿波罗11号指令舱

聚焦月球轨道平台门户

2018年，美国宇航局联合一些国际航天机构发表声明，计划重返月球。声明中特别提及了建立一个月球空间站的构想。这一空间站的正式名称是月球轨道平台门户（Lunar Orbital Platform Gateway，简称Gateway，即门户），建成后，宇航员可以对月球表面进行更为详细的探索研究，也能在那里进一步接受科学及生存技能训练，以备未来执行更为深入的载人航天任务。训练可能会涉及辐射预防、规避流星等内容，而登陆火星的计划也是其中的重头戏。

此前已经建立的国际空间站，飞行轨道距离地表仅400千米，而月球轨道平台门户距离地表将足足有数十万千米。离地球远，离月球近，这恰恰是门户的意义所在。组装完毕后的门户，飞行轨道距离月表最近不过1450千米，最远也才70,000千米——还不到正常情况下地月轨道距离的五分之一。

为了招待未来的登月先锋，门户设计了两个舱段模块，预计生活空间只有55立方米——要知道，国际空间站的生活空间是388立方米，比起来真是一个天上，一个地下。再加上宇航员需要一次在里面待上几周甚至几个月，很可能会感觉相当憋屈。因为需要先发射到太空里再进行组装，模块必须越轻越好。到达太空后，模块的运动将依靠离子推进器。与传统的化学燃料推进器相比，离子推进器的确很节能，但至关重要的推进力也会打折，有关部门正在开发新一代的离子推进器，以期可以两全。

为了能与地球保持不间断的联系，门户将选择绕行周期为6天的月球轨道，使自己始终位于月球的光面。根据美国宇航局的构想，选择这样一条轨道就等于拥有了一个阶梯，既方便登陆月表，也可以派船飞赴深空。

科学家相信月球极地地区仍然存在数量可观的固态水，而月球轨道平台门户的一个重要使命就是找水。如果真的能够找到水，水就可以被收集起来制造燃料，为前往火星这种深空探险助力。用水造燃料是有科学依据的：水可以被分解成氢和氧，而此前的航天飞机就曾经使用过氢氧燃料。

天文学家也很希望把门户当作一个深空观测站，占据月轨有利地势，研究低频无线电波，以期能够进一步理解宇宙在138亿年前诞生时的奥秘。因为地球上有无线电收发的干扰，相关研究常常不甚准确。

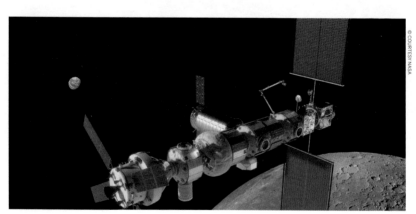

月球轨道平台门户概念图

月食

月食成因图解

所谓月食，就是地球恰好运行到太阳与月球之间，挡住了射向月球的阳光。月食可以分为月全食和月偏食两种：月、地、日刚好连成一条直线，阳光完全被挡住，就是月全食；阳光仍能照到月球的一部分，就是月偏食。要是有人能在月食期间站在月球表面观察，就会看到太阳在整个地球背后现身隐身的奇观，绝非寻常的日出日落可比，想想就觉得过瘾！

我们绝大多数时候都看不到地球的影子，但月食实际上就是地球的影子落在了月球上。有一种月食阶段，叫"红色月全食"，一年大约有两次，那时候，太阳光是擦着地球的边儿照到月球上的，在经过大气层的时候发生了散射，满月先是快速变暗，进入地球阴影后就会发出红光，人们也称之为"血色月亮"。

偶尔，如果月球在旋转到距离地球最近的位置时刚好赶上满月，那么就会在夜空中显得特别大，这种现象就是所谓的"超级月亮"。

月食问答

月食为什么不会每个月出现一次？

这是因为地球的公转轨道平面与月球的公转轨道平面之间存在倾角。

这样说来，岂不是一次都不该出现吗？

月球公转轨道的倾角，以其他恒星作参照是全年不变的，但以太阳作参照是有变化的，一年大约只有两次，才会让月球恰好出现在地球的阴影中。

地球阴影的核心区域被称为本影（umbra），月球在进入本影时会瞬间变暗，只有当完全进入本影，才会呈现出红色。

月食展现了月亮的别样风情，也让你有幸窥见地球阴影的风采，足以犒劳熬夜守候的辛苦。

月球亮点

宁静之海

① 登月是人类一项伟大的科学成就、技术成就乃至哲学成就，加深了我们对地球本身及其在广袤宇宙之中地位的理解。而宁静之海则是这一切的缘起之地。

南极-艾特肯盆地

② 这里位于月球背面，面积巨大无比，是太阳系第二大撞击坑。第一名乌托邦平原（Utopia Planitia）和第三名希腊盆地（Hellas Crater）都在火星上。

哥白尼环形山

③ 哥白尼环形山是幽暗中的一片光明地带，非常好找，在地球上凭肉眼就能看到。

亚平宁山脉

④ 月球上的这条山脉得名自意大利亚平宁半岛，内有月球最高峰，山势嶙峋陡峭，要是能迈着太空步在上面闪转腾挪，一定十分过瘾。

风暴洋

⑤ 月球上唯一一个以"洋"命名的地方，英文名"Oceanus Procellarum"拗口得像是哈利·波特的某种咒语，实际上这是月球上面积最大的月海，里面的阿里斯塔克斯环形山（Aristarchus）是月表亮度最高的地方。

风暴洋中阿里斯塔克斯环形山的光面（也就是反照率高的一面）呈现出阶梯式的形态

宁静之海（拼接照片）

宁静之海

宁静之海是人类首次踏足外太空天体的地方，具有重要的历史意义。如果你仔细寻找，也许还能找到20世纪60年代登月宇航员插在那里的一面支离破碎的美国国旗。

宁静之海（Mare Tranquillitatis）可以说是月球上最著名的月海，阿波罗11号飞船就在此着陆，尼尔·阿姆斯特朗就是在这里迈出了"人类的一大步"。着陆区域呈现明显的蓝色，很可能是因为那里的岩石金属含量很高。科学家认为宁静之海形成于酒神代（Nectarian）之前，也就是距今大约39亿年前。许多月海在中心位置都会出现重力异常，

术语称为质量密集（mass concentration，简称mascon），但宁静之海并没有这种现象。

阿波罗计划的宇航员们当时在这里安营扎寨，为了恢复体力，给自己规定了7小时的睡眠时间，结果奥尔德林和阿姆斯特朗全都因为太过兴奋，根本无法宁神静心地休息。看来这片宁静之海并未给宇航员们带来宁静。

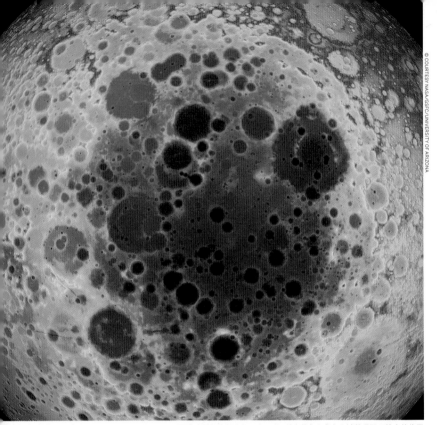

南极-艾特肯盆地海拔数据彩色图谱，其中蓝色和紫色区域就是陨石撞击的位置

南极-艾特肯盆地

2019年1月，中国的嫦娥四号月球探测器成功在这里降落，首次实现了人类在月球背面的软着陆，也让这片幽暗神秘的盆地载入了史册。

南极-艾特肯盆地（South Pole-Aitken Crater）位于月球背面，直径2500千米，深13千米，是月球上最大、最深的撞击盆地，也是太阳系已知的第二大撞击坑。盆地于1962年首次被人类发现，因为两边各有一个独特的地貌：南边是月球的南极，北边是艾特肯陨石坑（这是个小陨石坑），命名时便将其合二为一。

发现盆地之后，地质学家便着手对其规模和特点进行测量研究。他们在这里找到了月球表面上的海拔最低点，比月球平均半径低了大约6000米，有趣的是，盆地东北侧的莱布尼茨山脉（Leibnitz Mountains）又是月球上最高的地方之一，海拔8000米。南极-艾特肯盆地形成于40亿年前，是月球上最古老的撞击坑。

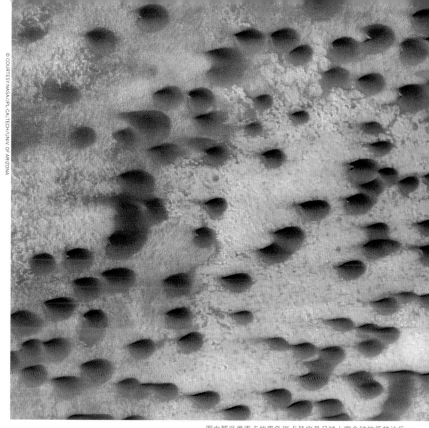

© COURTESY NASA/JPL-CALTECH/UNIV OF ARIZONA

图中那些像雨点的黑色斑点其实是月球上富含矿物质的沙丘

哥白尼环形山

哥白尼环形山诞生于8亿年前，属于月球环形山中的后辈，因为与周围的月海对比极为鲜明，从而吸引了人类的关注。

哥白尼环形山（Copernicus Crater）宽107千米，之所以这么有名，主要是因为可见度极高。在地球上只用普通的双筒望远镜，就可以很轻松地在黑暗无边的月海中找到这个亮点，所以一代代观月爱好者对它青睐有加。就和月球上许多地貌一样，哥白尼环形山也属于撞击坑，具体位置在风暴洋的东部，月球向地面的西北部。它名字里的哥白尼，指的就是著名天文学家哥白尼。它在月球环形山中属于年轻一代，形成于月球的哥白尼纪（Copernican period），距今大约8亿年。哥白尼纪的环形山有一个典型特征，撞击中飞溅的物质在坑内留下了一道道细纹，从中心向外辐射，哥白尼环形山也不例外，但与更古老的环形山不同，它的坑底并未被熔岩淹没。阿波罗12号飞船的着陆地点就在这个陨石坑的南侧，而还在酝酿之中的阿波罗20号登月计划则把这个陨石坑定为了候选着陆点。

COURTESY NASA/GSFC/ARIZONA STATE UNIVERSITY

LRO卫星拍摄的亚平宁山脉拼接照片

亚平宁山脉

穿好月球徒步靴，前往亚平宁山脉，挑战月表最高山脉！

亚平宁山脉（Montes Apenninus）是月球上海拔最高的山脉，它既是雪陆高原区（Terra Nivium）的西北边界，也是雨海（Mare Imbrium）南侧边界。其山麓地区绵延宽广，若有幸徒步其间，可赏雨海嶙峋陡峭的奇景。这条山脉得名自地球上的亚平宁半岛，只不过山脉长度仅595千米，比亚平宁半岛短了不少（不到一半）。因为这条山脉坡度平缓，再加上重力只有地球上的六分之一，所以体力不错的人只需要两天时间就可以从头走到尾。

山脉中有不少山峰的高度都可达到5000米，其中最高者惠更斯山（Mons Huygens）高达5500米的。同样值得一提的还有哈德利山（Mons Hadley）和哈德利代尔塔山（Mons Hadley Delta），这两座山彼此相邻，夹在中间的山谷就是1971阿波罗15号月球探测器着陆的位置。

LRO卫星拍摄的风暴洋拼接照片

风暴洋

这里是阿波罗12号探测器的着陆点，面积超过400万平方千米，是月球上最大的月海，也是唯一一个正式以"洋"来命名的月海。

风暴洋（Oceanus Procellarum）位于月球向地面的西边，"海岸线"一带散布着云海（Maria Nubium）、湿海（Maria Humorum）等许多月海、月湾，因为总面积实在太大，连科学家都不敢说这里到底是不是由单独一次远古陨星撞击产生的。如果是，那块陨星的直径应该会超过3000千米，体积在整个太阳系里都非常罕见。

另一种理论认为，这样猛烈的撞击，当时应该会在撞击位置的对面——也就是月球的背面——撞出一个小月球来，直径大约有1200千米。数千万年后，这两个月球发生了碰撞，并在月球背面创造出了大量物质。风暴洋内有一个直径32千米的阿里斯塔克斯环形山，那是月表最明亮的特征，反照率几乎是大多数区域的两倍，在地球上用肉眼就能看到。

火 星

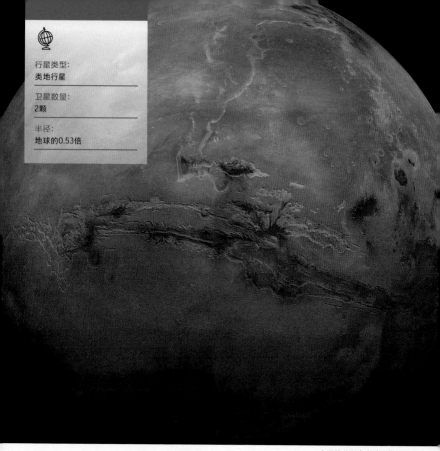

行星类型:
类地行星

卫星数量:
2颗

半径:
地球的0.53倍

水手峡谷所在半球的拼接图像

火星速览

火星是距离太阳第四近的行星，属于类地行星，而且处于太阳的宜居带内，表面拥有极地冰冠等与地球相似的地貌，曾经还拥有稠密的大气层，是八大行星中最令人类着迷的成员。

根据主流观点，火星是太阳系第二小的行星，早在人类仰望星空之初便已被发现。火星因其独特的外观而被昵称为"红色星球"（Red Planet），这是因为其表面土壤中的铁矿石氧化或生锈，令土壤和大气层呈现出温暖的红色。事实上，火星并不温暖，在稀薄的大气层下面，是一个寒冷的沙漠世界。火星同时也是一个活力十足的星球，上面有季节交替，有极地冰冠，有死火山，有大峡谷，还有极端的天气变化。

火星在英文中以罗马神话中的战神马尔斯命名，到太阳的平均距离大约为2.28亿千米，也就是1.52天文单位。火星上的"一天"与地球的"一天"类似，只比24小时多一点儿，而"一年"——也就是火星环绕太阳一圈的时间——则长达687个地球日。

火星属于岩质行星，火山活动、太空碎片的撞击、强风、地壳运动和化学物质的反应改变了其表面地貌。火星的大气层比地球的要稀薄，主要成分是二氧化碳、氩气和氮气，也有少量的氧气和水汽。虽然火星身边只有火卫一（Phobos）和火卫二（Deimos）两颗卫星陪伴，但人类的探测器倒是经常过来串门，有的擦身而过，有的环绕飞行，有的甚至还在它的表面爬来爬去。1965年水手4号（Mariner 4）飞掠火星是人类首个成功的火星探测任务。

如今NASA正在进行一系列火星探索任务，考察火星存在生命的可能性，其中包括洞察号（InSight）着陆器。就目前来看，火星表面无法维持已知生命形态的存在，找到的水也仅仅存在于冻土和稀薄的云气中。然而，火星表面的确有远古洪水留下的痕迹，在某些山坡上也找到了地下盐水存在的迹象。还有证据表明，数十亿年前的火星更加温暖潮湿，大气层也更厚。科学家正在调查火星大气层到底发生了什么，并且正在探索火星作为人类太空驿站的潜在可能性。

距离太阳：
1.524天文单位

太阳光到达火星所用时间：
12.6分钟

自转周期：
24.6小时

公转周期：
687个地球日

大气层成分：
二氧化碳、氮气、氩气和微量气体

重要提示

火星的大气层非常稀薄，宇航服必不可少。另外，火星表面重力还不到地球的40%，也就是说，在那里立个标准篮球架，几乎谁都可以玩扣篮，所以不妨也带上一双Air Jordan球鞋。

到达和离开

地球与火星的平均距离是2.25亿千米，最短距离是5460万千米，但这种机会每年只有两次。1969年，水手7号从地球到火星用了128天。耗时最长的是1975年的海盗2号（Viking 2），用了333天。载人飞船到达火星要250~300天，另外，发射去往火星的飞行器必须采用抛物线轨道，以便和火星的轨道保持一致。

© COURTESY NASA/JPL-CALTECH

洞察号着陆器探索火星表面的假想图

地球和火星对比图,前者半径约是后者的2倍

火星 VS 地球

半径:
地球的
53%

质量:
地球的
10.7%

体积:
地球的
15%

表面重力:
地球的
38%

平均温度:
比地球低
74℃

表面积:
地球的
28%

表面气压:
不到地球的
1%

密度:
地球的
71%

轨道速度:
地球的
81%

轨道半径:
地球的
1.5倍

行星简报

尽管火星在我们心中大有分量,可其实际身材却比地球还小很多,它的半径仅有3390千米,是地球半径的一半左右。但有趣的是,两颗星球的陆地面积基本差不多,这是因为火星上没有海洋。

火星与太阳之间的平均距离为2.28亿千米,等于1.5天文单位(1天文单位就是太阳与地球之间的距离),太阳光需要将近13分钟才能到达火星。

火星在围绕太阳公转的同时也会自转,自转一周需要24.6小时,与地球的自转周期(23.9小时)非常接近。科幻迷想必都知道,火星上的一天被称为火星日,英文叫"SOL",是"太阳日"(solar day)的英文简写,也就是火星上的一个太阳日。火星的公转周期为669.6个火星日,相当于地球上的687天,火星上的一年几乎等于地球上的两年。

火星的转轴倾角——也就是公转面与自转面的夹角——为25°,这又和地球黄赤交角的23.4°非常接近,所以和地球一样,火星上也有明显的四季变化,只不过因为距离太阳更远,公转周期更长,火星上的"一季"比地球上的更持久。

另外,火星四季的时间比例也与地球不同。地球的轨道更接近圆形,按照春分、夏至、秋分、冬至四个节点划分,四季时间基本相同,但火星的轨道是鸡蛋形的椭圆轨道,因而每个季节的时长差别较大,北半球的春季(即南半球的秋季)最长,有194个太阳日,秋季(即南半球的春季)最短,有142个太阳日,冬季(南半球的夏季)有154个太阳日,夏季(南半球冬季)有178个太阳日。

翻山跨海：火星地貌简介

为了方便地图测绘，美国地质调查局（United States Geological Survey）将火星表面等分成了30个方块区域。有些区域因为拥有塔尔西斯高原（Tharsis Planitia）和埃律西昂平原（Elysium Planitia）这样显著的地理特征而声名赫赫，其他一些则少有人知。早期的火星地图让这颗行星看起来像是一个植被茂盛的水乡，比如19世纪末由意大利天文学家乔凡尼·斯基亚帕雷利（Giovanni Schiaparelli）绘制的地图。太空勘察出现之后，水手号计划派出的探测器从20世纪60年代起多次拜访火星，火星全球探勘者号（Mars Global Surveyor）更在1996~2006年对其进行了长达10年的观测，呈现了极为详细的行星表面地形图。自从1997年首个火星探测车（Mars rover，简称火星车）登陆火星，火星地图的清晰度和准确性一直在提升。

火星上的地形大致可以分为两种。北半球经历过熔岩流无数年的冲刷，地势较为平坦，南半球则有更多的撞击坑，属于火星上的"山区"。在描述太阳系天体特征时，科学家常会提到"反照率"这个概念，也就是天体表面反光的能力。火星表面呈现两种截然不同的反照率。那些反照率较高的区域地势平坦、颜色较浅、氧化铁含量高，曾经被认为是火星上的大陆，所以名字常与陆地有关，比如亚马孙平原（Amazonis Planitia）或者阿拉伯台地（Arabia Terra）；反照率明显较低的区域颜色较暗，曾经被认为是火星上的海洋，名字自然离不开海，比如红海（Mare Erythraeum）或者塞壬海（Mare Sirenum）。火星上最大的暗斑名叫大瑟提斯高原（Syrtis Major Planum），最早是由荷兰天文学家克里斯蒂安·惠更斯（Christiaan Huygens）在1659年以素描的方式记录下来的。

塔尔西斯高原上的盾形火山奥林匹斯山（Olympus Mons）山顶是火星表面至高点，高于基准点（datum，类似地球上的海平面）将近25,000米，撞击坑希腊平原（Hellas Planitia）内拥有火星表面至低点，低于基准点8000米多一点儿，至高点与至低点之间的高度差大约33,000米。虽然地球半径是火星的2倍，但其至高点（珠穆朗玛峰峰顶）与至低点（马里亚纳海沟沟底）才相差19,000米。由此可见，地球表面虽然称不上多平滑，但火星表面要更凹凸不平。这也就意味着，从高山和撞击坑这两类不同的地形测量火星的半径，得出的结果差异很大。

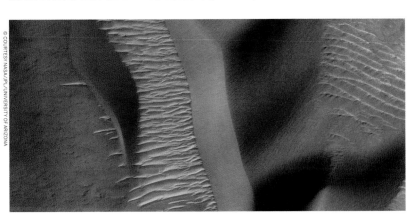

花蜜山脉（Nectaris Montes）是一连串坡度很陡的沙丘

173

两大火卫

美国天文学家阿萨夫·霍尔(Asaph Hall)曾经在火星身边苦苦搜寻卫星的存在，一直毫无所获的他本打算就此放弃，然而在1877年8月16日晚上，在妻子安吉丽娜(Angelina)的劝说下，他决定再勉力一试，结果第二天夜里就发现一颗，六天后的夜里又找到了第二颗。火星的英文名是罗马神话中的战神马尔斯(即希腊神话中的阿瑞斯)，霍尔因此决定以阿瑞斯的两个儿子为这两颗火卫命名，先发现的叫"德摩斯"(Deimos)，即火卫二，代表惊慌，后发现的叫"福波斯"(Phobos)，即火卫一，代表恐惧。

就体积而言，火卫在太阳系里的卫星中排在末位。火卫一比火卫二稍大，距离火星表面只有5954千米，轨道半径小于任何其他已知卫星，一天就可以环绕火星三圈。

1971年，在霍尔发现火卫的94年后，NASA的水手9号探测器进入火星轨道，对这两颗火卫进行了近距离观测。它发现火卫一表面最显著的地貌特征是一个宽10千米的撞击坑——要知道火卫一本身不过27千米长、23千米宽、18千米高，这个撞击坑几乎是它宽度的一半！陨石坑的名字是霍尔根据他妻子的娘家姓氏起的，叫斯蒂克尼陨石坑(Stickney Crater)。

与月球一样，火卫一和火卫二也受到了潮汐锁定，朝向

阿萨夫·霍尔正在通过美国海军天文台的望远镜观察火星

火星的一面始终不变。火卫一距离火星极近，要是站在它的表面仰望天空，火星看起来会特别大。火卫二离火星稍微远一点儿，体积更小，长、宽、高分别为14千米、11千米和10.9千米，可以说是火卫一的小兄弟。和火卫一一样，火卫二也是满面疤痕，表面有许多撞击坑，表层土壤——也就是所谓的"浮土"(regolith)——厚度可达100米。

由于太阳光被火星挡住，这两颗火卫也属于太阳系里最暗淡的天体。为此科学家们甚至讨论过是否可能在其中一颗火卫上建立基地，让宇航员从那里近距离观测火星，还能从那里把机器人发射到火星表面。有了这样一块"大石头"做掩护，宇宙射线和太阳辐射就不会对宇航员的健康造成严重影响。不过目前还没有开始正式计划。

© BETTMANN/GETTY IMAGES

火卫一知识点

» 火卫一的重力仅有地球的千分之一，一个68千克重的人到了那里，体重相当于只有68克!

» 火卫一的轨道正呈螺旋式向内缩小，每100年就会向火星靠近1.8米左右。再过5000万年，它要么一头撞上火星，要么被火星撕碎，成为一道行星环。

» 火卫一的公转速度大于火星的自转速度，从火星上望过去，火卫一在一个太阳日内会数次西升东落。

火卫二知识点

» 火卫二的轨道半径远大于火卫一，30.3小时的轨道周期是火卫一的3.5倍。

» 两颗火卫都不是球形的，火卫二尤其不规则，名字贵为半神，形态近似土豆。

» 火卫二以及火卫一的岩石中似乎都富含碳元素，可能都是被捕的小行星。

» 乔纳森·斯威夫特1726年发表的小说《格列佛游记》就提到了这两颗火卫(只不过没有点名)。

» 人类正在考虑将火卫二建设成火星探索的中转站。

布满撞击坑的火卫一是两颗火卫中体积较大的一颗

火卫一靠内，火卫二靠外

因为火星上并没有真正的海洋和大陆，制图师在绘制火星地图时只能以地球上的地理特征作为参照，包括高原、低地、撞击坑、平原和火山。行星地理特征的命名需遵循国际天文学联合会制定的规范，且必须使用希腊文或拉丁文：平坦区域通常以"terra""planitia"或"planum"为前缀；曾经被认为是海洋的区域前面加"mare"；高山以"mons"为后缀；撞击坑不管规模大小，都只保留名称，不加前后缀。

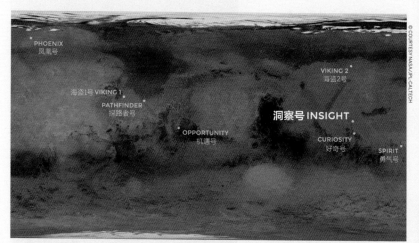

火星两极之间历次火星探测车的着陆地点

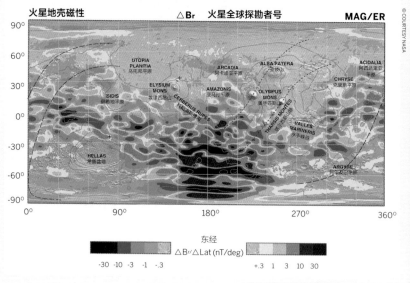

火星缺少磁场，但火星南半球却具有很强的磁性

大气层和磁层

火星表面的云气和风暴

火星的大气层十分稀薄，主要成分是二氧化碳、氮气和氩气，其中还悬浮着一些尘埃，所以站在火星表面看上去，火星的天空是朦朦胧胧的红色，而不是地球天空那种熟悉的湛蓝色。事实上，火星表面风力很大，掀起的沙尘暴会笼罩行星的大部分区域，风暴停歇后，尘埃需要好几个月才会完全飘落。

火星上无数的撞击坑也可归因于其稀薄的大气层。与地球不同，火星大气层没有足够的阻力来分解太空中飞入的碎片，因而面对陨石、小行星和彗星的长驱直入，几乎毫无保护作用。年复一年，火星表面留下了无数个撞击坑，截至2017年，太阳系所有已命名的撞击坑共有5211个，火星撞击坑就占到了其中的21%。科学家认为在火星诞生之初，大气层可能更加厚实，因为长期受到太阳风的影响，才变成了今天这样。

火星表面高温可达20℃，低温可至−153℃，人类如果真的到火星上定居，除了要忍受令人睁不开眼的沙尘暴、小心躲闪砸下来的陨石，还必须要应对这种极端的温度变化。究其原因，稀薄的大气层无法起到调节温度的功能，也无法将太阳光带来的热量保留在星球表面。如果在正午时分站在火星的赤道上，你脚部的温度能有24℃，但头部的温度仅为0℃，完全就是"一头冷，一头热"的写照！

另外，想在火星上辨认方向，用指南针恐怕不可行，因为火星并没有磁场。只不过火星南半球行星壳上的一些区域具有极强的磁性，表明40亿年前火星上可能存在磁场。

和太阳系里其他类地行星一样,火星大约在46亿年前由宇宙尘埃和气体在引力作用下聚合而成。现在的火星由行星核、岩质行星幔和固态行星壳三部分构成。行星核位于中心,密度特别高,半径为1500~2100千米,成分包括铁、镍和硫。包在行星核外面的就是岩质行星幔,厚度为1240~1880千米。最外面就是固态的行星壳,成分包括铁、镁、铝、钙和钾,厚度为10~50千米。

火星的红色外观源自铁元素的氧化。火星表面的富铁岩石、浮土(也就是"火星土")和尘埃中都有氧化铁。当尘埃被吹进大气层,火星看起来基本上就是红色的。

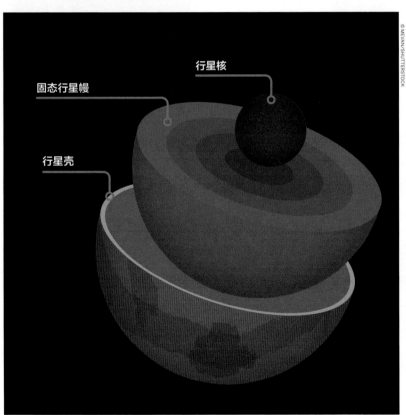

© MEVAN/SHUTTERSTOCK

火星行星核的密度低于地核,说明其主要构成元素比较轻

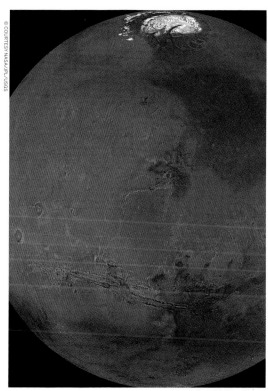

© COURTESY NASA/JPL/USGS

火星白色的极地冰冠在红色的表面异常显眼

但事实上你还能从火星表面看到棕色、金色和黄褐色，与其说是"红色星球"，不如叫"彩色星球"。

年复一年，火山、撞击坑、行星壳运动和诸如沙尘暴这样的大气状况，在火星表面造就了太阳系里最有趣的一些地貌特征。这些地貌特征的规模把它们在地球上的同类远远甩在了后面。虽然火星半径只有地球的一半大，但其表面面积却几乎与地球的陆地面积一样大。

比如水手峡谷（Valles Marineris）。这座火星大峡谷长度超过3000千米，放在地球上，等于从黑龙江一直延伸到了海南。峡谷最宽处宽600千米，深度可达8千米，总体规模大约是美国科罗拉多大峡谷的10倍。

再比如奥林匹斯山，那是太阳系里最大的火山，近25,000米高，是珠穆朗玛峰（地球上海拔最高的山峰）的3倍，是冒纳凯阿火山（地球上山脚到山顶的相对高度最高的山）的1.6倍，山底面积堪比意大利版图。但因为山底面积大，所以并没有地球上大多数山峰那么险陡难爬。

火星水文历史

» 有关火星上曾有水存在的推断可以追溯到19世纪末，可实际上是一场误会。1877年，意大利天文学家乔凡尼·斯基亚帕雷利声称在火星表面观测到了一系列纵横交错的线条，他将这些地貌特征称为"canali"，结果在英译时被误译译成了"canal"，也就是"运河"，从而引发了毫无根据的猜测——人们认为火星上有水，运河是由某种智慧生命建成的。

» 不过现在看来，火星上似乎真的存在过水，那些古老的河谷、三角洲、湖床以及火星表面岩石和矿物质只可能在液态水中形成。有些地貌特征甚至表明，在大约35亿年前，火星上暴发过特大洪水。

» 现在火星上也有水，只不过火星大气层太过稀薄，液态水不可能在表面长期存在。人类在火星上找到的水，一是两极地区地表下的冰，二是在特定季节会沿着山坡坑壁流淌的一种盐水。

探索时间表

除了地球，火星绝对是宇宙中被人类研究得最多的行星。人类对火星的观测可以追溯到4000多年前，古埃及的占星家们将其称作"Har Decher"，意思是"红色的东西"。从那时起，对火星的研究持续不断，其中的关键节点包括：

1659年

可与牛顿、爱因斯坦比肩的荷兰著名科学家克里斯蒂安·惠更斯率先以素描的方式记录下了火星上的大瑟提斯高原。大瑟提斯高原是一座盾形火山，颜色深暗，在火星红色的表面上非常醒目。

1877年

阿萨夫·霍尔发现火卫一和火卫二。学界现在认为这两颗火卫都是被火星捕获的小行星。

1965年

NASA的水手4号无人探测器在1964年从卡纳维拉尔角发射升空，在飞行8个月后，于1965年到达火星，它传回的22张图像是人类首次给一个地外行星拍摄的"特写照片"。

1971年

水手9号成为首个成功环绕火星的航空器。短短3个星期之后，苏联的火星2号和火星3号也进入了火星轨道。经历了数月的沙尘暴之后，水手9号发回清晰图像，进一步为火星表面测绘工作做出了贡献。

1976年

海盗1号在火星表面成功着陆，按照任务要求开始搜寻生命迹象。海盗1号任务长达6.33年，等于2245个火星日，这个纪录直到2006年才被火星全球探勘者号打破。

1996年

这一年的11月7日，火星全球探勘者号升空，是时隔二十余年后首个成功的火星探测任务。它于2006年11月2日与地球失去了联系。

© STEFANO BIANCHETTI/GETTY IMAGES

观测到大瑟提斯高原的荷兰科学家克里斯蒂安·惠更斯

好奇号在一场火星沙尘暴期间给自己来了张自拍

1997年

火星探路者号刚好赶在7月4日美国独立日那天在火星克里斯平原（Chryse Planitia）地区着陆，随后派出了旅居者号（Sojourner）执行勘测任务——这是人类首个探索地外行星表面的轮式探测器。

2001年

火星奥德赛号2001年发射，于同年开始对火星进行全球观测，并在火星地表下找到了水冰。除了这个成就，奥德赛号还在2010年打破了火星全球探勘者号的纪录，成了NASA执行火星任务时间最久的仪器设备。

2004年

勇气号与机遇号这一对火星探测车找到了强有力的证据，证明液态水曾经长期存在于火星表面。

2006年

火星勘测轨道飞行器对火星水文历史进行研究，开始传回一系列高清图像。凭借它后来拍摄的图像，科学家为洞察号探测器选择了合适的着陆地点。

2008年

凤凰号发现火星除了偶尔存在液态水，火星土的某些化学特性似乎也有利于维系生命。

2012年

好奇号火星车在盖尔陨石坑（Gale Crater）着陆，随后发现火星曾经具有适合远古微生物存在的条件。

2018年

洞察号探测车登陆火星，开始执行任务。

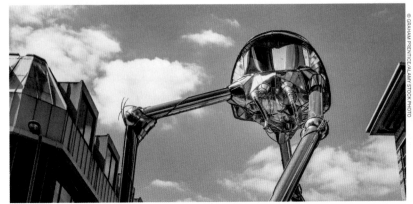

英国萨里郡王冠广场上有《世界大战》中的火星侵略者的雕塑

流行文化中的火星与火星人

没有任何行星能像火星那样强烈地激发人类的集体想象。早在大卫·鲍威（David Bowie）创造出火星人形象之前，许多电影人和作家就已经对火星上可能存在的生命做出了各自的诠释，有些可爱得不得了，有些可怕得不得。从1912年开始，作家埃德加·赖斯·巴勒斯（Edgar Rice Burroughs）创作了"霸尔森"（Barsoom）系列小说，故事的发生地霸尔森其实就是火星。在该系列1940年出版的终结篇《异星战场：约翰·卡特传奇》（John Carter of Mars）里，主人公地球人约翰·卡特以灵魂投射的方式来到了火星上，因为火星引力很小，他发现自己突然获得了许多超能力。地球人既然可以去火星，火星人自然也可以来地球。H.G.威尔斯（HG Wells）的《世界大战》（The War of the Worlds）讲述的就是火星人入侵地球的事情，相传这部小说在1938年被改编成广播剧播出的时候，许多听众都信以为真，出现了大规模恐慌。1978年，杰夫·韦恩（Jeff Wayne）还将《世界大战》改编成了一部摇滚音乐剧。到了20世纪50年代，B级片大行其道，火星人的身影出现在地球的大屏幕上，在那个麦卡锡主义盛行的红色恐慌时期，火星人成为人类头顶上空无处不在的"红色阴影"。1953年，火星人与亚伯特·科斯特洛这两个傻瓜联手，为观众奉上了喜剧电影《两傻飞渡海神星》（Abbott and Costello Go to Mars）。几十年后的1996年，蒂姆·波顿（Tim Burton）又拍摄了一部关于火星的喜剧片，名叫《火星人玩转地球》（Mars Attacks），里面的火星人没有脑壳，大脑暴露在外，造型很卡通，地球人被他们的枪打中，就会化成烟。

火星上有一个撞击坑是以科幻小说大师阿西莫夫命名的，而地球上最著名的玛氏巧克力（Mars）则与火星同名。

近年来出现在流行文化中的火星，很多时候都折射出了一种更深层次的好奇——人类什么时候、怎么样才能移民火星？人类在火星面临的最大挑战，也就是缺乏空气、食物和水，在电影《全面回忆》

经常有人以为玛氏巧克力与火星有关，其实那只是公司创始人的姓氏

《世界大战》是历史上最早取得巨大成功的科幻小说之一

（*Total Recall*）中就得到了解决。这部电影最初于1990年上映，由阿诺·施瓦辛格（Arnold Schwarzenegger）主演，后于2012年再度翻拍。

关于火星体验最真实的一部作品创作于距现在更近的2014年，即安迪·威尔（Andy Weir）的畅销小说《火星救援》（*The Martian*）。据其改编的同名电影于2015年上映，由好莱坞影星马特·达蒙（Matt Damon）主演的生物学家马克·沃特尼（Mark Watney）孤身被困火星，苦苦等待救援。他在火星上种土豆的那段剧情尤其令人印象深刻，国际空间站的宇航员要是看了，想必也会点头称是。

太空探索
黑科技

以目前的科技来说，在火星上种粮食是可以实现的，除此以外，人类为了去火星并在火星上生存下来，还需要准备什么呢？以下是NASA已经投入使用或正在进行测试的一系列技术：

1）离子推进

离子推进就是将氙气、氪气等气体电离，让带电的离子以每小时32万千米的速度喷射出去，以此推动飞船运动。离子推进的推力不大，对探测器来说不过是一股微风，但可持续加速数年。NASA的黎明号（Dawn）探测器就使用了这种技术，从而以极小的燃料消耗持续加速了5年以上，最终将飞行速度提升到每小时4万千米左右。

2）太空生活模拟训练

NASA的约翰逊航天中心（Johnson Space Center）对宇航员进行"人类探索研究模拟训练"（Human Exploration Research Analog，简称HERA），使他们能够适应长期的深空任务。训练场地是一个模拟深空生活的全封闭环境，分三层，内设生活区、工作区、卫生区以及模拟气闸舱，多名受训人员需要在里面共同生活14～45天，执行各种相关任务。该训练计划在未来将延长至60天。

3）太空农场

国际空间站目前正在试行一套名为"Veggie"的鲜食生产系统。该系统使用表面吸水且含有肥料的小包种植植物，并用红、蓝、绿灯光照射植物促其生长。宇航员们已经成功利用这一系统种出了生菜。长出来的蔬菜一部分直接食用，一部分送回地球进行分析。

4）放射性同位素
热电机

放射性同位素热电机(Radioisotope Thermoelectric Generator，简称RTG)已经在NASA应用了40年。执行登月任务的阿波罗号和执行火星任务的好奇号探测车都是用它来提供动力的。简单地说，RTG

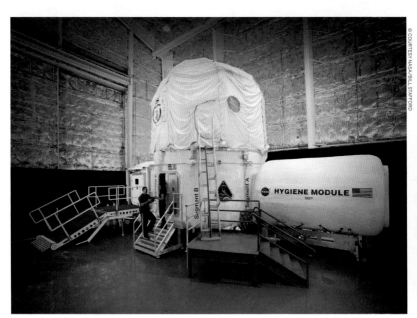

位于NASA约翰逊航天中心的人类探索研究模拟训练实验室，模拟舱共分三层，可以模拟深空生存环境

就是"太空电池",可以将钚元素自然放射性衰变产生的热量转化成稳定的电能。好奇号上的RTG发电功率有110瓦特,比普通电灯泡的耗电功率稍大一点儿。

5)水回收

国际空间站处处都要对水进行回收处理,从而循环使用,洗手水、刷牙漱口水甚至是尿液都不例外。这个水回收系统(Water Recovery System,简称WRS)回收并过滤后的水都可以直接饮用。包括水在内的液体在微重力环境下会有不同的表现,因此也给太空生活带来了麻烦。比方说,气体和液体在空间站里不像在地球上那样容易分离,所以水回收系统处理尿液时只好使用离心机来对其进行分离净化。

6)制氧

NASA的制氧系统(Oxygen Generation System,简称OGS)可以对飞船内部气体进行反复处理,持续、快速、长期提供可以呼吸的空气。该系统可以对水进行电解,将水分子变成氧气和氢气,氧气释放到飞船内部,氢气或者排到太空里,或者进入水回收系统。

7)宇航服

在火星表面生活,宇航服至关重要。NASA开发的Z-2以及Prototype eXploration宇航服将应对在火星表面行走时遇到的挑战,包括尘埃带来的

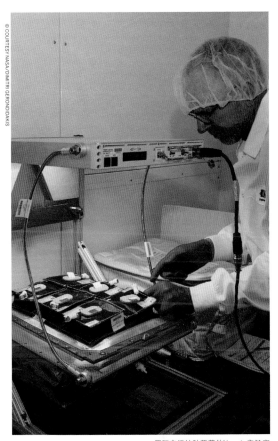

国际空间站种蔬菜的Veggie实验室

问题。另外,红色的火星土一旦粘在宇航服上面被带回飞船,将对宇航员和生活区产生威胁,工程师为此新设计了一种"更衣门"(suitport),能够让宇航员快速通过舱门回到航空器内,同时将太空服留在航空器外面。

8)新一代探测车

正在开发的多任务太空探索车(Multi-Mission Space Exploration Vehicle,简称MMSEV)未来会应用到小行星、火星、火卫以及其他许多探测任务中,其探测范围、进出速度以及辐射防护性能都将得到改善。为了提高机动性,某些MMSEV将装配6个车轮,而且一旦发生爆胎,车辆只需将爆胎车轮升起,就可以继续行驶了。

在南极洲发现的火星陨石ALH84001，其形成年代距今约41亿年

探索火星

了解火星的演化过程、地质作用以及是否存在过生命，可以帮助我们推断早期地球和早期火星的相似性，以及两者的气候到底因何"分道扬镳"，进而提升我们对母星的认知。

要了解火星的这些信息，就需要用到天体生物学。天体生物学是现代科学一个激动人心的分支，融天文学、生物学、地质学与物理学于一体，它的产生在很大程度上要归功于一颗香瓜那么大的石头！

这块石头代号为ALH84001，是地球上已知最古老的火星陨石，1984年发现于南极洲的阿伦山（Allan Hills），长约15厘米（6英寸）。经过科学家的分析，这块陨石的形成时间大约在41亿年前，属于斜方辉岩，上面除了液态水留下的痕迹，还有矿物沉积——完全有可能是微生物化石。火星早期的化石也许会让这颗红色星球上曾经存在的生命形态水落石出。火星岩石中保存的细胞可能小得令人难以置信。

这些分子化石被称为"生物特征"（biosignature），可以反映出生成它们的有机体是什么。可惜经过了数十亿年的岁月，这些生物特征要么已被彻底破坏，要么已经面目全非，无法辨识了。

为了寻找火星上过去存在生命的证据以及未来维系生命所需的条件，世界各国的机器人探测器有的进入了火星轨道，有的登上了火星表面，正在对它进行全方位无死角的观测研究。

1）火星奥德赛号

发射日期：2001年4月7日

NASA在2001年发射的火星奥德赛号探测器至今仍在环绕火星飞行，总共拍摄了超过13万张图像，还在继续发回有关火星地质、气候和矿物学等方面的信息，它曾经还担任过通信中转站的角色，勇气号与机遇号探测车就是通过它与地球保持联系的。

2）火星快车号

发射日期：2003年6月2日

火星快车号找到一些只可能在有液态水存在的环境下才能形成的矿物质，这说明火星原来要比现在湿润得多；它发现火星极地冰冠有大量水冰，融化后足够形成一个深11米、覆盖火星全球的海洋，它在距离火星表面100千米高的位置上发现了云，这样高的云对行星来说是绝无仅有的；它还在火星上找到了甲烷存在的迹象，在地球上，这种气体一般都与火山运动或者生化反应有关。

3）机遇号

发射日期：2003年7月8日

机遇号探测车已经在火星表面坚持了5000多个火星日，发回了激动人心的证据，表明火星在历史上曾经有过可以维持微生物生命的潮湿环境。科学家认为机遇号的着陆点子午线高原（Meridiani Planum）曾经应该是一片海洋的海岸线。2014年7月，机遇号行驶里程达到40千米，创造了地外行驶最远距离的纪录。2019年2月，在联系中断数月之后，机遇号的任务正式结束。

4）火星勘测轨道飞行器

发射日期：2005年8月12日

通过火星勘测轨道飞行器的观测，科学家才知道火星要比此前人们以为的更有活力，更加多元。它收集了火星在温暖季节有液态水流动的数据，是迄今为止火星上曾有液态水存在的最强有力的证据。它每周传回的火星数据量，比正在执行任务的其他6个火星探测器加在一起还多。

5）火星大气与挥发物演化探测器

发射日期：2013年11月18日

火星大气与挥发演化探测器（Mars Atmospheric and Volatile EvolutioN，简称MAVEN）首次执行任务是为了研究火星的大气层条件，它对火星进行了10个月的观测，并先后4次深入火星大气层。同样值得一提的是，它还与一颗名叫塞丁泉（Siding Spring）的彗星发生了一次惊险邂逅，好在幸免于难。

6）火星微量气体探测器

发射日期：2016年3月14日

火星微量气体探测器（ExoMars Trace Gas Orbiter）正在搜寻火星大气层中的甲烷等微量气体。在地球上，生命体的消化过程和矿物质氧化等地质运动都会产生甲烷，它的存在有可能为人类寻找地外生命提供线索。另外，该探测器也在观测火星大气层的季节性变化，并在火星表面以下寻找水冰存在的证据。

NASA火星勘测轨道飞行器概念图

聚焦好奇号

好奇号正准备在夏普山(Mt Sharp)钻岩取样

发射日期:
2011年11月26日

好奇号六轮火星探测车是NASA现任"驻火星大使",2012年8月5日,它搭载火星科学实验室(Mars Science Laboratory)探测器抵达火星表面。这是人类探测器首次利用精准着陆技术抵达地外行星。搭载好奇号的航空器在驶向火星表面时模仿了航天飞机返回地球大气层上层时的操作:它先飞抵计划着陆区域的上空,然后打开降落伞和制动火箭减速,并模仿直升机移动大型物体的操作将漫游车放下。精准着陆是NASA的一项新技术,好奇号所需的椭圆形计划着陆区域,仅需大约19千米×6千米大的面积,大约只有2004年勇气号和机遇

号所需着陆区域的三分之一。NASA根据火星勘测轨道飞行器侦查出来的火星表面高清图像,将好奇号的着陆区域选在了盖尔陨石坑内。

好奇号长3米,重899千克,是此前的探测车的2倍长、3倍重,因而在着陆点附近起伏的火星表面行驶时稳定性更好。探测车还搭载了一套放射性同位素发电系统,可以通过钚元素的放射性衰变为自己供电,因而其机动性和最大探索范围也要远胜于之前的探测车。

与勇气号和机遇号一样,好奇号也配有6个轮子,桅杆上方也安装了镜头,但与它们不同的是,好奇号多了一个激光发射器,可以将岩石薄薄的表面汽化,进而分析下方物质的元素构成。好奇号还可以对

火星不同区域进行土壤取样,供NASA科学家测试,其中就包括一些留存有水侵蚀迹象、有可能是干涸河床的区域。

自从登陆火星到现在,好奇号一直在收集土壤样品,然后把它们放置到机载测试箱内进行化学分析。好奇号上装配有一套仪器,可以检测出有机分子。这种化合物基本上都是由一个或者多个碳原子与若干氢原子构成的,虽然不是已知生命形态存在的充分条件,却是其必要条件,火星上如果存在有机分子,这对于人类未来移民火星绝对是一大利好。除了有机分子,好奇号还能检测氮、磷、硫、氧等其他对生命来说非常重要的化学元素。

好奇号拍摄的火星"金伯利"（Kimberley）地貌

好奇号在Big Sky钻岩点留下的"自拍"

好奇号的重大发现：

» 在前往火星途中，火星科学实验室探测器与好奇号探测车都受到了辐射，辐射会对宇航员的健康造成潜在风险。

» 好奇号的一大关键任务是测试此前从未在火星上使用过的着陆设备及技术。其安全着陆使得NASA科学家在开发探测器时获得了更大的自由度，例如可以减少器材重量方面的顾虑。

» 好奇号发现的证据表明，在距今41亿年至37亿年的诺亚纪，也就是火星的远古时期，火星上可能拥有适合微生物生存的化学条件。

» 好奇号找到的相关证据表明，火星表面存在一个古老的河床，曾有液态水流过，而且水深齐膝。另外，好奇号还发现盖尔陨石坑内的着陆点附近环境复杂多样，这也说明火星过去应该存在相当多的液态水。

聚焦洞察号：NASA最新的火星征程

发射阶段

2018年5月5日，强大无比的宇宙神V-401一次性运载火箭搭载着洞察号从范登堡空军基地（Vandenberg Air Force Base）升空。这次发射除了送洞察号探索火星，还将进行另一项技术试验：洞察号身后跟着一对立方体形状的小型航天器，每个都不过手提箱那么大，叫作"立方卫星"（CubeSat）。这两个立方卫星代号为"MarCO"（Mars CubeSat One，即火星立方卫星1号），任务是测试新的小型深空通信设备。到达火星后，这两颗卫星不负众望，成功地将洞察号从进入火星大气层到着陆期间的数据传回了地球。这是小型立方卫星技术在地外行星轨道上的首次成功测试，研究人员希望它们可以为未来的太空探测任务提供更强的通信能力。

发射日期：
2018年5月5日

着陆日期：
2018年11月26日

此前的火星探测任务调查的都是峡谷、火山这些火星自然特征，可以说只触及了这颗红色星球的"皮毛"。要想获得火星形成的关键线索，就必须要深入火星表面以下进行探查研究，掌握它的"生命体征"才行，而洞察号的任务正是给这颗形成于46亿年前的红色行星来一次全面彻底的体检。洞察号任务的全称是"运用地震调查、测地学与热传导进行内部探测"（Interior Exploration using Seismic Investigations, Geodesy and Heat Transport，简写为InSight），它是首个研究火星的行星壳、幔、核等内部空间的机器人探测器，找到的信息将极大地帮助人类了解太阳系的另外三颗岩质行星，即水星、金星和地球，乃至太阳系外岩质行星的早期形成过程。

火星形成的秘密都藏在其岩石土壤之中。火星表面那座25,000米高的火山足以说明这颗行星在过去曾经历过剧烈的地质活动，今天虽然似乎已经减弱，却并未彻底停止，程度到底如何，洞察号等探测器正在调查。

洞察号甲板局部图

洞察号不像某些航空器那样边绕轴旋转边飞向火星，而是利用了所谓的"三轴稳定"（3-axis stabilisation）系统，上面的传感器可以让它分清上下左右。总共有8个可以间断点火的推进器为洞察号提供动力，其中4个大的负责控制运动方向，4个小的负责保持平稳。洞察号在太空中的飞行轨迹经过仔细规划，只为将飞行时间减至最短：大约每26个月，火星就会运行到最接近地球的位置，这个现象被称作"火星近地"（Mars Close Approach），2018年7月底，也就是洞察号发射两个多月后就有一次。经过精确计算，洞察号发射后进入太阳轨道飞行不到半圈就可以进入火星。

巡航阶段

洞察号以每小时10,000千米的速度离开地球,到达火星需要飞行大约4.85亿千米。其间地球上的导航团队对洞察号进行全程监控,并在巡航阶段数次调整了其飞行路线。他们能做到这点,依靠的就是洞察号上的三种设备。

1) 星体跟踪器(Star tracker)

星体跟踪器以夜空中的恒星为参照,跟踪记录洞察号的位置,让地球上的导航团队掌握其飞行轨迹,这与古代航海家根据星象为海船导航的原理大同小异。

2) 惯性测量装置(Inertial measurement unit)

这个装置与洞察号上的陀螺仪协同运转,能提供有关洞察号飞行方向和飞行速度的信息。

3) 太阳感测器(Sun-sensors)

这种感测器可以帮助洞察号维持其与太阳的相对位置。

洞察号正在部署地震计和热探测器(概念图)

洞察号部署在火星上的天气监测仪器

着陆火星

2018年11月26日，洞察号在隔热装置的保护下，飞入了火星稀薄的大气层。与6年前登陆火星的好奇号一样，它先打开一顶降落伞，然后开启制动火箭减速，最终平安降落在埃律西昂平原一处光滑平坦的地面上。能被选为洞察号的着陆点，这个地方必须要符合几个要求。第一，由于探测器主要依靠大气层阻力来减速，着陆点的海拔必须要足够低，才能保证其上方大气层足够厚，从而令探测器安全着陆。第二，为保证探测器的太阳能电池列阵全年提供电力，也是为确保探测器能保持足够的温度运转，着陆点必须靠近火星赤道。

洞察号着陆点必须平坦，

这是因为它不像其他探测车那样可以移动，其机械臂在陡坡上可能无法覆盖足够的地表。另外，如果坡面方向不对，则会影响其太阳能电池列阵的供电能力，要是刚好旁边有一块大岩石，太阳能电池列阵可能还会无法完全展开。

洞察号的热流探测器需要钻到火星地表3～5米深的位置，但根据设计，只能钻透土壤而不是岩石，所以着陆点表面要足够软。这时候就需要NASA的火星奥德赛号轨道飞行器出马了。因为固态岩石的温度变化要比松软土壤慢，火星奥德赛号就可以利用自身的热成像系统（Thermal Imaging System，即THE-MIS）精准查明哪里是岩石，哪里是土壤，从而为洞察号选出最合适的着陆点。

给行星"体检"

洞察号的任务与之前的火星着陆器或探测车完全不同，是为了给火星"体检"，而且持续时间很长，属于"马拉松"而不是"短跑"，所以配备的仪器也很不一样。它们共分三类，各管一摊，需要能够深入火星表面以下，通过测量火星的三大"生命体征"，即"脉搏"（地震学）、"体温"（热流）和"本能反应"（精准追踪），来寻找岩质行星形成过程中留下的"指纹"。

1）把脉

洞察号装配的内部结构地震实验仪（Seismic Experiment for Interior Structure，简称SEIS）是一种安置在火星表面的圆拱形地震计，作用是记录地震波，可以说是在给火星把脉或者测心率，让科学家可以一窥火星的内部活动。地震波主要是由地震（只不过在火星上应该叫"火星震"）和陨石撞击引起的，但火星天气系统造成的沙尘暴或者大气层湍流引发的尘卷风也会在火星表面产生震荡波。为了让测量更为精准，SEIS上面还安装了一系列传感器，包括风、气压、温度和磁场的传感器。通过揭示藏在火星表面下方的秘密，SEIS也许能够告诉我们那里是否真的存在液态水或者活火山。

火星勘测轨道飞行器的艺术渲染图

2）量体温

为了给火星量体温，NASA开发出了热流及物理属性探测器（Heat Flow and Physical Properties Probe，简称HP3）。HP3一端装有钻头，钻探深度将近5米，超过此前任何同类仪器。下钻的同时可以产生热脉冲，通过测量这种热脉冲能以多快或者多慢的速度让周围土壤升温，HP3就可以推算出土壤的导热率。在下钻的同时，HP3还会锤击，引起的振动波会在深处不同结构层（比如岩浆层）被反射回来，地震计将反射波数据传回地球，科学家就可以据此构建出火星内部的真实剖面图。通过计算产生的热量多少及其来源，科学家就能够确定火星是否是由与地球、月球相同的物质构成的。

3）测反射

洞察号还有一组名叫自转与内部结构实验仪（Rotation and Interior Structure Experiment，简称RISE）的无线电天线，随着火星绕日公转，它会根据洞察号所在位置测算火星北极的移动。这套仪器每天都会用1小时左右的时间向地球发射并接收X波段无线电信号。通过追踪火星的章动（章动是指行星在自转运动中，由于潮汐力，自转轴出现的点头般的摇摆现象），可以获得关于火星富铁核心大小的详细信息，从而帮助科学家判定行星核是否呈液态，以及除铁以外还存在哪些元素。

4）体检报告

一般情况下，洞察号每个火星日都会借助火星勘测轨道飞行器、火星奥德赛号、火星大气与挥发演化探测器以及欧洲航天局的火星微量气体任务卫星（Trace Gas Orbiter），把火星的体检报告传回地球。洞察号着陆后的几周尤为关键，因此会每天与地球通信两次。其中火星勘测轨道飞行器的角色有点像飞机的黑匣子，尤其是在关键的着陆阶段。数据通过卫星中继的方式进行传输。

飞船已就绪，火星等你来

为了让宇航员飞出地球轨道，进入更遥远的太空，NASA开发出了猎户座多功能载人飞船（Orion Multi-Purpose Crew Vehicle，简称MPCV），测试过程已于2014年12月开始，预计最快到21世纪20年代中期就会升空执行载人航天任务。

这艘飞船最多可搭载6名宇航员前往月球、火星等目的地，在外形上虽与阿波罗号类似，但飞船体积大了很多，机载电子仪器的先进程度也和几十年前登月时用的不可同日而语，属于阿波罗号的"超级升级版"。

猎户座飞船最初诞生于NASA的星座计划（Constellation）。该计划旨在将人类先送上国际空间站，最终送往火星。如今猎户座飞船是NASA全新计划的关键成果之一，该计划别名"月球至火星"（Moon to Mars），目标是以月球为跳板，派遣飞船探索深空。

猎户座飞船采用模块化结构，由一个独特的水滴形宇航员舱和一个装满了各种生命支持设备的服务舱组成。宇航员舱内的居住空间为9立方米，与阿波罗号相比已经大了1.5倍左右，但如果你在现代化的大型客机里还觉得直不起腰、伸不开腿，到了飞船里面估计会更加难受。服务舱内备有用来发电的太阳能板、维持宇航员呼吸的氧气设备，还有给飞船提供动力的推进器。在猎户座飞船的首批太空目的地名单里，几乎肯定少不了NASA的月球轨道平台门户——如果你不喜风花雪月，酷爱严肃科学，那么这个空间站对你来说无异于一家"月球度假村"。当然，一些商业航天公司也正计划在地球轨道上建造模块化的"太空酒店"，感兴趣的话不妨关注一下。

美国联合发射联盟（ULA）的德尔塔-4火箭正搭载着NASA的猎户座飞船从卡纳维拉尔角发射升空

火星亮点

© COURTESY NASA/JPL-CALTECH/MSSS

好奇号拍摄的黄刀湾（Yellowknife Bay）拼接图像

火星条件恶劣，只适合勇敢无畏的旅行者。但如果你深爱气势恢宏的平原、巨大无比的高峰和摄人心魄的沙丘，这场红色星球之旅绝对值得你苦苦等待。

极地冰冠

① 火星上拥有两处永久性极冠，一个是位于火星北端的北极高原，一个是南边的南极高原。

塔尔西斯山脉

② 塔尔西斯高原辽阔多山，耸立在那里的数座火山是火星最著名的景点之一，规模之大，在太阳系绝无仅有。

奥林匹斯山

③ 毫无争议的"火星第一火山"，山高25,000米，山底直径602千米，几乎和美国的亚利桑那州一般大。

水手峡谷

④ 这里在10亿年前刚形成时可能只是火星大地上的一个小裂纹，如今成了长超过3000千米、最宽可达600千米、深8千米的一座巨型峡谷。

希腊平原

⑤ 希腊平原是火星表面最大的可见撞击坑之一，坑底平坦，直径2253千米，可想而知当年砸下的那颗小行星有多巨大。

巴格诺尔德沙丘群

⑥ 巴格诺尔德沙丘群由好奇号探测车发现于2015年，这里的沙丘造型迷人，为新月形，背风面还有独特的凸起形状。

盖尔陨石坑

⑦ 这个撞击坑最先于19世纪由华特·弗莱德里克·盖尔（Walter Frederick Gale）发现，科学家后来发现，其表面地质结构非常丰富，有液态水外流造成的纹路，推测这里曾经是一片湖泊。

埃律西昂平原

⑧ 火星上第二大火山区，面积虽比不上塔尔西斯高原，但赫卡特斯山（Hecates Tholus）、欧伯山（Albor Tholus）与埃律西昂山（Elysium Mons）这三座主峰也绝非等闲之辈。

大瑟提斯高原

⑨ 著名的大瑟提斯高原是火星表面最大的暗斑，据推测颜色暗淡的原因是那里尘埃相对较少，且具有深色的玄武岩。

乌托邦平原

⑩ 太阳系最大的撞击坑，边界不像希腊平原那么清晰，具有所谓的"贝状地形"，表面好像被人用勺子舀得到处是坑。

北方大平原

⑪ 红色星球北方一片奇绝的低地平原，这片氛围独特的荒原可能曾经是一片深海。

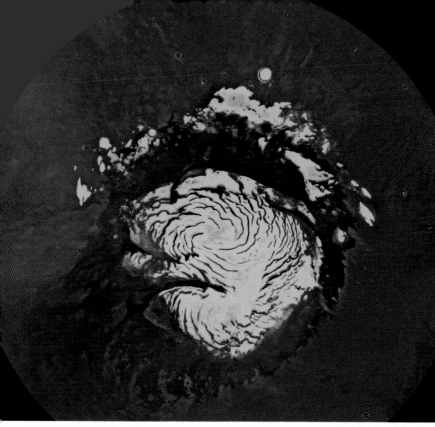

火星的北极冰冠，即北极高原

极地冰冠

火星的南北两极拥有神秘的天气系统和独特的地质建造，有多荒凉就有多美丽。

火星的北极冰冠也叫北极高原，面积大约是得克萨斯州的1.5倍，主要由水冰构成。但是根据NASA火星勘测轨道飞行器的观测，北极高原的冲沟（gully）在冬季会出现厚厚的一层干冰。干冰就是固态的二氧化碳，在地球上不存在自然形成的干冰，在火星上却非常多。地球上的冲沟是由流水冲刷侵蚀形成的地貌，所以当火星上存在冲沟的报告在2000年首次公开的时候，人们一时间非常兴奋，因为这说明火星上也可能存在过液态水。可惜

到目前为止，人类只在火星上找到了气态水和大量固态水，液态水的存在还有待进一步证明。

南极冰冠又叫南极高原，规模与北极高原相似，但海拔大约为6400米，主要也由水冰构成。与北极高原不同的是，这里即使夏季也有干冰存在。数十万年来，火星倾斜角度以及公转轨道的变化对这颗星球的气候产生了重要影响，包括经历了数次冰期，目前的数据显示，火星最近一次冰期结束于40万年前。

景 点

北极高原

北极峡谷

① 火星北极最显眼的地貌，宽100千米，深1.9千米，两侧可见醒目的红色崖壁，其形成与沙尘暴微粒长期摩擦峡谷表面有一定关系。

奥林匹亚沙丘地

② 环绕着北极冰冠的诸多"沙海"中最大的一片，目之所及，尽是波涛般起伏的沙丘。

环形云

③ 北极高原上空在上午会出现环形云，到了下午便会消散，直径大约1600千米，中间还有一只320千米宽的"云眼"，看起来像是气旋风暴，但奇怪的是它本身并不会旋转。这景象相当震撼，地球上的"风暴追赶者"肯定会喜欢。

南极高原

火星间歇泉

④ 春季冰融化的时候，南极冰冠会向外喷出二氧化碳气流，夹杂在里面的黑暗物质随风飘散，形成神秘的蛛网形地质构造。

天然滑雪场

⑤ 火星温度比地球低，山比地球高，有天然滑雪场也是情理之中的事。火星西半球拥有希腊平原和阿尔及尔平原（Argyre Planitia）两大撞击盆地，它们联手在南极高原上方营造了一个永久性的低压区，低压反过来又使那里可能常年被冰川覆盖。滑雪体验嘛，当然和阿斯彭比不了了，但既然身在火星，你也实在没资格挑三拣四。

火星冰情

在火星上一个冰期结束之前，极地冰冠的厚度一直在持续增长。根据NASA科学家的估算，当时极地冰冠的最大厚度能够达到320米，足够给整个星球包上一层60厘米厚的冰壳。

冰冻星球

在地球上，当包括极地在内的高纬度地区气温降至平均温度之下，便会进入持续数千年的冰期，导致冰川逐渐从高纬度向低纬度地区覆盖。可火星的冰期却与此恰恰相反：因为倾斜角度大，火星极地地区常常要比中纬度地区更温暖，冰期来临的时候，极地冰冠缩小，水蒸气朝赤道方向蔓延，形成冰刃至冰川。科学家从冰的形成中可以获得历史上的火星气候条件信息，用罗得岛州普罗维登斯布朗大学行星科学家詹姆斯·海德博士（James Head）的话说，"在所有太阳系行星中，火星的气候与地球最接近，都对公转轨道参数的微小变化相当敏感，我们现在看到火星也像地球一样正处于间冰期。"

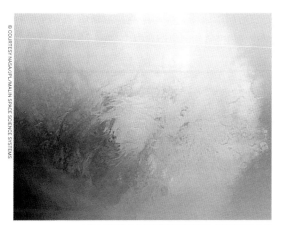

火星全球探勘者号拍摄的南极高原图像，图中即极地冰冠

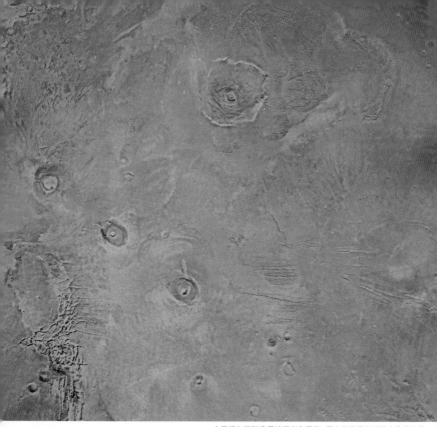

火星塔尔西斯高原地区彩色图像，图中可见塔尔西斯山脉的山峰

塔尔西斯山脉

塔尔西斯山脉包括火星上的三座盾形火山，即阿斯克拉厄斯山（Ascraeus Mons）、帕弗尼斯山（Pavonis Mons）和阿尔西亚山（Arsia Mons），其身形之巨，在太阳系罕有敌手。

塔尔西斯山脉（Tharsis Montes）的三座火山位于行星壳的一片隆起（即塔尔西斯高原）之上，它们的平均高度高出火星表面平均海拔10,000米，与同样位于塔尔西斯高原的火星第一大火山奥林匹斯山几乎等高。这三座火山最早于1971年由水手9号发现，这个探测器在进入火星轨道时刚好赶上一场肆虐整个星球的沙尘暴，当时除了该山脉，几乎没有观察到任何地貌特征。这三座山从西南向东北排成一线，中间那座山的山峰与其他两座山峰的距离都是692千米左右。

尽管形成原因尚不明确，但塔尔西斯山脉的出现不可能是偶然。火星上的盾形火山是在单一的火山活动热点上形成的，这一点和地球上的夏威夷群岛很像。但与地球上的盾形火山不同的是，它们的形成与构造运动无关，或者说火星缺少构造运动，因此它们的寿命可以非常长，有足够的时间隆升到极其雄伟的高度。

景 点

阿斯克拉厄斯山

1 火星上第二高的盾形火山，1973年正式得名，名字源于古希腊诗人赫希俄德（Hesiod）的出生地阿斯克拉（Ascra）。

帕弗尼斯山

2 冰碛沉积物的存在说明这座火山侧面或许曾经有过冰川，也许如今还未消失。

阿尔西亚山

3 阿尔西亚山高17,700米，高度在火星上罕有敌手，其中央火山口宽达120千米，宽度在火星上绝无敌手。

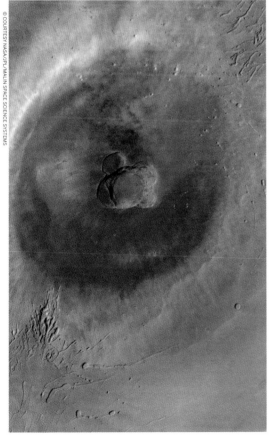

塔尔西斯山脉北端的阿斯克拉厄斯山广角图

流行文化中的塔尔西斯

《圣经》中一位天使叫塔尔西斯，PlayStation的一款游戏也叫《塔尔西斯》，烈焰红唇乐队（The Flaming Lips）则把帕弗尼斯山用到了自己一首歌的歌名中，所以不管是仰望星空还是紧盯显示器，你都可能会看到它。

比大更大

火星和地球上火山最大的区别就是大小。以塔尔西斯高原地区的火山为例，身形足有十倍甚至百倍于地球上的任何一座火山。据观测，火星表面的熔岩流比地球上的长得多，这很可能是由于火星上火山喷发率高、重力小而导致的，熔岩流长，则形成的山体自然也大。火星行星壳与地壳的运动方式不同也是一个原因。在地球上，产生火山活动的热点本身是静止的，但上面的地壳板块是移动的。以夏威夷群岛火山为例，其所在的太平洋板块就一直在向西北移动。随着板块的移动，新的火山渐渐诞生，旧的火山渐渐死亡，一个热点产生的总岩浆流会被分配给许多座火山，而不是集中在一座火山上，所以山体不会很大。在火星上，行星壳静止不动，岩浆不断堆积，山体因而非常巨大。

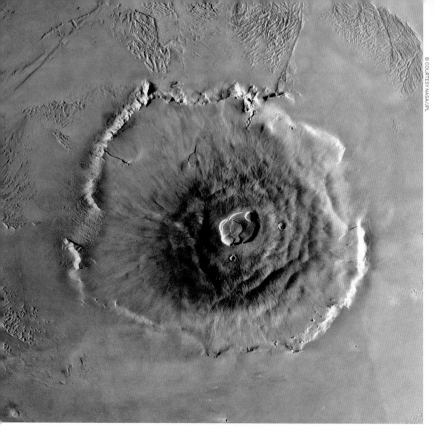

© COURTESY NASA/JPL

盾形火山奥林匹斯山周围环绕着一圈断崖，那就是熔岩流的边界

奥林匹斯山

奥林匹斯山此前名为"尼克斯奥林匹卡"，意为"奥林匹斯之雪"，山底面积与意大利大小相仿，是全太阳系最雄伟的山。

奥林匹斯山（Olympus Mons）是火星上一座25,000米高的盾形火山，在19世纪初首次被人类观测到，即便按照火星火山的标准，也是一个身材恐怖的巨无霸。奥林匹斯山的坡度非常平缓，外形常被比作一顶马戏团帐篷——只不过架子立作歪了。山底直径有624千米，面积与美国亚利桑那州差不多，山顶的火山口也很大，直径有80千米。

奥林匹斯山是火星上最年轻的盾形火山，山顶至少有6个撞击坑，山侧布满熔岩流留下的纹路。西北坡上的熔岩流相对年轻，形成于1.15亿年前，这表明奥林匹斯山或许仍然是一座活火山。卡尔佐克撞击坑（Karzok）与庞博克撞击坑（Pangboche）是火山上最显著的两个特征，科学家相信地球上的那些辉熔长石无球粒陨石（shergottites）——也就是火星陨石——主要都是从这两个地方被撞射出来的。

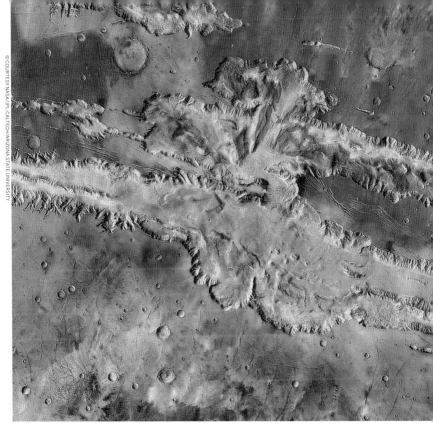

火星上的水手峡谷在每个方面都要胜过地球上的科罗拉多大峡谷，其长度足以横跨美国东西海岸

水手峡谷

水手峡谷最早于1972年由NASA的水手9号探测器发现，是火星上的一道天堑，形成方式类似东非大裂谷。

水手峡谷（Valles Marineris）西邻塔尔西斯高原地区，沿火星赤道绵延4000千米，约与美国国土东西宽度相当，几乎占据了火星中纬圈的20%，深度可达7千米——要知道，亚利桑那州的科罗拉多大峡谷才长800千米、深1.6千米，相比之下真是小巫见大巫。水手峡谷西起诺克提斯迷宫（Noctis Labyrinthus），东至一片起伏崎岖之地。多

数研究者都认为这座峡谷是在火星由热变冷的过程中诞生的一条裂缝，再加上塔尔西斯高原上的行星壳不断抬高和长期的侵蚀，形成了今天的面貌。峡谷最宽的一段叫米拉斯峡谷（Melas Chasma），在那里，沙粒在斜坡上形成了一个个"谷壁沙丘地"（wall dune field），这种地貌在地球上很常见，在火星上却相当罕见。

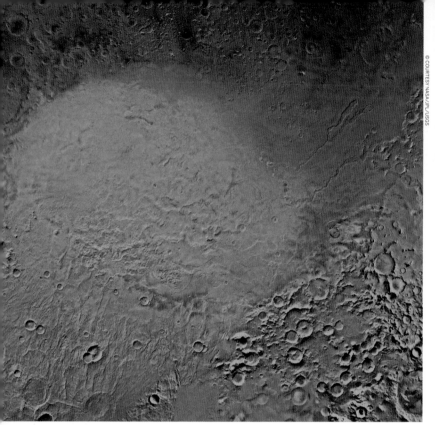

希腊平原是火星表面已知最大撞击盆地内的一片广阔平原

希腊平原

希腊平原直径大约2250千米，地势起伏，是一颗小行星、彗星或者流星在火星表面留下的一个超大撞击坑。

希腊平原（Hella Planitia）由天文学家乔凡尼·斯基亚帕雷利为纪念古希腊而命名，是人类利用地面望远镜观测到的首个火星地貌特征，也是火星上最大的盆地，形成于所谓的后期重轰炸（Late Heavy Bombardment）时期。这个时期距今约40亿年，当时，宇宙碎片在太阳系里横冲直撞，其中很大的一颗撞到了火星表面，留下的撞击坑就是希腊平原。因为平原的东北和西南一大部分边缘非常不

清晰，再加上泰瑞纳山（Tyrrhena Mons）、哈德良山（Hadriacus Mons）、安菲特律特山（Amphitrites Patera）等几座大型托边火山在平原边缘附近喷涌熔岩流，导致部分年代较早的撞击沉积物被掩埋，所以希腊平原的实际面积很难准确计算。平原经常发生沙尘暴，只有赶在晴朗的时候，你才能在平原内看到其壮观的蜂窝地貌——这说明这里曾经历过一定程度的冰川侵蚀。

202 | 火星

巴格诺尔德沙丘群位于夏普山山下，正在等待着好奇号的探索

巴格诺尔德沙丘群

盖尔陨石坑内的地貌千奇百怪，美妙的巴格诺尔德沙丘群就在其中，其沙粒飘忽不定，山丘形态常变，看起来既熟悉又陌生。

观测火星沙丘的变化，可以让科学家监测火星的风力与风向。其中一片沙丘叫巴格诺尔德沙丘群（Bagnold Dune Field），得名自英国沙漠探险家拉尔夫·阿尔戈·巴格诺尔德（Ralph Alger Bagnold），是一片新月形沙丘，其英文名"barchan"听起来像是《星球大战》中的某种术语，但实际上来自俄语，原指最初于1881年在中亚地区发现的一种沙漠地貌。地球上的许多沙漠里都有新月形沙丘，非洲南部纳米布沙漠（Namib）的最为出名。这种沙丘迎风面坡度平缓，背风面凹而陡，地球上的新月形沙丘一般是因来自同一个方向的风形成的，但火星上的巴格诺尔德沙丘群却不一样，风是从四面八方吹来的，形成了平行交叉的线条，十分美丽。另外，火星的沙子是玄武岩含量很高的火山岩微粒，所以沙丘颜色很暗。

盖尔陨石坑

盖尔陨石坑的地貌十分多元，能提供有关火星历史的宝贵线索，NASA的好奇号探测车已经在那里进行大范围的持续科研探索。

盖尔陨石坑（Gale Crater）位于火星南半球，紧邻赤道，直径154千米，据信原是一片浩瀚湖泊，可以辨识出许多不同的沉积层，里面藏着有关火星地质演化的秘密，所以备受NASA科学家的关注。盖尔陨石坑的结构很奇特，沿外缘往内不断向中心下沉，在坑中央却又由层层沉积物堆起一座5600米高的山，仿佛被护城河围在当中——这座山就是夏普山（Mount Sharp），得名自美国地质学家罗伯特·夏普（Robert Sharp）。通过火星轨道探测器的观测，科学家发现夏普山不同高度的沉积层具有不同的矿物成分，接近底部为黏土矿物，这些黏土往上则是硫化矿层和氧化矿层，合在一起，无异于火星地质史的天然宝库，科学家再根据好奇号的实地考察，就可以绘制出火星地层剖面图。盖尔陨石坑最初的面积与美国康涅狄格州相近，诞生于35亿至38亿年前的一场彗星撞击。

景点

和平谷

1 盖尔陨石坑内存在许多扇形三角洲，能够提供历史湖水面高度的信息。和平谷（Peace Vallis）就是其中最显眼的一个，其沉积物构成说明盖尔陨石坑曾经存在一条外流的河流。

伊奥利亚沼

2 位于盖尔陨石坑北部边缘，地势平坦，大风呼啸，好奇号在这里首次发现了盖尔陨石坑曾经拥有淡水湖的证据。

黄刀湾

3 这里的沉积岩大约在7000万年前因侵蚀作用而暴露出来，不断叠加的远古湖泊与河流沉积物说明这里曾经拥有适宜微生物生存的环境。

伊奥利亚山

4 伊奥利亚山（Aeolis Mons）其实就是依据国际天文学联合会规范给夏普山起的正式名称，它醒目地立在盖尔陨石坑中央，是陨石坑边沿物质受到大风常年吹刮，在坑内堆积形成的山丘。

信心山

5 信心山（Confidence Hills）位于夏普山山脚下，2014年9月，好奇号到达这里，对这个红色星球进行了首次钻地取样，因此极具历史意义。

好奇号着陆点附近一片由大风吹起的沙粒和灰尘构成的区域，名叫"岩巢"（Rocknest）

名垂火星

雷·布拉德伯里（Ray Bradbury）于1950年发表小说《火星纪事》（Martian Chronicles），讲述了红色星球上一个失落的人类文明。这位著名科幻作家已于2012年6月离世，享年92岁。为了纪念他的成就，NASA后来将好奇号的着陆地点重新命名为"布拉德伯里着陆点"（Bradbury Landing）。

地外生命？

2012年8月，NASA好奇号探测车在盖尔陨石坑内着陆，事实证明，选择这个着陆位置非常明智。第一，好奇号在坑内发现了许多迹象，表明这里曾经有水存在——坑内的黏土和硫化矿物都需要在水里才能形成。第二，好奇号在夏普山山上及其周围采集的岩石样本也说明，这里原先有可能是火星微生物的栖息地，而微生物又是构成生物体的关键元素之一。第三，它还找到了一些有机分子，这是生命的基本碳基"零件"。第四，它在火星大气层中还发现甲烷浓度存在季节性变化，有可能是火星地下甲烷气体泄漏造成的。而在地球上，甲烷主要是由有机体产生的。种种有关火星存在液态水乃至生命的线索慢慢积累，尽管诱惑无比，却又难以形成结论，谜团仍未消散，把好奇号至今找到的信息加在一起，也只能说明火星上存在适宜微生物生存的条件而已。

© COURTESY NASA/JPL-CALTECH/MSSS

埃律西昂平原上的科柏洛斯槽沟

埃律西昂平原

埃律西昂平原是火星上一片辽阔的火山活动区，2018年，洞察号就在这里登陆火星，并传回了有关火星风的首批数据。

埃律西昂平原（Elysium Planitia）是火星上第二大火山区，长2400千米，宽1700千米，与塔尔西斯高原一样，都是因行星壳抬升形成的。平原上最大的三座火山分别为赫卡特斯山、欧伯山与埃律西昂山，它们虽然比塔尔西斯高原上的火山要小，但雄伟之势同样令人震撼。既然名叫平原，这里的地势自然相对平坦，也正是因此，洞察号才会选择在这里着陆，但这里也有一些火山坑和撞击坑。

与火山口不同，撞击坑外缘清晰可辨，附近散落着撞击留下的残片，被称为喷出物（ejecta）。在直径超过10千米的大型撞击坑内，可能还会立有一座山峰，这种山峰其实是行星表面的原有物质在受到强力撞击后发生"反弹"形成的，类似投石入水时，水花中会出现水柱。

景 点

埃律西昂山

① 埃律西昂山于1972年首次被发现，是该地区最大的火山，山底直径692千米，与平原的相对高度为12千米。

艾迪撞击坑

② 艾迪撞击坑是该地区三大撞击坑中最大的一个，直径89千米，得名自南非天文学家林赛·艾迪（Lindsay Eddie）。

科柏洛斯槽沟

③ 科柏洛斯槽沟是火星表面一系列长达1200多千米的裂隙，可能是由火星行星壳的断层形成的。地壳运动可能对地下水形成压力，导致裂隙进一步增大。

欧克斯火山口

④ 欧克斯火山口是火星表面一个长长的椭圆形凹地，具体成因尚不清楚，NASA科学家认为它最有可能是一个撞击坑。

阿萨巴斯卡谷

⑤ 阿萨巴斯卡谷是一条干涸的河谷，属于埃律西昂平原上外流河道网的一部分。科学家相信水源应该位于地下，后来通过裂隙喷涌而出，流速超过密西西比河。

谷中藏冰

2005年，火星快车号给埃律西昂平原的一个区域拍摄了图像，发现那里似乎存在大量的冰。冰面的长宽大约都是800千米，厚度据估算大约为45米，化成水的话可能与欧洲的北海水量相仿，只不过火山灰干扰了精确测量，这一估量尚未得到证实。

岩浆洪流！

轨道卫星在埃律西昂平原上发现了洪流玄武岩（flood basalt）的存在。这是由火星表面裂隙造成的：大量玄武岩岩浆——偶尔会是水——从裂隙缓缓涌出，均匀铺盖于火星表面，从而形成了一片熔岩冲积平原。地球上也有洪流玄武岩，美国的华盛顿州和印度都有著名的类似地貌。2018年，NASA戈达德太空飞行中心的科学家前往冰岛研究那里的赫鲁劳恩（Holuhraun）熔岩平原，那里的洪流玄武岩与火星上的具有相似特征。事实上，火星是和地球最像的类地行星，两者之间的相似之处越找越多。

探索埃律西昂平原的洞察号正在部署仪器

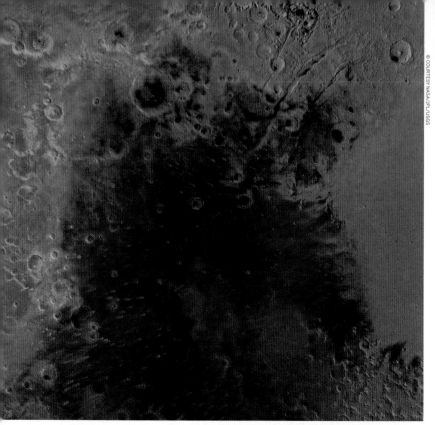

因为玄武岩的存在，大瑟提斯高原在火星表面图像中颜色较暗

大瑟提斯高原

大瑟提斯高原是第一个被人类记录下的火星表面特征，也就是大名鼎鼎的"火星黑斑"，曾经被误以为是火星上的一片内陆海。

大瑟提斯高原（Syrtis Major Planum）最早由荷兰天文学家克里斯蒂安·惠更斯于1659年以素描的方式记录下来，其位置介于火星北方低地与南方高地之间，从赤道往北绵延大约1450千米，东西宽1000千米。天文学家乔凡尼·斯基亚帕雷利在1877年火星近地期间给这颗星球绘制了一幅比较粗糙的地图，包括大瑟提斯高原在内的许多地貌特征都是由他命名的。所谓"大瑟提斯"，指大流沙地带，是今利比亚锡德拉湾（Gulf of Sirte）在古罗马时代的旧称。这个高原之所以看起来那么黑，一是因为上面的玄武质火山岩，二是因为高原上空尘埃相对较少，这一特点也让这里成了未来火星探索任务的一个备选着陆点。

在人类派出轨道卫星探测火星之前，大瑟提斯高原曾被误认为是由液态水构成的，法国著名天文学家卡米伊·弗拉马里翁（Camille Flammarion）称之为"Mer du Sablier"，意为"沙漏海"。尽管事实证明弗拉马里翁是错误的，但作为一个曾经有火山活动的古老河流盆地，大瑟提斯高原仍然具有很高的科研价值。

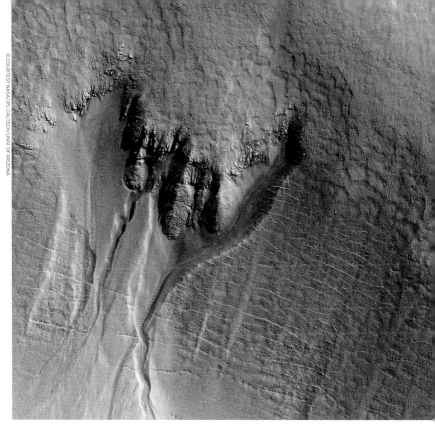

乌托邦平原表面的线条最有可能是流水形成的冲沟

乌托邦平原

这个巨大的撞击坑直径据估算有3300千米，坑内异常荒凉，其地貌壮观且蕴藏着火星的水之密语，有待科学家未来破解。

乌托邦平原（Utopia Planitia）是全太阳系第一大撞击坑，环境冰冷荒蛮。1976年9月，海盗2号探测器就在这里成功登陆火星，并发现"贝状地形"的最佳范例。贝状地形是火星中纬度地区常见的地质构造，岩石似乎是被搁置甚至悬浮在地面上，下方表土似乎被什么人削去了。科学家认为，这种地貌是乌托邦平原的永冻层部分融化之后再次结冻形成的，因为留下的独特凹洞形状很像扇贝，故而得名。乌托邦平原上长年有冰，2016年，NASA在这里发现了一片面积很大的冻湖，水量堪比非洲东部的维多利亚湖（Lake Victoria）。

在《星际迷航》系列电影中，有一家星际飞船修理厂就叫"乌托邦平原"，出场15分钟，算是让火星上的这片区域以一种独特的方式火了一把。

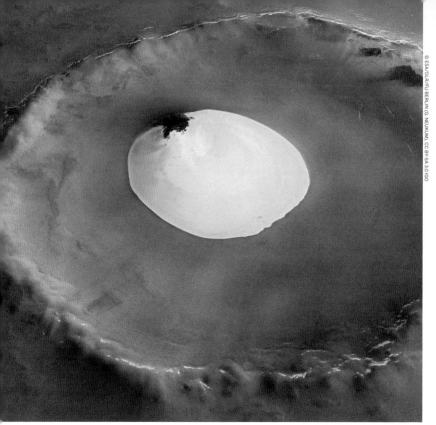

北方大平原撞击坑内可见残留的水冰

北方大平原

北方大平原面积辽阔，景色荒凉，占据了火星北极下方的大部分区域，在远古时代可能是一片汪洋。

火星北半球拥有不少低地平原，其中北方大平原（Vastitas Borealis）面积最大，除了拥有一种天地冰封的荒凉之美，更是目前学界关于"火星海洋假说"争论的焦点。根据火星极地附近大气层的含水量，科学家估算在过去某个时刻，火星的极地冰冠损失了大约2000万立方千米的水。因此有人提出了这一假说，认为在大约43亿年前，也许是在塔尔西斯山脉尚未诞生之时，火星上可能拥有大量液态水，足以形成一片覆盖整个星球、深度最高可达137米的海洋，也可能稍浅一些。

因为火星北半球地势较低，所以海洋应该是集中在北半球，尤其是北方大平原那里。这片海洋被称为阿拉伯海（Arabia），随后形成的一片海洋被称为德特罗尼鲁斯（Deuteronilus），当时应该覆盖了火星表面19%的区域，几乎占到了北半球将近一半的面积——要知道，浩瀚的大西洋也只占地球表面积的17%。

火星全球探勘者号拍摄的图像，火星大气层中可见蓝白色的水冰云

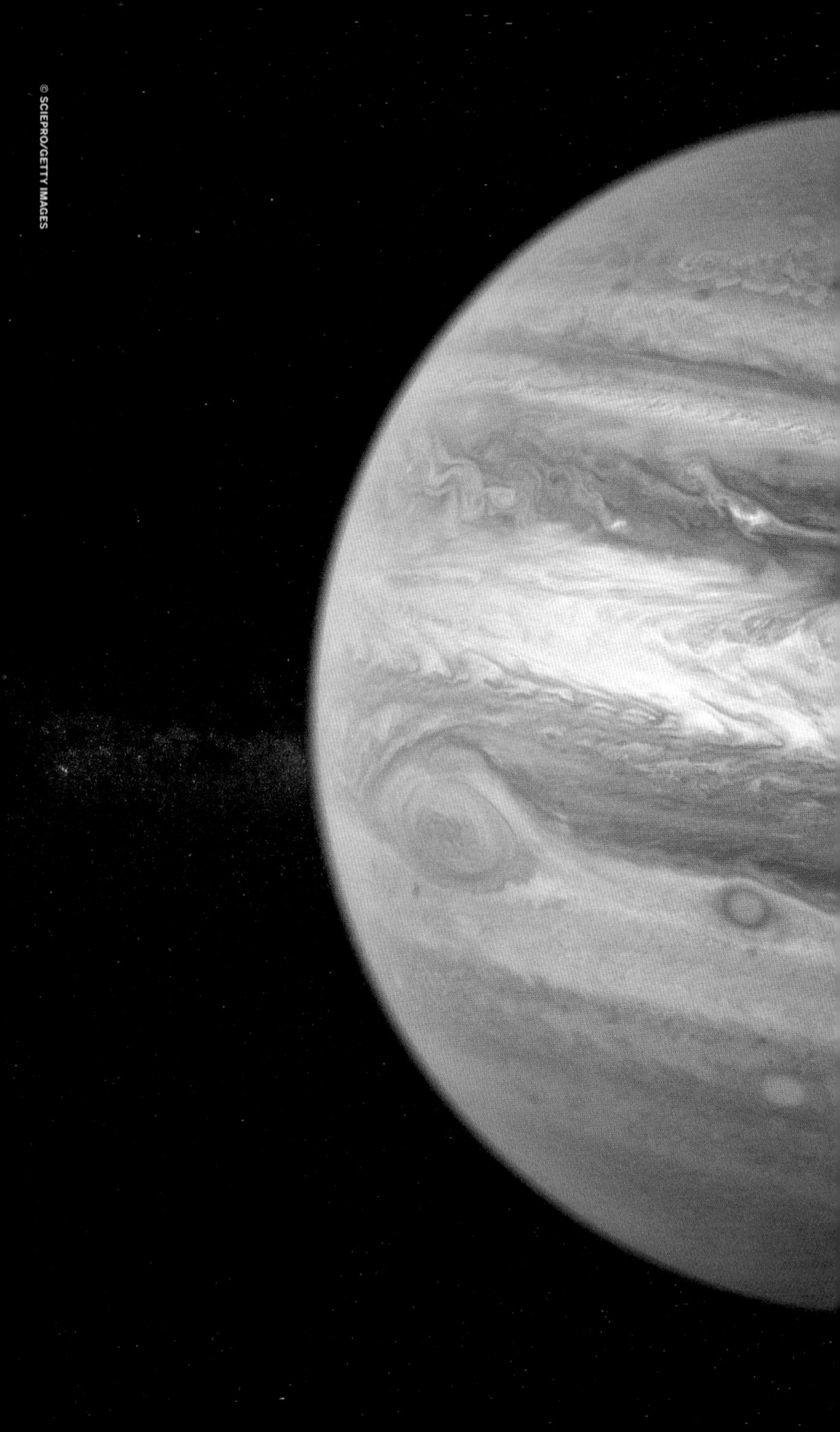

木 星

行星类型:
气巨星

卫星数量:
79颗

半径:
地球的11倍

木星表面的条纹涡旋实际上是低温多风的云, 由氨气和水构成

木星速览

说到星球半径, 太阳系内再也找不到能跟巨大无比的气巨星木星相比拟的了。

木星半径是地球的11倍, 比其他七大行星加在一起的两倍还多, 论身材, 是太阳系里当之无愧的第一行星。说得形象点: 如果说地球是一颗葡萄, 木星差不多就是一个篮球。就是这么大。

早在公元前350年, 它就出现在了古巴比伦天文学家的记录中, 英文名 "Jupiter" 源自罗马神话中的众神之王朱庇特, 完全配得上木星的霸气。远远望去, 木星表面可见独特的涡旋和条纹, 活像悬浮在宇宙中的一粒彩虹糖球。事实上, 这些纹路是氨气和水构成的云气, 位于木星大气层上层, 温度低, 风速大。而木星的大气层质地犹如浓汤, 成分大约是90%的氢气和10%的氦气——完全是精确的恒星生成成分比例。如果换作另一个平行宇宙里，也许它就有足够的质量燃烧，甚至令太阳也黯然失色。可惜，在我们这个宇宙，命运只让它变成了一颗行星。

木星最有名的标志就是大红斑（Great Red Spot），一个真正堪称宏大的气旋风暴，足有两个地球那么大。和木星上许多其他风暴一样，大红斑据推测已肆虐了数百年。1979年，旅行者探测器还发现木星也拥有行星环，只是与土星光环相比，木星光环非常暗淡，主要由宇宙尘埃构成，而不是冰。

然而，在许多科学家看来，木星最有意思的地方其实在于环绕在它身边的众多卫星。根据最新统计，木星卫星总数为79颗，比太阳系中其他任何行星都多，最强有力的竞争者是土星——62颗卫星。更有趣的是，科学家相信其中有些木卫也许拥有能够维系生命的大气层及化学条件，目前最受关注的是木卫二（Europa），有迹象显示它的冰壳下可能藏着一片巨大的地下海，找到地外生命的可能性非常高。

距离太阳：
5.2天文单位

**太阳光到达木星
所用时间：**
43分钟

自转周期：
9.9小时

公转周期：
4333个地球日（约12年）

大气层成分：
氢气、氦气

重要提示

隆冬时节的南极比木星表面的平均温度还高两倍，出发前记得多带几件厚衣服。

到达和离开　

木星距离太阳大约7.78亿千米，合5.2天文单位，乘坐大型喷气式客机一口气飞过去要花60多年。当年伽利略号（Galileo）飞赴木星花了6年多，从发射到到达，航程总计46亿千米。如果只是飞近探测，所需时间会大大缩短，只需要到390天，约13个月。

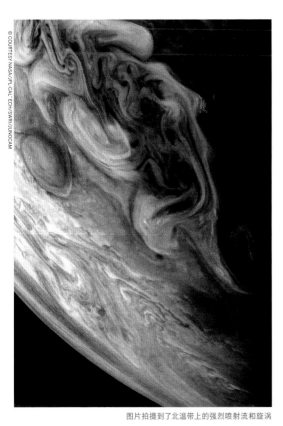

图片拍摄到了北温带上的强烈喷射流和旋涡

行星简报

木星是距离太阳第五近的行星，介于火星和土星之间，也是距离太阳最近的气巨星，同时也是最大的行星。从地球上看，木星是夜空中第二亮的行星，仅次于金星。

木星的成分与太阳类似，主要是氢和氦，行星表面是由液态氢构成的巨大海洋，上面的大气层很厚，云气很多。木星的转轴倾角只有3°，基本上是竖直围绕太阳旋转，所以没有其他行星上那样明显的季节更替。木星系统就像一个小号的太阳系，卫星实在太多，有些甚至连名字都没有，其中的四大木卫是伽利略于1610年首次发现的。

木星 VS 地球

半径：
地球的
11倍

质量：
地球的
317.8倍

体积：
地球的
1321倍

表面重力：
地球的
2.5倍

平均温度：
比地球
低125℃

表面积：
地球的
120倍

表面气压：
未知

密度：
地球的
0.24倍

轨道速度：
地球的
44%

轨道半径：
地球的
5.2倍

地球、木星及大红斑参考对比

木星上盘旋翻腾的云

大气层

对气巨星来说，既然没有固态表面，那么，大气层到底是从哪里开始？拥有大气层又意味着什么呢？木星最外面是一个透明的"罩"，主要由氢气构成，那是木星大气层的顶层。往里就是我们最熟悉的木星面孔、纹路奇美的云气层。再往里就是大气层清澈的下层，密度更大，温度更高，从气态逐渐过渡到液态，直至形成一个巨大的液态氢海洋，中间并没有明确的分界线。

下一个问题是大气层的成分。地球大气层含有大约78%的氮气和21%的氧气，火星和金星大气层中的二氧化碳占比很高，而木星大气层里则是差不多90%的氢气和10%的氦气。也就是说，如果不考虑微量元素，气巨星与类地行星的大气层成分完全不同。

因为地球质量较小，所以引力只能将氮气、氧气这种比较重的气体束缚在表面，而氢气、氦气等较轻的气体就会逃到太空中。这种气体进入太空的现象被称为大气逃逸，而气体分子为了摆脱行星、卫星引力需要达到的最小速度就叫逃逸速度。这个速度与气体分子的质量和天体质量有关，我们的火箭能飞到太空里，利用的也是同样的原理。一般来说，与远日行星相比，近日行星温度更高，质量更低，大气层的逃逸速度更低。正因为这样，比地球更小的土卫六凭借着离太阳更远的优势，仍然保住了大气层。

而气巨星质量很大，引力束缚更强，哪怕是很轻的气体仍然可以被锁在大气层里。这一原理同样适用于土星和其他气巨星。至于所谓"热木星"的系外行星，虽然也都是大质量的气巨星，但距离其各自的母星太近，受蒸发作用影响，大气层成分也许并不相同。因为质量大，首先被人类发现的系外行星里许多都属于热木星。随着相关研究取得进展，我们可能会对它们与木星大气层的差异有更多的了解。

木星被认为是太阳系里第一个成型的行星，这个时间或许就在太阳系诞生后的几百万年之内，也许更少。它接收了太阳留下的大部分宇宙物质，在引力作用下，气体和尘埃盘旋聚拢，形成了这颗气巨星。如果不算太阳，木星的质量是太阳系其他天体总质量的两倍多。在大约40亿年前，木星稳定到了现在的太阳系外侧轨道上，成了距离太阳第五近的行星。

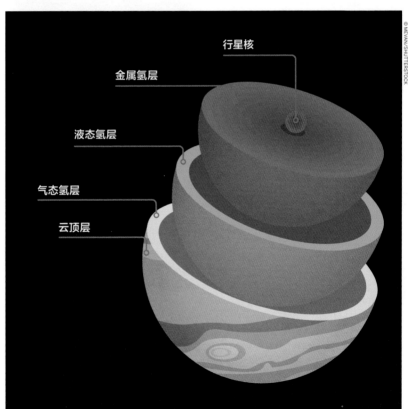

行星核

金属氢层

液态氢层

气态氢层

云顶层

© MEYAN/SHUTTERSTOCK

据估算，木星的行星核半径与地球相仿，科学家仍在寻找更多有关其内部的信息

探索木星

木星自古便已为人所知，但1610年伽利略用一支小型望远镜对木星进行观测，才让人类第一次获得了有关它的详细信息。近些年来，已有多个空间飞行器和探测器造访了这颗行星。

到目前为止，共有9个航天器造访木星，7个是近天体探测飞行，2个进入了木星轨道。20世纪70年代，先驱者10号、先驱者11号、旅行者1号和旅行者2号首次飞临木星。随后，伽利略号进入木星轨道，并派出一艘飞行器进入了它的大气层。飞赴土星的卡西尼号、飞赴冥王星和柯伊伯带的新视野号都在途经时拍摄了木星的详细图像。2016年7月，NASA的朱诺号（Juno）到达木星系统，此刻正环绕木星展开研究。木星的磁场、表面风暴和大气层都有很多值得探究的。此外，木星还有数量众多的卫星，其范围广阔的引力场就像是捕捉宇宙碎片的磁石。

探索时间表

1610年

伽利略首次对木星进行了详细观测，并首次发现了它的大型卫星。

1830年

大红斑的观测结果首次得到确认。

1972年

先驱者10号首次跨越小行星带，飞经木星。

1979年

旅行者1号和2号首次发现了木星暗淡的行星环和三颗新木卫，并观察到木卫一表面的火山活动。

1992年

尤利西斯号在这一年2月8日飞临木星。借助木星强大的引力作用，探测器向南偏离既有轨道，脱离黄道面，最终得以对太阳的南北两极进行观测。

1994年

根据天文学家的观测，舒梅克-列维9号彗星的部分碎片撞击了木星南半球。

1995~2003年

伽利略号派出了一艘飞行器进入木星大气层，对木星及其卫星、光环进行进一步观测。

2000年

卡西尼号到达距离木星最近的位置（约1000万千米），拍摄了清晰度极高的真彩拼接照片。

2007年

NASA新视野探测器在飞往冥王星的途中对木星进行拍摄，提供了有关木星的新视野，范围涉及大气层风暴、光环、火山活动强烈的木卫一和冰寒的木卫二。

2009年

这一年7月20日，就在舒梅克-列维彗星撞击木星差不多刚好15年后，又一颗彗星或小行星撞进了这颗巨大行星的南半球。

2011年

NASA的朱诺号成功发射，任务是研究木星的化学特性、大气层、内部结构和磁层。

2016年

朱诺号到达木星，开始对木星的大气层、内部结构和磁层进行深度研究，以期获得关于木星起源和演化的新线索。

木星上的时间

在太阳系行星中，木星的一天最短，自转一周大约只要10个小时；一年倒是很长，绕行太阳一圈要将近12个地球年（4333个地球日）。

飞越木星

我们还没有火箭能够把太空船送到太阳系较外侧甚至更远的地方，但在1962年，科学家们计算出了借助木星巨大的引力将飞船甩到太阳系外围区域的方法。可以说，正因为有了木星，我们才能飞得越来越远，越来越快。

不断缩小的木星

因为质量太大，巨大的引力导致木星本身体积不断收缩，自46亿年前形成至今从未停止。与此同时，星球内部物质被压得越来越紧，摩擦生热也就越发剧烈，所以木星本身辐射出的热量比从太阳获得的热量更多。

木星及部分卫星的三维示意图

木星的新卫星

2018年7月17日，科学家宣布他们在木星身边又新发现了12颗卫星，这让已知木卫总数上升到了79颗。该研究团队早在2017年春季就观测到了这些新木卫，当时他们正在搜寻太阳系里遥远的天体，调查冥王星以外是否还有其他行星的存在。团队带头人斯科特·谢帕德（Scott Sheppard）说："我们发现的一颗木卫非常奇怪，轨道不同于已知任何一颗木卫，直径还不到1000米，可能是体积最小的木卫。"

流行文化中的木星

身为太阳系最大的行星，木星在流行文化界也属于大明星，曾在许多电影、电视节目、电子游戏和漫画中亮相。沃卓斯基姐妹的科幻大片《木星上行》（Jupiter Ascending）中，木星就是一个引人注目的目的地，木卫则出现在《云图》（Cloud Atlas）、《飞出个未来》（Futurama）、《超凡战队》（Power Rangers）、《光晕》（Halo）等许多作品的背景中。在电影《黑衣人》（Men in Black）里，特工J（威尔·史密斯扮演）提到他认为自己小时候的一位女老师是金星人，特工K（汤米·李·琼斯扮演）则回答说她其实来自木星的一颗卫星。

木星亮点

大红斑

1 看起来像是茶杯里的一个旋儿，实际上是地狱般的气旋风暴，大小与普通行星相仿。

木星光环

2 木星身边环绕着3道巨大的行星光环，据推测主要是由宇宙尘埃构成的。

木星表面

3 身为气巨星，木星并没有地球那样的固态表面，却更有迷人之处。

木星云层

4 木星很可能拥有分界清晰的3层云层，总厚度合计50~70千米。

木星海洋

5 氢气在高压作用下液化，令木星拥有了太阳系最大的"海洋"。

木星磁层

6 木星的磁层规模仅次于太阳，宽度接近太阳直径的15倍。

朱诺号的使命

7 这个开疆拓土的探测器于2016年到达木星，旨在揭开木星的秘密。

木卫一

8 与冷若冰霜的木卫二不同，木卫一火山活动频发，是一个咕嘟冒泡的大火锅。

木卫二

9 虽然又冷又冰，却有可能支持生命存在。

木卫三

10 冰层覆体，满面疤痕，是迄今发现的太阳系最大的卫星。

木卫四

11 体积接近水星，是木星第二大卫星。

高翔于木星南极上方的朱诺号（假想图）

大红斑的观测结果表明木星的环境正在发生改变

大红斑

木星上的大红斑是一个气旋风暴，直径是地球的2倍，据推测至少已肆虐了350年，停息之日遥遥无期。

木星是一个由极端风暴主宰的世界，十几个气旋风暴同时肆虐，风速十分惊人，在赤道一带可达539千米/小时——要知道，地球上有记录的最强风暴速度只有408千米/小时。劲风把这颗行星厚厚的云卷成风暴，规模着实恐怖。其中一个就是我们说的大红斑，也是人类有史以来见过的最大的气旋风暴。因

为缺乏固态表面的阻碍，木星的风暴（也就是"斑"）可以一吹就是几十年，大红斑更是有可能持续数百年。大红斑被一南一北两股气流固定在确定的纬度上，自东向西移动，与木星的自转方向正好相反。近来研究发现，大红斑的移动速度变快了，但装下一个地球还是绰绰有余的。

五大知识点

1 人类自1830年正式开始对大红斑进行监测，但通常认为，在此之前200年就已经有人借助望远镜观测到了它。

2 大红斑为椭圆形，逆时针方向旋转。

3 大红斑的云主要由氨、氢硫化铵和水组成。

4 据推测，大红斑最高风速大约每小时640千米，远超地球上已知的最高风速。

5 大红斑色彩丰富，从深红到淡粉都有，具体化学成因不详。

小红斑

近来，木星表面有三个较小的椭圆形风暴气旋合成了一个小红斑（Little Red Spot），约为大红斑的一半大小，也环绕木星表面运动。科学家尚不清楚小红斑到底只是木星表面的现象，还是植根于其内部。

越变越小

木星本身的观测历史已有几百年，但大红斑首次被发现是在1831年。虽说此前也有人在木星表面看到过红色斑块，但研究者无法确定是否就是今天的这场风暴。通过在望远镜上加装十字刻度线镜头，敏锐的观察者们早已测量出大红斑的大小和移动情况。事实上，大红斑在过去这一个半世纪里一直在变小，最开始往里面放三个地球还有富余，现在已经没那么大了。这一过程会持续多久，未来它是否会彻底消失，没人说得准。一项新的研究还发现，这场风暴在20世纪20年代的一小段时间里，规模似乎还曾经突然变大，随后就开始越变越小，越变越高，仿佛陶轮上面的拉黏土坯子。其颜色也在逐渐加深，自2014年以来，越来越趋近于明亮的橙色。

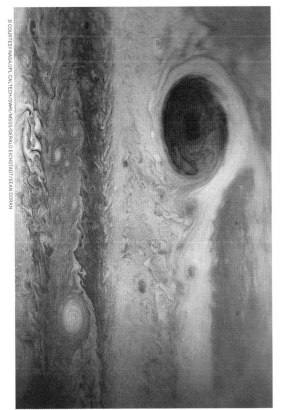

© COURTESY NASA/JPL-CALTECH/SWRI/MSSS/GERALD EICHSTADT/SEAN DORAN

朱诺号拍摄的大红斑及其周边区域

蛛丝环

主环

晕环

木卫五

木卫十五

木卫十六

木卫十四

© COURTESY NASA/JPL/CORNELL UNIVERSITY

木星光环直到最近才被发现,仍有待研究

木星光环

1979年,旅行者1号探测器首先发现了木星身边的3道行星光环。它们的亮度非常低,如果不借助红外线成像,那就只有在处于太阳背光位置时才能被观测到。

木星光环一分为三,中间是形态扁平的主环(main ring),内侧是晕环(halo),外侧则是蛛丝环(gossamer ring),后者是一个巨大的扩散带,足有数千千米宽。

土星光环的成分主要是大冰块和大岩块,木星光环则由尘埃微粒构成,科学家们推断,它们应该是彗星撞击木星近轨卫星所产生的粉末。这些行星环既然可以持续存在,一定需要尘埃源源不断的补充,因此可以推测,彗星的撞击一定是持续且频繁的。这一理论的依据来自伽利略号,其观测发现,这些尘埃恰好出现在几个小卫星处:两道蛛丝环靠近木卫五(Amalthea)和木卫十四(Thebe),主环靠近木卫十五(Adrastea)和木卫十六(Metis)。

224 | 木星

朱诺号拍摄的木星南半球图像

木星表面

身为气态巨行星，木星并没有真正的固态表面，星球外层主要由翻腾盘绕的气体和液体构成。至少厚达50千米的云层之下到底藏着什么，仍然是个谜。

想要在木星表面着陆的宇宙飞船肯定会遇到麻烦。首先，木星并没有大型的岩质内核，内核之外是带电液体，再往外是气体，并没有地方可以让飞船着陆。不过，没处落脚还只是最小的麻烦。木星外层气压极大，温度极高，收拾飞船就和挤可乐罐一样轻松，飞船若是贸然进入，要不了多久就会被压垮、熔化，甚至变成一缕青烟。木星的行星核密度必定极大，但具体性质尚不清楚，一些科学家认为木星核可能是固态的，也可能是铁与硅酸盐（类似石英）质地的浓稠液体。可以肯定的是，那里一定热得超乎想象，温度也许高达50,000℃。

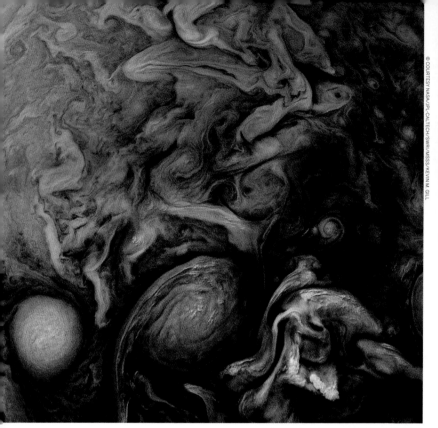

朱诺号深入探究木星云层表面及结构的超清图像

木星云层

除了红斑，木星还有千变万化的云带，淡粉、赭褐、火红，俨然一个缤纷的调色盘。

　　每10小时自转一周的急速为木星表面带来了极强的大风，大风造就了它斑斓的云带。据推测，木星那暗带与亮区交织的"天空"可以从内到外分为三层，总厚度大约71千米。

　　最外层的成分很可能是氨冰，中层可能为氢硫化铵晶体，内层可能是水冰和蒸汽。云层上灵动的纹路可能是从温度更高的星球内部散逸出的硫、磷气体羽流。这种现象无法直接依照地球上的云和天气系统来理解。朱诺号的观测显示，木星云带虽然由大风驱动，但根源可能在于行星的内部对流系统，与地球上源自喷射流、水平运动的云并不一样。木星的气流也许有深在内部的"泉源"。

内部的金属性液氢海洋造就了木星强大的偶极磁场

木星海洋

木星拥有太阳系最大的"海洋"，但与我们熟知的地球海洋完全不同。在这颗气巨星上，"海洋"里不是水，而是液态氢。

靠近木星表面的极端气压和温度将那里的氢气"压"成液体。事实上，科学家推测，在木星半径中点的位置上，氢原子在巨大压力下发生了电子游离，那里的液态氢应该是可以导电的，就像金属一样。这一点有望成为理解木星强大磁场的关键。与其他已知行星的磁场相比，木星磁场的两极性不是很明显，北极磁力线分布不是很规则，对于液氢海洋及其影响的研究有望揭示出这一现象的缘由。木星形成初期内部残留的热量催生对流，把金属性液态氢海洋搅得波涛翻滚。尽管存在这种高压、高密度的液态海洋，木星内部96%的部分在自转时表现得却像是完整的固体。有关这些运动及木星内部的成分构造，还有许多秘密等待破解。

哈勃望远镜拍摄到惊人的木星极光

木星磁层

所谓"磁层"，就是受到星体磁场影响的太空空间。木星磁场是地球磁场强度的16～54倍，论规模、论强度均在太阳系排名第二，仅次于太阳。

木星独特的带电液态氢海洋造就了翻滚不休的可导电流体。看起来，这或许就是隐藏在木星强大磁场背后的动力源。木星磁场在朝向太阳的方向绵延100万至300万千米，在朝向土星的方向绵延至10亿千米以上。

木星在以10小时一圈的速度自转的同时，也拉动其磁场一同旋转，从而产生了强烈的电流。磁圈内的带电粒子绕着木星飞速运动，致

使整个空间笼罩在强烈的辐射之中，足以毁灭人类的太空船。另外，伽利略发现的几颗大型木卫也与木星旋转的磁场存在互动。

如此不可思议的磁场也为木星带来了太阳系最壮观的极光，即带电粒子碰撞气体所产生的光带。和地球类似，它们通常出现在木星磁场最强的南北两极地区。若有幸得见，此生可谓无憾！

木星有水吗?

为了回答木星上是否有水这个问题,马里兰州格林贝尔特NASA戈达德太空飞行中心的天体物理学家戈登·L.贝约拉克(Gordon L Bjoraker)决定盯着木星大红斑好好看一看。他的团队利用红外望远镜捕捉并分析了风暴中散逸出的热辐射,在云层上方找到了水分子存在的化学信号。大红斑内部充满高密度云气,电磁能很难逃离,因此想了解木星内部的化学构成并不容易。贝约拉克的发现可以说是一个激动人心的突破。

有鉴于木星的3个云层的化学构成并不相同,他们的研究也为精确测算算每层的厚度提供了新的支持。以木星大气层中的一氧化碳含量和液体显示出的表面气压数据猜测,木星的含氧量可能是太阳的2~9倍,也就是说,木星上一定存在大量的水,毕竟,它的大气层里充满了氢和氧。

朱诺号最重要的任务之一,就是给木星有没有水这个问题找到一个确定无疑的答案。目前,我们已经知道许多木卫上面都有水冰,换言之,木星周围必定有水,而由目前已知的化学迹象看来,有水的未必只是"周围"!

木星与太阳系起源

46亿年前,宇宙中一个由气体与尘埃构成的巨大星云发生了坍缩,我们的太阳系由此诞生。这个星云主要是由氢气构成的,其中大部分物质坍缩成了一颗恒星,也就是太阳。余下四散飘飞的物质则渐渐凝聚成地球等行星、小行星和彗星。其中,木星的构成成分也主要是氢、氦两种低质量气体,与太阳非常类似。因此,它极有可能是太阳系里最早形成的行星之一,在它身上可能藏着有关太阳系起源的重要线索。

行经大红斑的朱诺号

朱诺号从地球到达木星轨道仅用了5年时间

朱诺号的使命

朱诺号探测器于2011年8月从卡纳维拉尔角空军基地发射升空，肩负起研究木星起源、内部结构、大气层和磁场四大任务，是人类遣往宇宙的一位"先锋官"。

朱诺号探测器升空后先是进入地球轨道，随后开始在太阳系近日空间内巡航，最终于2016年抵达木星。探测器上配有太阳能板提供能量，身上还安装了许多精密仪器，循椭圆形南北向轨道环绕木星，轨道行经木星的南北极，按照计划将环绕木星30多周，覆盖木星所有表面区域。通过它发回的数据，科学家可以进一步了解木星的形成过程、云层下隐藏

的秘密、木星的构成及其存水量等问题。根据最初的计划，朱诺号本应于2018年2月结束任务，随后撞入木星大气层，但NASA后来又宣布将任务期延长3年，至2021年结束，全程回送数据。朱诺号装备的科学仪器共有9台，其中包括一台高敏感度的分光镜，能够将射入的白光分离成频谱，以分析其元素构成。

五大知识点

1 把朱诺号送入太空的是阿特拉斯5型551号5级运载火箭,也是动力最强劲的火箭之一。

2 朱诺号环绕木星一周需要53天。

3 朱诺号上的硬盘空间和一台普通的笔记本电脑差不多,外加256兆的闪存和128兆的动态随机存取储存器。

4 木星的英文名源自众神之王朱庇特,朱诺是他的王后,常常隐身云端,见机行事,时不时就给自己行为不检的丈夫一点儿颜色看看。

5 朱诺号轨道距离木星云层上方最近处只有5000千米。

朱诺号的太阳能板

朱诺号配有3片大型太阳能板,每片长9米,总发电功率约400瓦。朱诺号的飞行动力完全来自太阳能,因此整个飞行轨道必须始终处在太阳照射下。

木星上的辐射

据估算,朱诺号在一年内接收到的辐射相当于数千万次牙医X光片的总和。破坏力之大,以至于朱诺号配备的极光红外成像仪和朱诺相机两台设备只能支撑环绕木星8圈,微波辐射计也只能坚持11圈。为了给这些仪器额外的保护,让探测器的电子"大脑"与"心脏"可以忍受木星的强辐射环境,设计师在它们周围安装了防辐射罩,从而大大减缓了电子设备在辐射下的衰减速度,让它们能够熬过整个任务期。防辐射罩由钛金构成,每面罩墙面积将近1平方米,厚度大约1厘米,内置20多个电子组件,整个防护罩合计约重200千克。

阿特拉斯5型运载火箭搭载朱诺号发射升空

木卫一表面遍布破火山口甚至流动的岩浆

木卫一

木卫一是太阳系里火山运动最剧烈的天体，数百座火山向空中喷出高达数万米的岩浆流。

木卫一（Io）于1610年1月8日被伽利略首次观测到，体积比地球的卫星月球略大，是木星的第三大卫星，在诸多木卫中距其第五近。木卫一上火山活动如此活跃，完全是它外侧紧邻的木卫二、木卫三与木星之间激烈的"引力拔河战"的灾难性后果。双方的引力拉扯着它的表面一会儿凸起，一会儿凹陷，幅度可达100米，因此产生了大量的热，将木卫一的大部分外壳熔化成了岩浆，并通过巨大的火山和裂隙喷射出来，汇聚成了浩瀚的岩浆湖和经

常泛滥的岩浆滩。岩浆的具体成分尚不清楚，但据推测主要是由含硫和硅酸盐的岩石熔化而成，木卫一薄薄的大气层主要由二氧化硫构成。

在这种剧烈的火山活动环境中，估计你不会想在木卫一上面待太久。在某些火山内部，温度可能超过1600℃，而与此同时，其表面的平均温度却只有-130℃，连地球的南极都比它的温度高出两倍多。这里堪称一个真正的冰与火的世界。

五大知识点

① 木卫一的大气层非常薄，主要成分是二氧化硫，在地球上，它有时候会被用作脱水食物防腐剂。

② 木卫一的火山活动有时非常剧烈，在地球上借助大型望远镜就能看到。

③ 由于自转与公转周期都是1.8个地球日，木卫一朝向木星的永远是同一侧。

④ 伽利略号传回的数据表明木卫一的星核可能是一个铁核，但最近的研究表明，即便如此，木卫一也没有自己的磁场。

⑤ 木卫一的轨道横切木星磁力线，将它变成了可发电40万伏特的巨型宇宙发电机。

神话中的木卫一

木卫一的英文名取自希腊神话人物伊俄（Io），她是一名凡间女子，在神王宙斯（即罗马神话中的朱庇特）与妻子赫拉（即罗马神话中的朱诺）的一次争吵中被变成了牛。

电影中的木卫一

自从在几十年前被发现，木卫一活跃的火山就俘获了电影人的心。这颗卫星最让人难忘的一次亮相，应该是在《2010：威震太阳神》（*2010: The Year We Make Contact*）里面。这部电影是库布里克1968年拍摄的经典科幻片《2001：太空漫游》的续篇，1984年上映，由彼得·海姆斯（Peter Hyams）执导。影片中，宇航员为登上一艘被遗弃的太空船，在木卫一表面的火山上进行了一次太空行走，令人印象深刻。至于其他木卫，因为不像木星，反倒很像类地行星，也承载了无数作家与科学家太空探索的梦想——尽管NASA已经中止了派遣宇航员探索四大木卫的计划，但利用无人探测器拜访木卫至少是没有问题的。

木卫一飘浮在木星前方的渲染图

木卫二

我们有理由相信，在冰封的外壳下，木卫二拥有覆盖整个星球的盐液海洋，体积是地球海洋总量的两倍。这片海洋被视为太阳系里最有可能存在生命的地方之一。

木卫二（Europa）略小于地球的卫星月球，外层冰壳的厚度为15~25千米，纵横交错着又长又直的裂隙。这些裂隙的出现是由于木卫二的椭圆形轨道与木星引力交互作用产生潮汐力，表面冰壳不断受到推挤拉扯。同木卫一一样，木卫二在此过程中也会产生热量，甚至引发火山运动。

木卫二的冰壳下可能存在盐水海洋，深度应为60~150千米，科学家相信其海床上可能存在火山或热液喷口。如果真的如此，就集齐了生命形成的三大已知要素：大量的液态水、能量、化学要素。谁知道其中会隐藏着什么生物。然而，到目前为止，这还只是一个迷人的假说，一切都有待本世纪20年代木卫二快船号（Europa Clipper）发射升空去验证了。

五大知识点

1 木卫二只比月球小一点，直径不到地球的四分之一。

2 由于自转与公转周期都是3.5个地球日，木卫二朝向木星的永远是同一侧。

3 木卫二大气层极其稀薄，里面虽然含有氧气，但远远无法维系人类的呼吸。

4 多艘探测器都曾拜访过木卫二，其中伽利略号在环绕木星运行期间就多次飞临木卫二。

5 观测显示，一种未知的红棕色物质分布于木卫二的冰壳裂隙沿线，并呈斑点状散布于整个冰壳表面。

神话中的木卫二

木卫二的英文名欧罗巴（Europa）得名自希腊神话中阿格诺尔（Agenor）的女儿。她曾被化作纯白公牛的宙斯（罗马神话中的朱庇特）劫持到克里特岛，生下许多子女，其中包括恶名昭著的米诺斯（Minos）。

快船号

木卫二快船号探测器的任务是确定这颗冰冻卫星是否具备维系生命的条件。它配备防辐射装置；镜头和光谱仪可以拍摄到木卫二表面的高清图像，并对成分加以分析；能够穿透冰层的雷达则用以确定木卫二冰壳的厚度，并在冰壳下面搜寻类似南极洲的那种冰下湖。任务期间，快船号总计将对木卫二实施近飞探测45次，距离卫星最远2700千米，最近25千米。根据NASA目前的计划，快船号将于本世纪20年代中期发射升空。

木卫二表面喷射水柱的渲染图

木卫三的剖面图展示了冰壳与海洋层的交替分布状态

木卫三

木卫三是太阳系第一大卫星，比水星和矮行星冥王星还大，直径为火星的四分之三。

据推测，木卫三（Ganymede）在结构上分为内外三层：最里面是金属铁球体充当的卫星核（由此产生磁场），往外是岩质的卫星幔，最外面是冰壳。科学家相信冰壳中也存在相当比例的岩质成分，卫星表面众多的山岭沟壑（术语叫"皱沟"）则说明木卫三在遥远的过去曾经历过强烈的地质运动。另外也有证据表明木卫三表层下方可能存在地下海洋。

作为太阳系里已知唯一自带磁场的卫星，木卫三的南北极区域在太阳风作用下也会出现震撼的极光现象。除此之外，也有其他木卫拥有磁场，但都是在卫星围绕木星旋转的过程中受到后者强大磁层诱发而生成的。

1996年，天文学家利用哈勃太空望远镜在木卫三表面发现了含氧大气层存在的证据，但因为太过稀薄，远不足以维系生命。

五大知识点

1 地球半径是木卫三的 2.4倍。

2 伽利略在1610年发现了木卫三。

3 木卫三冰壳厚度可能在800千米左右。

4 木卫三表面有些山岭绵延数千千米,高度也许达到700米。

5 已知木卫三表面存在许多又大又平的撞击坑,直径为50~400千米。

神话中的木卫三

木卫三的英文名伽倪墨得斯(Ganymede)指希腊神话中的一名美少年,他被化作鹰的宙斯掳到奥林匹斯山,在那里负责为众神斟酒。

木卫三上的岩石

2004年,科学家在木卫三的冰冻表面上发现了一些不规则的凸起,推测可能为岩质,被木卫三的冰壳封冻了数十亿年,其间没有压破冰层下沉,很可能是因为冰层——尤其是表面冰层非常结实。当然,也可能是岩石下方还有岩石做支撑。依靠抽象的数据推断无从亲眼得见的事实,是一项融艺术与科学为一体的工作。科学家们借助数据提出最合理的假设,此后还必须根据后续研究的新信息不断加以修正。

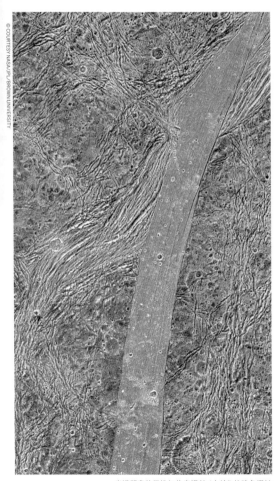

光滑明亮的平地与代表漫长"山岭"的暗色褶皱

木卫四渲染图，冰壳下方也许藏有海洋

木卫四

木卫四的身材仅次于木卫三，冰岩外壳布满撞击坑，下面可能藏着和木卫二相同的秘密：一片盐水地下海。

木卫四（Callisto）的体积与水星相仿，是木星第二大卫星，太阳系第三大卫星。表面看来，木卫四既没有活跃的火山，也没有移动的板块，似乎并无多少研究价值，曾经一度被视为卫星界的"丑小鸭"。但在20世纪90年代，NASA伽利略号传回的数据显示，木卫四上面可能存在盐水构成的海，因此具有维系生命的可能。"丑小鸭"瞬间变成了"白天鹅"。更

新的研究发现，这片地下海的位置有可能比原先预想的要深，大约在表层下方250千米处，不然可能就根本不存在。

木卫四的表面为岩质和冰质结构，诞生于40亿年前，曾经受到许多彗星和小行星的轰炸，形成时间之早、撞击坑之密在太阳系首屈一指。

五大知识点

1 地球半径是木卫四的2.6倍。

2 木卫四运行轨道距木星平均距离约190万千米。

3 木卫四上的一天约等于17个地球日。

4 NASA的伽利略号发现木卫四拥有稀薄的二氧化碳大气层。

5 NASA的先驱者号、旅行者号、伽利略号、卡西尼号、朱诺号、新视野号探测器以及哈勃太空望远镜都曾对木卫四进行过观测。

神话中的木卫四

木卫四的英文名卡利斯托（Callisto）在希腊神话中本是一位被宙斯变成了熊的女子。

文学中的木卫四

木卫四一直深受科幻小说家的喜爱。20世纪30年代，文森特（Harl Vincent）在小说《战起木卫四》（Callisto at War）中掀起了地球与这颗卫星之间的一场宇宙大战。阿西莫夫在1940年的小说《木卫四的威胁》（The Callistan Menace）中，将木卫四描绘成了一个遍布巨大爬虫的"死亡之地"。木卫四最有名的文学代言人或许当数《银翼杀手》和《少数派报告》的作者菲利普·K.迪克（Philip K. Dick），他在1955年写过一个短篇，名叫《杨希之模》（The Mold of Yancy），描述了这颗冰封星球上人类殖民者组成的极权社会。据信木卫四上可能存在支持生命存活的氧气、氢气和水，加上它恰好脱离了木星的主辐射带，大大减小了辐射威胁，要是有朝一日真有人类殖民木卫四，供暖大概就是他们必须解决的首要问题了。

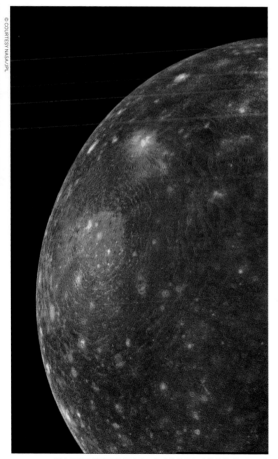

图中显眼的明亮斑块即木卫四标志性的瓦尔哈拉盆地（Valhalla）

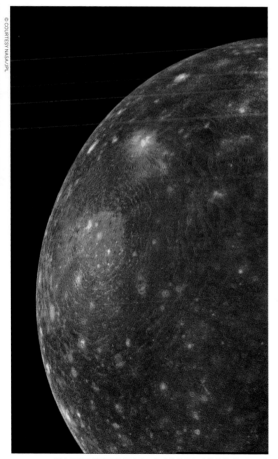

© COURTESY NASA/JPL

四大木卫只是拉开了木星众多卫星登场的序幕

其他木卫

木星最大的四颗卫星都是由伽利略首先发现的，因而被称为"伽利略卫星"。只不过伽利略本人最初称它们为"美第奇之星"，取意大利权势熏天的美第奇家族之名。伽利略之所以会得出太阳系行星围绕太阳而非地球运转的理论，对这几个天体的观测正是重要的推动因素之一。四大木卫数百年来一直被视为木星仅有的卫星，但时至今日，截至本书出版时，拥有名字的木卫已达53颗，尚有26颗等待正式命名。也就是说，木星至少拥有79颗卫星！

其中一些卫星原本是小行星，在飞经木星时被其强大的引力俘获，纳入木星轨道，变成了它的卫星。这种卫星被称为"不规则卫星"，体积较小，轨道离心率偏高，与半径甚至可能超过矮行星的四大木卫相比，气势不及，却为木星系统增添了惊人的丰富色彩。木卫十六（Metis）是距离木星最近的卫星，直径仅40千米，公转速度比木星自转还快，0.29个地球日就能绕木星一周。木卫十五（Adrastea）、木卫五（Amalthea）、木卫十四（Thebe）及其他诸多卫星始终与之相伴。

伽利略与美第奇行星

木星最大的四颗卫星被称为"伽利略卫星",得名自1610年首次观测到它们的意大利天文学家伽利略。德国天文学家西蒙·马里乌斯（Simon Marius）声称自己在此前后也观测到了它们,但由于他没有进行公开发表,伽利略依然是公认的四大木卫发现者。

不过,伽利略本人最初将这几颗卫星命名为"美第奇之星"。美第奇家族是15～16世纪佛罗伦萨的统治者,权势熏天,同时也是伽利略的资助人。伽利略只对这四大木卫给出了1～4的编号,而"伊奥""欧罗巴""卡利斯托"和"伽倪墨得斯"的名字则来自西蒙·马里乌斯。到了19世纪,天文学家们开始觉得,以纯数字命名数量如此众多的木卫,实在太含混不清了。

伽利略发现四大木卫具有革命性的意义。这是人类首次在地球以外的行星身边观测到卫星。这让伽利略意识到,根深蒂固的"地心说"是错误的,我们生活的宇宙空间应该是一个以太阳为中心的系统。在此之前,哥白尼提出

工作中的伽利略, 1891年绘制

的"日心说"引发了巨大的争议,遭到了天主教会的激烈反对。伽利略也因此在1633年遭到审判,最终被判处宣扬异端邪说罪,直至1642年离世前一直被居家软禁。然而,这场所谓的"伽利略事件"（Galileo Affair）直到1992年才算正式宣告结束——当年,梵蒂冈承认了伽利略理论的正确。但早在17世纪,开普勒与牛顿便已经证明了"日心说"在科学上的准确性。

伽利略的望远镜

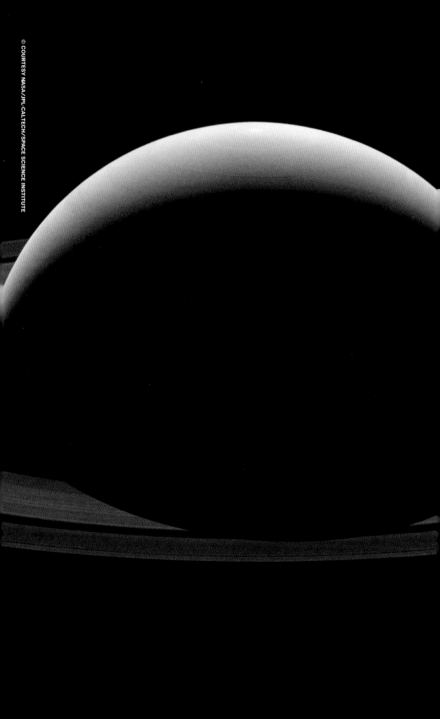

土　星

卡西尼号拍摄的土星及其光环

土星速览

提到土星,估计所有人首先想到的都是它的光环。这些由冰块、尘埃和岩石构成的大盘子一直在绕着土星打转,仿佛宇宙里的一场呼啦圈表演。

我们现在知道了,土星并不是太阳系里唯一具有行星环的行星(木星和天王星也有),但没有一个比得上它的壮观、复杂——只需要一台半专业的望远镜,它们就能出现在地球人的眼前,仿佛在提醒人类,只要宇宙愿意,什么精彩奇妙的东西都能造出来。所有这些数十亿尘埃碎片可能都来自彗星。

土星是距离太阳第六近的行星,也属于气巨星,主要由充斥着氢气和氦气的气旋构成。整个星球被云层覆盖,颜色深浅不一,或黄或棕或灰,或为淡淡的细条,或为激烈的气流,或为强劲的旋涡,看上去就像一个大理石星球。除了木星,土星就是太阳系最大的行星了,直径相当于9个地球肩并肩排在一起——这还没算上它著名的行星环。

论卫星数量，土星可谓（目前所知的）太阳系第一，超过了木星。其中许多卫星上都拥有与地球迥异的奇幻外星风光。土卫二有壮观的"大喷泉"，雾气迷蒙的土卫六上可以找到甲烷湖，土卫九上有深深的撞击坑，整个土星系统可以说具有巨大的科学探索潜力，藏着许多未解之谜。尽管土星本身并不具有宜居性，但它的一些卫星则不然——像土卫二、土卫六这样拥有海洋的星球，据推测极可能存在某种生命形态。

距离太阳：
9.5天文单位

太阳光到达土星所用时间：
79.34分钟

自转周期：
10.7小时

公转周期：
10,759个地球日（29个地球年）

大气层成分：
氢气、氦气

重要提示

土星拥有太阳系第二短的自转周期，只有10.7小时，仅次于木星。也就是说，如果想饱饱睡上一觉的话，你很可能就把一整天睡过去了！

到达和离开

土星与太阳的平均距离是14亿千米，约合9.5天文单位，阳光从太阳照射到它需要大约80分钟。先驱者11号花了6年半才抵达土星，卡西尼号又额外多用了3个月，旅行者2号用了4年。最快的要数旅行者1号，耗时3年零2个月。

旅行者1号是第二艘对土星做出近飞探测的飞行器

土星与地球的体积对比图

土星 VS 地球

半径：
地球的
9.45倍

质量：
地球的
95倍

体积：
地球的
763倍

表面重力：
地球的
1.08倍

平均温度：
比地球
低155℃

表面积：
地球的
83.5倍

表面气压：
未知

密度：
地球的
12.5%

轨道速度：
地球的
32.5%

轨道半径：
地球的
9.5倍

行星简报

土星是太阳系第二大行星，装下750个地球还有富余，但既然身为气态而非固态行星，土星的引力只有地球的1.08倍。换言之，一个100千克重的东西拿到土星上，重量就是108千克。

土星的密度甚至比水还低，在太阳系的行星中绝无仅有，放到水里真的会浮起来——如果你找得到那么大的容器的话。土星的大气层中氢气占94%，氦气占6%，上层还弥漫着氨气云，越往下温度越高，密度越大，人类的飞船真要往里闯的话，肯定会被压垮烫化。

土星的自转速度很快，一天只有10小时39分钟，这样高的转速也让星球的形状发生了变化，变得两极扁，赤道鼓。另外，土星赤道一带的大气层转速比内层和星核更快，就像两个套在一起的滚筒，外面转得快，里面转得慢。各层之间的转速差直到星球核心处才消失。

别看自转那么快，土星环绕太阳一圈的时间却非常长，相当于地球上的29年多。因为距离太阳很远，其表面接受的太阳辐射只有地球的1%左右。除此之外，它离左右邻居也都很远，距离木星4.32天文单位，距离天王星足足有9.7天文单位。

土星上面的每个季节长达7年，气层顶部的温度最低可至约-100K（-173℃），表面风速高达每小时1800千米，属于那种看起来很美、住起来遭罪的行星。

五大知识点

1 在所有肉眼可见的行星中，土星距离地球最远。

2 土星的英文名"Saturn"指的是罗马神话中农业与财富之神、朱庇特之父萨图努斯。许多人眼中最美妙的星期六（Saturday）同样是以这位罗马农神命名的。

3 土星的转轴倾角为26.73°，和地球的23.5°相仿，所以与地球一样，土星也有明显的季节更替。

4 土星上有大约2吨的物质来自地球，就是2017年依照计划进入土星大气层后自毁的卡西尼号探测器。

5 土星光环非常宽，但平均厚度大约才10米！

能浮起来的星球

令人难以想象的是，土星是太阳系里唯一平均密度低于水的行星。也就是说，要是把它扔到一个超大号的浴缸里，这颗气巨星真的会像沙滩排球一样浮起来——这样的浴缸的确不好找，但这很有趣。

土星的北极

土星北极地区有一个奇妙的大气特点：那里有一股六边形的喷气流。旅行者1号拍摄的图像首次揭示了这一现象，之后的卡西尼号进行了更详细的观测。这股六边形喷气流直径约30,000千米，整体呈波浪形，风速可达每小时22千米，正中心是一个旋转的巨大风暴。就目前所知，太阳系并不曾发现类似的天气状况。

© COURTESY NASA/JPL

众多卫星环绕下的土星

土星与整个太阳系一同诞生于大约46亿年前，是翻腾盘绕的气体与尘埃在引力作用下结合成的一颗气巨星。40亿年前，土星稳定在了目前的轨道上，距离太阳第六远。与木星一样，土星主要是由氢气与氦气构成的，这两种元素也是太阳的主要成分。至于那些由冰块和尘埃构成的行星光环，不但形成时间相对很晚（1亿年前），寿命也不会太久。此时，它正在磁场与引力场的作用下被拉向土星，一点点化作冰与尘之雨，估计再过不到1亿年就会彻底消失。

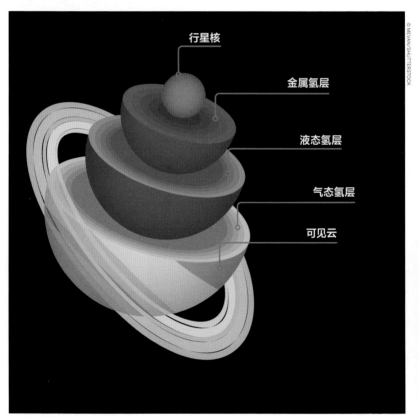

行星核

金属氢层

液态氢层

气态氢层

可见云

据推测土星也拥有液氢海洋，但行星核远小于木星的行星核

探索时间表

约公元前700年

有关土星最古老的文献记录来自亚述人,他们将这个夜空中闪亮的带环星球称为"尼尼布星"(Star of Ninib)。

约公元前400年

古希腊天文学家认为木星是一颗流浪的恒星,并以农神克罗诺斯(Kronos)为其命名,罗马人后来用自己的农神萨图努斯取而代之。

1610年7月

伽利略借助望远镜观测到土星的行星环,却误以为它们是一个"三行星系统"。

1655年

克里斯蒂安·惠更斯发现了土星光环以及它最大的卫星土卫六。

1675年

天文学家卡西尼发现土星光环在结构上存在一道缝,这就是A环与B环之间的卡西尼环缝。

1979年

先驱者11号是第一个到达土星的探测器,收获颇丰,包括发现了F环和一颗新土卫。

伽利略正在演示他的望远镜

1980年和1981年

1980年,旅行者1号首次对土星进行近飞探测,发现土星光环由数千道小环构成,具有极其精巧复杂的结构。1981年,旅行者2号再次飞临,距离土星更近,拍到了更清晰的图像,并测量了部分土星光坏的厚度。

2004年

NASA的卡西尼号是第一个环绕木星飞行的探测器,在长达10年的任务期间,挖掘出许多有关土星、土星光环及土卫的秘密与惊喜。

2005年

欧洲航天局的惠更斯号降落在了土卫六表面,这是人类探测器首次在一颗地外行星的卫星表面实现软着陆。在2个多小时的下降期间,惠更斯号细致分析了土卫六的大气层,此后在卫星表面停留了1小时10分钟,并传回了一系列数据和图像。

2006年

卡西尼号在4年任务期内经历了持续时间最长的土星掩日,并拍摄了一系列照片,科学家从中发现了一个新环,其轨道与土卫十和土卫十一相一致。所谓"土星掩日",就是太阳移动到土星正后方被遮挡,形成背光效果照亮土星光环,一般只有1小时左右,但此次却持续了12小时。

2009年

斯皮策太空望远镜在遥远的土卫九身边发现了一个密度低的巨大星环。

2017年

卡西尼号在环绕土星13年后坠入土星大气层,完成了计划中的绚烂一跃,直到最后一秒仍在回传科学数据。而它的最后5圈行程也让科学家第一次获得了土星大气层的第一手数据。

流行文化中的土星

有那么一个独特的光环作为名片，土星完全有实力当选"太阳系最具辨识度的行星"，因此也频频亮相银幕。在电影《甲壳虫汁》（Beetlejuice）里面，它是巨型沙虫的家园，在《星际穿越》中，它是那个神秘虫洞的所在。在《机器人总动员》《2001太空漫游》《星际迷航》《最终幻想7》等多部电影和游戏中，你都可以找到土星的身影。

探索土星

土星是古人发现的5颗行星中距离太阳最远的一颗。1610年，意大利天文学家伽利略第一个借助望远镜开始观测土星。他惊讶地发现这颗行星两侧各有一个物体，却在绘图时把它们画成了两个圆圈，认为土星是由三颗行星共同构成的天体系统。1655年，荷兰天文学家惠更斯借助更加精密的望远镜，发现环绕土星的其实是一个扁平的环。在1659年出版的《土星系统》

（Systema Saturnium）一书中，他对这一环形结构的性质及其定期隐现的现象做出了正确解释。

到了现代，哈勃太空望远镜为我们揭示了土星的更多细节。随着先驱者10号首次近距离研究土星，旅行者1号和2号先后飞临土星，有关土星、土星光环和土卫的细节信息越来越丰富，但收获最大的还是卡西尼号和惠更斯号，后者在2005年干脆直接降落到了土卫六的表面。

欧洲航天局惠更斯号着陆土卫六模拟图

壮观的土星及其光环

土星亮点

卡西尼号
① 在自我牺牲前，卡西尼号为我们传回了大量珍贵的数据。

土星光环
② 宏伟的土星光环大概是太阳系最壮观的景点，只待造访。

土星磁层
③ 受诸多卫星影响，土星的磁层别具一格，磁北即是真北，还有极光。

土星表面
④ 劲风（还有许多别的）构成了这颗轻量级气巨星的表面。

土卫六
⑤ 这颗巨大的卫星地下藏着巨大的海洋，拥有甲烷循环，与地球水循环不尽相同。

土卫二
⑥ 探访土卫二时记得戴上你的墨镜，这地方亮得让人睁不开眼，但依然可能有生命存活。

土卫五、土卫四和土卫三
⑦ 这三姐妹受到潮汐锁定，人称"脏雪球"。

土卫八
⑧ 泾渭分明的明暗两个半球将土卫八一分为二。

土卫一
⑨ 来这个遍地坑洼而且被天文学家称为"死星"的星球上体验原力觉醒。

土卫九
⑩ 幽暗的土卫九可能是一颗被捕获的半人马小行星。

液氢海洋上漂浮的"碳冰"（假想图）

进入土星轨道的卡西尼号（假想图）

卡西尼号

在十余年的时间里，NASA的卡西尼号探测器为我们带来了土星及其冰寒土卫的奇妙景象，展示了一个惊人的新世界。

旅行者号与先驱者号在20世纪七八十年代对土星进行的近飞探测，是人类对这颗行星及其土卫星的首次"打望"，而真正为我们揭开秘密的是卡西尼号。正是因为它多年来盘旋土星轨道，我们才了解到这颗气巨星到底神奇在哪里，才了解到土星上疯狂肆虐的风暴和精巧和谐的引力场。从2004年到2017年，卡西尼号总共环绕土星294圈，沿途对诸多卫星也加以观察、倾听、嗅闻，甚至品尝。

运行期间，卡西尼号发现了土星、土星光环和土卫的许多秘密，令科学家痴迷不已：土星光环原来竟是活跃的、运动的，完全可以当成研究行星或卫星形成的模拟试验场；虽然体积较大的土卫都是球形的，其他的却千奇百怪，有像红薯的（土卫十六）、像土豆的（土卫十七）、像肉丸的（土卫十）、像海绵的（土卫七），还有形态纹理不规则、质地粗糙的"脏冰球"（土卫十一）。此外，土星环中还隐藏着一个名叫佩奇（Peggy，非正式命名）的天体，可能还在形成，可能正在瓦解，甚至可能根本就不是卫星。最有趣的是，卡西尼号发现，虽然土星系统本身远离太阳系的宜居带，但好几颗土卫都存在暗海，其中或许有望存在某种生命形态。

土星光环

土星光环是这颗气巨星最具辨识度、最独特的特征，大得无法想象，轨道上飞行着数亿碎片。

土星光环是土星的标志，据推测，其构成应该是彗星、小行星碎片和被土星引力撕碎的卫星，总宽度约40万千米。土星光环并非一道环，而是由7道主环构成的环形带，主环的厚度很少会超过10米。主环按照发现的先后顺序，依次为A至G环；按照与土星的距离，从里向外依次为D环、C环、B环、卡西尼环缝（Cassini Division）、A环、F环、G环、E环。远在E环之外的土卫九也拥有一道非常模糊的土卫九环。大多数主环之间的间距都很小，

但A环与B环却不然，两者相距足有4700千米，这个间隔即为卡西尼环缝。

多达数十亿的冰块和岩块身披宇宙尘埃，构成了土星光环，小的只是尘埃般的冰碴儿，大的堪比房屋甚至高山。如果站在土星云层顶上向外看，这些环应该都近似白色，而且每道环的旋转速度都不同。

有趣的是，卡西尼号最后几圈的观测显示，土星光环很可能形成于1000万至1亿年前，和土星本身46亿岁的年龄相比可以说非常

年轻。这一观测结果与此前的理论是吻合的，即土星光环可能来自一颗彗星，因为太过靠近土星而散碎铺开，也可能是早期成型的若干冰冻卫星破碎形成的。它们留下的这些环相当宽，若是要开车横穿其中任何一道，都可能得花上一个礼拜。有光环的行星不止土星一个，但像土星环这么壮观复杂的却是绝无仅有。

自毁前穿过土星光环的卡西尼号

时隐时现

大约每隔15年，土星环就会从太空中"消失"。事实上，这是一种视错觉，只因为彼时的土星环刚好是以正侧边对准地球——唯有借助最强大的望远镜才能勉强找到它们。

渐渐消失的土星光环

以行星的标准而言，土星光环还相当年轻，但近期研究已经确认，它正在慢慢消失。NASA戈达德太空飞行中心的詹姆斯·奥多诺格（James O' Donoghue）表示："土星环上的碎片正在以'星环雨'的形式降落到土星上，据我们估算，因此流失的含水物质每半小时就能灌满一个奥运会标准泳池。"星环雨存在的最初依据来自旅行者号发现的3个看似不相关的现象：土星大气层上层（电离层）出现异常，土星光环密度异常，土星北半球中纬度位置出现3条环绕星球的狭窄暗带。1981年，NASA的旅行者2号拍摄的土星大气层朦胧高处（平流层）的图片中就出现了这3条暗带。

土星磁层透视图

土星磁层

土星的磁场范围不及木星，但强度仍是地球的578倍，极光的原理也与地球大不相同。

土星、光环以及许多土卫都身处它巨大的磁层中，在此范围内，带电粒子的运行更多受到磁场而非太阳风的影响。土星磁层里的等离子体主要来自其巨大的E环，而E环上的等离子体则主要来自土卫二的喷射。土星的磁场和条形磁铁一样具有南北两极，并随行星自转。在地球和木星上，磁轴与行星自转轴之间存在一个很小的夹角，这也就是为什么在地球上，指南针指向的北方（磁北）并非真正的北方（真北）。而在土星上，磁轴与自转轴近乎完美重合。

拥有这样一个巨型磁层，土星上的极光自然有别于地球。地球极光产生自太阳风中的带电粒子，但土星极光类似木星极光，主要由卫星喷射出的带电粒子和磁层自转引发。

光环下方的土星表面是翻腾旋绕的气体

土星表面

身为气巨星，土星并没有真正的固态表面，整个星球几乎都是翻卷的气体和更深处的液体。

和木星一样，土星主要由氢气和氦气构成，最中心处在高温高压下凝结成了一个致密的铁、镍金属核，有岩质复合物包裹其上，外面覆盖着金属态液氢以及更外一层的液态氢。整体构成与木星核类似，但体积小很多。土星的密度在太阳系行星中排名垫底，质量只有木星的30%，体积则达到了约84%。土星的密度仅为0.7，比水还低。

和其他气巨星类似，土星内部也具有高压高温的极端环境，要是有飞船敢往里闯，一定会被压扁、熔化，最后汽化，算是给科学家们出了一道大难题！要知道，它内部的压力可是足以把气体压成液态的。

土星大气层外层的大风，风力是地球上最厉害的飓风的4倍，赤道地区的风速也是地球最高风速的4倍。

土卫六上的尘埃风暴以及远方的土星（艺术渲染图）

土卫六

土卫六是最大的土卫，也是太阳系第二大卫星，仅次于木卫三。但你知道它最激动人心的地方是什么吗？除地球外，土卫六是全太阳系唯一稳定拥有液体的天体。

土卫六（Titan）是荷兰天文学家惠更斯于1655年首次发现的。它是一个冰封世界，外面笼罩着氰氲的金色大气层，表面完全不可见。论身材，它远大于地球的卫星月球，甚至比水星还大，本身还是太阳系唯一一颗拥有高密度大气层的卫星，更是太阳系除地球外唯一拥有大量液体的天体，无论江河湖海，在土卫六全能找到。

通过研究卡西尼号的数据，科学家发现

土卫六不仅存在液态的甲烷和一定的乙烷，更重要的是，甲烷会以雨的形式从云中落下，在星球表面汇成河流，注入湖海，经过蒸发重新变成云。这种类似地球水循环的系统，在太阳系已知区域里可谓绝无仅有。土卫六上最壮观的甲烷湖比地球上最大的淡水湖密歇根-休伦湖还大。土卫六的大气层成分类似地球，主要由氮气构成，也存在少量甲烷，密度相当大，人类行走在卫星表面完全可以不穿宇航服，只是还少不了氧气罩和抵御极寒的装备。

卡西尼-惠更斯号土星探测器上搭载的仪器还在土卫六的大气层里发现了氮-14和氮-15两种同位素，探测结果与奥尔特云（Oort Cloud；荷兰天文学家奥尔特提出的假想球体，包裹太阳并延伸至20万天文单位外，是可能蕴含上千亿冰冷彗星的巨大"仓库"）中的彗星很接近。由此，似乎可以推断土卫六可能形成于太阳系早期，与缔造土星的温暖物质团相比，倒更像是与太阳同出一源，都来自一个更加寒冷的气体尘埃团。

橙色大气层下的土卫六表面地貌合成图

五大知识点

1 土卫六半径大约为2575千米，是月球的近1.5倍。

2 土卫六距离土星约120万千米。

3 土卫六环绕土星一圈需要15天22小时。

4 土卫六表面气压大约比地球高出60%，温度可低至-179℃。

5 浓稠的大气层，加上与月球相仿的表面重力，一滴雨落到星球表面的时间大约是地球上的6倍。

流行文化中的土卫六

包括克拉克、迪克、阿西莫夫、冯内古特在内的许多作家都曾将土卫六当作故事背景。2009年上映的《星际迷航》中，进取号通过翘曲飞行模式快速进入土卫六的大气层，打了进攻地球的罗慕伦人一个措手不及。此外，土卫六在《千钧一发》（Gattaca）、《飞出个未来》（Futurama）、《灵异之城》（Eureka）和日本动画剧《星际牛仔》（Cowboy Bebop）中也都有过亮相。

土卫六的海

土卫六的云、雨、江、河、湖、海大都由甲烷、乙烷这种液态烃化物构成。至少在理论上，卫星表面最大的"烃海"里完全有可能藏着某些生命形态，依靠与我们不同的化学成分存活。就算并非如此，在土卫六的冰壳下还存在一个真正的海洋，主要成分是水而非甲烷，大有可能孕育出和地球类似的生命，至少是微生物。当然，土卫六也可能根本不存在生命。至于确切答案，恐怕要等到许多年后才能知晓。

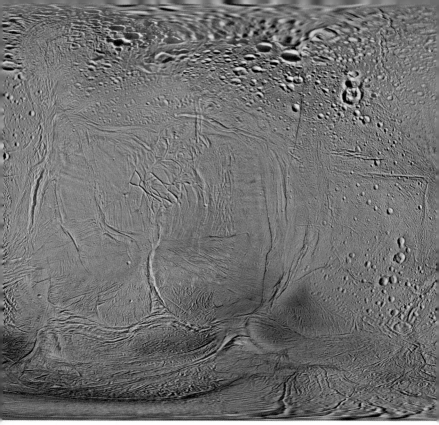

土卫二完整拼接彩图

土卫二

作为太阳系最亮的卫星，土卫二表面覆着一层冰壳，能反射出耀眼的阳光。

土卫二（Enceladus）直径500千米，约和亚利桑那州一样宽，位于土卫一和土卫三之间，表面反照率在全太阳系排名第一，白得没有对手，只是多年来科学家都不知道原因何在。现在我们知道了，原来土卫二的冰壳下藏着盐水构成的地下海。2005年，卡西尼号首次在它的南极地区发现有白色烟雾从地下海喷出，里面包括水蒸气、碎冰和一些简单的有机

物，喷射量非常大，喷射速度近1300千米/小时，在卫星身后留下一条"冰尾巴"，其中部分碎冰进入轨道融入E环，剩下的则像雪一样落回卫星表面，正是它们赋予了土卫二那么光滑明亮的面貌。

土卫二"大喷泉"的"泉眼"就是冰壳温度较高的裂缝，科学家称之为"虎纹"。除了水蒸气，科学家在喷出的烟雾中还发现了二

氧化碳和甲烷，可能也有少量的氮气、一氧化碳或氮气。由此，他们判断土卫二拥有生命所需的大多数化学成分。此外，还很可能存在热液喷口，向海洋中喷出富含矿物质的热水。有了独特的化学构成、覆盖全球的海洋和内部热能，土卫二已然是人类搜寻地外生命的重点关注对象。

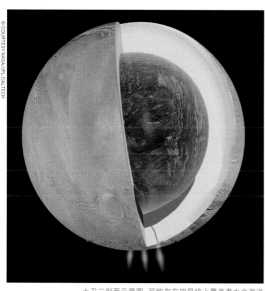

土卫二剖面示意图，可能存在的星核上覆盖着水之海洋

五大知识点

① 1789年8月28日，英国天文学家威廉·赫歇尔首次观测到绕土星运行的土卫二。

② 土卫二的名字源自希腊神话中的巨人恩克拉多斯。

③ 因为土卫二反射掉的阳光太多，其表面温度反倒特别低，只有约−201℃。

④ 科学家认为土卫二冰壳的平均厚度为20~25千米，南极地区最薄，只有1~5千米。

⑤ 土卫二表面部分区域有许多大型撞击坑，其他区域却几乎完全没有，说明该卫星在较近的地质时期里曾经历过大规模的表面重构运动。

名从何来

威廉·赫歇尔的儿子约翰·赫歇尔（John Herschel）在1847年出版的《天文观测结果》（Results of Astronomical Observations）中，对首先被发现的7颗土星卫星提出了命名建议。他认为，既然土星得名自罗马神话中泰坦巨人的领袖萨图努斯（希腊神话中的克罗诺斯），它的卫星就应该以其手下的泰坦来命名，而土卫二便分得了恩克拉多斯。

地外生命

土星E环上的主要成分都来自土卫二喷射的碎冰烟雾，科学家在E环的样本中找到了二氧化硅的纳米颗粒，这种物质只有当液态水与岩石在90℃以上的条件下发生反应才能形成，由此可以推测，土卫二冰壳下方深处可能有类似地球海床上的那种热液喷口。即便事实并非如此，热、有机化合物和液态水的独特组合也足以让科学家将土卫二列入地外生命的可能性名单。

诱人的氧气

2010年，卡西尼号在土卫五外层探测到非常稀薄的大气层（散逸层），除了二氧化碳，其中竟然还有氧气分子存在。这是人类首次在地外发现含氧大气层。二氧化碳的由来学界并不是很清楚，但氧气的成因却很可能是土星磁场在自转过程中拉扯土卫五表面，使之发生分解，从而释放出氧气分子。尽管土卫五大气层中的氧气含量只有地球的5万亿分之一，但这一发现足以证明，宇宙中许多冰冻天体的表面完全有可能发生复杂的化学反应。

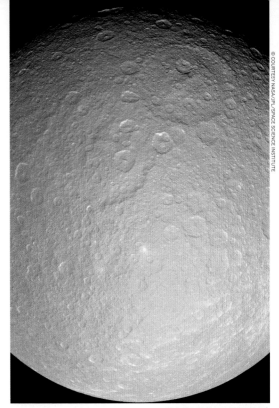

COURTESY NASA/JPL/SPACE SCIENCE INSTITUTE

遍布撞击坑的土卫五（拼接图）

土卫五、土卫四和土卫三

这三颗卫星都是卡西尼发现的，有近似的外观和成分，全都又小又冷又没大气层，就像三个硬邦邦、脏兮兮的雪球。

天文学家卡西尼先在1672年发现了土卫五（Rhea），1684年又发现了土卫四（Dione）和土卫三（Tethys）。这三颗姐妹卫星的公转周期都是2～4.5天，都受到了土星的潮汐锁定，朝向土星的永远是同一面。其表面温度在日光照射区域为-174℃，在背阴面则降至-220℃。三颗卫星的反照率都很高，表明其表面成分主要是固态水（也就是冰），只不过在那样的低温环境下，水和岩石也差不多了。

土卫五距离土星527,000千米，比土卫四

和土卫三都远，也是因为如此，它无法借助土星的潮汐变化获得内热。与土卫五相比，土卫四和土卫三的表面拥有更大范围的光滑平原地貌。这些平原很可能不是岩面，而是冰面。具体来说就是，卫星表面本来有很多撞击坑，但下方液态水渗出，将这些坑灌满，冻结后就成了平原。而土卫五因为内热不足，用水填坑的能力也就不足，所以显得更加坑洼一些——当然，也可能真的是它遭到的撞击更多。

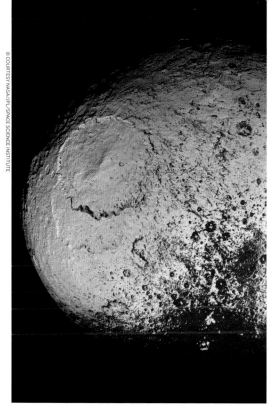

神秘山脉

土卫八另一大特点，就是上面有一座山脉，沿赤道环绕卫星一圈，高10,000米，山体半明半暗，清晰可辨，背对土星的一侧存在断裂。这座"赤道山脉"是由旅行者1号和2号首先发现的，所以私下也被科学家称为"旅行者山脉"。有些科学家认为这座山脉是卫星自转形成的，只不过形成时间很早，那时土卫八的自转速度要快很多，也有人认为那是土卫八曾经的一个卫星环消失后留下的遗迹。

卡西尼号首次拍摄到土卫八的"阴阳脸"照片

土卫八

土卫八是土星卫星中的"阴阳脸"，因为它拥有泾渭分明的两个半球，两者的反照率形成了鲜明对比，也就是说一半亮、一半暗。

土卫八（Iapetus）平均半径736千米，只是土星第三大卫星，但它的表面反照率差异之分明，堪称太阳系一大未解之谜。卡西尼在1671年发现这颗卫星时，就看到了这条明暗分界线。科学家至今仍对这一现象的成因百思不解。有人认为是土卫九喷射出的碳微粒被土卫八吸附了过来，也有人认为是土卫八本身的冰火山喷发出了深色物质。但卡西尼号对土星的近飞观测揭示了第三种，也是最大的一种可能：热分离。土卫八的自转周期超过79天，卫星表面的暗色物质有充足的时间吸收大量热，把本身混杂得更冷、更轻的高反照率物质蒸发出去，从而变得越来越黑。

土卫八距土星3,561,000千米，不但远离土星潮汐力的范围，也远离大多数土卫和土星光环，因此不像更内圈的卫星那样，星球表面会因为"熔化"而变得光滑，或经历某种表面重构。

土卫一测试

按理说，土卫一比土卫二更靠近土星，轨道离心率也要高很多，应该能够获得更多的潮汐热，为什么还是被冻得结结实实呢？另外，土卫二的冰壳已经开始出现了局部融化，而土卫一的冰壳明明形成得更早（可以从卫星表面撞击坑的特性推断），直到现在却仍然没有要融化的迹象。这个令人不解的矛盾现象在学界催生出了所谓的"土卫一测试"（Mimas Test）：如果有人敢说自己的理论能够解释土卫二的冰为什么会融化，他就必须要同时解释土卫一的冰为什么不融化。

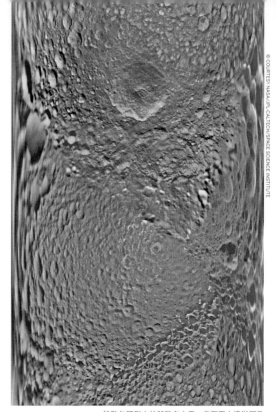

赫歇尔环形山的凹陷在土卫一表面图上清晰可见

土卫一

土卫一是土星体积最小、距离主星最近的重要卫星，而且像极了《星球大战》中的"死星"。

土卫一（Mimas）直径不到198千米，表面布满撞击坑，其中很多直径都超过40千米，最大的是赫歇尔环形山（Herschel Crater），得名自这颗卫星的发现者威廉·赫歇尔，几乎占据了卫星表面三分之一的区域，让整个星球看起来很像《星球大战》中达斯·维德那艘叫人害怕的行星杀手战斗空间站——"死星"。赫歇尔环形山直径130千米，高度约5000米，坑中心还有一座6000米的高峰。当年缔造了这个环形山的那场撞击很可能几乎彻底撞碎土卫一——在赫歇尔环形山的背面存在明显的断裂地貌，被称为"深谷"，它们有可能来自那次撞击产生的冲击波。如果当时真的被撞碎了，土卫一很可能就成了土星环的一部分，要知道，卫星碎片本身就可能是土星环的起源之一。

土卫一的公转周期只有22小时36分钟，它距离土星很近，受到潮汐锁定。在只能借助地面望远镜观测的年代里，土卫一不过是镜头里的一个点，直到1980年，旅行者1号和2号才对它完成了清晰的成像。此后，卡西尼号多次靠近土卫一，提供了更详尽丰富的图像资料。

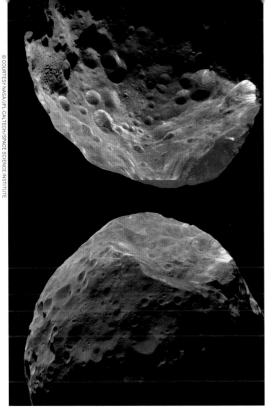

土卫九的特性

土卫九是土星最遥远的卫星之一，距离土星将近1300万千米，轨道半径几乎是近邻土卫八的4倍。它的轨道也与众不同，是逆行的，也就是说，它环绕土星的方向与大多数土卫乃至太阳系大多数天体相反。土卫九半径约106.5千米，只有月球的1/16左右。

土卫九双角度对照图，它可能是一颗被捕获的半人马小行星

土卫九

与大多数土卫不同，土卫九是一颗黑暗的卫星，仅反射6%的太阳光。科学家据此推断，它是一个罕见的"俘获天体"的样本。

在引力的作用下，被另一个质量远大于己的天体束缚住的天体被称为"俘获天体"，通常都是行星。土卫九（Phoebe）异常的黑暗让科学家推测，它应该来自黑暗物质十分丰富的外太阳系，属于俘获天体。更有科学家认为它应该归为半人马小行星，那是一种出现于太阳系早期的原始天体，只是并未形成真正的行星。较小的体积意味着土卫九很可能不会有足够的热来改变其原始化学构成，也就是说，它很可能是来自银河系诞生之初的珍贵宇宙物质标本。

土卫九是在1898年8月由美国天文学家威廉·皮克灵（William Pickering）发现的，也是首个利用长曝光底片找到的天体。其英文名"Phoebe"是希腊神话中的女神阿尔忒弥斯（罗马神话中的狄安娜）的别称，她是青春、月亮、森林、野兽与狩猎之神，发誓终身守贞，自由独立，一生并无爱侣，是太阳神阿波罗的孪生姐姐。

天 王 星

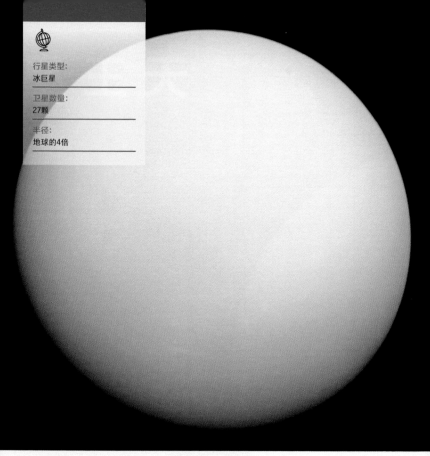

行星类型:
冰巨星

卫星数量:
27颗

半径:
地球的4倍

旅行者2号视角下的天王星

天王星速览

天王星是太阳系八大行星中名字起得最倒霉的一个，长年在英语国家的校园里充当笑柄。其英文名"Uranus"本指罗马神话中的天神，可惜发音听起来很像"yoor-un-us"（你的屁眼）。行了行了，别背后笑话这颗星球了，严肃点儿。

除了那个让人忍俊不禁的英文名，天王星从任何科学角度来说都是一颗令人着迷的星球。它是太阳系第三大行星，是距离太阳第七远的行星，最早由天文学家威廉·赫歇尔于1781年发现，周围有13道暗淡的行星环和27颗小型卫星。天王星的大气层主要由氦气和氢气构成，里面也掺杂着少量甲烷，行星独特的蓝绿色便是由翻腾盘绕的甲烷形成的——具体地讲，太阳光穿透其大气层后，被大气层中的甲烷吸收掉了其中的红光，因此从云顶反射出来的阳光就有了那种鲜明的蓝绿色。

除了颜色，天王星的自转也非常特殊。天

王星的自转方向为由东向西，与金星一样，与地球相反。但最古怪的地方是，天王星的自转平面与公转平面的夹角几乎是直角，看起来仿佛躺在那里绕着太阳打滚儿。这样的行星，整个太阳系里仅此一颗。

这种独特的自转姿态也让天王星拥有了极其怪异的季节：在它的北极地区，冬季有21年，其间有夜无昼；夏季21年，有昼无夜；春季、秋季各21年，昼夜交替。哪怕你在地球上是那种"沾枕头就着"的人，到了这里，睡眠规律也会被搅个天翻地覆。而且，在天王星上生活还有一个问题：它的一年大约等于地球上的84年，你一个地球人能熬到下一个生日就已经非常幸运了，这辈子想吃第二块生日蛋糕，基本没

指望。

当然了，没人特别想到天王星上去过生日。其行星表面风速可达每小时900千米，大气层温度只有−224℃，想点根生日蜡烛都费事。另外，上面的味道你也受不了。近期研究表明，天王星的大气层上层是硫化氢构成的云气，闻起来就像是腐烂的鸡蛋，说得再恶心点儿，就像是一团臭屁。如此看来，把"屁眼"那个梗安在天王星身上，的确有几分道理。

但从科学的角度来看，研究天王星可以让我们了解冰巨星与其他温度相对较高的行星之间的区别，等到下一个探测器抵达遥远的天王星轨道，我们或许能从它身上找到有关太阳系演化的新线索。

距离太阳：
19.8天文单位

太阳光到达天王星所用时间：
165.07分钟

自转周期：
17小时14分钟

公转周期：
30,687个地球日（地球上84年）

大气层成分：
氢气、氦气和甲烷

重要提示

为了应对硫化氢气云的恶臭，太空旅客最好带上一个防毒面具。

到达和离开

天王星的平均轨道半径为29亿千米，离太阳系中心有19.8天文单位，是日地距离的近20倍。距离如此遥远，就算太阳光也要2小时40分钟才能射到它身上。

目前，旅行者2号是唯一一个飞掠天王星的探测器，但就连它也没有进入天王星轨道，所以目前尚无对天王星的近距离细致研究。

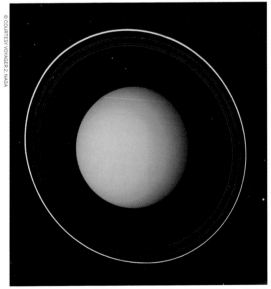

旅行者2号拍摄的天王星图像，其中可见其新发现的一颗卫星

行星简报

天王星半径25,362千米，几乎是地球半径的4倍，如果把地球比作大苹果，那天王星就是篮球。天王星上的一天（即自转周期）大约只有17个小时，但因为它距离太阳非常遥远，它上面的一年（即公转周期）相当于地球上的84年，换算过来就是30,687个地球日。整个行星质量的80%以上都是高温度、高密度的流体，也就是天文学家所谓的"冰"，由水冰、甲烷冰和氨冰构成，将体积不大的岩质行星核包裹在内。天王星也是太阳系里唯一一个自身热量小于其所接收到的太阳辐射热量的行星，行星核附近的温度为4982℃，在行星中算是比较凉快了。

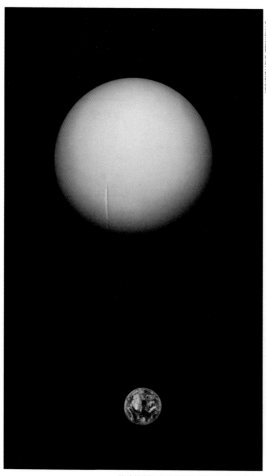

地球的半径大约只有远邻天王星的四分之一

天王星 VS 地球

半径：
地球的
4倍

质量：
地球的
14.5倍

体积：
地球的
63倍

表面重力：
地球的
90.5%

平均温度：
比地球
低208℃

表面积：
地球的
16倍

表面气压：
未知

密度：
地球的
23%

轨道速度：
地球的
22%

轨道半径：
地球的
19倍

探索天王星

1986年，NASA的旅行者2号在耗时9年、飞行了大约30亿千米之后，终于飞到了天王星附近。在短短6个小时的观测时间里，这个探测器收集了大量关于这颗神秘行星的重要信息，包括其行星环与卫星的观测数据。它给天王星身边最大的5颗卫星拍摄的图像显示出卫星表面地质情况相当复杂，表明它们在过去曾经历过地质变迁。它的摄像头还探测到了11颗此前从未被发现的天王星卫星。探测器上的多部设备对天王星光环进行了研究，不但从中发掘出了已知行星环的一些细节，还找到了两道不为人知的行星环。天王星17小时14分钟的自转周期也是根据旅行者2号发回的数据测算出来的。此外，它还在天王星上找到了一个又大又不寻常的磁场。天王星的赤道地区在一个公转周期内接收的阳光要比两极地区少，但根据旅行者2号的探测，其赤道地区温度却与两极地区相仿。

除了这些，我们目前对天王星的了解几乎都来自哈勃太空望远镜以及几台强力地面望远镜的观测。

时至今日，旅行者2号已在外太空中飞行了120多个天文单位，飞离了日球层（即太阳和太阳风影响的太空区域）和日球层顶（即日球层和太阳系外的星际介质交界处），进入了星际空间，继续执行任务。它与旅行者1号传回的数据显示了太阳的影响在日球层以外衰弱的过程。这两个探测器现在已经进入星际介质（即存在于星系和恒星之间的物质和辐射场的总称），脱离了太阳的庇护，随着能源衰减，其收集和发送数据的能力最终肯定也会衰退，但它们的旅程还会继续下去。

五大知识点

1 天王星的直径比旁边的海王星略大，但质量反倒更小。

2 天王星的密度在八大行星中排名倒数第二，密度最小的是土星。

3 尽管天王星上的风速可达每小时900千米，但这连海王星最大风速的一半都不到。

4 天王星赤道地区的风向与自转方向相反，极地附近的风向却与自转方向相同。

5 天王星的温度、气压和物质构成都很极端，不适宜生命的存在。

流行文化中的天王星

天王星并非只是段子手拿来开涮的对象，也是科幻作品中的常客，在电子游戏《质量效应》（Mass Effect）和电视剧《神秘博士》（Doctor Who）中都亮过相。

恶臭星球

在人类数十年的观测中，天王星仍然对一个重要的秘密守口如瓶，这个秘密就是其大气层云气的构成。2018年4月，一个国际研究团队终于有了突破，在它的大气层里发现了硫化氢——那种臭鸡蛋的恶心气味就来自这种可燃气体。这一成分也让天王星变得十分独特，因为在更靠近太阳的那几个巨行星上面，大气层云顶的主要成分根据推断应该是氨气。

但根据该项研究带头人之一、牛津大学的帕特里克·欧文（Patrick Irwin）所说，如果你发现自己被瞬移到了天王星上，臭味只是你需要担心的最小的一个问题。"缺氧窒息，暴露在－200℃的环境下……这些很快就会要你好看，根本等不到被熏死。"好吧，不被熏死总是一件好事。

天王星大约在46亿年前和太阳系同时诞生，是一个由宇宙中翻腾盘绕的气体和尘埃在引力作用下聚合成的冰巨星。和旁边的海王星一样，天王星最初的轨道可能距离太阳更近，大约在40亿年前才迁移到了外太阳系，最终陷入了今天的冰冻状态。

天王星是人类历史上首颗借助望远镜才被发现的行星，发现时间是1781年，发现者是英国天文学家威廉·赫歇尔。他当时觉得这个天体要么是彗星，要么是恒星，直到两年后，学界才广泛视之为一颗新的行星，这当属天文学家约翰·波得（Johann Bode）的功劳。赫歇尔试图将他的这一发现命名为"乔治之星"（Georgium Sidus），用以纪念英王乔治三世，可惜这个名字无果而终，被希腊神话中的天神"乌拉诺斯"取而代之。

© MEYAN/SHUTTERSTOCK

行星核

行星幔

液态氢

气态氢

可见云

天王星拥有冰巨星典型的行星核，外围有多个暗淡的行星环

探索时间表

冒纳凯阿火山顶上的凯克天文台

1781年

英国天文学家威廉·赫歇尔在搜索暗星的过程中发现了天王星,这是近现代人类首次发现新的行星。尽管赫歇尔当时依靠的是望远镜,但在理想的条件下悉心寻找,还是可以凭肉眼看到天王星的。

1787~1851年

天王星有4颗卫星被发现,并被分别命名为天卫三、天卫四、天卫一和天卫二。

1789年

在发现天王星8年后,科学家发现了一种放射性元素,并根据天王星将其命名为"铀"(uranium)。但除了名字,铀与天王星再无瓜葛。

1948年

人类发现天卫五。它在天王星较大的球状卫星中体积最小,轨道最靠内。据推测它与其他卫星一样,主要是由水冰与硅酸盐岩石以大约相等的比例构成的。

1977 年

美国柯伊伯机载天文台(Kuiper Airborne Observatory)与澳大利亚珀斯天文台(Perth Observatory)的科学家在天王星运行至一颗遥远的恒星(SAO 158687)前方时,有了一个重大发现:原来天王星与木星一样,身边环绕有行星环。

1986年

NASA的旅行者2号首次——也是人类探测器目前唯一一次——飞掠天王星,最近时距离天王星云顶只有81,500千米。旅行者号在那里新发现了10颗卫星和2个行星环,并探测到天王星有一个比土星更强的磁场。

2005年

NASA宣布,他们通过由哈勃太空望远镜拍摄的图像,在天王星身边找到了一对新的行星环以及两颗新的小型卫星(天卫二十六和天卫二十七),其中最大的那个行星环直径是此前已知行星环的两倍。

2006年

凯克天文台(Keck Observatory)与哈勃太空望远镜的观测显示,天王星的外环为蓝色,新找到的内环偏红色。

2007年12月

天文学家观测到天王星运行到二分点。所谓二分点,指的是此时太阳恰好运行至其赤道的正上方,两个半球获得了同等程度的照射。二分点也导致了环面穿越现象,也就是说,行星环侧向出现在了地球的视线中,开始渐渐变窄,后来又渐渐变宽。

2011年3月

新视野号在前往冥王星的途中经过了天王星轨道,成了自旅行者2号之后第一个到达并越过天王星轨道的探测器。可惜探测器经过轨道时,天王星并未运行到附近,所以未能收集到新的信息。

2011年11月

NASA的哈勃太空望远镜拍摄到了首张天王星极光的照片。

天王星亮点

天王星表面和大气层

1 天王星上大风呼啸，天气系统十分活跃。

极光

2 天王星上刚刚发现极光现象，而且不只限于两极，整个行星上到处可见。

侧向自转

3 天王星的自转轴几乎与公转轨道面成直角。

天王星光环

4 天王星身边有黯淡狭窄的行星环，里面散布着微粒。

卫星

5 天王星有许多小卫星，体型较大的有5颗，多数为球形。

天卫五

6 天卫五位置最靠里，表面下有冰。

天卫一

7 天卫一表面相对年轻，上面也许存在微小陨石撞击的痕迹。

天卫二

8 天卫二几乎不反光，反照率低得厉害。

天卫四

9 除了撞击坑，天卫四表面还有一座高山。

天卫三

10 断层谷和冰霜是天卫三的标志。

牧羊犬卫星

11 牧羊犬卫星负责让天王星稀薄的行星环乖乖听话。

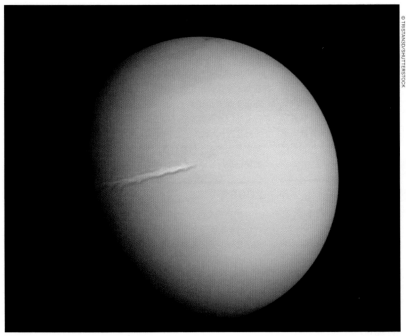

天王星天气系统可视化渲染图

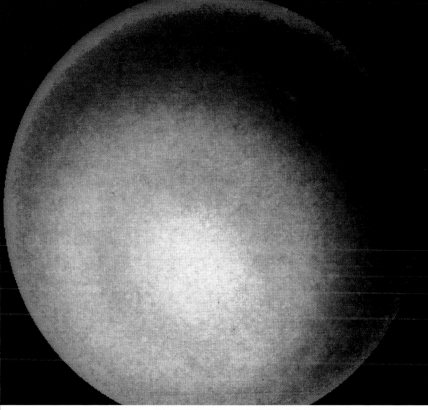

经电脑强化处理的旅行者2号图像资料，突出表现了天王星大气层的强烈雾霾

天王星表面和大气层

天王星是外太阳系的两颗冰巨星之一（另一颗是海王星），并没有真正意义上的表面，大气层下的"冰"实际上主要是由水、甲烷和氨气构成的液态物质，翻腾盘绕，密度很大。

身为冰巨星，天王星并没有坚固的表面，飞船就是来了也没地方着陆，更何况大气层那一关它就过不了——大气层极端的压力和温度可能会令飞船刚靠近就被摧毁了。旅行者2号当年首次记录下了天王星云气流动的详细图像，后来，哈勃望远镜的观测还提供了天王星北半球表面一个黑斑（即风暴气旋）的全新资料。这个黑斑至少持续存在了两个月，论实力肯定比不过木星的大红斑，但也让我们进一步意识到了天王星天气系统以及大气层的复杂性。种种观测显示，天王星在接近二分点时，表面的云非常活跃，会出现变化极快的亮斑，这应该与天王星在一个公转周期内受到的阳光照射强度差异极大有关。

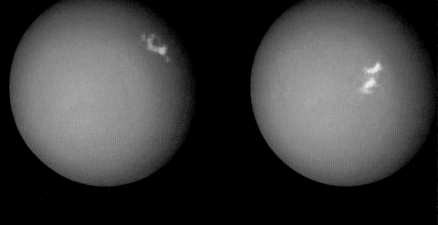

极光

天王星也有自己的极光，根据科学家的推测，性质虽与地球上的北极光一样，壮观程度却远非地球可比。

2011年，NASA和欧洲航天局共同管理的哈勃太空望远镜成为首个拍摄到天王星极光照片的空间望远镜。2012年和2014年，一个由巴黎天文台天文学家领导的科研小组利用哈勃太空望远镜上的太空望远镜影像摄谱仪（Space Telescope Imaging Spectrograph，简称STIS）的紫外线功能，再次对天王星极光进行了观测。

该组科研人员首先对由两股吹向天王星的强劲太阳风引发的行星际激波进行追踪，随后用哈勃太空望远镜观察行星际激波对天王星大气层造成的影响，结果发现自己见证了天王星上最强烈的一场极光！经过持续观测，他们首次收集到了一个直接证据，证明天王星上极其绚丽的极光区会随着星球一同转动。与地球、木星和土星不同，天王星的磁场并不对称，所以极光并不局限于两极地区。另外根据推测，引发极光的磁层应该产生于行星表面下方较浅的位置，而且可能像频闪灯一样，每天都会开闭一次。

四大知识点

❶ 天王星的磁场属于偶极磁场，与自转轴之间存在一个将近60°的倾角。

❷ 磁场与行星中心点之间存在偏移，距离是行星半径的三分之一，所以磁场并不平均分布在两极之间。

❸ 天王星的磁尾有这颗行星的18倍那么宽。

❹ 受到天王星侧向自转的影响，磁场被扭曲成了一个长长的螺旋开酒器的形态。

了解极光

电子之类的带电粒子流被强大的磁场捕捉，并被传送至行星的高层大气，在那里与氧和氮等气体分子产生互动，迸发出绚丽的光芒，这就是我们所说的极光现象。

© MARK GARLICK/ALAMY STOCK PHOTO

天王星及其行星环的艺术渲染图

侧向自转的天王星

侧向自转

太阳系的行星中，只有天王星的赤道面几乎与轨道面成直角，转轴倾角高达 97.77°，这可能是天王星在很久以前与一颗类地行星大小的天体发生碰撞的结果。

这颗行星独一无二的倾斜角度也造就了太阳系里最极端的四季变化。天王星上的一季相当于地球上21年，每隔一季，太阳直射天王星的一极，那个半球就在21年里常沐阳光，另一个半球则深陷于黑暗的冬季。

近期研究认为，大约在40亿年前，一个由岩石和冰块构成的原行星（proto-planet，即胚胎行星）与天王星相撞，使其发生了严重侧倾。科学家利用先进的计算机技术，对撞击过程进行了模拟演算，由此推断这一质量大于地球的天体擦过天王星时，撞击力度强到改变了天王星的形态并把它"推倒"，但又不足以将天王星的大气层炸散到太空中，也不足以改变天王星的公转轨道。

如果这场碰撞确有其事，天王星那个倾斜、不对称的磁场想必也是那时造成的。它身边的那些行星环和卫星，可能也是由被撞飞的岩块、冰块在轨道上彼此聚合而形成的。

再说倾角

1 天王星的转轴倾角将近98°，木星只有3°，地球的黄赤交角也才23°。

2 更早的一些模拟演算推断，造成天王星倾斜的未必是一次大碰撞，也可能是两次以上的较小碰撞。

3 另一种理论认为，天王星的侧倾是由来自木星与土星的轨道共振引起的，也就是说，这两颗行星的引力作用一起推倒了天王星。

天王星与"猎星运动"

研究天王星在早期经历的那场大碰撞有助于解释这颗行星的一些怪异之处，也有助于科学家理解太阳系外的其他行星，也就是所谓的系外行星。基于开普勒太空望远镜的观测，系外行星中最普遍的类型都是天王星这种身材不大不小、拥有岩质或冰质内核的气态行星。

科学家从这场早期碰撞获取的信息表明，类似的碰撞有可能也导致了其他行星的形成。就拿很像天王星的092LAb为例，这颗系外行星距离太阳系足有25,000光年，远得超乎想象，最初是由俄亥俄州立大学与华沙大学天文台的一个科研团队发现的，它的质量是天王星的4倍，属于人马座的一个双星系统。

与天王星类似，092LAb的轨道半径也非常长，这可能是因为它在一对恒星的引力纠葛中被推到了外围。和所有轨道半径极长的系外行星一样，它是科学家利用微引力透镜效应发现的，也就是借助强引力源能够弯曲光的特点来探测那些原本过于黯淡而无法观测到的天体。

系外行星092LAb渲染图；092LAb类似天王星，质量是其4倍

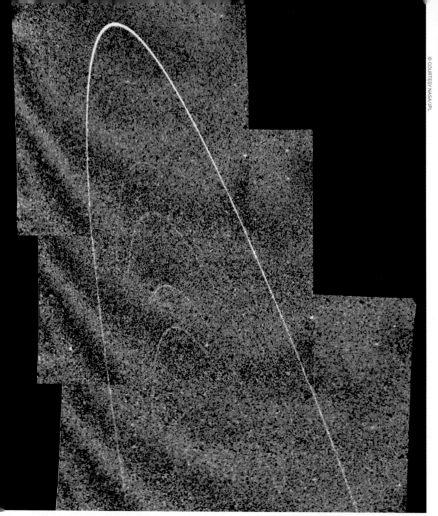

© COURTESY NASA/JPL

天王星的光环非常暗淡，近来才被人类发现

天王星光环

天王星拥有三个不同的行星环系统，一个在内，两个靠外。

天王星的内行星环系统由9道行星环构成，其中大多数狭窄，呈暗灰色。另有两个外行星环系统，靠里的那个颜色偏红，好似太阳系其他地方的那种尘埃环。靠外的那个是蓝色的。

天王星一共有13道已知的行星环，从内至外依次被命名为ζ、6、5、4、α、β、η、γ、δ、λ、ε、ν和μ。某些较大的行星环外面还包裹着细尘带。

威廉·赫歇尔与卡罗琳·赫歇尔：半路出家的天文学家

下次喝酒时不妨给酒友们抛出这样一个问题：人类首次借助望远镜找到的行星是哪个？

知道答案吗？是天王星。这颗行星最早是在1781年由天文学铁杆发烧友弗里德里希·威廉·赫歇尔（Friedrich Wilhelm Herschel）发现的，不过当时他以为那是一颗彗星或者恒星。当其真正的身份得到确认后，天王星就成了自古代以来首个被发现的"新"行星。

威廉·赫歇尔最初是训练有素的音乐家，后来才发现自己对天文学竟然那么喜爱。18世纪末，他开始打造自己的天文望远镜，其中，1785年开始建造的那台折射式望远镜规模更是惊人，足有四层楼那么高。他有时还会自己制作镜片，用以研究火星、双星、星团以及其他一些深空天体，并靠其发现了土星的两颗卫星。

他的大多数工作都有妹妹卡罗琳·赫歇尔（Caroline Herschel）的参与。她帮助他记录观测结果、给望远镜镜片抛光、整理他的笔记，帮着帮着，自己也成了专家，尤其在彗星方面。卡罗琳发现了至少8颗彗星以及一些星云。仙女座星系的伴星系M110也是由她独立发现的。后来她成了首个获得英国皇家天文学会金质奖章的女性。

与此同时，威廉·赫歇尔声名鹊起，被任命为宫廷天文学家，后来，由欧洲航天局与NASA联合出资打造的一台太空望远镜便以他的名字命名为"赫歇尔太空望远镜"。

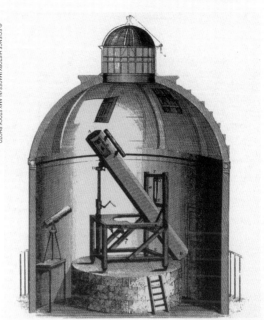

威廉·赫歇尔的望远镜

天文学家威廉·赫歇尔的肖像

天王星部分卫星渲染图

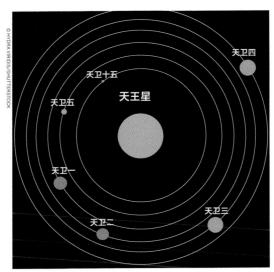

天王星的主要内卫星

卫星

太阳系的大多数卫星名字都是从希腊罗马神话中找的，但天王星的卫星却很另类，名字都来自莎士比亚和蒲柏作品中的人物。

天卫四（Oberon）与天卫三（Titania）是天王星最大的两颗卫星，也是最先被发现的（1787年，威廉·赫歇尔）。接着，威廉·拉塞尔（William Lassell，也就是头一个发现海王星卫星的人）也找到了两颗，就是天卫一（Ariel）和天卫二（Umbriel）。在将近100年后的1948年，杰拉德·柯伊伯（Gerard Kuiper）又发现了天卫五（Miranda）。此后，搜寻工作毫无收获，直到NASA的一个机器人探测器到达了那颗遥远的行星才打破了僵局。

1986年，旅行者2号飞临天王星，在那里又发现了10颗卫星，它们的体积都很迷你，直径最小26千米，最大154千米，包括天卫十一（Juliet）、天卫十五（Puck）、天卫六（Cordelia）、天卫七（Ophelia）、天卫八（Bianca）、天卫十（Desdemona）、天卫十二（Portia）、天卫十三（Rosalind）、天卫九（Cressida）和天卫十四（Belinda）。

从那时到现在，天文学家利用哈勃太空望远镜以及一些改良的地基望远镜，又搜出了一些卫星，目前天王星已知卫星的数量已达27颗。

天王星的所有内卫星（也就是旅行者2号找到的那些）似乎都是由水冰和岩

质按照大致相等的比例构成的。位于天卫四外侧的那些卫星构成尚不清楚，但它们有可能是被捕获的小行星，甚至有可能是半人马小行星（一种轨道介于海王星和木星之间的天体）。

寻找天卫

要发现在旅行者之后找到的那些天卫，下的功夫绝对不简单。它们非常迷你，直径只有12~16千米，而且比沥青还黑，再加上距离太阳大约有29亿千米，你说好找不好找。

神秘天卫

爱达荷大学的研究人员经过研究发现，在天王星行星环附近可能还存在两颗此前未被发现的小卫星。团队中的罗伯·钱西亚（Rob Chancia）与马特·赫德曼（Matt Hedman）分析了旅行者2号在1986年拍摄的天王星光环图像，并将其与正环绕土星运行的卡西尼号探测器传回的数据对比，发现天王星光环上存在一种独特的现象，与土星环上由小卫星引发的小卫星瞬现余迹（moonlet wake）相似。据他们估算，这两颗小卫星的直径应该为4~14千米，但想要证实它们真实存在，还需要望远镜、探测器在未来提供更多新的图像。

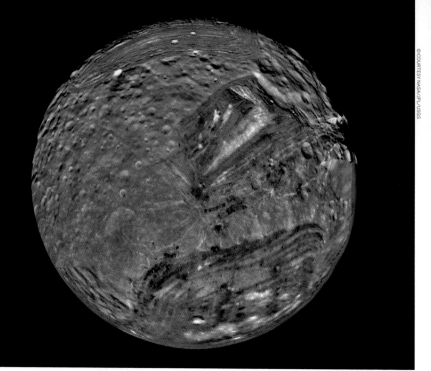

天卫五表面拼接图像

天卫五

天卫五的英文名"米兰达"源自莎翁戏剧《暴风雨》中普洛斯彼罗（Prospero）的女儿。这颗卫星是五大天卫中位置最靠里、体积最小的一个，其表面有巨大的峡谷纵横交错，某些峡谷的深度可达美国大峡谷的12倍。

天卫五好似弗兰肯斯坦的怪物，看上去像是由许多不相干的部分生拉硬拽拼起来的。它的直径大约500千米，大小只有月球的七分之一，这样的规模似乎不太可能存在什么构造运动，也就应该没什么明显的地貌特征，可事实正好相反。天卫五表面有3个大型地貌特征，都是坑坑洼洼的山脊和山谷，被称为冕状物（coronae），它们与周围撞击更严重（估计形成时间更早）的地域可谓泾渭分明，好比在一件遭到虫蛀的大衣上打了几块补丁。

这种奇怪的地貌特征到底是怎样形成的，科学家们自己也无法达成共识。有一种可能是，天卫五曾经在一次强烈的碰撞中被撞成了碎片，碎片后来又胡乱地聚合到了一起。还有一种更大的可能性，就是这些冕状物本是大型岩质或金属彗星的撞击地点，撞击融化了卫星表面以下的一部分冰态物质，冰水涌上卫星表面后又重新冻结，才造成了这种地形。

天卫五是于1948年2月16日由杰拉德·柯伊伯在得克萨斯州西部的麦克唐纳天文台（McDonald Observatory），从望远镜拍摄的若干天王星图像中发现的。

天卫一现存最细致的拼接图像（数据来自旅行者2号）

天卫一

天卫一的表面看似是所有天卫中最年轻的，上面几乎没有什么大型撞击坑，但有许多小撞击坑，说明可能是近期的撞击掩盖掉了更加早期由更剧烈的撞击留下的大型撞击坑。

天卫一发现于1851年10月24日，发现它的人是19世纪著名的业余天文学家威廉·拉塞尔——这个人靠酿造啤酒发家，却把赚来的钱用在了制造望远镜上。这颗卫星是五大天卫中表面亮度最高的一个，也被认为是地质活动发生时间距今最近的一个，其表面存在多条地堑，也叫断层谷。

我们对这颗遥远的卫星了解不多，但我们知道，当它在冲的位置时——也就是观察者恰好处于它与太阳之间的连线上时——它的亮度会明显增强。这种现象说明天卫一应该拥有一个多孔表面，太阳在其他角度照射时会产生阴影，故而影响了反照率。和其他天卫一样，天卫一只能反射三分之一的阳光，这表明卫星表面应该存在一种含碳物质，它们可能是亿万年来微小陨石撞击卫星表面的结果。

天卫一的英文名叫"爱丽儿"，莎翁戏剧《暴风雨》和蒲柏的诗歌《夺发记》中都有这个人物。

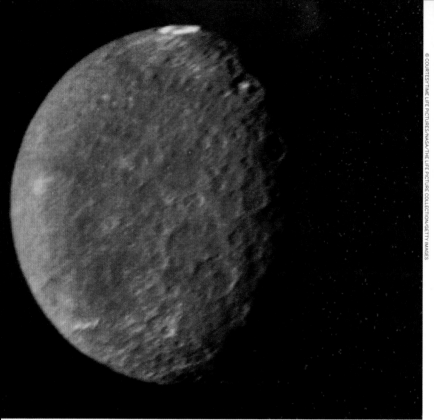

右侧竖排：© COURTESY TIME LIFE PICTURES/NASA/THE LIFE PICTURE COLLECTION/GETTY IMAGES

半明半暗的天卫二是天王星最大的卫星之一

天卫二

在五大天卫中，天卫二形成时间很早，亮度远低于其他卫星，表面有许多古老的大型撞击坑，其中一面还有一个神秘的亮环。天卫二的英文名"乌姆柏里厄尔"是蒲柏诗歌《夺发记》中的一个恶灵。

天卫二与天卫一于1851年10月24日同时由英国天文学家威廉·拉塞尔发现。它的反照率很低，与月球高原地区相似，只能反射16%的太阳光线。和它相比，其他天卫要明亮许多，只不过天卫二古老多坑的表面到底为什么这么暗，目前仍是一个谜。它的直径大约1200千米，是天王星的第三大卫星，与天卫一的体积非常接近。旅行者2号在1986年拍摄的图像显示，天卫二的暗面存在一个奇怪的亮环，直径大约140千米，其产生原因目前尚未明确，但也许与撞击坑的霜冻沉积物有关。据推测，天卫二应该有一个岩质内核，占其总质量的50%左右，卫星核外面是冰质外壳。科学家通过对它的光谱分析发现，天卫二上面存在水和二氧化碳，也可能存在甲烷沉积物。

旅行者2号飞掠天王星时拍摄到的天卫四图像

天卫四

天卫四在五大天卫中轨道最靠外，体积第二大，于1787年1月11日由威廉·赫歇尔发现。和其他几个大天卫一样，其构成大约一半是冰，一半是岩石，表面至少存在一座高山，高度在6000米左右。

在旅行者2号1986年1月飞掠天王星并经过天卫四之前，人类对这颗卫星几乎一无所知。根据观测，天卫四半径只有地球的11.9%左右，表面遭受过严重的撞击，这一点与天卫二类似，与天卫一、天卫三和天卫五正相反。

天卫四的年龄很大，几乎没有内部运动的迹象，但内生性表面重建（endogenic resurfacing，即原表面下方物质涌出并形成

新的表面）的迹象说明那里曾经有可能出现过构造活动。许多撞击坑的坑底都存在一种性质不明的暗色物质。那座（看上去）形单影只的高山就大小而言在整个太阳系里也能排在前头。

天卫四的名字仍然很有文学范儿，"奥伯龙"是莎翁戏剧《仲夏夜之梦》里的仙王。这个名字是威廉·赫歇尔的儿子约翰起的。

旅行者2号拍摄的天卫三图像，其表面更多细节得等下一次太空探索任务发现了

天卫三

天卫三是天王星体积最大的卫星，用《暴风雨》中的仙后泰坦尼娅为其命名，可谓恰如其分。和其他几颗天卫一样，它也是被"生命不息，求索不止"的天文学家威廉·赫歇尔发现的。

天卫三发现于1787年11月1日，因为体积大，比较明显，和天卫四同属最早被人类发现的天卫。当然了，它毕竟远在天王星身边，而且身材比天王星还要小好几号，如果不是有备而来，你想在天球上找到它几乎不可能！在天卫三被发现近200年后，旅行者2号在天王星身边拍到了这颗卫星的图像，发现过去它的地质活动应该很频繁。在天卫三的明暗界线附近，可以看到一座明显的断层谷，长将近1609千米，谷内左右两侧的地壳走势不同，这说明天卫三的地壳存在一定程度的构造伸展。断层谷向阳面谷壁沿线可见某种高反光的沉积物，可能是霜。天卫三直径大约1600千米，表面为浅灰色，这种颜色在天王星的主要卫星里面相当常见。

© TIME LIFE PICTURES/GETTY IMAGES

从天卫十五上眺望天王星（假想图）

牧羊犬卫星

根据我们目前的了解，天王星除了天卫四、天卫三、天卫一、天卫二和天卫五这五大天卫，另外还有22颗卫星。

天王星有不少轨道离它很远的卫星，很可能是从外界捕获的小行星，它们之中有一些属于牧羊犬卫星（shepherd moon），作用明显有别于其他卫星。天卫六和天卫七就是两只小小的宇宙牧羊犬，凭借自己的引力让天王星外围那道薄薄的环（即ε环）保持清晰的形态。在所有已知卫星中，天卫六距离天王星最近，它的半径和反照率都无法直接测算，但反照率假定和天卫十五一样是7%，其表面成分很可能是常见于C型小行星的那种暗淡的富碳原生宇宙物质。

在这两颗卫星与天卫五的轨道之间，一共挤进了8颗与其他卫星系统迥然有别的小卫星。事实上，这片区域实在太拥挤了，天文学家现在也没弄明白里面的那些小卫星到底是怎么避免相撞的。它们或许是负责维系天王星那10道狭窄行星环的牧羊犬卫星。科学家们认为天王星身边一定还有更多卫星有待人类发现，极有可能在任何一颗已知天卫的轨道内运行。这或许能界定天王星内环的边际。

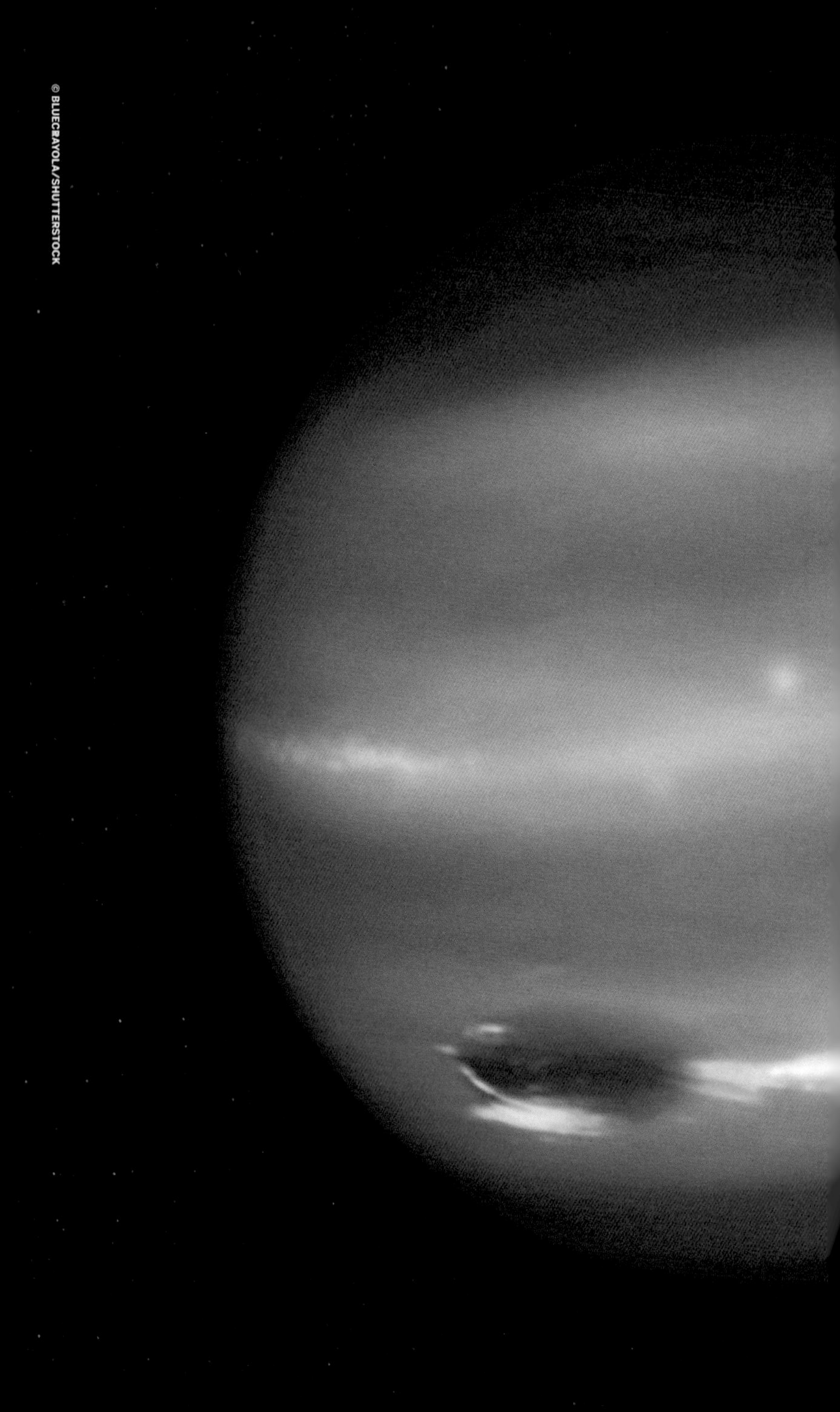

海 王 星

行星类型:	冰巨星
卫星数量:	14颗
半径:	地球的4倍

旅行者2号探测器飞临海王星时拍摄的画面

海王星速览

在制订太阳系旅行计划的时候，你不太可能把海王星列为必去的目的地，但是想想它的众多卫星，也许你会改变主意。

　　"冰球"海王星是太阳系第八大行星，也是最遥远的行星，距离太阳要比地球远上30倍还多。不但旅途的漫长令人生畏，星球本身更是魅力寥寥，等你真的到了，想必会后悔当初没有听取太空旅行社的忠告，还不如老老实实地待在家里。海王星的第一个问题就是黑，非常非常黑。因为距离太阳太远，海王

星接收到的光照大约只有地球的1/900，哪怕是正午时分，天色看起来也与地球上的黎明差不多，其他时候更是昏昧不明。如果你特别喜欢晒太阳，或者患有季节性情感障碍，光照少了就抑郁，那么对于海王星，最好还是敬而远之。

　　海王星的第二个问题是冷，真的真的

冷。星球表面的平均温度比−200℃高不了多少，远非"严寒"二字可以形容，想过来晒日光浴还是罢了吧。

第三个问题是，海王星上爱刮大风。我们说的可不是地球上的那种大风，这里的风速可以超过每小时2000千米，比音速还快，比地球上的风强9倍，足以毁天灭地。什么规模空前的超级龙卷风，拿到海王星上不过是一阵微风而已。

事实上，海王星唯一能够拿得出手的旅游资源，估计只剩下颜色了。因为其大气层里有甲烷气云旋转翻腾，所以海王星才有了那种亮丽、抢眼、灵动的蔚蓝色。旁边的天王星也是因为同样的原因才有了独特的蓝绿色。只不过同是甲烷气云运动，为什么海王星的蓝色比天王星更亮更纯，科学家目前还不太清楚。

总而言之，海王星只宜远观，更何况距离我们那么远，登陆计划遥遥无期，暂时还是不要考虑了。

距离太阳：
30天文单位

太阳光到达海王星所用时间：
248.99分钟

自转周期：
16小时

公转周期：
60,190个地球日（约等于165年）

大气层成分：
氢分子、氦原子和甲烷

重要提示

海王星是全太阳系风最大的星球，大风夹杂着冰冻的甲烷在星球表面狂飙，速度接近地球上最快的喷气式战斗机。游览前请听从我们的建议：带一件风衣，最好是用工业标准强度混凝土制作的那种。

到达和离开

海王星与太阳的平均距离为45亿千米，也就是大约30天文单位，哪怕是光，从太阳射到海王星身上也要4个小时。要是换成平均速度大约每秒19千米的旅行者2号探测器，这趟旅行就要花12年。

旅行者2号视角下的海王星

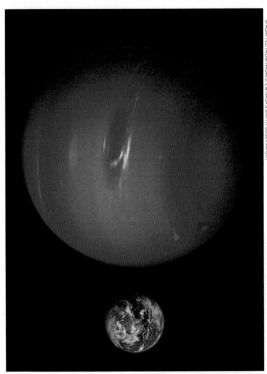

海王星与地球的体积对比图

海王星 VS 地球

半径:
地球的
4倍

质量:
地球的
17倍

体积:
地球的
57.7倍

表面重力:
地球的
1.1倍

平均温度:
比地球
低202℃

表面积:
地球的
15倍

表面气压:
未知

密度:
地球的
30%

轨道速度:
地球的
18%

轨道半径:
地球的
30倍

行星简报

海王星的直径大约是地球的4倍，但因为距离太阳非常遥远，从太阳那里接收到的光线强度远不及地球，只有地球的1/900左右。

海王星上的一天只有大约16小时，但它的一年大约是地球上的165年（60,190天）。也就是说，从它1846年首次被发现直到2011年，海王星才完成了一次公转。它与太阳的距离有时候甚至会超过矮行星冥王星。因为冥王星的公转轨道是椭圆形的，而且离心率极高，在248年的公转周期里，有20年的时间都处于海王星轨道内侧。这种忽远忽近的位置，感觉有可能会撞在一起，可事实上海王星每绕太阳三圈，冥王星刚好就绕太阳两圈，其间并没有发生碰撞，未来周而复始，也就永无相撞的可能。这就是长轨道天体的一个优点：不容易狭路相逢。

海王星的自转平面与公转平面之间存在28°的倾角，数值近似火星和地球。这种倾角使得海王星上出现了四季更替，每个季节大约持续40多年。

磁层

海王星的磁场纵轴与海王星自转轴之间存在大约47°的倾角，数值与天王星（60°）相近。这意味着海王星会产生磁力线重联，极光可能在星球的整个表面出现，而不是像地球、木星和土星那样只会出现在两极地区。

因为这个倾角的存在，海王星每自转一圈，磁层都要经历剧烈的变化。根据学界目前建构的模型，海王星的磁层可能具有极不对称的形态，一边要比另一边膨大很多，其磁场强度大约是地球的27倍。预计人类直到21世纪30年代才有可能去实地探访这颗气巨星，我们此刻对它的认识还相当浅显。

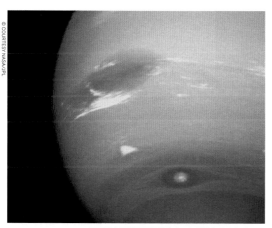

海王星上面的风暴规模极大，在消散之前会大施淫威

五大知识点

1 海王星的"海王"指的是罗马神话中的海神尼普顿。星球色如海洋，称其海王恰如其分。

2 海王星是太阳系唯一一个无法用肉眼看到的行星。

3 海王星上的一年等于地球上的165年，此一年的时间足够地球人经历5代繁衍。

4 海王星的磁场强度大约是地球的27倍。

5 海王星拥有行星环，只不过非常不容易看到，已知的就有5道，从里往外依次叫伽勒环、勒威耶环、拉塞尔环、阿拉戈环和亚当斯环，据说形成时间不长，寿命也不会长。

海王星上的旋涡

1989年，旅行者2号拍摄到了海王星表面的几个特征，包括：大黑斑；与大黑斑相邻的一块亮斑；"踏板车云"（Scooter），一个快速移动的亮斑；以及小黑斑（有时候也被称为2号黑斑），大小据估算与月球相仿。

2016年，哈勃太空望远镜又在海王星大气层里确认了一个黑色旋涡，这是人类在21世纪首次发现此类结构。与大黑斑一样，这种黑色旋涡属于高压系统，身边通常拥有明亮的伴云（companion cloud），是由周边气体上行，甲烷因降温形成冰晶而产生的。

风暴星球

上文提到的"大黑斑"实际上是一种风暴，体量足以容纳整个地球，如今虽已消失，但海王星表面又出现了多处新的黑斑，具体形成原因尚不清楚。与木星上的大红斑一样，这种黑色旋涡属于反气旋风暴（即中心气压高于周围气压），似乎可以把海王星大气层深处的物质搅上来，所以很可能是在大气层深处形成的。

海王星与太阳系几乎同时诞生于46亿年前，是由宇宙中翻腾的气体与尘埃在引力的吸引下形成的冰巨星。和旁边的天王星一样，海王星最初可能距离太阳较近，大约在40亿年前才移动到了外围轨道上。

你也许不禁要问，整个太阳系里，为什么只有海王星和比它稍近一点儿的天王星成了冰巨星呢？这个原因总的来说很简单：因为遥远，所以寒冷；因为寒冷，所以结冰。46亿年前，太阳周围的那个气体尘埃盘开始形成了行星、卫星、彗星等天体。随着距离太阳越来越远，物质的温度也越来越低，水也从气态逐渐凝结甚至凝固。其中液态与固态的分界线，也就是太阳系所谓的"雪线"，位置大致在今天木星的轨道那里。哪怕是现在，大多数彗星一旦飞过那条线，上面的冰就会开始融化，而后变得"活跃"。在雪线外形成的天体，包括天王星和海王星，上面自然有许多冰（具体成分不定，除了水，也包括二氧化碳、甲烷等），岩质和金属相对更少。

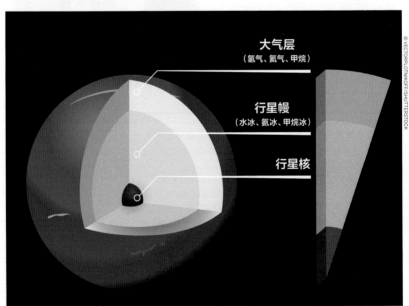

大气层
（氢气、氦气、甲烷）

行星幔
（水冰、氨冰、甲烷冰）

行星核

海王星的行星核半径据估算与整个地球相仿

探索时间表

1612年

伽利略利用望远镜观测到了海王星,却将其错误地认定为恒星。

1846年

天文学家利用数学计算发现了海王星的存在,使太阳系已知行星的数量上升到了8个。海王星最大的卫星海卫一同年也被发现。

1983年

先驱者10号探测器跨越海王星轨道。先驱者系列探测器是第一个进入地外行星轨道的人造物品。

1984年

天文学家找到了海王星存在行星环的证据。

1989年

旅行者2号飞临海王星,最近处距离海王星北极只有大约4800千米。这是人类探测器首次也是唯一一次拜访该星球。

2002年

天文学家在海王星身边发现了海卫十二、海卫十三、海卫十一和海卫九4颗新卫星。

2003年

天文学家利用地面望远镜又发现了一颗海卫十。

2005年

天文学家通过凯克天文台(Keck Observatory)的观测,发现海王星外围一些行星环发生了结构上的退化。

2011年

完成了自1846年被发现后的首次公转,周期165年。

2013年

从哈勃望远镜拍摄的图片中,科学家首次发现了海卫十四。

2016年

科学家利用哈勃望远镜在海王星表面找到了一个新的黑斑,其本质是一个高速气旋风暴云。

冒纳凯阿火山上的凯克天文台以及昴星团望远镜(Subaru Telescope)

探索海王星

冰巨星海王星是首颗通过数学计算来判断其存在的行星。而自冥王星被从太阳系行星名单中剔除之后，海王星就成了太阳系里唯一一个无法用肉眼观测到的行星。

第一个看到它的人是伽利略（估计不说你也猜得到）。1612年和1613年，他利用小型望远镜发现了海王星，只不过错误地将其认定为恒星。200多年后，法国数学家勒威耶（Urbain Joseph Le Verrier）提出一个假设，认为天王星的轨道异常可能是由一个尚未被发现的行星引起的，并将自己的推断寄给了柏林天文台的格弗里恩·伽勒（Gottfried Galle），帮助伽勒在1846年成为首次成功观测到海王星的人。17天后，海王星最大的卫星海卫一也被发现了。

在140多年后的1989年，旅行者2号飞临海王星，对其进行了细致观测，完成了一次空前的壮举。它传回了有关海王星及其卫星的大量数据，并证明了海王星与其他气态行星一样，也拥有暗淡的行星环。借助哈勃太空望远镜以及一些强大的地面望远镜，科学家也掌握了这颗遥远星球的其他一些信息。比如2018年9月，哈勃太空望远镜就在海王星北半球表面发现了一个黑色风暴气旋，直径大约10,900千米，四周存在明亮的伴云。

勒威耶在发现海王星之后得到了法国国王路易-菲利普的接见

环绕地球飞行的哈勃太空望远镜

流行文化中的海王星

海王星虽然是太阳系里最遥远的行星，却在流行文化和小说中频频现身。1997年科幻恐怖片《黑洞表面》（Event Horizon）的故事就设定在海王星，系列动画片《飞出个未来》中机器圣诞老人（Robot Santa Claus）的家就在海王星的北极。《神秘博士》"Sleep No More"那一集，说的就是海王星轨道空间站里发生的事情，粉丝们一定不会忘记。电视连续剧《星际旅行：进取号》（Star Trek: Enterprise）"Broken Bow"那一集还专门以海王星为例介绍了一个科学知识，说如果飞船能达到4.5倍翘曲速度的话，那么从地球飞到海王星再飞回来只要6分钟（前提是你的飞船有人家那种超光速推进器）。

弗吉尼亚海滩（Virginia Beach）上由Paul DiPasquale创作的海王尼普顿雕塑

海王星亮点

海王星表面和大气层

1 海王星翻腾的表面并非固态，其与氢气、氦气、甲烷构成的大气层之间也不存在明确界限。

海王星光环

2 海王星的行星环极其暗淡，几乎不可见。

海卫八

3 由旅行者2号探测器首次发现，也是一片黑暗世界。

海卫一

4 海王星体积最大、温度最低的卫星，冰封的表面只等你放胆前来。

海卫二

5 体量在海王星众多卫星中排名靠前，轨道离心率很高，说明它可能是一颗被海王星捕获的小行星。

其他卫星

6 海王星的其他卫星有些轨道半径极大，有些注定会消失，个个都很神秘。

从海王星的一颗卫星上遥望这颗星球（假想图）

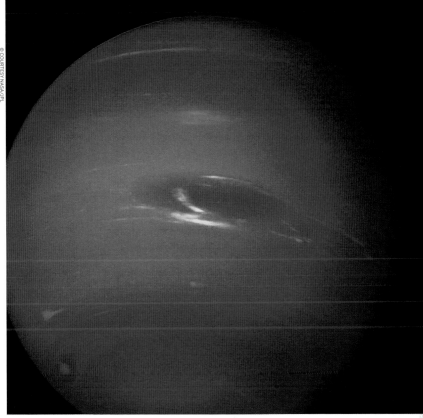

旅行者2号拍摄的海王星图像

海王星表面和大气层

海王星与天王星相似，最外面的大气层主要由氢气、氦气和甲烷构成，大气层下方的星球表面实际上是液态，好似用水、氨和甲烷调成的浓汤，最里面的行星核才是固态的，体积与整个地球差不多。

海王星和天王星是太阳系外围的两颗冰巨星。天文学中的"冰"可以指代液态混合物，由水、甲烷和氨组成的高温、高密度的液态混合物占据了海王星总质量的80%以上，它们包裹着一个小小的岩质星核翻腾旋转，其外面是海王星寒冷的大气层。有些科学家认为，这些液体可能在海王星表面形成了一片高温海洋，之所以没有被汽化，是因为压在上面的大气层压力高得难以想象，想逃也逃不掉。

在这颗冰巨星的内部，压力是由外向里逐渐增加的，找不到一个完整明确的固态表面，大气层、表面、行星幔、行星核之间不存在清晰的界线。尽管如此，科学家仍然确定海王星的大气层存在强烈的风暴，性质与木星上的大红斑类似，是由速度极快的风引起的，并会在星球表面快速移动。

带有若干弧的亚当斯环

海王星光环

与太阳系外围其他几颗行星类似，海王星也有自己的行星环系统，只不过就算你眯起眼睛恐怕也很难看到。

海王星最显眼的几个行星环从内至外依次叫伽勒环（Galle）、勒威耶环（Leverrier）、拉塞尔环（Lassel）、阿拉戈环（Arago）和亚当斯环（Adams），据推测它们都十分年轻，而且未必长寿。海王星的这些行星环应该是由非常微小的宇宙尘埃构成的，这种尘埃根据猜想应该与烟雾颗粒差不多大，善于吸收而不是反射可见光，所以整个行星环看起来非常暗。从这个角度上讲，海王星环与土星环或天王星环并不太像——后两者都存在一些相对较大的岩石碎块——反倒和木星

环更为相像，其形成原因尚不清楚。

另外，最外围的亚当斯环相当特别。根据物理运动的法则，行星环里面的尘埃物质本应该是平均分布的，但在亚当斯环里，尘埃出现了局部聚集的现象，形成了四个明显的弧形结构（arc），分别叫自由弧（Liberté）、平等弧（Egalité）、博爱弧（Fraternité）和勇气弧（Courage）。当下，科学家们认为，这些弧之所以能稳定存在，都是因为受到了位于亚当斯环内侧的海卫六（Galatea）的引力影响。

绕行海王星的海卫八

海卫八

海卫八由旅行者2号于1989年发现，与身材最魁梧的兄弟海卫一相比，半径连后者的六分之一都不到。

海卫八（Proteus）直径仅420千米，只有地球卫星月球的八分之一，形状也很怪，像一个四四方方的盒子，要是它质量再大一点儿，引力再强一点儿，也许就会变得更圆。这颗卫星大约每27小时就会绕海王星一周，表面到处都是陨石坑，但没有证据表明上面存在任何内生性的地质变化。其公转方向与海王星自转方向相同，而且受到了海王星的潮汐锁定，位置靠近海王星的赤道面。

海卫八也是整个太阳系里最暗的天体之一。与土星的卫星土卫九类似，海卫八的反照率极低，只能反射6%的阳光，属于低反照率天体。

海卫八最初的代号是S/1989 N1，后来改为现在的名字Proteus，其原意是希腊神话中善于变身的一位海神。说来也怪，海王星的海卫二（Nereid）比它还要小，发现时间却要比它早33年，而且用的仅是地面望远镜。细细想来，一是因为海卫八实在太暗，二是因为海王星距离地球实在太远，所以它才被人类忽视了这么久。

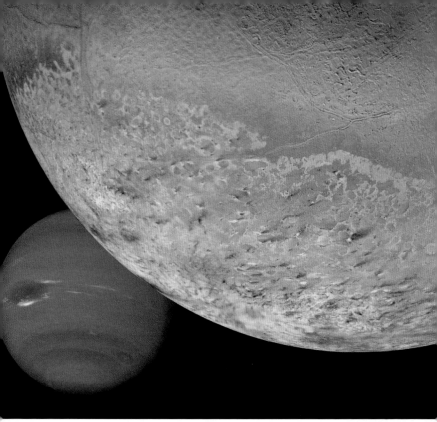

海卫一及远处的海王星（电脑合成拼接图像）

海卫一

海王星已知共有14颗卫星，其中海卫一体积最大，绝对是鹤立鸡群，于1846年10月10日——也就是伽勒发现海王星后的第17天——由威廉·拉塞尔正式发现。

海卫一（Triton）是太阳系里唯一一颗拥有逆行轨道的卫星。也就是说，它绕行海王星的方向与海王星自转方向相反。这种现象表明，海卫一当初也许是一个独立天体，最有可能来自柯伊伯带，后来被海王星引力俘获才成了卫星。

海卫一极其寒冷，表面温度大约为−235℃，按理说应该陷入永恒的死寂中才对。但旅行者2号却在这颗卫星表面发现了间

歇泉，时不时就会喷射出冰态物质，喷射高度超过8000米。就我们目前所知，整个太阳系里除了地球和它，只有木卫一和金星存在类似的火山活动。

根据旅行者2号传回的图像，海卫一的表面稀疏地分布着少量撞击坑，那些间歇泉（也就是冰火山）会喷出由液氮、甲烷和尘埃构成的混合物，混合物随后会迅速被冻住，以雪的形式重新落回表面，形成平顺的平原、圆丘、

圆坑地貌。其中一张照片尤其壮观，冰火山喷出的冰岩浆高达8000米，并且随风飘散到了140千米外的地方。

科学家相信这种火山活动很可能赋予了海卫一一个稀薄的大气层。他们从地球上已经多次探测到了这个大气层的存在，而且发现它的温度正在升高，只不过具体原因尚不清楚。不过就算大气层持续升温，海卫一在未来可能仍是一个冰天雪地的存在。

海卫一的彩色照片

五大知识点

① 海卫一直径2700千米。

② 海卫一的英文名"Triton"是希腊神话中海王波塞冬（等于罗马神话中的尼普顿）的儿子特里同。

③ 在1949年海卫二被发现以前，大家都认为海王星只有一颗卫星，所以直接把海卫一称为"海卫"。

④ 海卫一的密度大约是水的两倍，是太阳系里密度最高的卫星之一，仅次于木卫二和木卫一。

⑤ 和我们的月球一样，海卫一也受到了海王星的潮汐锁定，朝向行星的那一面始终不变，但因其自转和公转轨道之间存在倾角，它的南北两极会轮流面向太阳。

冰冻卫星

海卫一是太阳系里最寒冷的天体之一，根据旅行者2号的探测，其表面温度只有−235℃。在这种条件下，卫星上大多数氮气都被冻成了"氮霜"，反照率高达70%，所以看起来才会泛着冰冷的光泽。

发现历史

我们不清楚威廉·拉塞尔当年在发现海卫一的庆功宴上喝了什么饮料，但我们绝对知道他是因为哪种饮料才发现了海卫一的。啤酒！拉塞尔作为19世纪英格兰最伟大的业余天文学家，本身就是啤酒酿造业的大亨，他用来观测的那些天文望远镜都是通过卖啤酒赚来的。他发现海卫一是在1846年10月10日，那时离伽勒在柏林天文台发现海王星才过了17天。有趣的是，在发现海卫一的一周前，拉塞尔还在海王星周围看到了一个圆环。可惜那不过是望远镜产生的一个幻象。海王星的确存在行星环，那是旅行者2号探测器在1989年拜访海王星时才找到的，亮度极低，拉塞尔根本不可能观测到。

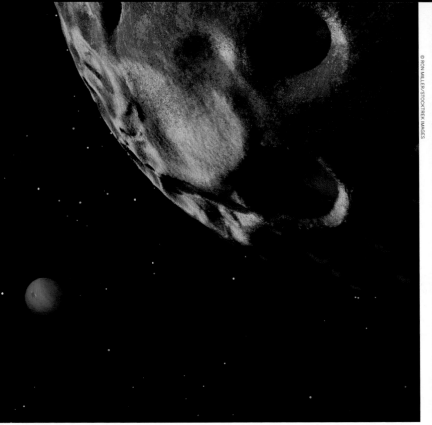

© RON MILLER/STOCKTREK IMAGES

海卫二距离海王星实在太远，科学家据此推测它很可能是一颗被捕获的小行星

海卫二

海卫二是已知海王星最外围的卫星之一，其漫长而又怪异的公转轨道最为出名。

海卫二（Nereid）是太阳系轨道离心率最高的卫星之一，距离海王星非常遥远，绕行一周足足要360天。这说明它也许是海王星从外界捕获的一个小行星，也许是柯伊伯带上的天体；又或者它是在海王星捕获海卫一（海王星最大的卫星）的过程中受到了巨大的干扰。

海卫二的英文名"Nereid"就是常常在希腊神话中登场的海之仙女。它是在1949年5月1日由著名天文学家柯伊伯（Gerard P Kuiper，也就是柯伊伯带里的那个柯伊伯）利用一台

地面望远镜发现的，在很长一段时间里一度被视为海王星的最后一颗卫星，其他卫星直到40年后才被飞临海王星的旅行者2号发现。海卫二的大小是地球的1/75，大约是月球的1/10。

因为海卫二又小又不规则，从地球上很难观测到，我们对它的了解几乎全部来自旅行者2号1989年4月20日至8月19日在海王星附近拍摄的一系列图像。这个探测器当时距离这颗卫星的最近处也有470万千米左右。

众多卫星环绕下的海王星

小型卫星海卫十三的发现地智利托洛洛山天文台

其他卫星

环绕海王星运动的卫星还有很多，但大多数又小又远，从地球上很难观测到，只有最强大的望远镜才能捕捉到它们的踪影。

1989年，旅行者2号在海王星身边发现了一些新卫星，其中包括海卫六、海卫五（Despina）和海卫七（Larissa）。这些卫星位置远，体积小，形状不规则，表面坑坑洼洼，我们目前除了知道它们轨道的大致信息，以及它们靠近海王星暗淡的行星环，其余几乎一无所知。旅行者2号也看到了海卫三（Naiad）和海卫四（Thalassa），它们的轨道半径都很小，也许会有朝一日会被吸到海王星的大气层里，或是被引力撕裂，为海王星增添新的行星环。

利用强大的望远镜，科学家也在海王星身边找到了其他一些卫星。2002年，智利托洛洛山天文台（Cerro Tololo Observatory）的4米口径的布兰科望远镜（Blanco Telescope）找到了身材迷你的海卫十三（Neso）。2003年，夏威夷冒纳凯阿天文台找到了海卫十（Psamathe）。这两颗卫星的轨道半径都是出了名的大，海卫十三更是海王星已知最外围的卫星。科学家认为它们可能是同一颗卫星在数十亿年前破碎后留下的两块碎片。

通过地面望远镜观测到的海王星卫星还包括海卫九（Halimede）、海卫十二（Laomedeia）和海卫十一（Sao）。2013年，又有一颗卫星在海王星身边被观测到，代号S/2004 N1，其身份尚未得到确认。海王星有可能存在更多的卫星，只是还没有被我们找到，真实数量到底是多少，只有时间才能带给我们答案。

海王星的新卫星

2013年7月1日，加利福尼亚州山景城SETI研究所的天文学家马克·肖沃特（Mark Showalter）对哈勃太空望远镜2004~2009年给海王星系统拍摄的150多张存档照片进行了分析，在里面多次发现了一个白点的存在，这表明海王星身边可能存在一颗此前未被发现的新卫星，轨道位置介于海卫七与海卫八之间。根据测算，这颗卫星的平均半径只有大约17千米，远小于海王星已知的任何卫星，亮度也很低，大约比肉眼能够观测到的最暗恒星还要暗上1亿倍。正是因为体积太小，远远低于旅行者探测器摄像头的探测极限，1989年才逃过了旅行者的法眼。肖沃特领导的行星科学家团队在2013年发现这颗神秘的卫星之后，又花了几年的时间分析相关数据，最终才对它的存在做出了较为合理的解释。

这颗新卫星可以被称为海卫十四，英文名"Hippocamp"意为海马，其位置异常靠近海卫八。海卫八比它大很多，按理说本应该能凭借引力把它抛得远远的，或者直接吸过来吞掉。

让我们用数据对比一下：袖珍的海卫十四直径只有34千米，海卫八直径大约418千米，前者的质量只有后者的千分之一。马克·肖沃特说："我们最初觉得，在海王星近轨最大的卫星身边，根本不应该找到这么一颗袖珍的卫星。考虑到海卫八表现出的轨道缓慢外迁的特点，我们相信在遥远的过去，它的轨道就应该在今天的海卫十四那里。"他们因此推断：海卫十四可能是海卫八在几十亿年前被一颗彗星撞出来的碎片。

这个推断可是有根据的。在1989年旅行者2号传回来的图像中可以看到，海卫八上面存在一个很大的撞击坑，当时的撞击力度很有可能把大量物质撞出来，形成新的卫星。用肖沃特的话说，"1989年的时候，我们以为那次撞击只留下了一个坑，现在，通过哈勃的观测我们才明白，彗星把海卫八撞出了一个小碎块，它就是我们今天看到的海卫十四。"这两颗卫星的轨道距离目前只有12,070千米左右。

事实上，海王星卫星系统的形成拥有一段暴力的历史。数十亿年前，海王星可能从柯伊伯带——一个由冰态和岩状物质构成的大型碎片带，位置在海王星轨道之外——那里捕获了海卫一。海卫一体积庞大，它的引力把海王星原有的那些卫星肢解成了碎块，它自己最终在一个圆形轨道上安顿了下来，那些被撕碎的卫星则拉帮结派，形成了海王星的第二代卫星。但第二代卫星继续遭受彗星的狂轰滥炸，海卫十四就是在此期间被撞出来的新卫星，姑且可以称之为第三代卫星。

硅谷NASA艾姆斯研究中心（Ames Research Center）研究人员、近期相关研究论文的共同作者杰克·李绍尔（Jack Lissauer）表示："基于彗星数量方面的估算，我们知道太阳系外围的其他卫星都曾多次经历过被彗星撞击—破碎—重新聚合的过程。海卫十四与海卫八这一对卫星的存在则生动地说明，彗星撞击有时候甚至可以缔造出新的卫星。"

的确，猛烈的撞击给太阳系的许多卫星都留下了"烙印"，只不过这种烙印有时候表现为卫星表面的撞击坑，有时候则是新的卫星。

太阳系其他天体：
小行星、矮行星和彗星

在我们太阳系诞生伊始，年轻的太阳身边环绕着一个巨大的云盘，宇宙尘埃与气体翻腾盘绕。云盘不但造就了八大行星，也孕育出了无数小行星、矮行星和彗星。

这个云盘中的尘埃颗粒彼此碰撞、融合，形成体积更大的岩块，岩块继续吸引周围的物质，体积越来越大，质量越来越大，最终形成了八颗行星，也就是我们今天所说的太阳系八大行星。

余下的物质虽然也彼此融合，形成了数十亿个天体，但根据我们目前的定义，它们并没有达到行星的级别。其中一些比行星略小，表现与行星类似，但并不完全一样，名为矮行星；再小一点的，沿着独特的轨道环绕太阳或者成了太阳系较大天体的追随者，名为小行星；还有一些，在宇宙中的运行路线和表现千奇百怪，是特立独行的太空旅行者，名为彗星。我们太阳系除了太阳和行星之外的所有已知天体，都属于这三类。

令人惊讶的是，这些神秘天体中有许多自46亿年前诞生到现在几乎没发生任何变化。这种近乎天然原始的状态，决定了它们都是精彩的说书人，可以让我们了解太阳系早期的状态，也可以揭示重要的秘密，让我们厘清地球从无到有、从小到大的演化过程，甚至可能提供关键的线索，让我们知道赋予地球以生命的水和其他"原材料"到底从何而来。

顶级亮点

冥王星
1 虽然不再被认可为行星,矮行星冥王星仍然在太阳系天体中占据着特殊的崇高地位。

柯伊伯带
2 柯伊伯带是海王星轨道外一个冷冰冰的环,里面藏着许多矮行星、冰彗星和小行星。

苏梅克-列维9号
3 苏梅克-列维与木星的碰撞是人类首次见证到的类似天体碰撞。

小行星带
4 位于火星与木星轨道之间的岩质碎片带,宽逾1千米,包含100万到200万成员。

奥陌陌
5 奥陌陌是一位星际旅客,体积小,速度快。除了它之外,还有很多同样途经太阳系却不为人类所知的天体。

谷神星
6 小行星带里唯一的矮行星,质量占小行星带总质量的25%。

妊神星
7 矮行星妊神星位于柯伊伯带,因光环、卫星而与众不同。

海尔-波普
8 长周期彗星,上一次飞临地球时,在天空中足足亮了18个月,肉眼就能看到。

阋神星
9 这颗矮行星的发现促使科学家重新审视太阳系天体的分类方法。

艾森
10 身为掠日彗星,艾森因为离太阳太近而解体,但临终前为科学家提供了大量有关彗星运行的新信息。

女凯龙星
11 史上首个被发现拥有光环系统的小行星。

奥尔特云
12 一个推测出来的天体云,距离太阳3光年,可能是长周期彗星的家园。

新视野号传回的冥王星表面图像,图为克鲁恩斑(Krun Macula)高原旁的冰原

小行星带和小行星

小行星是太阳系早期残留下的岩质天体，其中许多（但绝非全部）目前都位于同名的小行星带（Asteroid Belt）中。它们的体积差别很大，最大的灶神星（Vesta）直径约530千米，最小的却不到10米。太阳系所有小行星加在一起，总质量还比不过月球！

大多数小行星的形态并不规则，表面常常坑坑洼洼，只有少数才近乎球形。它们都沿椭圆轨道围绕太阳公转，同时自转，只不过其中一些自转并不规律，有点跟跟跄跄的意思。已知超过150颗小行星都有一颗甚至两颗卫星。也有一些小行星和另一颗（或者两颗身材相仿的同类）抱团，彼此环绕运动，即所谓的双小行星系统或三小行星系统。

大多数已知小行星都聚集在小行星带中，循比较正常的椭圆轨道环绕太阳运行。这条小行星带位于火星和木星轨道之间，其中，直径超过1千米的小行星应该有110万至

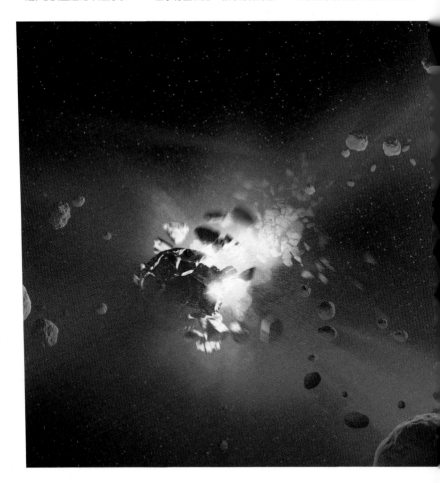

119万颗，直径不到1千米的多达数百万颗。在太阳系早期，木星刚刚诞生，质量大，引力强，周边小型天体再无可能聚合成新的行星，只能彼此碰撞碎裂，我们今天看到的小行星带于是渐渐成形。

特洛伊小行星（Trojan asteroids）不在小行星带中，通常与某颗较大的行星沿同一轨道运行，但并不会与之相撞，因为它们都聚集在L4和L5两个拉格朗日点（Lagrangian point）的特殊位置上，太阳引力与行星引力刚好相互抵消，杜绝了它们飞出轨道撞向行星的可能。此类小行星中最多的就是木星特洛伊小行星（Jupiter trojan），据推测，其数量应与太阳系小行星带相仿。但木星引力太大，加上偶尔还会与另一个天体近距离接触，导致木星特洛伊小行星轨道改变，有

早期小行星带的模拟图

时候会被甩出主轨道，飞往四面八方，并穿过其他行星的轨道。这类流浪小行星及其碎片曾无数次砸向地球等行星，在行星地质史和地球生命演化史上扮演着关键角色。

火星与海王星也有各自的特洛伊小行星，而2011年，地球的特洛伊小行星也首次登场，代号2010 TK7。这颗小行星的运行轨迹非常复杂，它垂直于地球公转轨道平面做大幅度的上下位移，即所谓"本轮运动"（epicycle）。与此同时，它还在地球轨道内以395个地球年为周期，围绕着自己的对应稳定点做公转运动。

如果一颗小行星有可能跨越地球的轨道，它就叫"近地小行星"（near-Earth asteroid），如果真的跨越了地球的轨道，就叫"越地小行星"（Earth-crosser）。已知的近地小行星超过1万颗，其中超过1500颗被认为可能对地球造成威胁。科学家们对越地小行星和可能进入地球轨道4500万千米以内区域的近地小行星实施持续检测，它们都有可能撞击地球。在探测、监测这些潜在危险上，雷达是很重要的工具。通过研究小行星反射回来的雷达信号，科学家可以掌握有关其轨道、自转、大小、形状、金属含量等方面的大量信息，从而判断它们是否会对地球构成严重威胁。

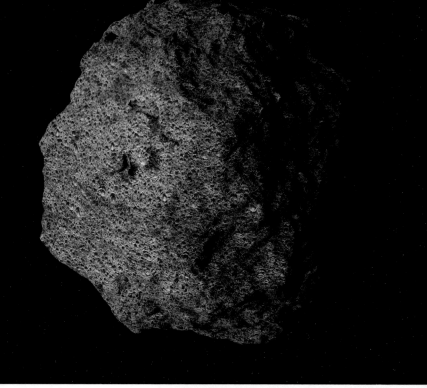

放眼宇宙，贝努很小，可再小也比我们的帝国大厦和埃菲尔铁塔高大

贝 努

贝努的轨道离地球实在太近，因而被视为潜在危险天体，很快，它就将成为被研究得最透彻的小行星，同时有助于深化人类对太阳系历史的理解。

小行星贝努（Bennu）来自太阳系早期，诞生于一场猛烈碰撞的废墟之中，在宇宙中流离了数百万年，还遭遇过行星引力的肢解，可以说是投胎不利，命运多舛。现在，贝努夹在火星与地球之间环绕太阳运行，科学家有些担心，万一哪天它靠太近了，我们就有麻烦了。与此同时，研究者也希望尽可能多地挖掘这颗近邻小行星所携带的大量珍贵信息。

由于形成时间早，状态保存良好，加之距离地球近，样本在几年之内就可以送回地球，所以贝努才在源光谱释义资源安全风化层辨认探测器（OSIRIS-REx）任务中被选为目标。亚利桑那大学的爱德华·贝肖（Edward Beshore）是这一小行星样本返回任务的副首席研究员，他说："我们研究贝努，是因为我们想知道它在整个演化过程中到底经历了什么。贝努的经历会让我们更了解太阳系的起源以及演化方式。在地球这样的行星上，因为存在地质活动，大气层和水还会引发化学反应，宇宙原生物质已经发生了很大的变化。在我们看来，贝努的变化应该很小，研究它就相当于研究一个时间胶囊。"

贝努上面也许还有来自太阳系早期的有机物。要知道，这种主要由碳、氢两种原子构成的分子化合物正是我们地球上生命的基础。如果在贝努上能找到有机物，科学家就可以分析出太阳系早期存在的部分物质，而这些物质可能与地球的生命起源存在一定关系。

半径：
246米

质量：
（6.0~7.8）×10^{10}千克

成分：
碳、岩石和矿物质

发现时间：
1999年

公转周期：
1.2地球年

源光谱释义资源安全风化层辨认探测器

OSIRIS-REx的全称是"起源-光谱-资源-安全-风化层探测器"（Origins, Spectral Interpretation, Resource Identification, Security – Regolith Explorer），旨在辅助科学家研究小行星珍贵的样本，寻找有关太阳系历史的线索。该探测器于2016年底发射升空，2018年抵达贝努，并将于2023年将贝努表面样本送回地球。得到样本后，任务团队就可以对来自贝努表面的原始宇宙物质展开研究。

OSIRIS-REx登陆贝努表面的模拟图

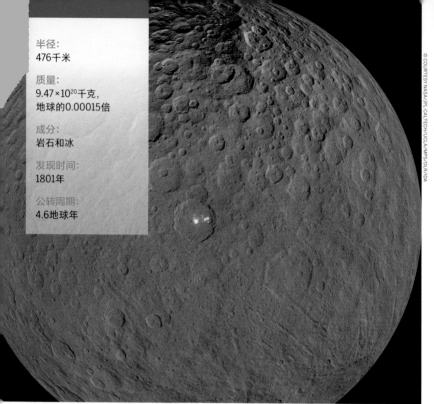

半径：
476千米

质量：
9.47×10²⁰千克，
地球的0.00015倍

成分：
岩石和冰

发现时间：
1801年

公转周期：
4.6地球年

谷神星是小行星带内罕见的矮行星

谷神星

谷神星属于矮行星，是小行星带里最大的天体，也是第一个被发现的（1801年）小行星，科学家激动地在它上面发现了地质活动与有机分子存在的证据。

谷神星（Ceres）是太阳系主要小行星带里最大的天体，但可别觉得小行星带里的都是小行星，谷神星就是矮行星。其实，在被人类发现之后的最初几百年里，谷神星的确因为成分和轨道的特征被归为小行星，直到2006年才验明正身，与冥王星、阋神星一同成了第一批矮行星。尽管凭一己之力就占去了整个小行星带25%的质量，但谷神星的个头也不过是冥王星的1/14。严格地说，谷神星介于小行星与矮行星之间，可此可彼，只是更符合矮行

星的定义而已。

2015年，曙光号探测器（Dawn）抵达谷神星，此前它已完成了对小行星带内灶神星的观测。随后，它开始从多个高度对谷神星表面展开大规模拍摄。结果显示，谷神星拥有惊人的地貌，存在火山、水冰、盐沉积等地貌和地质遗迹，说明上面可能曾经存在海洋。2018年末，曙光号在耗尽燃料后退出任务，虽然未来还会环绕谷神星数十年，但再也无法把任何新的数据传回地球。

半径：
151千米

质量：
未知

成分：
未知

发现时间：
1997年

公转周期：
63地球年

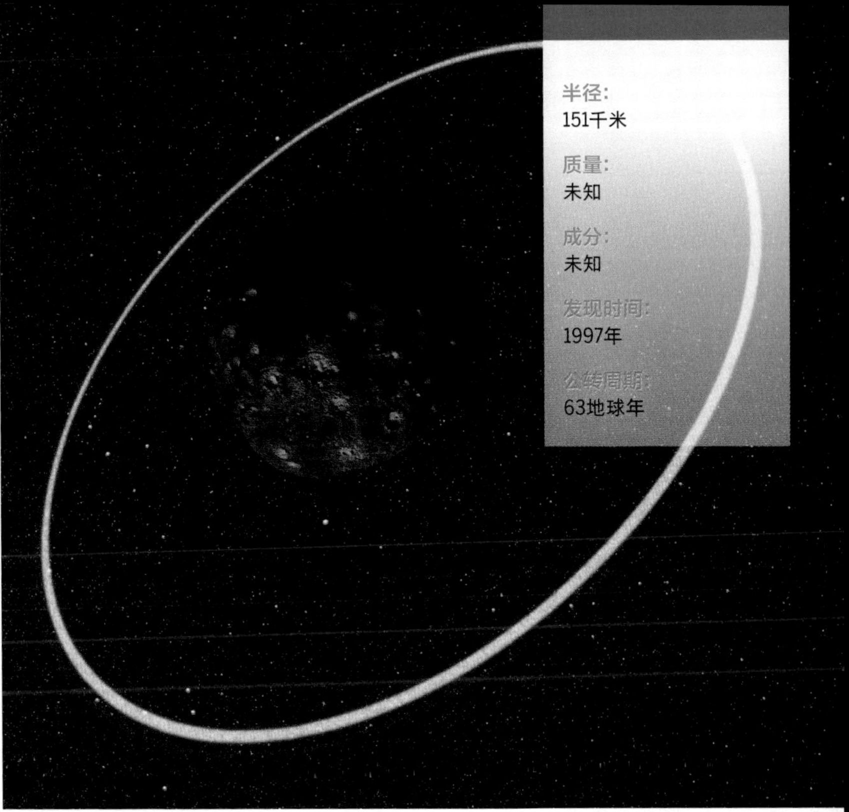

女凯龙星的光环模拟图

女凯龙星

女凯龙星拓展了小行星的定义。它拥有两道太阳系最小的光环，更有诸多独特之处，随着研究的深入，正不断为科学家们带来惊喜。

女凯龙星并不在小行星带里，而是地处太阳系外围的半人马小行星群，它是其中最大的一颗。但天文学家们一直在为女凯龙星究竟算不算小行星而争论，有观点认为它其实是一颗矮行星。

女凯龙星位于土星与天王星之间，2013年，天文学家在观测时发现其亮度减弱，通过分析相关数据，得出结论：女凯龙星身边至少存在两道类似土星环的环形结构。在此之前，天文学家并不确定太阳系里的小型天体是否具有形成光环所必需的稳定性，而这一发现让女凯龙星成了宇宙中已知具有光环结构的最小天体——虽然照小行星的标准看还是相当大。

这两道出人意料的光环是怎么形成的？为什么能够保存至今？考虑到女凯龙星本身质量那么小，附近还有其他小行星和天王星干扰，光环还能维持多久？天文学家正利用计算机模拟技术对这些问题进行探究。

在加利福尼亚州圣何塞城外拍摄的象限仪流星雨星轨

EH1

自2003年被发现以来，小行星EH1已为天文学家提供了有关流星雨起源以及彗星生命周期等一系列问题的答案。

数十年来，天文学家一直疑惑于象限仪流星雨（Quadrantids meteor shower）的成因，希望找出它的来源。它是公历年每年的第一场流星雨，不像其他流星雨那样持续好几天，它绚烂而短暂，只有几小时。象限仪流星雨起自牧夫座（Bootes）和天龙座（Draco）之间一个已被废除的星座——象限仪座（Quadrans Muralis）。在北半球大多数地方（即所谓"拱极区"）都可以看到，但再往南就不行了。茫茫宇宙之中，究竟是什么让它们

每年这般划过天际呢？

现在看来，这场"雨"可能是一颗由彗星变成的小行星下的。2003年，在美国亚利桑那州弗拉格斯塔夫附近的安德森台地观测站（Anderson Mesa Station），开展洛厄尔近地天体搜索计划（LONEOS）的天文学家们发现了一个近地天体，代号EH1，地外文明探索研究所（SETI）的彼得·詹尼斯肯斯（Peter Jenniskens）认为这颗小行星很可能就是象限仪流星雨的母体。根据其轨道属性和公转

周期，它的这一身份很快得到确认。此外，天文学家还提出一个推断：EH1有可能是彗星C/1490 Y1的一个残块，参照中国古代天文学家记录下的流星雨现象，碎裂分离的时间应该在1490年前后。现在，EH1被认定为熄火彗星（extinct comet），与法厄同（Phaethon）一样。有点糊涂了？

其实，彗星与小行星都是环绕太阳运行的小天体，它们的主要区别在于成分：由岩质物质、冰和尘埃构成的是彗星，由岩质物质和矿物质构成的是小行星。当彗星飞到距离太阳足够近的位置时，冰和尘埃发生气化，形成经典的彗尾；等到冰和尘埃都没了，这颗彗星也就成了小行星。具体以EH1为例：它原来是一颗岩为核、冰为壳的彗星，千百年来，冰壳逐渐瓦解，在宇宙中留下的碎片就是今天的象限仪流星雨，而最终余下的岩块就是今天的小行星。

据此，研究者推测，EH1还会以小行星的身份在轨道上继续绕行，而数万甚至可能是数百万年后，象限仪流星雨会彻底消失。追溯并预测流星雨的来龙去脉是个复杂的难题，但至少，如今我们对这场壮观流星雨的前世今生有了更多的了解。

半径：
2千米

质量：
未知

成分：
岩石

发现时间：
2003年

公转周期：
5.52地球年

象限仪流星雨

世界上许多地方的人都会用烟花庆祝公历新年的到来，殊不知宇宙早已给我们准备了一场迎新烟火秀，那就是象限仪流星雨。这场流星雨与英仙座流星雨、双子座流星雨一样活跃，只是多数流星雨的峰期可以持续两天，它却只有几小时。象限仪流星雨大约出现在每年1月3日前后，你可能在一个小时内看到50~100颗流星飞过，而且其中更有亮度很高、尾巴更长的火流星（fireball），堪称天空中最绚丽的年度流星雨。人类至少从1825年开始就已经在北半球观测到了它的存在，但在很长一段时间里一直无法确定它的母体。这场流星雨赖以得名的象限仪座并不属于现代星座，早在1922年就已被国际天文学联合会废除。

弗拉格斯塔夫安德森台地观测站的洛厄尔天文台

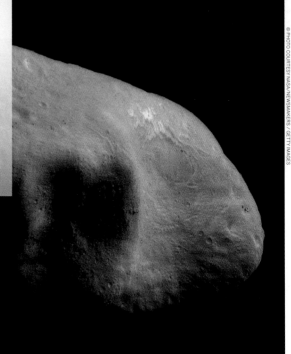

半径：
8.42千米（不规则形体）

质量：
6.687×10^{15}千克

成分：
岩石

发现时间：
1898年

公转周期：
1.76地球年

© PHOTO COURTESY NASA/NEWSMAKERS / GETTY IMAGES

NEAR-苏梅克号探测器拍摄到的爱神星——火星轨道附近的一颗近地小行星

爱神星

爱神星发现于20世纪前夕，是第一个为人类所知的近地天体。100多年后，一个探测器对它进行了环绕观测并成功登陆，让这颗小行星当了一把"天文明星"。

也许是因为它独特的外形，天文学家才会用希腊神话中的爱神为其命名（Eros，正式名称是433 Eros）。这颗小行星在火星与地球之间环绕太阳运行，被认定为近地天体，是历史上第一个被发现的近地天体，也是已知第二大的近地天体。

1998年和2000年，NEAR-苏梅克号探测器（NEAR Shoemaker）两次拜访爱神星，任务之一就是获取有关这颗小行星的更多信息。在第二次执行任务期间，探测器先是环绕爱神星运行，从各角度对其进行拍摄，提供了细节异常丰富的星体全貌展示。研究者发现爱神星是一个固态单体，各部分的成分几乎完全一样，形成于太阳系早期，但包括表面岩石为什么发生解体在内的部分问题，至今我们仍然没有得到答案。

2001年2月，NEAR-苏梅克号探测器硬着陆爱神星表面。与很多类似任务不同，探测器在硬着陆后并未报废，依然在任务的最后阶段将分析数据传回地球，让科学家对爱神星的表面风化层能够有所了解，这是覆盖在星体表面、混杂了多种沉积物的松散土层。

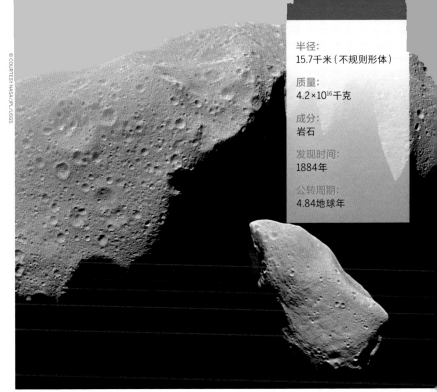

半径：
15.7千米（不规则形体）

质量：
$4.2×10^{16}$千克

成分：
岩石

发现时间：
1884年

公转周期：
4.84地球年

艾达与达克蒂尔的真实比例

艾达

在数百万年里留下的无数次撞击痕迹之中，伽利略号探测器在一次近飞探测时发现小行星艾达竟拥有一颗迷你卫星，让天文学家颇感惊讶。

艾达（Ida，正式名称为243 Ida）在小行星带外侧环绕太阳运行，看起来就是一颗挺正常的小行星。科学家推断它属于约20亿年前形成的小行星中的一员，可能由两个或两个以上的大型天体"温柔"碰撞后黏合而成，所以长得有些怪模怪样。但随着研究的深入，他们发现，艾达的奇特之处不仅在此。

1993年，机器人探测器伽利略号在前往木星途中飞临艾达，对它进行了近距离拍摄。天文学家在照片里意外地找到了艾达的一颗迷你卫星，并将其命名为达克蒂尔（Dactyl）。达克蒂尔直径仅1.4千米，半径只有艾达的1/20左右，是人类发现的第一个小行星卫星。天文学家相信艾达在漫长岁月中曾遭受多次碰撞，这颗卫星应该就是在其中某次碰撞中被撞出来的。

自从被艾达点醒，意识到小行星也可以有卫星，科学家们已经找到了超过150颗小行星卫星。其中一些一直藏在我们研究了数百年的近地小行星身边，有的小行星甚至拥有两颗卫星。

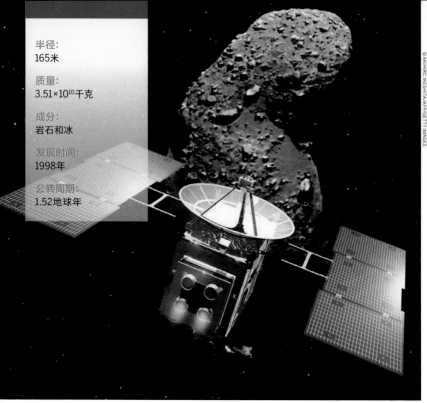

半径:
165米

质量:
3.51×10^{10}千克

成分:
岩石和冰

发现时间:
1998年

公转周期:
1.52地球年

© AKIHIRO IKESHITA/AFP/GETTY IMAGES

JAXA隼鸟号探测器飞临小行星糸川的模拟图

糸川

糸川是由岩石和冰在引力作用下聚合成的一颗小行星，游走于内太阳系，或许有一天会与地球狭路相逢。

小行星糸川（Itokawa，全名25143 Itokawa）是一颗直径不到1千米的小型近地天体，细看它的照片，你会迷惑于一个问题：它的撞击坑都哪儿去了？2005年，日本宇宙航空研究开发机构（JAXA）的机器人探测器隼鸟号（Hayabusa）飞近它进行拍摄。与太阳系已知留有影像记录的所有固态天体不同，照片中的糸川表面几乎找不到撞击坑。

目前的主流推测认为，糸川之所以缺少圆形的撞击坑，是因为它只是由许多小岩块和

小冰块借助相互间的微弱引力集结而成的，本身结构松散，因此不容易形成撞击坑，而附近行星的引力以及大质量流星的撞击也都会轻易抹去撞击坑的痕迹。地面天文台在对糸川的观测中也有一个出乎意料的发现：它内部有一部分的平均密度比其他地方都大。

隼鸟号探测器带回的糸川土壤样本显示，虽然它的构成物质与太阳系其他天体一样，但其构成与形状的物理原理却颇为独特。

半径：
约2.9千米

质量：
未知

成分：
岩质

发现时间：
1983年

公转周期：
1.433地球年

双子座流星雨星轨

法厄同

神话中的法厄同贸然驾驶父亲太阳神的马车以致引火上身，现实中的这颗小行星行事风格也有些乖张，有的时候离太阳很近，有的时候又几乎飞出内太阳系。

法厄同（Phaethon，正式名称3200 Phaethon）有时候会飞到水星轨道内，有时候又飞到火星轨道外，其轨道的离心率非常高，表现得更像是彗星而不是小行星。有些天文学家因此推测，法厄同可能原本就是一颗彗星，只不过后来飞到了距离太阳很近的地方，上面的水冰与尘埃受热气化，在身后留下了一条碎片尾巴，碎片掉向地球，便是每年12月的双子座流星雨，而脱掉了冰壳的彗星本体就成了今天的岩质小行星。如果这一推论被证实，就同时解释了法厄同独特的轨道和双子座流星雨的由来。

2017年年底，负责监测研究数千个太阳系天体的阿雷西博天文台（Arecibo Observatory）公布了一组有关法厄同的新图像，让我们对它的形态有了新的认识。高校空间研究协会（Universities Space Research Association，简称USRA）的科学家、阿雷西博天文台行星雷达观测研究带头人帕特里克·泰勒（Patrick Taylor）说："这些新的观测结果说明，法厄同在形状上有可能类似小行星贝努，但能装下至少1000个贝努。"

双子座流星雨

作为每年最后一场大型流星雨，双子座流星雨也是最精彩的流星雨之一。这场流星雨一般出现在每年的12月4日至17日，峰期通常在14日至15日，其间每小时可以看到100~200颗流星，而且总体强度每年都在增加，未来很有可能成为地球上最壮丽的流星雨。目前，学界认为地球上只有两场流星雨是由小行星引发的，一场是双子座流星雨，另一场就是1月份由EH1引发的象限仪流星雨。

323

半径：
113千米

质量：
2.23×10^{19}千克

成分：
镍铁

发现时间：
1852年

公转周期：
4.99地球年

正在执行任务的普赛克号模拟图

普赛克

普赛克足够有趣，可能是一颗早期行星留下的行星核，也可能是小行星带内绝无仅有的金属质天体，研究者已有计划在近年内派出探测器去破解它的身世之谜。

普赛克（Psyche，全称16 Psyche）是小行星带里体积最大的10颗小行星之一，单凭这一点便足以引起天文学家的兴趣。但它之所以与众不同却另有缘故：这颗小行星由镍铁构成，有可能根本就是某颗太阳系早期行星破碎后留下的星核。科学家认为，在类似地球这样的岩质行星内都应该存在一个金属质的行星核，只是就像地核一样，被厚硬的行星幔和行星壳所包裹覆盖，无法直接观察或测量。如果对于普赛克的推测正确，天文学家等于有了一个难得的机会，能够深入了解类地行星是如何历经碰撞、吸积后最终成型的。

NASA计划在2022年派遣普赛克号探测器（Psyche）拜访这颗小行星。其科研任务是分析形成行星的基本物质结构，并对这个全新的处女天体进行实地考察。任务团队希望可以确定普赛克是否真是早期行星的行星核，年龄到底多大，形成方式是否与地核类似，表面到底什么样等问题。如果普赛克号能够按照计划发射，那么在2026~2027年它就会开始环绕这颗小行星展开观测，人类对于它的认知也一定会因此变得更加丰富。

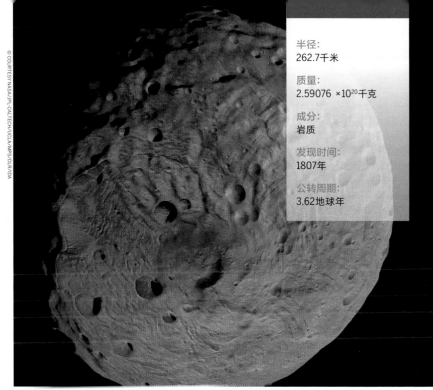

半径：
262.7千米

质量：
2.59076 ×10²⁰千克

成分：
岩质

发现时间：
1807年

公转周期：
3.62地球年

小行星带中的灶神星身上藏着有关原行星天体的古老秘密

灶神星

小行星带里的成员数以百万计，其中体积最大的、唯一能凭借肉眼直接看到的就是灶神星。研究它可以让天文学家了解行星形成初期阶段的情况。

灶神星（Vesta）是火星与木星轨道之间的小行星带最大的原行星（protoplanet），也是最亮的天体，质量占小行星带总质量的10%左右，性质相当神秘，在很长一段时间里都被误认为是小行星。站在地球上望去，灶神星似乎就是星空中一个模糊的光点，从两个多世纪以前首次被发现开始，它就一直在向人类发出邀请，但直到2011年7月，NASA的曙光号探测器才最终应邀造访。曙光号花了14个月环绕灶神星一圈，对它进行了全方位、无死角

的观测，借助曙光号传回的高清图像和测量数据，天文学家判定，灶神星并非之前所想的小行星，而是一颗原行星的残留部分。

灶神星身为原行星，甚至可能是太阳系里现存最大的原行星之一，岩质和密度与火星、水星类似，只是体积很小，自太阳系形成以来，在无数年里遭到了无数小天体的撞击，表面有凹有凸，有沟有崖，研究这个奇异的世界有望帮助研究者更深入地了解太阳系早期形成阶段的情况。

柯伊伯带

柯伊伯带位于我们太阳系寒冷的外围区域，已经越过了海王星的轨道，有时被叫作太阳系的"第三区"。天文学家估算，柯伊伯带内有数百万个冰寒的小天体，包括成千上万个直径超过100千米的天体，还有少量能超过1000千米的，比如冥王星。除了岩质物质和水冰，柯伊伯带内也存在其他的冰态化合物，包括氨和甲烷。

1951年，天文学家杰拉德·柯伊伯（Gerard Kuiper）发表了一篇论文，推测冥王星外还有天体环绕太阳运行，在得到确认后，学界便把这一天体结构命名为柯伊伯带，这些天体则叫柯伊伯带天体（Kuiper Belt object，简称KBO）。又因为天文学家艾吉沃斯（Kenneth Edgeworth）早在20世纪40年代就已经在论文中提及此类天体的存在，柯伊伯带又叫"艾吉沃斯-柯伊伯带"（Edgeworth-Kuiper Belt）。有研究者还把柯伊伯带叫"海外空间"（Trans-Neptunian Region），把柯伊伯带天体叫"海外天体"（Trans-Neptunian objects，简称TNOs）。不管你喜欢怎么叫它，这条带状结构都是我们太阳系行星系统中的一个巨无霸，而且里面那些小天体还可以告诉我们很多关于太阳系早期历史的信息。

柯伊伯带是太阳系最大的天体结构之一，与奥尔特云、太阳风层、木星磁层处于同一级别。它的整体形态就像一个套在太阳外面的甜甜圈，也可以说是一个中空的厚盘子。从结构上可以分成内外两部分，内盘为柯伊伯带主体，起自海王星轨道，距离太阳大约30天文单位（地日距离的30倍），外侧距离太阳大约50天文单位。外盘被称为"离散盘"，其内侧与柯伊伯带主体外侧存在重叠，外侧距离太阳近1000天文单位。事实上，在外盘以外很远处也有一些天体沿不规则轨道环绕太阳运行。

到目前为止，记录在册的柯伊伯带天体不下2000个，而科学家们认为，这些也只占柯伊伯带天体估算总数的极小部分。然而，照估算，数量如此庞大的天体加到一起的总质量却很小，只有地球的10%左右。

天文学家认为柯伊伯带是太阳系形成时留下的冰冷遗迹，它与海王星的关系很像主小行星带与木星，里面的天体本有机会形成一颗行星，可惜海王星捷足先登，用自己的引力把这个宇宙空间搅得乱七八糟，以至余下的小天体再也无力聚合成大行星。

另一个认同度很高的理论认为，太阳系4颗巨行星（即木星、土星、天王星和海王星）的轨道迁移可能给原柯伊伯带造成了巨大的物质流失，流失质量可能是地球的7~10倍。因此，今天柯伊伯带的总物质量可能只占原先的很小一部分。

简单地说，在太阳系初期，木星与土星首先发生轨道外迁，把天王星与海王星挤向远离太阳的方向。两者在向外移动的过程中穿越当初巨行星形成时留下的那个密布冰质小天体群的"盘子"。海王星轨道更靠外，它的引力改变了原柯伊伯带里无数小天体的轨道，将它们甩向靠内侧的几颗巨行星。其中大多数最终被木星抛到了极远的轨道上形成奥尔特云，或是干脆被送

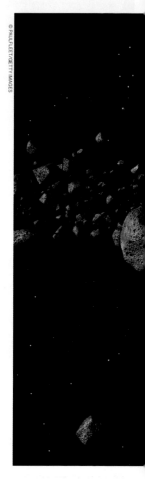

柯伊伯带轨道上的天体与彗星模拟图

出了太阳系。而海王星在把天体抛向太阳的过程中，也因为反作用力进一步远离太阳，同时通过引力对剩余小天体进行建构，最终形成了我们今天看到的柯伊伯带。

有观点认为，柯伊伯带里面的天体偶尔会相撞破碎成更小的天体，其中一些可能变成彗星，加之太阳风也会带走部分宇宙尘埃，所以，柯伊伯带可能处在非常缓慢的自我

侵蚀过程中。只是随着质量越来越小，内部天体发生碰撞的概率逐渐降低，损失速度反倒会越来越慢。

部分柯伊伯天体撞击产生的碎片受海王星引力作用飞向太阳方向，进而继续被木星向里拽，成为只有20年甚至更短寿命的"木族彗星"。这些彗星频繁飞入内太阳系，冰质迅速被蒸发，很快，大多数都会变成休眠或者死亡彗

星，几乎没有活动可以被探测到。研究者发现，类似法厄同、EH1这样的近地小行星极可能就是被烧干的彗星，大都来自柯伊伯带。柯伊伯带绝对是太阳系的前沿阵地，我们对它的探索才刚刚开始，还有许多认知有待发展。

矮行星

长期以来，我们对于太阳系的理解都相当简单：就大型天体而言，绕着太阳运行就是行星，绕着行星运行的就是卫星。直到2003年，阅神星（Eris）的发现改变了这一切。它是时隔70多年后人类发现的第一颗行星"候选者"，却打破了原有的行星模型。天文学家这才开始思索，也许之前"行星"的概念比最初预想的要大，太阳系里可能还存在其他类型的行星。

国际天文学联合会（The International Astronomical Union；简称IAU）接受了为阅神星归类的挑战，最终于2006年通过一项决议，对什

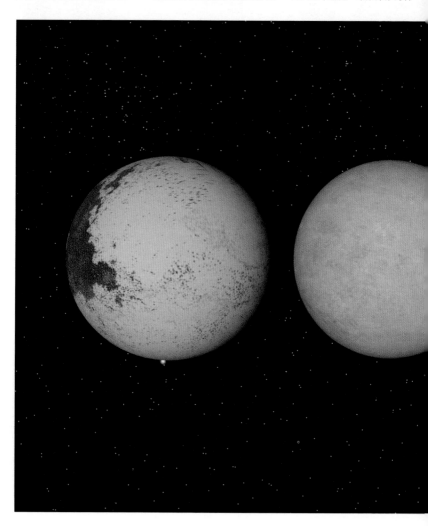

么是行星、什么不是行星给出了新的回答，并新增了一个太阳系天体类别：矮行星。根据这一定义，刚刚被发现的阋神星、当时还是行星的冥王星以及曾被视为小行星的谷神星，成了太阳系首批矮行星。其实，自从冥王星在1930年被发现以来，天文学家一直困

惑于它的某些异常表现，被归为矮行星虽然相当于被降级了，却也使得原先的困惑迎刃而解。

此后，妊神星（Haumea）和鸟神星（Makemake）也相继进入矮行星阵营，得到国际天文学联合会承认的矮行星数量达到了5个。太阳系里

潜在的矮行星可能有100个，柯伊伯带外矮行星的数量可能多达数百个。随着探索的持续，天文学家发现距离太阳越远，行为古怪、耐人寻味的太阳系天体就越多。我们的太阳系事实上要比曾经想象的有趣很多，庞大很多。

矮行星，左起依次为冥王星、阋神星、妊神星、鸟神星和谷神星

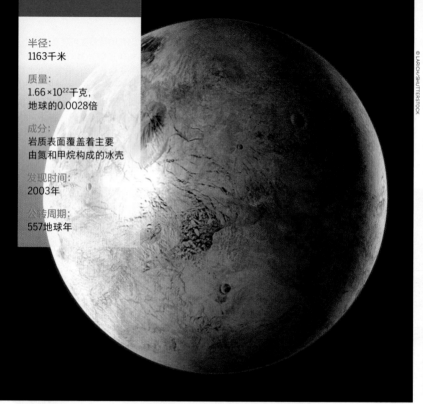

半径:
1163千米

质量:
1.66×10²²千克,
地球的0.0028倍

成分:
岩质表面覆盖着主要
由氮和甲烷构成的冰壳

发现时间:
2003年

公转周期:
557地球年

柯伊伯带中阅神星的发现,促使天文学家创造出矮行星这一全新的天体类别

阅神星

很少有新天体一经发现就能改变既有的天体分类法,阅神星做到了。作为史上首颗被认定的矮行星,它的出现重新定义了人类对太阳系天体的认知。

要是你对冥王星从行星降级到矮行星感到不痛快,那就去怪阅神星(Eris)吧。这个天体在2003年被发现,经测算得知,其质量比冥王星大27%左右,体积也更大。而冥王星一直被视为行星,摆在天文学家面前的只有两条路:要么把阅神星作为太阳系第十大行星对外宣布,要么根据冥王星、阅神星的独特性质,为它们创造一个单独的门类。他们选择了第二条路,"矮行星"就此正式诞生。

阅神星的平均轨道半径为冥王星的3倍以上,周边的宇宙环境寒冷无比,连大气层都被冻成了星球表面的一层冰壳。这层冰壳反射的阳光与刚落下的雪差不多,令阅神星显得相当明亮。阅神星的公转轨道与冥王星类似,不是圆形,而是椭圆形的。预计再过大约275年,阅神星将运行到近日点附近,冰壳将部分融化,直至露出斑斑驳驳、类似冥王星的岩质地貌。

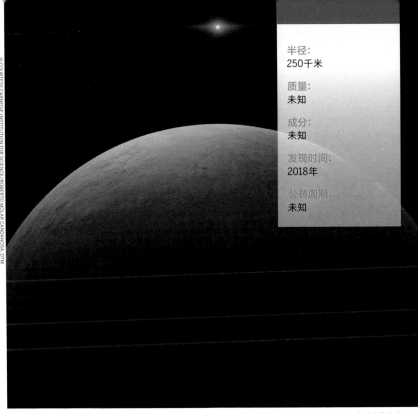

半径：
250千米

质量：
未知

成分：
未知

发现时间：
2018年

公转周期：
未知

从遥远的遥远星望去，太阳只是一个暗淡的光点

遥远星

身处太阳系，却距离太阳最遥远，你会给它取一个什么样的名字呢？当然是"遥远星"。

2018年，一个天文研究团队利用冒纳凯阿火山上的昂星团望远镜（Subaru Telescope）找到了太阳系内距离太阳最遥远的天体。它的正式代号是2018 VG18，但为了强调它在位置上的特殊性，天文学家给它取了个绰号，叫"遥远星"（Farout）。遥远星是真的很遥远，平均轨道半径高达120天文单位，是冥王星的三倍多、阋神星的两倍多。天文学家推测，遥远星的直径大约为500千米，或许有朝一日，它也会和冥王星、阋神星一样被归为矮行星。

尽管遥远星目前是已知太阳系内被观测到的最遥远的天体，却未必能一直保有这个头衔。它的平均轨道半径和公转周期尚未得到确认，研究仍在继续，挑战者随时可能出现。遥远星或许只是一段时间内的"最遥远"——太阳系里还有一个代号2014 FE72的天体，公转周期69,000地球年，对日距据估算可能达到3660天文单位。

半径:
55千米

质量:
未知

成分:
未知

发现时间:
2015年

公转周期:
32,117地球年

可能正影响着妖怪星这类太阳系极遥远天体的未知X行星概念图

妖怪星

之所以得了个"妖怪"的绰号，不是因为它的模样，而是与它被发现的月份有关。事实上，它是太阳系最遥远的天体之一，我们到现在还没能好好地打量过它。

2015年，天文学家借助夏威夷冒纳凯阿火山上的望远镜找到了一个独特的海外天体，并将其命名为2015 TG387。因为当时临近万圣节，他们灵机一动，把缩写"TG"解释成了"The Goblin"，妖怪星的绰号就此诞生，并在学界广为流传。目前我们对它的了解还非常少，据推算，它的体积应该大到了矮行星的程度，但还没得到正式认定。

妖怪星也是已知太阳系仅有的3个"类赛德娜天体"（sednoid）之一。所谓类赛德娜天体，指的是近日点距太阳不小于50天文单位、半长轴超过150天文单位的天体。简单地说，这种天体永远不会离太阳很近，甚至有可能受到某颗未知的太阳系遥远行星的引力影响。

目前得到认定的3个类赛德娜天体，除了赖以得名的赛德娜（Sedna）以及这里的妖怪星外，还有一个绰号"拜登"（Biden）的2012 VP113。它们常常被归为太阳系的"独立天体"（detached object），与行星或矮行星之间不存在任何相互作用。

半径:
310千米

质量:
4.006×10^{21}千克,
地球的0.0007倍

成分:
覆盖薄冰的岩质

发现时间:
2003年

公转周期:
285地球年

妊神星及其光环和卫星

妊神星

妊神星来自太阳系内的一次碰撞,这个造型奇怪的旋转天体令人百思不得其解,正不断为天文学家带来惊喜。

妊神星(Haumea)几乎处处不凡。它是继冥王星、谷神星、阋神星和鸟神星之后第5个被认定为矮行星的天体。要知道,矮行星可是一个非常高端的"天体俱乐部",自2008年妊神星和鸟神星加入直到现在,还没有吸纳过任何新会员。

妊神星的长椭圆形状也非常独特,其X、Y、Z三个轴的轴长,一个远大于冥王星,一个极其接近冥王星,一个远小于冥王星。可以想象,在经过长期观察并推断出它的真实形状之前,天文学家有多么困惑。

别以为妊神星的奇特之处只有这些。在多数情况下,它离太阳要比冥王星远很多,但有时候则比冥王星更靠近太阳。2005年,天文学家还在它身边找到了两颗小卫星,因为妊神星本身得名自夏威夷神话中的生育之神哈乌美亚,他们便把妊神两位女儿的名字送给了这两颗卫星,称之为"希亚卡"(Hi 'iaka,妊卫一)和"娜玛卡"(Namaka,妊卫二)。此后数年间,天文学家又发现妊神星甚至像太阳系其他气巨星一样,拥有一道光环。现在,剩下的问题只有一个:妊神星究竟还藏着多少秘密?

半径：
715千米

质量：
<4.4 × 10²¹千克，
<地球的0.0007倍

成分：
甲烷，可能存在氮冰

发现时间：
2005年

公转周期：
305.34地球年

矮行星鸟神星模拟图

鸟神星

鸟神星冰封闪亮，距离太阳远得无法想象，是太阳系里最晚，也可能是最后一批被归为矮行星的天体。

　　鸟神星（Makemake）是外太阳系已知最大的天体之一，也是仅有的几个被国际天文学联合会正式认定为矮行星的天体之一。它位于柯伊伯带，半径约为冥王星的三分之二，轨道位置比冥王星略远一点，亮度比冥王星略低一点，但其轨道与通常行星的黄道平面之间的倾角比冥王星大很多。

　　这颗星球名字中的鸟神马奇马奇，是复活节岛帕努伊神话中人类的创造者。已知这个星球表面多少有些泛红，深深浅浅的色斑可能

代表有区域被甲烷冰所覆盖。最近，鸟神星刚好挡住了一颗遥远恒星，使后者亮度下降，借机细加观测后，天文学家认为鸟神星几乎不具有大气层。

　　几年来，天文学家一直猜测鸟神星与其他矮行星一样，都应该有一颗卫星环绕。2016年，这颗代号MK2的卫星终于得到了确认，亮度不到鸟神星的1/1300，首次被发现时距离鸟神星大约21,000千米，据估算直径有175千米。

© DIEGO BARUCCO/SHUTTERSTOCK

鸟神星小卫星MK2模拟图

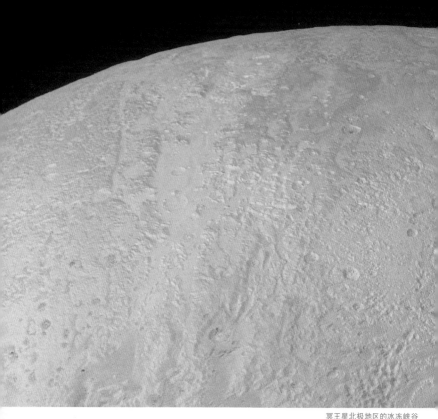

冥王星北极地区的冰冻峡谷

冥王星

无论你怎么看待"冥王星是不是行星"这个问题，都很难否认，正是独具一格的特性才让它自成一个天体门类。

冥王星曾经是太阳系的第9颗行星，但在2006年被天文学家重新定义为矮行星。事实上，矮行星与行星很像，都环绕太阳运行，都因为质量足够大而具有球状形态，但决定性的区别在于，行星必须能够清空轨道周边其他的天体。尽管冥王星是到目前为止我们发现的最大矮行星之一（大多数测算结果都支持阋神星是目前最大的矮行星），但冥王星还是太"小"了些，直径仅约为美国国土宽度的一半，甚至赶不上我们的月球。

冥王星与太阳的平均距离是39.5天文单位，但因为它的轨道是椭圆形的，所以离太阳时远时近，最远的时候有49.3天文单位，最近时为29.7天文单位，比海王星距离太阳（30天文单位）还近。

冥王星有5颗已知卫星，最大的冥卫一（Charon）半径约有冥王星的一半，而冥卫二（Nix）、冥卫三（Hydra）、冥卫四（Kerberos）和冥卫五（Styx）都是通过哈勃太空望远镜发现的。

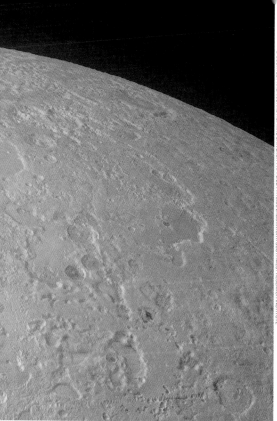

半径:
1151千米

质量:
$1.309×10^{22}$千克,
地球的0.00218倍

成分:
岩质表面上覆盖着氮冰、
甲烷和一氧化碳等

发现时间:
1930年

公转周期:
248.89地球年

冥王星身份之争

冥王星究竟是不是行星?当它在1930年被发现时,尽管距离太阳很远,体积很小,轨道有些异常,但仍然被判定为一颗行星。可到了2006年,天文学家开始意识到,阋神星、妊神星和鸟神星等位于柯伊伯带的天体,与冥王星具有共同的异常表现。为了更好地对这些天体进行描述,国际天文学联合会专门创造了一个新的天体类型,也因此,冥王星在这一年转身成了史上首批矮行星之一。不过,即使到了2018年,同一批天文学家仍然在争论矮行星的定义究竟如何,冥王星到底算不算行星。

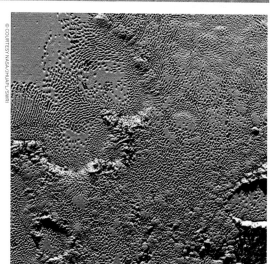

冥王星坑洼表面的近景

彗 星

人类在很久很久以前就注意到了彗星的存在，因为它们拖着长长的尾巴，在天空中不请自来，难以预测，让古人既震撼，又惊恐。中国人留下了长达数百年的彗星观测记录，涉及彗尾的外观特征、彗星出现和消失的时间及其在天球上的位置，内容非常详细。事实上，这些史料都成了后世天文学家珍贵的研究资源。

科学家们现在知道了，彗星实际上是46亿年前太阳系诞生时的残碎物，有可能给我们提供有关太阳系起源的重要线索。这种天体主要由冰构成，外面还附有黑色的有机物质，因此也被称为"脏雪球"（dirty snowball）。也许正是它们，把水和有机化合物这两

彗星飞临地球模拟图

种构成生命的基本元素带到了太阳系的其他地方，我们地球上的生命也可能就是拜彗星所赐。有些彗星的轨道已被人类发现，周期或长或短，总会多次现身；还有些彗星被称为"非周期彗星"，只在太阳系里出现过一次。

许多彗星都来自海王星轨道外那个冰冷的盘状区域——柯伊伯带。这些尚未点亮的准彗星本在那里同冥王星一起环绕太阳，偶然间被甩到距离太阳更近的轨道上，就是公转周期缩短到200年以内的短周期彗星。很可能已有前人留意过它们的踪迹，因此，短周期彗星大多是可预测的。与短周期彗星相对的是长周期彗星，它们大多都来自距太阳大约10万天文单位的奥尔特云，公转周期可以长达3000万年，非常难以预测。

每个彗星都有一个冰冻的小核，被称为"彗核"，直径常常只有几千米，里面是冰态气体构成的冰块，还嵌着一些尘埃颗粒。随着彗星靠近太阳，温度上升，冰开始气化，向外喷射，包裹在彗星周围，这个气层就是"彗发"。随着气体越来越多，其厚度可能达到数十万千米。太阳光与太阳风（即高速粒子流）把彗发里的气体与尘埃吹向背离太阳的方向，从而形成又长又亮的"彗尾"。事实上，彗尾并不是一条，而是两条，分别是尘埃尾和离子（气体）尾。

自从1986年拍下飞临地球的哈雷彗星（Halley Comet）彗核图像，科学家们一直都想靠近、更仔细地研究彗星。就在即将进入21世纪前夕，NASA派出一系列探测器、轨道器和着陆器，彗星探索运动正式开启。

首先出发的是1998年的深空1号（Deep Space 1）。这艘探测器于2001年对布洛利彗星（Borrelly）实施近飞探测，拍下了它的彗核。2004年初，星尘号（Stardust）成功飞掠怀尔德2号彗星（Wild 2），近探至距离彗核不到236千米处，并于2006年将收集的彗星微粒及星际尘埃样本送回地球。深度撞击号（Deep Impact）的研究更有"深度"：整个探测器由一个飞掠飞行器和一个撞击器构成，后者是一个硬件装置，用来砸向彗核，并把相关数据回传供科学家研究。2005年7月，一个撞击器按照计划砸上了坦普尔1号彗星（Tempel 1）的彗核，撞击过程中，撞击器的摄像头拍下了越来越清晰的彗星图像，撞击后，撞击器遭气化，但把彗星表面下的大量微粒物质撞了出来，两个摄像头和一个光谱仪记录下了整个过程，科学家由此得以确定该彗星彗核的内部成分及结构。

这些只是研究者为了研究太阳系的周期彗星刚刚做出的一部分努力，未来还有更多探测器将出发探寻彗星的秘密。同时也不断有新的彗星飞近太阳和地球，渐渐露出朦胧的尾巴，被我们发现。

慧核半径：
2.4千米

质量：
2×10¹³千克

成分：
岩石和冰

发现时间：
1904年

公转周期：
6.8地球年

深空1号探测器飞掠布洛利的模拟图

布洛利

布洛利就像一个由岩石和冰构成的天体保龄球柱，是21世纪初为人类留下最清晰影像的彗星之一。

布洛利的正式代号为19P/Borrelly，是太阳系众多短周期彗星之一，轨道位于小行星带内，属于木族彗星，也就是说，它的公转周期小于20年，临近木星，且轨道受其影响。仅需6.85地球年，布洛利就能环绕太阳一周，它上一次到达近日点（彗尾出现）是在2015年，随后返回小行星带，2022年将再次现身。

布洛利的彗核很小，形状像鸡腿或者保龄球柱。1998年，深空1号探测器发射升空，任务是测试航天工程新技术，并拜访布洛利和一颗小行星。2001年9月，深空1号飞临布洛利，拍摄到了当时最为清晰的彗核图像。深空1号的技术为曙光号的设计提供了参考，最终帮助曙光号成功造访小行星带的小行星灶神星和矮行星谷神星。

慧核半径:
未知

质量:
未知

成分:
岩石和冰

发现时间:
1861年

公转周期:
415.5地球年

加利福尼亚州内华达山脉上空的天琴座流星雨

撒切尔

撒切尔彗星每隔五代才造访地球一次，似乎与我们的生活毫不相干，可就是它，为我们送来了每年一度的天文奇观。

这颗彗星（C/1861 G1 Thatcher）得名自它的发现者——天文学家撒切尔。它是已知为数不多的年度流星雨母体。与布洛利、坦普尔1号等短周期彗星不同，撒切尔本身属于长周期彗星，也就是说，它的公转周期在200年以上，具体说来，是415.5年。撒切尔上一次到达近日点还是1861年的事，下一次现身要等到2276年！

类似撒切尔这种彗星，每当靠近太阳就会喷射出碎片尘埃，并在其轨道附近渐渐形成一条碎片带。地球每年穿过这条尘埃带一次，届时里面的碎片与我们的大气层撞击摩擦，发生解体，在天空中形成一道火焰般的彩色条纹，这就是我们所说的"流星雨"。就撒切尔彗星来说，它留下的碎片带为我们带来的，就是每年4月的天琴座流星雨。因为母体的运行轨道和性质不同，每种流星雨都各有其独特之处。

天琴座流星雨

天琴座流星雨在每年4月中下旬如约而至，早在公元前687年就已被中国的天文学家记录下来，是观测历史最长的流星雨。它的峰期一般在4月22~23日，此时每小时平均会出现15~20颗流星。虽然它并没有其他流星雨那么活跃，但不活跃不等于不精彩，因为天琴座流星雨的绝活是"火流星"：某些流星非常明亮，能够给自己的碎片造成投影，在天空中形成持续数分钟的烟气，很像燃烧冒烟的火球。

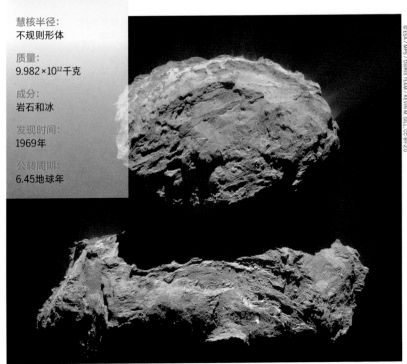

慧核半径:
不规则形体

质量:
9.982×10¹²千克

成分:
岩石和冰

发现时间:
1969年

公转周期:
6.45地球年

欧洲航天局罗塞塔号探测器利用机载OSIRIS设备拍摄的楚留莫夫-格拉希门克彗星图像

楚留莫夫-格拉希门克

罗塞塔号对彗星楚留莫夫-格拉希门克的考察证明了一件事: 即便不登陆彗星表面, 探测器也能获得宝贵的信息, 拍下震撼的图像。

彗星67P又叫楚留莫夫-格拉希门克（Churyumov-Gerasimenko, 够拗口的）, 环绕太阳运转, 其间穿过木星与火星的轨道, 并与地球轨道擦肩而过。它的名字来自发现它的两位苏联科学家, "67P" 里的 "P" 代表 "周期彗星", 说明它是至今被人类发现的第67颗周期彗星。这颗彗星属于木族彗星, 和大多数同族兄弟一样, 本该待在柯伊伯带, 却因为遭到一次乃至多次撞击, 或受到木星引力牵扯, 才移动到了更靠近太阳的位置上。

楚留莫夫-格拉希门克是历史上首个机器人探测器实现环绕并登陆的彗星。2014年, 配有菲莱号着陆器（Philae）的罗塞塔号（Rosetta）探测器飞到了这颗彗星身边, 登陆彗星表面。人们本对菲莱号给予厚望, 可惜它的着陆并不理想, 着陆位置阳光有限, 以致能源不足, 无法照原计划完成任务。2016年, 由于罗塞塔号撞上了彗星的某一区域, 其使命终结。在这两年的时间里, 罗塞塔号和菲莱号均拍摄了大量彗星高清图像, 其中包括一张广受误解的彗星 "雪景" 照, 而事实上, 所谓的 "雪" 不过是彗星表面吹起的尘埃与冰粒。

慧核半径:	30千米
质量:	未知
成分:	岩石和冰
发现时间:	1995年
公转周期:	2543地球年

海尔•波普的蓝色离子尾由太阳风造成，白色尘埃尾由尘埃微粒辐射压造成

海尔-波普

许多读者大概都还记得那一幕：1997年，长周期彗星海尔-波普在夜空中闪亮登场，被称为"1997年大彗星"。

彗星C/1995 O1也叫海尔-波普彗星（Hale-Bopp），半径大约5倍于推测中那颗造成恐龙灭绝的彗星。它真的很大，在1996~1997年长达18个月的时间里，全球各地的人都能凭肉眼看到飞掠过地球的它，即便是在存在光污染的城市里也只需要抬头略微找一找。研究者据此推测，海尔-波普应该是历史上被观看和拍摄次数最多的彗星。

这颗彗星令人印象最深刻的是两条清晰的尾巴：一条发白的尘埃尾，一条蓝色的离子

尾。太阳风里高速粒子撞击彗核释放出的离子形成离子尾；而慧核释放出的尘埃、冰粒等大颗粒则聚成尘埃尾，拖在彗星身后。

身为长周期彗星，海尔-波普绕太阳一圈需要2500年以上，上一次到达近日点是在1997年4月初，看到它的人真是三生有幸。下一次它出现在地球的天空中时，人类应该已经步入了公元46世纪，那时的世界到底是什么样子，想象起来真的很令人激动，或者说，根本叫人不知该如何想象。

慧核半径：
约5.5千米

质量：
2.2×10¹⁴千克

成分：
岩石和冰

发现时间：
古代

公转周期：
75~76地球年

© BRIAN SPENCER/SHUTTERSTOCK

2016年的猎户座流星雨

哈雷

每隔几代，哈雷彗星就会震撼一次观星者，如今，我们可以期待它的又一次内太阳系回归了——再有个几十年就好。

哈雷彗星（Halley）又叫1P/Halley，观测历史也有千年之久，大概是全宇宙最有名的彗星。科学家推测，2200多年前已经有人类看到过它，只是相关记录没能留存至今。在描绘1066年黑斯廷斯战役（Battle of Hastings）的贝叶挂毯（Bayeux Tapestry）上，你就能看到它的身影。只不过，当时的人并不知道它是一颗沿着可预测轨道绕太阳飞行的周期彗星。1705年，天文学家埃德蒙·哈雷（Edmond Halley）在研究已知彗星轨道时发现，总有些彗星似乎每隔75~76年就会出现一次，这种相

似性促使他提出一个推断：这些彗星其实是同一颗彗星，而且将在1758年再次到来。事实证明，哈雷看似大胆的预言非常准确。

哈雷彗星上一次被地球观测到是在1986年，下一次要等到2061年。每次进入内太阳系，哈雷的彗核都会在太阳的升温作用下向外喷射冰粒和岩粒，由此留下的碎片带每年为我们带来了两场微弱的流星雨，即5月的宝瓶座η流星雨（Eta Aquarids）和10月的猎户座流星雨。

猎户座流星雨

在哈雷彗星奉上的两场流星雨中，每年10月的猎户座流星雨相对较为活跃壮观，峰期与非峰期差异很大，峰期一般出现在10月末，观测效果最好，有时候每小时可以看到多达25颗

流星。宝瓶座η流星雨的峰期一般在4月下旬或5月上旬，每小时能看到10~20颗流星。

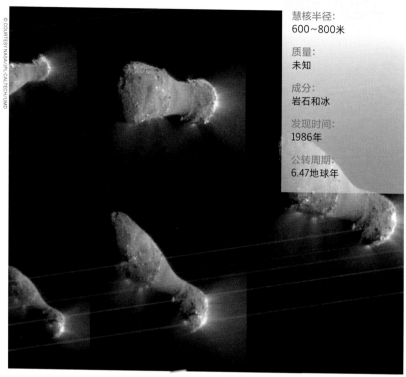

© COURTESY NASA/JPL-CALTECH/UMD

彗核半径:
600~800米

质量:
未知

成分:
岩石和冰

发现时间:
1986年

公转周期:
6.47地球年

哈特雷2号奇怪的行为与二氧化碳喷射流存在一定关系

哈特雷2号

2010年，当哈特雷2号彗星穿过木星与火星轨道之间时，地球派出的一名机器人大使拜访了那里，想看看是什么样的气体喷射流让它这样胡乱旋转。

哈特雷2号彗星全称103P/Hartley，是一颗花生模样的小周期彗星。天文学家马尔科姆·哈特雷（Malcolm Hartley）在20世纪80年代末一口气发现了3颗彗星，哈特雷2号是其中最后一颗。这颗彗星位于火星与木星轨道之间的小行星带内，环绕太阳运转。由于公转周期不到20年，轨道又受到气巨星木星引力影响，哈特雷2号被归为木族彗星。

2010年，迎来深度撞击号（EPOXI）飞掠的哈特雷2号，成了史上第5颗有人造太空飞行器造访的彗星，也是第2颗被深度撞击号拜访的彗星。此前它拜访的是坦普尔1号彗星（2005年），这回近距离观测哈特雷2号，获得了不少有趣的发现。这颗彗星在两个轴上都存在自转运动，姿态很奇怪，仿佛一直在乱转，被科学家描述为一颗"超活跃"彗星；彗核的成分也很复杂，除了水冰、甲醇和二氧化碳，还有可能存在乙烷。正是二氧化碳气体从彗星表面各处向外喷出的喷射流，推动着星体本身做出这样毫无规律的旋转。

345

慧核半径:	无
质量:	无
成分:	无
发现时间:	2012年
公转周期:	无

虽然称不上天空中的华丽天体，艾森却教会了我们有关长周期彗星的很多东西

艾森

艾森是被研究得最多的彗星之一，在环绕太阳的过程中，让科学家见证了一颗彗星壮观而又奇异的死亡。

彗星艾森（ISON）的正式名称为C/2012 S1，它的出现令世界各国展开了一场史上罕见的大规模合作。首先是俄罗斯天文学家维塔利·涅夫斯基（Vitali Nevski）与阿尔提奥姆·诺维克诺克（Artyom Novichonok）在2012年利用位于俄罗斯基兹洛沃茨克（Kislovodsk）国际科学光学监测网（International Scientific Optical Network，简称ISON）的望远镜发现了它，并估算出其直径为800～5000米。而根据它的轨道判断，天文学家认为艾森可能会首次拜访我们内太阳系，并将近距离飞过太阳，成为一颗掠日彗星。此后短短一年的时间里，十几个探测器与许多地面观测团队共同聚焦艾森，趁它靠近我们地球之际，收集了大量信息，使之成了史上提供数据量最多的单一彗星。

根据当时的预测，艾森应当在2013年11月28日到达近日点。可惜还没等飞到近日点，它就因为剧烈的升温发生了解体，先是发亮，随后散开，消失。出人意料的是，它的残留物质很快又出现在了太阳的另一侧，并在很短的时间内再次解体，踪迹不见，给科学家带来了一连串的意外。就这样，这颗来自奥尔特云的长周期彗星，首次拜访内太阳系便丢掉了性命。科学家们此前也见过这种因为过于靠近太阳而解体消失的彗星，比如2012年的洛夫乔伊彗星（Lovejoy）和叶列宁（Elenin）。

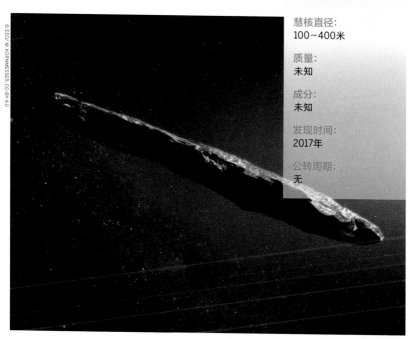

慧核直径：
100~400米

质量：
未知

成分：
未知

发现时间：
2017年

公转周期：
无

奥陌陌穿越太阳系模拟图

奥陌陌

经过了数亿年的星际旅行，奥陌陌才在2017年误打误撞飞进太阳系，飞向太阳，被我们所知晓。

彗星奥陌陌（'Oumuamua）由岩石构成，造型好似雪茄，颜色偏红，是太阳系内发现的首个另一恒星系统来客，这个名字是它的发现者起的，是夏威夷语中"远方来客"的意思，实在是恰如其分。奥陌陌形态独特，不同于太阳系已知的任何天体，呈长条形，长宽比高达10∶1，超过我们已知的任何一颗小行星或者彗星，其中可能藏着有关其他恒星系统形成方式的线索。

观测结果表明，这个奇怪的天体在银河系里游荡了几亿年，并未被任何一个恒星系统俘获，进入太阳系纯属巧合。NASA科学任务委员会（Science Mission Directorate）的托马斯·祖尔布岑（Thomas Zurbuchen）表示："数十年来，我们只是在理论上推测这种星际天体应该存在，这一回，我们第一次得到了直接证据。"

2017年9月，奥陌陌绕过太阳后，再次飞向太阳系外，2018年5月便已到达木星轨道外，预计2022年就会飞出海王星轨道，随后踏上漫长的旅程，穿过柯伊伯带和奥尔特云，离开外太阳系，最终一去不复返。

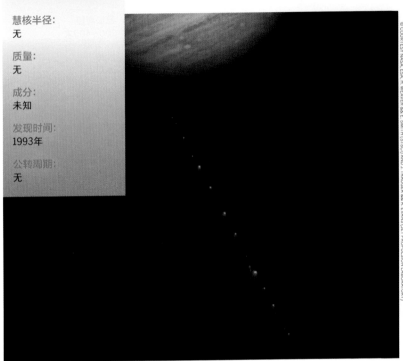

慧核半径:	无
质量:	无
成分:	未知
发现时间:	1993年
公转周期:	无

苏梅克-列维9号彗星的碎片正在撞向木星

苏梅克-列维9号

苏梅克-列维9号在20世纪90年代中期撞击木星，令天文学家着迷不已。这证明了太阳系是一个动态系统，其中天体存在互动，其中一种方式就是撞击。

1994年7月，彗星苏梅克-列维9号遭木星引力俘获，发生解体，落入了这颗气巨星。这颗彗星在1993年首次被发现，名字来自发现者苏梅克夫妇（Carolyn and Eugene Shoemaker）和大卫·列维（David Levy）。当时它被视为一个完整的星体，正沿着周期2年的轨道绕行木星。可随后的进一步观测发现，它曾在1992年7月与木星发生过一次近距离接触，被木星强大的潮汐力撕成了20多块。据估算，在陨落木星之前，这颗彗星沿轨道运行了大约10年。

那场撞击于1994年7月16日开始，到22日结束，其间，一连串彗星碎片（编号从A一直到W）纷纷坠入木星表面云层。NASA的伽利略号探测器当时正在前往木星的途中，幸运地为人类留下了太阳系天体碰撞的首个影像资料。哈勃太空望远镜、尤利西斯号太阳探测器（Ulysses）、旅行者2号等探测器也对此次碰撞及其后续过程进行了观察。

慧核半径:
13千米

质量:
未知

成分:
岩石和冰

发现时间:
1862年

公转周期:
133地球年

银河下的英仙座流星雨

斯威夫特–塔特尔

很多天文爱好者可能从没听说过斯威夫特-塔特尔彗星,却很可能已经欣赏过它在夜空中留下的签名:每年8月的英仙座流星雨。

斯威夫特-塔特尔全名109P/Swift-Tuttle,得名自1862年分别发现了它的两位天文学家。这颗彗星体积很大,半径大约2倍于推测中曾造成恐龙灭绝的那颗彗星。在长达133个地球年的绕日公转周期期间,斯威夫特-塔特尔的确会跨越地球轨道,只是科学家预测它下一次到达近地点是3044年的事,而所谓近地点,距离地球也在160万千米以外,完全不必担心。

作为一颗周期彗星,它上一次到达近日点是在1992年,下一次返回要等到2125年,本身属于地球的稀客,但它留在宇宙中的碎片每年都会来探望我们。彗星一旦接近太阳,就会因受热释放出尘埃和气态水,这种现象被称为"释气"(outgassing),这些物质会在其轨道附近形成一条碎片带。每年,当地球经过这一碎片带时,其中的物质就会与地球大气层碰撞摩擦,进一步解体,在天空中留下火焰般的彩色条纹,这便是所谓的流星雨。地球上很有名的英仙座流星雨便是斯威夫特-塔特尔彗星的馈赠。天文学家夏帕雷利(Giovanni Schiaparelli)在1865年首先意识到了两者之间的关联。

英仙座流星雨

英仙座流星雨属于入门级流星雨,许多年轻的天文观测爱好者对它都留有非常深刻的印象。早在公元1世纪,中国人就观测到了它的存在,但直到斯威夫特-塔特尔彗星在19世纪中期飞掠地球,学界才摸清了这场流星雨与这颗彗星的关系。英仙座流星雨的峰期一般在8月中旬,届时每小时可以观测到60~70颗流星,如果赶上"爆发年"或"流星暴",峰期每小时可能出现100~200颗流星,从北半球直到南半球中纬度地区都可以看到。

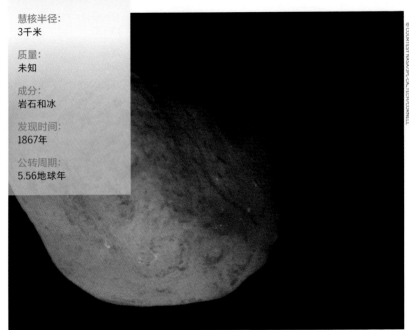

慧核半径:
3千米

质量:
未知

成分:
岩石和冰

发现时间:
1867年

公转周期:
5.56地球年

© COURTESY NASA/JPL-CALTECH/CORNELL

NASA星尘号拍下的坦普尔1号

坦普尔1号

坦普尔1号长期生活在小行星带里，本来平平无奇，却是唯一一颗被两个探测器拜访的彗星——前一个负责撞，后一个负责看。

坦普尔1号彗星全称9P/Tempel 1，属于周期彗星（"P"就是这个意思），在火星、木星轨道之间的小行星带里环绕太阳运行，又因为公转周期不足20年，且受到木星引力影响，也被归为木族彗星。最初被发现时，它的公转周期据测算有5.68个地球年，现在则缩短到了5年左右，变化仍在缓慢发生，这本身就很能说明木星改变彗星轨道的能力。

目前，已有两个探测器先后拜访过坦普

尔1号（受到这种待遇的彗星至今只有它一个），先是2005年的深度撞击号，后是2011年的星尘号（Stardust-NExT）。深度撞击号当时派出了一个撞击探测器撞向这颗彗星，目的是帮助科学家进一步了解坦普尔1号的成分、结构和其他物理特性。6年后，星尘号再次飞到它身边，还拍下了那个撞击探测器留下的撞击坑。

慧核半径:
1.8千米

质量:
1.2×10^{13}千克

成分:
岩石和冰

发现时间:
1699年首次观测，
1865年确认为彗星

公转周期:
33地球年

银河下的一颗狮子座流星

坦普尔–塔特尔

按照宇宙标准来说，坦普尔-塔特尔彗星每隔33年就会"极度"靠近地球，结果总是为我们送来一场壮观的流星暴。

坦普尔-塔特尔彗星全称55P/Tempel-Tuttle，在宇宙天体中算是小个子，每33年环绕太阳一圈，其间距离地球最近时不到120万千米，相当吓人。幸好科学家已经算出，它绝对没有可能离我们再近一步了。

因为与地球离得非常近，这颗彗星留下的碎片带也在地球上产生了一个奇异的现象。和不少彗星一样，坦普尔-塔特尔的碎片带每年都能在地球的天空中形成流星雨，就是11月的狮子座流星雨。狮子座流星雨平常说不上壮观，但每隔33年，当彗星飞近地球，流星雨就会变成"流星暴"，也就是每小时可以出现

1000颗以上的流星。这是因为这时候它留下的碎片带根本没有机会在宇宙中散开就与大气层发生了摩擦。

不过，狮子座流星暴的年份与坦普尔-塔特尔彗星飞临地球的年份并不完全一致，但也不会相隔太久。这颗彗星在1965年到达近日点后，1966年就出现了流星暴，在短短15分钟的时间里，每分钟竟然可以看到数千颗流星。它上一次到达近日点是在1998年，引发的流星暴出现在2002年。与哈雷彗星相似，它下一次到达近日点应该在2031年，下一场流星暴也将在21世纪30年代发生。

狮子座流星雨

狮子座流星雨的峰期一般在每年11月中旬，每小时通常可以看到15~50颗流星，具体数量每年存在很大差异。如果赶上狮子座流星暴，那么每小时就会有1000颗以上的流星。也就是说，狮子座流星雨在多数时候并不很精彩，但在某些年份，活跃度却可以超过所有其他年份的总和！

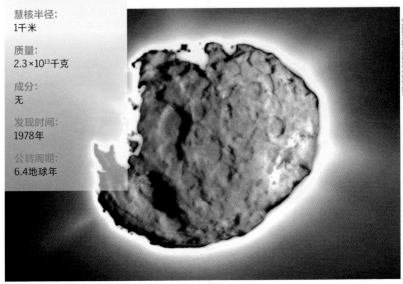

慧核半径:	1千米
质量:	2.3×10¹³千克
成分:	无
发现时间:	1978年
公转周期:	6.4地球年

慧核半径:
1千米

质量:
2.3×10^{13}千克

成分:
无

发现时间:
1978年

公转周期:
6.4地球年

星尘号2004年飞掠中拍下的怀尔德2号彗星合成图

怀尔德2号

怀尔德2号的轨道改变，离太阳近了很多，这才引起科学家的关注，也证明了太阳系小型天体的轨道并非一成不变。

怀尔德2号彗星全称81P/Wild，体积不大，形状类似扁球，最初位于天王星与木星轨道之间，但在1974年，木星的引力作用改变了这颗彗星的轨道轨迹，它目前转移到火星与木星之间，环绕太阳做公转运动，周期近6年半（确切地说是6.41个地球年），上一次到达近日点是在2016年。它在第一次沿着这个绕日新轨道运转的时候，就被保罗·怀尔德（Paul Wild）发现了，因此，依照传统，人们便以这位天文学家的名字对其命名。这类彗星现在都被归为"新周期彗星"（fresh periodic comet）。

所谓新周期彗星，指的是轨道周期刚刚发生变化的彗星，也就是说，怀尔德2号并没

有在距离太阳如此近的这个新轨道上运行很长时间，研究它能够让科学家获得有关太阳系早期的更多信息。2004年，NASA派遣星尘号（也就是拜访了坦普尔1号彗星的那个探测器）飞掠怀尔德2号，并利用气凝胶收集器收集到了历史上第一份彗星微粒物质样本。样本随后被放在一个类似阿波罗号胶囊舱的容器里，于2006年被送到地球。科学家从中发现了构成生命的基本物质之一：甘氨酸。探测器拍摄的图像还显示，怀尔德彗星的岩质表面上有复杂的盆地和撞击坑。最奇特的是，这颗彗星被太阳照射到的时候，冰发生气化，从向阳面喷出去，逃逸到真空中，这股气流非常猛烈，喷射速度高达每小时数百千米。

旅行者号进入奥尔特云的模拟图

奥尔特云

奥尔特云不是彗星，却可能是长周期彗星的故乡，它是科学家推测出的天体结构，像一个由冰冻碎片构成的厚泡，包裹着太阳系。

我们太阳系可能拥有一个巨大的球形外壳，它的边缘要比遥远的柯伊伯带还遥远许多，距离太阳很可能有3光年，却依然被太阳引力牢牢拴住。这个外壳就叫奥尔特云，因为实在太远，依靠目前的望远镜根本无法看到，所以从未被真正观测到，也谈不上被发现。天文学家通过研究已知的几颗彗星，分析了它们可能的来源，而奥尔特云就是他们对长周期彗星能做出的最合理的推测。

这个被"猜"出来的天体结构不但遥远，厚度也很大，可能是1000~100,000天文单位，几乎延伸到了太阳与相邻恒星间三分之一的位置上。"奥尔特"之名来自荷兰天文学家让·奥尔特（Jan Oort），1950年，他正在研究一些公转周期长达数千年、历史上可能只有过一次记录的彗星，为了解释它们的起源，首次提出了这一天体结构存在的猜想。

奥尔特云里面可能含有数千亿甚至数万亿个冰冻小天体。偶尔受到干扰或发生撞击时，某个小天体就会脱离奥尔特云，慢慢地坠向太阳。近来我们观测到的C/2012（艾森）和C/2013 A1（塞丁泉；Siding Spring）都是这样形成的。艾森因为过于靠近太阳已经彻底消亡，塞丁泉已与火星擦身而过，大约还要74万年才会重返内太阳系。

以1977年发射的旅行者1号为例，我们可以形象地说一下奥尔特云到底多远多大：这个探测器目前的速度是17千米/秒左右，就算飞得这么快，要飞到奥尔特云，300年也未必够，穿出奥尔特云则可能需要3万年。也许到了那个时候，我们人类已经发明了足够强大的望远镜，可以确认奥尔特云的存在，并对那里的天体展开研究。

系外行星

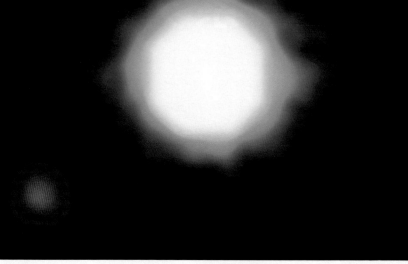

首张系外行星（2M1207b）影像

系外行星速览

能在太阳系以外找到数千颗行星，这本身已是人类太空探索历程中的重大成就，但更大的回报尚未到来，那就是找到另一个遥远的宜居世界。

自从1995年第一颗围绕类太阳恒星运转的系外行星得到确认，人类便展开了对系外行星的搜索，尽管搜索范围只限于银河系内寥寥几片窄小区域，收获依旧颇丰。系外行星的确认，增量先是以十计，后来便开始以百计。根据近期一次统计，银河系内平均每颗恒星都能分到一颗行星，这样算来，仅我们这一个星系里就有1万亿颗行星，而且其中许多都和我们地球大小相仿。

实地造访这些行星目前完全没有可能，哪怕是距离我们太阳系最近的那些也一样。系外行星的差异性极大，有的天空中挂着好几个"太阳"，有的是特立独行的流浪行星。仅仅在过去几十年的探索中我们便受益无穷，新的科学知识不断被发掘，人类对地外世界的了解不断被拓展。

最重要的是：它在提醒人类，我们的地球是一个多么幸运、特殊、与众不同的"个例"。目前，天文学家的确找到了许多包括"超级地球"在内的类地行星、运行速度飞快的水星、质量很大的"热木星"（Hot Jupiter；大质量的气态星球，因距离母星极近而表面温度极高），但没人敢说其中任何一个能够孕育生命。探索还在继续，未来尚不可知。

顶级亮点

波江座 ε

1 这个恒星系统让我们有机会窥见太阳系早期的演化过程。

北落师门b

2 北落师门b的独特之处不少：坐落于一个盘状碎片带中绕恒星运转，且能直接被望远镜捕捉到影像。

格利泽504b

3 神秘的格利泽504b距离它可能的恒星有43.5天文单位 除非它不是系外行星，而是褐矮星。

格利泽876c

4 与土星一样，格利泽876c也拥有壮观的行星环。

HAT-P-7b

5 大风呼啸，宝石满天飞，半径比地球大500倍，HAT-P-7b绝对是值得一看的奇观。

HD 69830

6 这个星系拥有自己的小行星带，其物质总量是我们太阳系小行星带的26倍。

HD 149026b

7 这颗几乎不会反光的系外行星受到潮汐锁定，光面炽热无比，温度是金星的3倍。

HIP 68468

8 目前的理论认为，这颗黄矮星在其他方面和太阳都很相似，只是囫囵吞掉了自己的一颗行星。

开普勒-11

9 星系形态跟我们的有点儿类似，已知的行星就有6颗之多。

开普勒-70

10 这颗恒星身边的行星速度快得叫人眼花，公转周期仅几小时。

死尸星

11 这颗脉冲星真是恒星中的死尸，身边的行星同样鬼气森森。

比邻星b

12 距离我们最近的系外行星，质量与地球相仿。

艺术家眼中的比邻星b风光

系外行星到底怎么找？

人类在1995年发现的第一颗系外行星代号飞马座51b（51 Pegasi b），是一颗高温气巨星，半径约为木星的一半。因为距离母星太近，它只需4天就可以绕上一圈，透过地球上的望远镜看去，那颗恒星像是在做明显的"摆动"。一旦弄明白恒星摆动背后的奥妙后，人类"追星运动"的原始"古典时代"就此开启。通过这种早期手段，一颗又一颗系外行星被找到，其中许多都是距离恒星很近、运行速度很快、体积很大的热木星。

这种摆动探测法考察的是恒星"径向速度"（radial velocity）的变化。也就是说，恒星若有行星相伴，就会受到后者的引力牵扯，导致它与我们之间的距离小幅度、周期性地拉远或靠近，进而使恒星的光线波长随之拉长或缩短，在视觉上造成"摆动"的效果。用这种方法寻找系外行星，一是需要搜寻者足够细心，二是潜在行星的质量得足够大。

随着2009年NASA开普勒太空望远镜（Kepler Space Telescope）的成功发射，追星运动正式步入"现代"。升空后，望远镜进入地球拖尾日心轨道（Earth-trailing orbit），随即将镜头对准宇宙中的一小片区域，一盯就是4年。

那一小片区域里大约有15万颗恒星。开普勒所做的，就是等着捕捉这些恒星各自的光线变化，寻找是否有恒星受到行星遮挡（也就是所谓的"凌星"现象）而变暗。通过对4年数据的研究，科学家从中确认了超过2000颗系外行星的存在，到目前为止，确认的行星总数已超过3300颗，还有2400多颗"候选行星"正在接受考核。

早在20世纪90年代，开普勒太空望远镜计划在筹备阶段就遭到了质疑。来自NASA艾姆斯研究中心（Ames Research Center）、现在已经退休的威廉·波拉基（William Borucki）先后4次递交设计方案，全部被打回，直到2001年才终获批准。事

追随地球左右的开普勒太空望远镜（模拟图）

实证明,他的设想是对的,开普勒太空望远镜4年收集的数据至今仍在不断揭开新行星的面纱。

其他地上和地外科学仪器至今仍在继续寻觅系外行星。2006年升空的欧洲科罗系外行星探测器(CoRoT)资历比开普勒更老,同样使用凌日法进行搜索,到2012年退役时也找到了许多行星。

哈勃太空望远镜(Hubble Space Telescope)不但通过这种方法发现了各种系外行星,还顺便测出了其中一些行星大气层的成分。究其原理,当行星挡住其恒星时,小部分光线会穿过行星大气层,大气层中不同的气体和化学成分会吸收不同波段的光波,所以,通过检测望远镜接收到的恒星光谱,对比找出缺失的波段,就可以推导出那颗遥远行星的大气层里到底存在哪些物质。

另一个"追星者"是NASA的斯皮策太空望远镜(Spitzer Space Telescope),它借助红外波长搜索凌星系外行星,帮助科学家确定了许多系外行星的位置和特性,并进一步分析出部分行星大气层的成分构成。

斯皮策常常要和地面上的望远镜进行合作观测,其中一位"同事"就是智利拉斯坎帕纳斯天文台(Las Campanas Observatory)参与光学引力透镜实验(OGLE)的华沙望远镜(Warsaw Telescope)。2015年,斯皮策又与意大利加那利群岛上口径3.6米的伽利略国家望远镜(Galileo National Telescope)联手,找到了已知距离我们最近的岩质行星,代号HD 219134b。这颗行星距离地球仅21光年,只可惜距离它自己的恒星太近,无法孕育生命。不过,新的行星仍在不断被发现。

凌日系外行星勘测卫星(Transiting Exoplanet Survey Satellite,简称TESS)2018年升空,2019年4月发现了有史以来第一个大小非常接近地球的系外行星。根据这项为期2年的计划,TESS将对太阳系外临近空间进行搜寻,监测是否有凌星而导致的恒星亮度周期性衰减。从较小的岩质行星到大个头星体,银河系丰富多彩的各类行星都在TESS的搜索之列。

天文学家预计TESS在首轮的2年服役期间总共可以找到约2万颗系外行星,其中包括数十颗体积与地球相仿的行星、近500颗半径不到地球2倍的行星,以及超过17,000颗比海王星更大的行星。

在目前已观测到的数千颗系外行星中,除了少数例外,大都要归功于测量恒星摆动、寻找凌星这样的间接方法。但现在,人类的追星运动刚刚跨入了一个新时代:直接成像(direct imaging)。

天文学家表示,直接成像技术是探索系外行星的未来方向。目前已经开始建造的詹姆斯·韦伯太空望远镜(James Webb Space Telescope)及规划中的广域红外勘测望远镜(Wide-Field Infrared Survey Telescope,简称WFIRST),将大大拓展并增强我们捕捉遥远行星真实影像的能力。

随着新技术的发展,我们将有更多的能力来找到越来越小的系外行星。比如,WFIRST将内置一个叫日冕仪(coronagraph)的装置,对接收到的恒星光线加以有选择的遮蔽和处理,从而让强光掩盖下的行星现身。

NASA的喷气推进实验室(JPL)正在开发一种叫遮星板(starshade)的装置,功能与日冕仪类似,但属于望远镜外置设备,在深空中展开后形似向日葵,面积与棒球内场近似。而在十数万千米外,将有一台太空望远镜对准它,借助遮星板过滤掉不必要的星光,捕捉目标恒星周围的行星影像。

在未来几十年里,随着太空望远镜越来越大,越来越精密,我们也许真的可以找到由大陆、云朵、海洋一样不缺组成的另一个地球! 这个理想的候选者应该是个岩质星球,和地球大小相仿,距离它的恒星不远不近,舒适宜居。

未来观测技术上的进步是可预期的,但有朝一日人类首次探测到的地外生命形态究竟是附在行星表面的外星藻,还是爬来爬去的异形兽,这是没办法预期的。不管怎样,已知系外行星在数量上的爆炸式增长已然为人类探索宇宙本质开辟了崭新的领域。

TYC 9486-927-1

恒星类型:
红矮星, M1型

天球坐标:
赤经: 21h 25m 27.4899s
赤纬: −81° 38' 27.673"

距离:
87光年

所在星座:
南极座

视星等:
11.821

质量:
太阳的0.4倍

半径:
未知

温度:
3490开氏度

自转周期:
未知

行星数量:
1颗

2MASS J2126

行星类型:
气巨星

质量:
木星的13.3倍

半径:
未知

公转周期:
90万地球年

轨道半径:
6900天文单位

探测方式:
直接成像

发现时间:
2009年和2016年

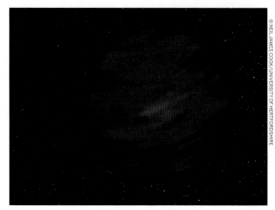

© NEIL JAMES COOK/UNIVERSITY OF HERTFORDSHIRE

距其恒星近7000天文单位的2MASS J2126模拟图

2MASS J2126-8140

已知的最孤独行星之一,距离母星竟有0.1光年,
远到不可思议。

　　气巨星2MASS J2126-8140的质量大约是木星的13倍,其他方面也很不寻常。作为行星,它距离母星近7000天文单位,等于地球到太阳的7000倍,是公转轨道最宽、最长的已知行星。拥有这样遥远的公转半径,它绕母星一圈差不多要90万年,而且可能并未受到潮汐锁定。在这样一个寒冷的异星上,几乎没有生命存在的可能。如果有,这些外星居民看他们的"太阳"大概也不过是漫天群星中的一颗,估计都想不到自己与它有什么瓜葛。

　　2009年,科学家利用2微米全天巡天计划(Two Micron All-Sky Survey;行星名字中的"2MASS"即其缩写)的数据探测到了这颗行星的存在,并根据体积和红外辐射将其归为褐矮星。到了2016年,科学家发现它其实应当是一颗系外行星,并认为它是一颗孤儿行星,或者说流浪行星,不知为什么被恒星系甩出来,只能在星际间漂泊。但经过一系列巧妙的侦查,英国赫特福德大学的研究团队发现它还是有恒星认领的。它的母星是一颗红矮星,名字长如流水账,叫"TYC 9486-927-1",别名"2MASS J21252752- 8138278"。研究团队带头人尼亚尔·迪肯博士(Dr Niall Deacon)说:"此前没人觉得这两个天体有关系。这颗行星并不像我们最初以为的那样孤独,它们之间确实拥有一段非常遥远的关系。"

© COURTESY NASA/JPL-CALTECH

飞马座51b模拟图

飞马座 51b

首批被发现的系外行星之一，也是第一颗被发现围绕类日恒星运行的行星，堪称天文界的"元老"。

飞马座51b（51 Pegasi b）发现于1995年，是一颗温度很高、公转半径很小的气巨星，据估算半径约为木星的一半，其母星代号飞马座51，是一颗黄色恒星。这颗行星绕恒星一圈仅需4天，巨大的拉力使得恒星产生了明显的摆动，通过地球上的天文望远镜都能够观测到。天文学家明白了恒星摆动背后的奥妙后，便据此开始一个个排查宇宙中的系外行星，人类"追星运动"开启，进入了这一行动的"古典时代"。在这个阶段找到的行星，许多都是热木星。

这种摆动实际上来自恒星径向速度的改变。当恒星有行星相伴，就会受到后者的引力牵扯，进而发生小幅度的周期性位移，这种相对于地球来说忽近忽远的位移导致恒星的光线波长随之压缩或拉伸，在视觉上造成摆动的效果。由日内瓦大学的米歇尔·马约尔（Michel Mayor）和迪迪埃·奎洛兹（Didier Queloz）组成的欧洲研究团队正是利用这种方法找到了飞马座51b，更多团队随后也加入追星竞赛之中。它更适用于寻找轨道半径很小、质量很大的系外行星。

最近，国际天文学联合会对飞马座51b进行了重新命名，称其为"Dimidium"，这个词在拉丁语中表示"一半"，指这颗行星的质量是木星的一半。此外，证实该行星存在的一位天文学家还称它为"柏勒洛丰"（Bellepheron），也就是希腊神话中杀死了狮头怪物奇美拉（Chimera）的那位英雄。3个名字最终谁去谁留，目前尚不可知。

飞马座51

恒星类型：
类日恒星，G2 V型

天球坐标：
赤经：22h 57m 27.988s
赤纬：20° 46' 7.7912"

距离：
50光年

所在星系：
飞马座

视星等：
5.49

质量：
太阳的1.11倍

半径：
太阳的1.237倍

温度：
5768开氏度

自转周期：
21.9个地球日

行星数量：
1颗

飞马座51b

行星类型：
热木星

质量：
木星的0.47倍

半径：
木星的0.5倍

公转周期：
4.23个地球日

轨道半径：
0.0527天文单位

探测方式：
径向速度

发现时间：
1995年

© COURTESY NASA/JPL-CALTECH

巨蟹座55e展露朦胧的大气层（示意图）

巨蟹座55（哥白尼）

恒星类型：
黄矮星，G8 V型

天球坐标：
赤经：8h 52m 35.81s
赤纬：28° 19' 50.96"

距离：
41光年

所在星座：
巨蟹座

视星等：
5.5

质量：
太阳的0.96倍

半径：
太阳的0.96倍

温度：
5165开氏度

自转周期：
42.2个地球日

行星数量：
5颗

巨蟹座55

这个双星系统位于巨蟹座，距离我们41光年，已发现的行星就有5颗，真实数量可能更多，是个货真价实的"行星宝库"。

在这个双星系统里，较大的恒星代号巨蟹座55A（55 Cancri A），近似太阳，较小的伴星代号巨蟹座55B（55 Cancri B），亮度较低，属于红矮星。1995年，天文学家发现巨蟹座55A有一颗气巨星行星相伴，并将其命名为巨蟹座55b（55 Cancri b），这是人类在太阳系外首批发现的行星之一。此后又有4颗行星陆续现身，巨蟹座55就此成为宇宙中行星数量最多的已知恒星系之一。

根据天体命名的常例，行星代号以小写英文字母结尾，从b开始排序，与发现时间一致，不反映行星与恒星的相对位置。所以，这个双星系统里发现的第一颗行星叫巨蟹座55b，之后发现的依次为c到f。2015年，公众投票给恒星巨蟹座55A选了一个新名字——哥白尼（Copernicus），以此纪念这位天文观测的先驱。这个新名字得到了国际天文学联合会的批准，而该恒星系统里的5颗行星也都用文艺复兴时代的著名天文学家进行了重新命名，从b到f依次为伽利略（Galileo）、布拉赫（Brahe）、利伯希（Lippershey）、詹森（Janssen）和哈里奥特（Harriot）。

探索巨蟹座55系统

巨蟹座55b

① 伽利略是一颗气巨星系外行星，质量是木星的0.83倍，公转周期14.65个地球日，距其恒星0.115天文单位，仅地日距离（也就是一个标准的天文单位）的十分之一多一点，于1997年1月被公告天下，此时距它被探测到已经过去了2年。作为史上首批被发现的系外行星之一，伽利略预示着人类"追星时代"的来临。

巨蟹座55c和d

② 2002年，又有两颗行星在这个系统里被发现，分别是巨蟹座55c（布拉赫）和巨蟹座55d（利伯希）。布拉赫有点像天王星和海王星，是冰巨星，质量是木星的0.17倍，公转周期44.3个地球日，距其恒星0.24天文单位。利伯希属于气巨星，身材比布拉赫更魁梧，质量大约是木星的4倍，公转周期14.3地球年，距其恒星5.7天文单位，与木日距离相仿。

巨蟹座55e

③ 詹森于2004年8月被人类发现，在整个系统中最靠内侧。和几位手足不同，它是一颗所谓的超级地球（Super-Earth），质量是地球的8倍，岩质，轨道半径很小，每18小时就能绕恒星一周，这

样近的距离也使它和我们的月球一样，受到了恒星的潮汐锁定，向面与背阴面固定不变，前者始终是白天，时刻遭受灼烧，温度最高可达2430℃，后者始终是夜晚，低温可至1130℃。

巨蟹座55e状况

④ 2016年，科学家把斯皮策太空望远镜对准了巨蟹座55e，从而得到了一个有趣的发现：这个行星可能拥有一个大气层，成分与地球类似，但更稠密。如果没有大气层，星球表面熔岩湖的不同区域间应该存在很大的温差，但这与斯皮策的观测数据不符，由此推知，大气层应该是存在的。NASA喷气推进实验室胡仁宇博士（音）说："如果这颗行星存在岩浆，那岩浆肯定会覆盖整个星球表面，但厚厚的大气层也会挡住岩浆，让我们无从得见。"

巨蟹座55f

⑤ 巨蟹座55f也叫哈里奥特，是在2005年4月最后一个被发现的。与布拉赫一样，它也是冰巨星，拥有这个系统里第二大的轨道半径（0.78天文单位），位置类似太阳系的金星，质量是木星的0.14倍，公转周期260个地球日。

重要提示

日夜交替之际异事最多，更奇怪的却是一个从无日升日落、永远困于黄昏的地方。行星詹森（巨蟹座55e）受到了恒星哥白尼的潮汐锁定，是一个双面的超级地球：永远朝向恒星的一面万物销熔，岩浆横流；永远背对恒星的那一面则陷入永恒的黑暗中。觉得躲在"黄昏"，或者说是日夜交界处，就能活下去？可詹森的公转周期只有18个小时，距离恒星有多近，可想而知，哪怕是永不见光的背阴面，也只是将将能把流淌过来的岩浆凝固而已。总之，阴面阳面都不是人待的地方，要想不被烤焦，还是不去为妙。

到达和离开

乘坐航天飞机的话，到达巨蟹座55"只要"160万年。当然，将单程时间压缩到20万年以内也是可能的，只要你有帕克号太阳探测器（Parker Solar Probe）的速度，那是目前最快的太空探测器。

巴纳德星

恒星类型：
红矮星，M4V型

天球坐标：
赤经：17h 57m 48.498s
赤纬：4° 41' 36.2072"

距离：
5.958光年

所在星座：
蛇夫座

视星等：
9.9511

质量：
太阳的0.144倍

半径：
太阳的0.196倍

温度：
3134开氏度

自转周期：
130.4个地球日

行星数量：
1颗或2颗

巴纳德星b

行星类型：
超级地球

质量：
地球的3.23倍

半径：
未知

公转周期：
232.8个地球日

轨道半径：
0.404天文单位

探测方式：
径向速度

发现时间：
2018年

艺术家眼中的巴纳德星b表面

巴纳德星 b

巴纳德星b于2018年底被发现，是已知距我们第二近的系外行星，就在6光年外，其表面温度约 −170℃，是一个由岩石与冰块构成的"冰冻丸子"。

巴纳德星（Barnard's Star）是天球上移动速度最快的恒星，以我们的太阳为坐标，移动速度高达每小时50万千米，从地球上看，平均每180年就会移动夜空中一个月亮的距离，这在天球坐标上，可是足足一弧分，等于0.5°。听起来似乎没多少，但对遥远的天体来说，这已经快得离谱了。事实上，所有恒星都并非真的是恒定不动，今天的黄道和星座，位置布局都与曾经不大相同。言归正传，巴纳德星属于红矮星，被发现不久，温度、亮度都不高，质量也较小。恒星可以提供给其行星的辐射能量只有太阳给予地球的2%。

观测数据表明，该行星的公转周期大约是233个地球日，质量至少是地球的3.2倍，属于超级地球，表面是一个冰冻的幽冥世界。天文学家此前将多部望远镜同时对准这个恒星系统，通过极其精准的测量，算出了恒星因为行星拉扯所产生的摆动速度——和人类步行速度差不多。此外，发现显示，巴纳德星正在天空中飞速行进，事实上，就冲着我们而来。

探索巴纳德星b

"巴纳德"从何而来?

1 很简单,这个名字就来自它的发现者美国天文学家爱德华·埃摩森·巴纳德(Edward Emerson Barnard; 1857~1923年)。他在1916年发现了这颗恒星,本人也是天文观测的著名学者,在天文摄影方面取得过开创性成就(天文摄影在当时叫"celestial photography",现在则称为"astrophotography",具体拍摄方法也大相径庭)。

和太阳是亲戚吗?

2 巴纳德星属于红矮星,与我们太阳那种黄色恒星血统不同,却是距离太阳第四近的恒星(半人马座里的3颗恒星都在其之前),也是北天球中距离我们最近的恒星,而且和所有主序星一样,主要由氢、氦两种元素构成,姑且可以认作一家人。只是它与太阳并没有多少相似之处,它的质量是太阳的15%、木星的150倍,大小只有木星的大约2倍。

星族I还是星族II?

3 重元素需随恒星不断演化才能逐渐增多,巴纳德星的年龄要比我们的太阳大很多,诞生之时,宇宙里还没有那么多重元素,所以它的金属含量很低,且相对速度很快,这些都说明它属于中介星族II。

冰封的超级地球

4 "超级地球"的说法来自星球的体积与岩石内核,并不是说这样一颗系外行星在方方面面都拥有和地球类似的生态系统。就拿巴纳德星b为例,它距离恒星足有6000万千米,接收到的辐射非常微弱,与其说像地球,不如说是个大冰球。

红与黑

5 巴纳德星的年龄大致是110亿~120亿年,作为红矮星来说还很年轻,预计还要再燃烧400亿年才会进入下一演化阶段,成为温度很低的黑矮星。当然,整个宇宙目前才138亿岁,尚未有任何一个红矮星来得及变成黑矮星,目前这也只是理论上的推测。

重要提示

想用自己的名字去命名一颗天上的星星?目前的确有一些公司可以出售恒星命名权,但最靠谱的还是自己去发现一颗。国际天文学联合会正在逐步统一天体的命名方式,但哪怕是在官方真正统一后,天体的命名仍会是一件"仁者见仁,智者见智"的事情。

到达和离开

如果打算前往某颗恒星去旅行,不巧又赶上半人马座α停业关门,那么巴纳德星就是你最近的选择了。更何况这颗恒星正在朝我们飞过来,距离与日俱减,目前仅有大约6光年的路程,放眼宇宙,已经算是短途旅行了。可惜,目前想去那里仍无异于白日做梦,除非我们在技术上能取得革命性的突破。

CoRoT-7

恒星类型:
黄矮星,G9V型

天球坐标
赤经: 6h 43m 49.47s
赤纬: -1° 3' 46.82"

距离:
520光年

所在星座:
麒麟座

视星等:
11.67

质量:
太阳的0.91倍

半径:
太阳的0.82倍

温度:
5250开氏度

自转周期:
23个地球日

行星数量:
2颗,也许3颗

CoRoT-7b

行星类型:
超级地球

质量:
地球的2.3~8.5倍

半径:
地球的1.6倍

公转周期:
0.85个地球日

轨道半径:
0.017天文单位

探测方式:
凌日法

发现时间:
2009年

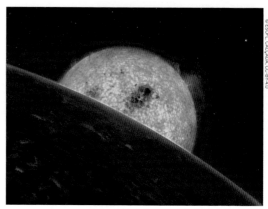

CoRoT-7与CoRoT-7b假想图,行星与恒星距离极近

CoRoT-7b

CoRoT-7b是一个环绕类日恒星的超级地球,这样的星球在该恒星系统中至少有两个。"白日"一侧的表面温度高达数千摄氏度,无异于一个熔岩行星地狱。

CoRoT-7b首次被发现的时候,有两件事最让天文学家惊讶,一是它距离恒星实在太近,只有地日距离的1/60;二是它的表面温度实在太高,足有1982℃。马里兰州格林贝尔特NASA戈达德太空飞行中心的布莱恩·杰克逊(Brian Jackson)表示:"人类在太阳系外探测到的第一批行星都是小公转半径、大质量的气巨星,但是现在,我们在小半径轨道上也发现了体积近似地球的行星。其中是否存在某种关联呢?"

CoRoT-7b的半径比地球大58%,质量是地球的2.3~8.5倍,都说明了它很可能是一颗岩质行星。但在杰克逊看来,"其向星面温度如此之高,岩石表面肯定会发生熔化,除了稀薄的大气,这颗行星什么也留不住"。换言之,因为距离恒星太近,环境极端,这颗行星正遭到吞噬。据杰克逊估算,到目前为止,它被恒星蒸发掉的质量应该相当于好几个地球。不但温度极高,CoRoT-7b的速度也很快,不下75万千米/小时。

探索CoRoT-7b

恒星档案

1 CoRoT-7b行星于2009年2月在一个由法国宇航局主导的天文任务中由科罗系外行星探测器（CoRoT，全称Convection, Rotation and Planetary Transits）发现，其公转周期仅有20.4小时。其恒星与太阳类似，距离我们480光年，在天球上位于麒麟座，据估算约15亿岁，大约是太阳的三分之一。杰克逊说，因为行星距离恒星太近，所以从行星上看过去，那颗恒星"要比我们在地球上看到的太阳半径大360倍"。

姐妹行星

2 CoRoT-7b在它的恒星系统里至少有1~2颗姐妹行星。已经证实的那个代号为CoRoT-7c，质量大约是地球的13倍，很可能与海王星、天王星一样，是一颗冰巨星，但温度要比这两颗行星高很多，距离恒星也非常近，大约是水星到太阳距离的十分之一。另一颗尚待证实的行星叫CoRoT-7d，如果真的存在，它比c质量更大，轨道半径也很小，公转周期仅9个地球日。

潮汐锁定

3 CoRoT-7b 距离它的恒星只有0.017天文单位，但凡轨道半径小到这种程度，基本都会发生潮汐锁定。也就是说，行星的一面始终朝向恒星，就像月球与地球一样。CoRoT-7b光面的温度和一个白炽灯泡的钨制灯丝差不多，而背阴面则是温度低至−200℃的永夜，可以推知，两个面的地质情况肯定大相径庭。

行星蒸发

4 "行星的蒸发质量与所受引力之间的互动关系比较复杂。"杰克逊解释道。恒星的潮汐引力会逐渐改变行星的公转轨道，使其发生潮汐迁移，离恒星越来越近，但行星越靠近恒星，蒸发掉的质量就越多，本身所受引力也就越小，潮汐迁移速度因此随之变小。杰克逊的团队在考虑了这种复杂互动之后做出估算，认为CoRot-7b在刚诞生的时候，质量是地球的100倍，大约和土星差不多。

残存内核

5 杰克逊认为，许多贴近恒星的系外行星都会受到蒸发质量与潮汐迁移复杂互动的类似影响。事实上，最近的几项研究表明，许多热木星也经历着同样的质量蒸发与潮汐迁移的影响，到最后，只留下类似CoRoT-7b的残存行星核。"CoRoT-7b或许是人类找到第一个全新的行星类型：蒸发残核型。"

重要提示

CoRoT-7b的质量到底是多少，目前仍存在争议。在它被发现之初，由迪迪埃·奎洛兹博士领导的卡文迪许实验室（Cavendish Laboratory）和日内瓦大学（Geneva University）研究团队估算其质量为地球的4.8倍。但后续一些研究的数据与此不符，少则是地球的2.3倍，多则8.5倍。如果真有那么重，它的密度就必定比地球高得多，更接近另一个系外行星开普勒-10b（Kepler-10b）。也可能，它有一个类似水星的完全固态铁元素内核，以至于无法产生覆盖整个星球的磁场。

到达和离开

以目前的火箭技术，前往CoRoT-7b差不多要2000万年，况且它还是个行星地狱。宇宙旅行，还是挑一个更加舒适方便的地方比较好。

© GERHARD HÜDEPOHL (ATACAMAPHOTO.COM)

智利阿塔卡马沙漠上的甚大望远镜，果然甚大！

暗黑系外行星CVSO 30c模拟图

CVSO 30b 和 c

CVSO 30是一颗年轻的红色恒星，可能有1～2颗行星相伴，是史上首个用到直接成像和凌日法两种方法寻找行星的恒星。

CVSO 30位于猎户座，距离我们1140光年，年龄不大，属于金牛座T（T Tauri）。我们的太阳也经历过类似的演化阶段，那时它还被尘埃云和气体包裹着。人类利用直接成像法和凌星法在这个系统里找到了两颗有待确认的系外行星。据欧洲南方天文台（European Southern Observatory，简称ESO）的一篇新闻稿所说，"天文学家在2012年使用凌星测光法发现CVSO 30有一颗系外行星（CVSO 30b）。所谓凌星测光法，就是有行星凌星时，恒星亮度会明显下降。"

这颗行星的存在与否仍有争议，至少尚未得到证实。2016年，天文学家将多个望远镜再次瞄准了那里。汉堡大学的托比亚斯·施密特（Tobias Schmidt）撰文称："研究团队将智利欧洲南方天文台的甚大望远镜（Very Large Telescope，简称VLT）、夏威夷凯克天文台（W. M. Keck）和西班牙卡拉阿托天文台（Calar Alto Observatory）的观测数据进行整合，发现此前已被探测到的CVSO 30b距离恒星非常近，仅0.008天文单位，公转周期不到11小时，但另一颗行星CVSO 30c的轨道半径却长达660天文单位，绕恒星一圈需2.7万个地球年。"两颗行星都属于气巨星，其中CVSO 30b还可能是热木星。

CVSO 30

恒星类型：
金牛座T, M V型

天球坐标：
赤经: 5h 25m 7.56s
赤纬: 1° 34' 24.35"

距离：
1140光年

所在星座：
猎户座

视星等：
16.26

质量：
太阳的0.39倍

半径：
太阳的1.39倍

温度：
3740开氏度

自转周期：
未知

行星数量：
2颗待确认

波江座 ε 系统中的波江座 ε b 示意图

波江座 ε

波江座 ε 是科幻作品的宠儿，周围环绕着两道碎片带，以及两颗可能存在的行星。

10.5光年外的波江座 ε（Epsilon Eridani，简称Eps Eri）位于南半球的波江座，本身类似演化早期的太阳，拥有距离太阳系最近的行星系，因科幻剧《巴比伦五号》广为人知，是类日恒星之行星形成过程的主要研究对象。

研究发现，波江座 ε 被两道碎片带环绕。所谓碎片带，即行星形成后剩余的宇宙物质，呈带状围绕恒星运动。碎片可能是气体和尘埃，也可能是小型岩块和冰块，可能是很宽的连续性盘状结构，也可能是较为密集的碎片带，比如我们太阳系的小行星带和柯伊伯带，后者位于海王星外，里面的冰态、岩质碎片有几十万。对波江座 ε 运行情况的详细测算显示，这颗恒星应该至少有一颗行星环绕，质量应接近木星，轨道半径与木日距离相仿，且不排除存在其他行星的可能性。

对于这一恒星系统的结构，一种模型认为，温度较高的物质分布于两道狭窄的碎片带中，位置分别对应太阳系的小行星带和天王星的轨道。另一种模型认为高温物质来源于外部一个类似柯伊伯带的区域，其中的尘埃趋向中心恒星，填充在盘状碎片带中，而不是小行星带式的环，与恒星系统内的行星也没有关系。

恒星类型：
橙矮星，K2 V 型

天球坐标：
赤经：3h 32m 55.84496s
赤纬：−9° 27' 29.7312"

距离：
10.46光年

所在星座：
波江座

视星等：
3.74

质量：
太阳的0.82倍

半径：
太阳的0.74倍

温度：
5084开氏度

自转周期：
11.2个地球日

行星数量：
1颗或2颗

探索波江座 ε

恒星

① 波江座 ε 非常年轻，还不到10亿岁，大约是太阳年龄的五分之一，因此磁场强度也远胜太阳，恒星风（即喷射出的粒子流）强度是太阳的30倍。按照恒星光谱分类，属于K2型主序星，比太阳"凉快"，表面温度约5000开氏度，呈橙色。

初生牛犊

② 来自加利福尼亚州山景城（Mountain View）SETI研究所的天文学家达娜·巴克曼博士（Dr Dana Backman）表示："这个恒星系统很可能相当于地球生命刚开始孕育时的太阳系，据我们目前了解，两者的主要区别在于，它多了一道行星剩余物质形成的环。"

两带一环

③ 这个恒星周围环绕着两道小行星带。一道半径约3天文单位，与我们自己的小行星带位置相当。另一道小行星带距离恒星约20天文单位，位置可对应天王星轨道。除此之外，恒星外围还有一个彗星环，半径为35~90天文单位，可类比距离太阳30~50天文单位的柯伊伯带。

可一可二

④ 2000年，天文学家宣布他们在这个恒星系统里找到了一颗行星，代号波江座 εb，属于气巨星，质量约是木星的0.77倍，公转周期6.9地球年，轨道半径3.39天文单位。同时可能还存在一颗波江座 εc，质量大约是木星的0.1倍，公转周期280年，轨道半径40天文单位，只是至今尚未证实。

可二可三?

⑤ 2003年，NASA启动了斯皮策太空望远镜观测计划，在这个星系的内外碎片带之间发现了一个中间碎片带，这说明可能存在第3颗行星，轨道位置介于两颗已知行星之间，半径约20天文单位，负责给中间碎片带提供并管理物质。喷气推进实验室斯皮策观测计划参与者、相关研究论文共同作者迈克尔·韦纳（Michael Werner）表示："对其他行星系尘埃带的详细研究教会了我们很多有关这些复杂结构的知识，看来，没有哪两个行星系统是一样的。"

重要提示

波江座 ε 离太阳很近，与太阳很像，自然成了科幻作品的热门背景。《星际迷航》和《巴比伦五号》里都有它，阿西莫夫和赫伯特的小说中也都写过它。1960年，人类开始利用射电望远镜寻找先进的外星文明，那里更是首要目标之一。只是当时的天文学家并不知道它实际上是一颗年轻的恒星。

到达和离开

这颗恒星距离我们只有10光年多一点，乘坐航天飞机约需40万年。长路漫漫，最好带上电子书。

北落师门可能拥有一道土星式的光环, 有行星隐匿其中

北落师门 b

北落师门b是系外行星中的异类。与常见的凌星法和径向速度法不同, 天文学家找到它靠的是直接成像。

恒星北落师门 (Fomalhaut) 离我们很近, 天文学家利用NASA的哈勃太空望远镜对它进行观测, 发现恒星周围存在一个很大的碎片盘, 还有一颗神秘的行星, 这也许是行星系统在恒星系统内兴风作浪的证据。这颗行星名叫北落师门b, 大小近木星的2倍, 还难得地拥有一个公众选出的名字——"达贡"(Dagon), 代表闪米特文化中关于种植与丰饶的神。它的轨道半径很大, 平均177天文单位, 所以科学家才可以对它进行直接成像。要知道, 北落师门b的亮度只有其恒星的十亿分之一, 恒星光线干扰非常严重, 科学家利用哈勃太空望远镜高新巡天照相机 (Advanced Camera for Surveys) 配备的日冕仪屏蔽了恒星发出的强光, 才让原本幽暗的行星现出真容。

这个恒星系统本身相当特殊, 给它拍照很可能就等于拍到了我们太阳系40亿年前的样貌。北落师门周围有一圈碎片带, 由原行星盘构成, 宽约346亿千米, 内薄外厚。这一行星结构此刻正在被改写, 彗星带正在演化, 行星们正在得到或失去它们的卫星。天文学家在未来几十年里将对北落师门b进行持续观测, 希望可以有机会观察到行星进入冰态碎片带 (就像我们太阳系边缘的柯伊伯带) 的过程。北落师门行星盘里的碎片正在聚集形成新的天体, 谜底尚待揭晓。

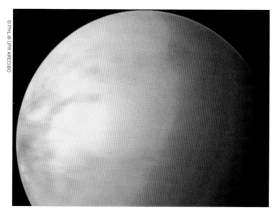

格利泽163c有望支持微生物存活（示意图）

格利泽 163b、c 和 d

红矮星格利泽163距离太阳49光年，至少有3颗行星相伴，其中一颗颇有可能是人类宜居的超级地球。

2012年，天文学家将智利拉西亚天文台（La Silla Observatory）的HARPS望远镜（全称High Accuracy Radial Velocity Planet Searcher，即高精度径向速度行星搜索器）对准了格利泽163（Gliese 163）恒星系统，一开始找到了两颗行星，分别定代号为格利泽163b和格利泽163c，不久后又确认了格利泽163d的存在。除了质量和轨道特性，我们对这3颗行星几乎一无所知，但这也阻止不了天文学家展开猜测。

格利泽163c体型较小，质量大约是地球的6.8倍，轨道半径不清楚，性质也不好说。法国约瑟夫傅立叶大学（Joseph Fourier University-Grenoble）的哈维尔·邦菲尔（Xavier Bonfils）是公布这一发现的论文第一作者，他说："我们并不确定这颗行星是不是类地行星，这种质量的行星可能是类地型，可能是液态，甚至可能是海王星那样的气态。"阿雷西沃波多黎各大学（University of Puerto Rico）物理与太空生物学系的教授亚伯·蒙迪斯（Abel Mendez）则认为，格利泽163c可能就是一颗液态行星，整个行星表面都被海洋覆盖，外面笼罩着乌云密布的大气层。这颗行星处于其恒星的宜居区，如果真是液态行星，就有望宜居。但事实上，红矮星都相对活跃，恒星风可能对周围行星的大气层产生不利影响，因此，是否真的适合孕育生命尚未可知。

格利泽163

恒星类型：
红矮星，M3.5 V型

天球坐标：
赤经: 4h 9m 15.66s
赤纬: –53° 22' 25.31"

距离：
49光年

所在星座：
剑鱼座

视星等：
11.8

质量：
太阳的0.4倍

半径：
未知

温度：
3500开氏度

自转周期：
61个地球日

行星数量：
至少3颗

格利泽176

恒星类型：
红矮星，M2 V型

天球坐标
赤经：4h 42m 55.77s
赤纬：18° 57' 29.40"

距离：
30.7光年

所在星座：
金牛座

视星等：
9.95

质量：
太阳的0.5倍

半径：
太阳的0.45倍

温度：
3679开氏度

自转周期：
40个地球日

行星数量：
1颗

格利泽176b

行星类型：
超级地球或类海行星

质量：
地球的9.06倍

半径：
未知

公转周期：
8.78个地球日

轨道半径：
0.066天文单位

探测方式：
径向速度

发现时间：
2007年

2007年发现格利泽176b的霍比-埃伯利望远镜

格利泽 176b

格利泽176b围绕红矮星格利泽176（或GJ 176）旋转，可能是一个超级地球，但质量尚未确定，也可能是一个类海行星的世界。

从2007年首次被人类发现到现在，学界对于格利泽176b（Gliese 176 b）的认识也发生了变化。当初，得克萨斯大学麦克唐纳天文台（McDonald Observatory）的两位天文学家迈克尔·安德（Michael Endl）与威廉·D.科克兰（William D. Cochran）借助霍比-埃伯利望远镜（Hobby-Eberly Telescope，简称HET）寻找红矮星（又称M型矮星）的行星，发现了格利泽176b。两人在《天文物理期刊》发表论文表示："这颗行星的公转周期为10.24天，现在，周期短、质量极小的海王星级别M型矮星（成员不多，但一直在增长）又添一员。"

然而，人们发现他们混淆了行星公转与恒星自转（40天）的数据，对于该行星公转周期的计算是错误的。后续测量中，天文学家利用智利拉西亚天文台的HARPS设备过滤掉了干扰信号，最终算出其公转周期为8.78天，并由此推知，它的质量也比原先预想的小。格利泽176b的半径尚未算出，暂时还很难说它到底是一个超级地球，还是海王星那样的冰巨星。

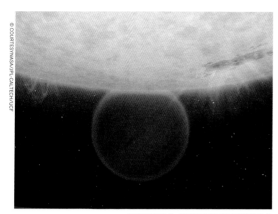

格利泽436b为"烫得冰冷"赋予了新的含义

格利泽436b

这是一个距离我们还不到32光年的神秘世界，有"燃冰行星"之称，与海王星大小类似，温度却高出许多。

2004年，格利泽436b（Gliese 436 b）的发现首次公之于世，作为首个"热海王星"（Hot Neptune），它顿时声名大噪。根据网站astronaut.com上的介绍："这颗'燃冰行星'的母星叫格利泽436，是一颗亮度低于太阳的红矮星，可见于黄道狮子座。据观测，格利泽436b的公转周期仅为2天15.5小时，证实了此前有关它极靠近母星的推断。问题在于，这颗行星的表面温度约439℃，而100℃已经是水的沸点，如此高温下，怎么可能还有冰的存在呢？"

事实上，那种温度下真的有冰，只不过不是我们以为的那种冰。正如astronaut.com的解释："水能以许多不同的状态存在，并非只有我们以为的固、液、气3种。燃冰行星上的水在高压状态下形成冰，密度比地球上的冰高很多。"就像碳在高压高温下会被变成钻石，这个神秘世界里的水也被变成了一种火热的晶体，叫"冰七"（ice Ⅶ），它能在极端高温下依然保持固态。宇宙中是否另有别处存在这种现象还不得而知，但这东西绝对会是抢眼的小花招。

还有两颗行星在同一星系中被找到，但性质尚未得到确认。

格利泽436

恒星类型：
红矮星，M2.5Ⅴ型

天球坐标：
赤经: 11h 42m 11.09s
赤纬: 26° 42' 23.65"

距离：
31.8光年

所在星座：
狮子座

视星等：
10.67

质量：
太阳的0.41倍

半径：
太阳的0.42倍

温度：
3318开氏度

自转周期：
39.9个地球日

行星数量：
1~3颗

格利泽436b

行星类型：
热海王星

质量：
地球的21.36倍

半径：
地球的4.33倍

公转周期：
2.64个地球日

轨道半径：
0.028天文单位

探测方式：
径向速度

发现时间：
2004年

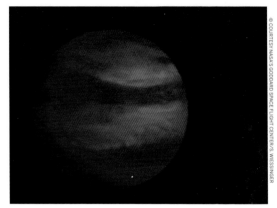

格利泽504b的质量可能是木星的4倍

格利泽504b

格利泽504b也叫GJ 504b，母星位于室女座，有可能是用直接成像法找出的围绕类日恒星旋转的行星中质量最小的。

格利泽504

恒星类型：
黄矮星，G0V型

天球坐标
赤经: 13h 16m 47.0s
赤纬: 9° 25' 27"

距离：
57.3光年

所在星座：
室女座

视星等：
5.22

质量：
太阳的1.16倍

半径：
太阳的1.36倍

温度：
6205开氏度

自转周期：
3.33个地球日

行星数量：
1颗

格利泽504b

行星类型：
气巨星或褐矮星

质量：
答案不一，木星的4~30倍

半径：
木星的0.96倍

公转周期：
答案不一，155~1557年

轨道半径：
答案不一，
31~129天文单位

探测方式：
直接成像

发现时间：
2013年

格利泽504b（Gliese 504 b）的公转半径几乎是木星的9倍，它可能属于褐矮星（一种不成器的恒星），也可能是一颗行星，只是目前的科学理论还无法合理解释如此巨大的行星是如何形成的。

学界普遍认为，类木行星应该诞生于某颗年轻恒星周围富含气体的盘状碎片带中。这种行星的"种子"，也就是原始行星核，来自"碎片盘"里小行星与彗星发生的碰撞。当行星核的质量变得足够大时，就可以吸附周围的气体，形成真正的行星。这种成长模式，对轨道位置类似海王星的行星来说，还是讲得通的，但套用在距离恒星更远的格利泽405b身上，似乎就有些牵强。海王星距离太阳大约30天文单位（地日距离的30倍），格利泽504b的轨道半径更长达43.5天文单位。当然，这个数据只是估算，因为它所在的恒星系统与地球存在视面差，差值尚不清楚，真实的距离无法准确得知。

在确定是姓"恒"还是姓"行"之前，格利泽504b的质量也无法准确算出。如果是行星，质量就大约是木星的4倍；如果是褐矮星，其质量和密度必定远超于此。若是亲眼得见，我们看到的将是一个热量尚未消退的天体，被染成不甚鲜亮的洋红色，像深色樱花那样。

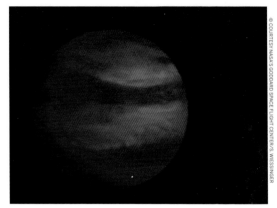

© COURTESY NASA'S GODDARD SPACE FLIGHT CENTER/S. WIESSINGER

系外行星还是褐矮星

通过某个天体的体积对其进行分类，这种方法高效快捷，但有时也颇为难，比如要辨析巨大的气态热木星与又小又凉的褐矮星时，两者的体积差别并不明显，而后者的恒星核因为缺少核聚变，无法产生足够的辐射强度向我们亮明自己的恒星身份。

天空中那些似明似暗的光点到底是什么东西？对于这个问题，自打人类开始仰望星空，就一直没能找到满意的答案。我们把这类天体称为"褐矮星"，它们的存在模糊了恒星与行星的界限，向人类原本对这两类天体的理解及其形成理论提出了质疑。如今，天文学家希望依靠NASA的詹姆斯·韦伯太空望远镜在红外探测方面的强大实力，破解这个千古难题。

好几支研究团队将借助韦伯太空望远镜对褐矮星的神秘本质展开探究，以期进一步了解恒星形成、系外行星大气层以及褐矮星本身所处的模糊地带。根据此前哈勃太空望远镜、斯皮策望远镜、阿塔卡马大型毫米/亚毫米阵列望远镜等的观测，科学家发现褐矮星的质量可能高达木星这种气巨的70倍，但作为恒星来说，仍然无法为恒星核的核反应提供足够燃料，进而发出星光。褐矮星的存在早在20世纪60年代就有了理论推断，1995年得到证实，但关于这类恒星的形成机制（到底是像普通恒星那样依靠吸附气体，还是像普通行星那样从碎片盘里面汲取物质）尚无令人信服

的解释。再加上有些褐矮星表现为另一颗恒星的伴星，有些则是独自在宇宙中漂泊，使得它们头上的疑云越发浓重。

蒙特利尔大学艾迪安·阿迪高（Étienne Artigau）领导的团队将利用韦伯望远镜对一颗编号SIMP0136的褐矮星进行观测。那是距离我们太阳最近的"流浪"褐矮星之一，年龄小，质量低，在许多方面都很像行星，胜在距离其他恒星较远，免除了恒星光亮的干扰。之前，天文学家已经在SIMP0136的观测上获得了突破，发现它有一个云状的大气层。这一

次，阿迪高团队希望利用韦伯太空望远镜的光谱装置，进一步了解其大气层中的化学元素和化合物。

寻找小质量的流浪褐矮星只是开始，以此为基础，天文学家未来将能借助韦伯太空望远镜进一步探索系外行星。韦伯有能力探测到系外行星大气层内的分子类型，说不定，人类还能就此找到适宜生存的"新世界"。褐矮星质量比恒星小，不像恒星那么明亮，只能发出诞生后残留的微光，所以最适合利用红外线进行观测。与高热恒星以及其他天体相比，褐矮星的红外影像色调偏冷。

太阳

低质量恒星

褐矮星

木星

地球

褐矮星与气巨星的体积可能相似到令人迷惑

格利泽581

恒星类型:
红矮星, M3V型

天球坐标:
赤经: 15h 19m 26.83s
赤纬: −7° 43' 20.19"

距离:
20.4光年

所在星座:
天秤座

视星等:
10.56

质量:
太阳的0.31倍

半径:
太阳的0.30倍

温度:
3480开氏度

自转周期:
133个地球日

行星数量:
3~6颗

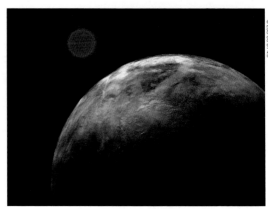

艺术家眼中的格利泽581c, 其质量是地球的5倍

格利泽 581b、c 和 e

这颗位于天秤座的红矮星是距离太阳最近的恒星之一, 名列第89, 区区20光年, 不过一箭之遥。它已确定的行星有3颗, 还有3颗待证实。

2005年, 欧洲南方天文台 (ESO) 的天文学家发现了格利泽581 (Gliese 581) 的第一颗行星, 将其命名为格利泽581b (或GJ 581b)。这颗行星大小仿佛海王星, 公转周期为5.4个地球日。当时天文学家就已经察觉到了其他行星存在的迹象。欧洲南方天文台在一篇新闻稿中称:"天文学家随即获得了另一组观测参数, 从中发现了另一个超级地球 (格利泽581c)。此外, 数据还明确提示了第三颗行星的存在, 其质量是地球的8倍, 公转周期为84天。"文中的"第三颗行星"指的是格利泽581d, 只是尚未得到确认。

这些发现全要归功于HARPS摄谱仪 (High Accuracy Radial velocity Planetary Searcher)。这台设备安装在智利拉西亚天文台的欧洲南方天文台 (ESO) 3.6米口径望远镜上, 可以说是当今世上最精密的摄谱仪。日内瓦天文台兼HARPS计划首席天文学家米歇尔·马约尔表示:"HARPS是独一无二的行星搜索器, 借助其惊人的精确性, 我们已将搜寻重点放在小质量行星身上。目前已知质量不到地球20倍的行星共13颗, 其中11颗都是HARPS发现的, 它的成功毋庸置疑。"

恒星格利泽581的质量只有太阳的30%, 即便最外层的行星轨道半径也比地日距离小, 因此, 第四颗被发现的候选行星格利泽581e很可能具有孕育生命的条件。

探索格利泽581恒星系统

恒星

1 据欧洲南方天文台观测，20.5光年外的格利泽581是距离我们最近的100颗恒星之一，在天球上位于天秤座，质量和半径都只有太阳的约1/3。这类红矮星亮度最多只有太阳的1/50，是我们银河系最常见的恒星，在距离太阳最近的前100颗恒星中，有80颗都属于此类。

宜居带

2 天文学家哈维尔·邦菲尔（Xavier Bonfils）认为："要搜寻可能存在液态水的小质量行星，红矮星就是最理想的目标。"因为格利泽581亮度很低，它的行星如果具有宜居性，其轨道半径必须远低于日地距离，否则，星球上温度过低，水就无法以液态存在，而液态水在大多数科学家看来都是孕育生命的必要条件。

格利泽581b

3 这是格利泽581已被确认的三颗行星中质量最大的一颗，是地球的15.8倍，类型很可能是类似海王星、天王星的冰巨星。它于2005年被发现，是第五个已知围绕红矮星运行的行星，其轨道介于格利泽581c（最内侧）和e（最外侧）之间。

格利泽581c

4 据欧洲南方天文台称，这颗发现于2007年的岩质行星是已知最小的同类星体之一，公转周期为13个地球日。相关论文的第一作者、瑞士日内瓦天文台的斯蒂芬·乌德里（Stéphane Udry）解释："据我们估算，这颗超级地球的平均温度在0~40℃，水有可能呈现液态。此外，它的半径应该只有地球的1.5倍，根据建模预判，它要么和我们地球一样是岩质行星，要么表面完全被海洋覆盖。"

格利泽581e

5 天文学家使用世界上最成功的小质量行星搜索器HARPS观测4年多之后，在2009年发现了当时看来是质量最小的一颗系外行星：格利泽581e。它的质量只有地球的2倍左右，3.15个地球日即可绕恒星一周，还是该恒星系统里已确认的最靠外的行星，只是轨道半径仍然比水星到太阳的距离小很多。

到达和离开

格利泽581距离我们相对较近，但乘坐航天飞机也要足足79万年，想多节省些交通时间，还是把目的地选在比邻星或巴纳德星吧。

格利泽625

恒星类型:
红矮星, M2 V型

天球坐标:
赤经: 18h 25m 24.6233s
赤纬: 54° 18' 14.7658"

距离:
21.11光年

所在星座:
天龙座

视星等:
10.17

质量:
太阳的0.3倍

半径:
太阳的0.31倍

温度:
3499开氏度

自转周期:
未知

行星数量:
1颗

格利泽625b

行星类型:
超级地球

质量:
地球的2.82倍

半径:
未知

公转周期:
14.628个地球日

轨道半径:
0.078天文单位

探测方式:
径向速度

发现时间:
2017年

格利泽625b与地球颇有相似之处, 只是什么都要大一号

格利泽625b

格利泽625b是一颗巨怪级的岩质系外行星, 围绕红矮星运动, 如果上面有水, 就有望存在生命。

格利泽625 (Gliese 625) 距离我们仅21光年, 在天球上位于天龙座, 属于红矮星, 质量和半径都只有太阳的三分之一。2017年, 西班牙加那利群岛天体物理学研究所的亚力桑德罗·苏亚雷斯·马斯卡雷诺 (Alejandro Suarez Mascareño) 率团队完成了对其为期3年的深入研究, 借助加那利群岛拉帕尔马岛 (La Palma) 上的HARPS-N摄像仪, 并对观测数据加以分析之后, 他们发现这颗恒星存在径向速度的变化, 并据此找到了系外行星格利泽625b。

这颗新发现的行星属于超级地球, 由岩石构成, 质量是地球的2.8倍, 每14.6天就能绕母星一周, 距离母星只有将近0.08天文单位。研究团队发现, 这颗行星位于对应恒星的宜居区, 水应该能以液态存在。距离恒星这么近还能做到宜居, 听来有些不可思议。但格利泽625是红矮星, 体积和亮度都比我们的太阳小, 因此不会对行星造成太过强烈的辐射冲击。格利泽625b的表面温度为77℃, 算是相当温和, 具备某些生命形式存在的条件。不过, 下结论为时尚早, 一切都有待进一步研究, 尤其是还需要借助光谱仪确定该行星是否存在大气层, 如果答案肯定, 则需进一步分析大气层成分。

岩质行星格利泽667Cc模拟图

格利泽 **667Cb** 和 **Cc**

天文学家在这里挖到宝了：一个三恒星系统，最小的成员格利泽667C是红矮星，至少拥有两颗行星，两颗都是岩质，都有可能宜居。

发现于2009年的格利泽667Cb（Gliese 667 Cb）是这个三星系统中最靠内的行星，质量约为地球的5.6倍，轨道半径仅为地日距离的1/20，只要7天就能绕恒星一周。2011年，天文学家在梳理智利欧洲南方天文台3.6米口径望远镜的观测数据时，又发现了同一个系统中最靠外的一颗行星，质量大约是地球的3.7倍，代号格利泽667Cc（Gliese 667 Cc）。这颗行星距母星很近，公转周期只有28个地球日，但因为母星只是一颗红矮星，体积和温度低于我们的太阳，如此算来，行星表面接收的恒星辐射能量大约是地球的90%，算是处于宜居带。要是它也有类似地球的大气层，上面存在生命的可能性就更高了。

如今，在这个三星系统里已经有了总计6颗有待确认的行星，但帕萨迪纳市卡耐基天文台（Carnegie Observatories）的弗兰克·佩雷兹（Frank Perez）2014年在《皇家天文学会月报》上发表论文表示："我们的分析显示，相关数据只能对两颗行星的存在提供较为充分的证据。"具体数字还有待进一步研究查证。

格利泽667C

恒星类型：
红矮星，M1.5V型

天球坐标：
赤经：17h 18m 57.16s
赤纬：−34° 59' 23.14"

距离：
23.6光年

所在星座：
天蝎座

视星等：
10.2

质量：
太阳的0.31倍

半径：
太阳的0.42倍

温度：
3700开氏度

自转周期：
105个地球日

行星数量：
2~6颗

恒星类型：
红矮星，M2V型

天球坐标：
赤经：2h 33m 33.98s
赤纬：−49° 0' 32.40"

距离：
16.19光年

所在星座：
天鹤座

视星等：
8.66

质量：
太阳的0.45倍

半径：
太阳的0.48倍

温度：
3620开氏度

自转周期：
45.7个地球日

行星数量：
2颗

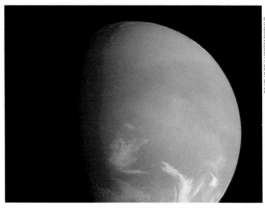

该恒星系统中岩质行星格利泽832c的示意图

格利泽 832b 和 c

红矮星格利泽832位于南天星座天鹤座，近处有一颗岩质行星环绕，外围有一颗气巨星。

格利泽832的恒星系统走了两个极端。格利泽832c（Gliese 832c）可能是岩质行星，质量是地球的5倍，距离红矮星母星极近，轨道半径远小于水星，短短35.68天就能绕母星一周。格利泽832b（Gliese 832b）是一颗类似木星的气巨星，质量很大，轨道半径是格利泽832c的21倍，距离母星极远，整整10年才能绕行一圈。

有趣的是，格利泽832c虽然极其靠近母星，从母星获得的辐射能量却与地球差不多。当然，论及这颗系外行星的确切质量、体积和大气层，我们还有许多方面都不清楚。如果拥有类似地球的大气层，它也许就是一个季节差异极其强烈但仍有能力孕育生命的超级地球；如果大气层像金星那样又厚又充斥着温室气体，生命也就不可能存活。格利泽832距离我们只有16光年，是已知距离地球第五近的恒星系统，条件适宜的话，理论上大有可能存在生命。

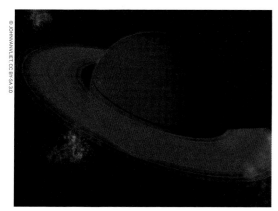

格利泽876c的光环

格利泽 876b、c、d 和 e

红矮星格利泽876位于水瓶座，距离我们15光年，共有四颗行星环绕，两颗是气巨星，一颗是岩质行星，还有一颗可能类似于海王星。

科学家对于格利泽876（Gliese 876）的认知一直在发生变化。1998年发现的第一颗行星——气巨星格利泽876b，也是人类找到的第一批系外行星之一。随着研究的不断深入，另外三颗行星先后于2001年、2005年和2010年被找到，其中，格利泽876c是气巨星，格利泽876d是超级地球，格利泽876e可能是超级地球，也可能是个类海行星。

2002年，科学家利用天体测量技术对格利泽876b的质量进行了确证，这在系外行星中尚属首例。具体来说，就是当一颗行星环绕恒星运动时，恒星受其拖曳，会在天球上做非常微小的椭圆轨迹移动，通过对这种移动的精确测算，科学家就能得出相应行星的质量。

得克萨斯大学奥斯汀分校的乔治·班尼迪克博士（Dr George Benedict）不得不花了两年多的时间去观察这场"宇宙悠悠球"表演，动用了哈勃太空望远镜运行27圈收集到的数据。他强调说："测量一颗恒星在天球上的这种运动是相当困难的，测量精度达到0.5毫角秒，等于从4800千米外去看一枚25美分硬币（直径不到25毫米）。"

整个恒星系统的另一个显著特征在于，气巨星格利泽876c周围可能存在土星一样的环状结构。也就是说，这个行星周围可能也有卫星相伴，卫星上则可能存在液态水。

格利泽876

恒星类型：
红矮星，M4V型

天球坐标：
赤经：22h 53m 16.73s
赤纬：−14° 15' 49.30"

距离：
15.25光年

所在星座：
水瓶座

视星等：
10.15

质量：
太阳的0.37倍

半径：
太阳的0.376倍

温度：
3129开氏度

自转周期：
96.9个地球日

行星数量：
4颗

格利泽3470

恒星类型:
红矮星, M1.5型

天球坐标:
赤经: 7h 59m 6.0s
赤纬: 15° 23' 30"

距离:
100光年

所在星座:
巨蟹座

视星等:
12.3

质量:
太阳的0.51倍

半径:
太阳的0.48倍

温度:
3652开氏度

自转周期:
未知

行星数量:
1颗

格利泽3470b

行星类型:
热海王星

质量:
地球的13.73倍

半径:
地球的3.88倍

公转周期:
3.3366个地球日

轨道半径:
0.03557天文单位

探测方式:
凌星

发现时间:
2012年

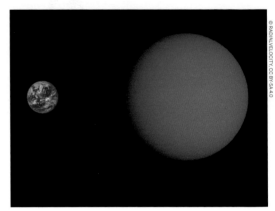

类海行星格利泽3470b与地球的体积对比

格利泽 3470b

格利泽3470b是个珍品,一颗所谓的"热海王星",也就是说,它的质量类似海王星,但温度要高很多。已知的此类天体寥寥可数。

格利泽3470b(Gliese 3470b)是一颗正在飞速消失的星球。因为距离母星实在太近,轨道半径只有水星的十分之一,此刻的它就在天文学家眼皮底下玩起了人间蒸发。

在我们的宇宙里,热木星可谓随处可见,大量的气巨星表面温度极高,环绕着母星运行,已知的就有数百颗。相比之下,热海王星可就非常稀奇了,总共找到的就没几颗,事实上,从2007年发现首例格利泽436b以后,直到2012年才找到第二颗,即格利泽3470b。据估算,格利泽3470b的半径是地球的4倍,至于质量,当然是接近海王星了。

约翰斯·霍普金斯大学的物理学家兼行星专家大卫·辛博士(Dr David Sing)表示:"格利泽3470b是行星可能丧失大量质量的铁证。它此刻的质量损失速度比我们此前所知的任何行星都快得多,预计再过几十亿年,整个星球就只能剩下半个了。"一旦距离恒星格利泽3470太近,这颗行星表面的物质会逐层被燃沸、挥发,最终能留下的或许只有岩质的行星核。它生动地阐释了为什么轨道半径太小的行星不被计算在宜居范围内。

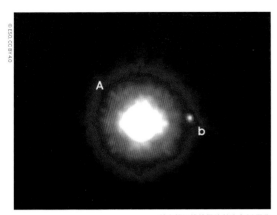

甚大望远镜拍摄的豺狼座GQ图像

豺狼座GQ

恒星类型:
金牛座T, K7V型

天球坐标:
赤经: 15h 49m 12.14s
赤纬: −35° 39' 3.95"

距离:
500光年

所在星座:
豺狼座

视星等:
11.4

质量:
太阳的0.7倍

半径:
未知

温度:
5150开氏度

自转周期:
未知

行星数量:
1颗

豺狼座 GQb

豺狼座GQb颇有些神秘，和格利泽504b一样，天文学家也不太确定它到底是系外行星，还是一颗质量巨大的褐矮星。

现在，越来越多的系外行星通过直接成像法被天文学家找到，但这其实并不容易，因为许多恒星都处于母星强烈的光照下，好比逆光拍照，面目难以看得真切。照欧洲南方天台的说法，"为了在一定程度上克服这个问题，天文学家更倾向于研究年轻的天体"。这是因为行星年轻时更热、更亮，同处于明亮的恒星周边，更容易被发现。豺狼座GQ（GQ Lupi）正是这样一个年轻的恒星系统，目前，来自德国耶拿大学的天文学家正对它展开研究。

欧洲南方天台继续解释："天文学家在观测豺狼座GQ中使用了金星望远镜（Yepun）上装备的自适应光学设备NaCo，它可以克服大气层湍流的扭曲干扰，拍摄出接近红外波段的高清图像。金星望远镜口径8.2米，是位于智利帕拉纳尔山顶的甚大望远镜的第四个子望远镜。"观测数据显示，该恒星系统里明显存在另一个温度极低的天体，半径大约是木星的2倍，天文学家将其命名为豺狼座GQb。不过，它到底是一颗又大又冷的系外行星，还是一颗小的"失败恒星"褐矮星，目前尚不清楚。

豺狼座GQb

行星类型:
气巨星或褐矮星

质量:
木星的1~36倍

半径:
木星的3~4.6倍

公转周期:
约1200个地球年

轨道半径:
约100天文单位

探测方式:
直接成像

发现时间:
2005年

刚出炉的热木星！

过去十年，人类在搜索系外行星的过程中获得了大丰收，目前已确认的就不下4000个，候选者更是不计其数。这些异域世界有许多都被归为"热木星"。顾名思义，这类行星与木星类似，都是气巨星，但因为贴近恒星而热得厉害。

最初，我们觉得热木星是宇宙中的异类，因为这种东西在我们太阳系里是找不到的。但随着它的成员越来越多，近轨较小的行星也越来越多，我们才渐渐明白，原来太阳系才是与众不同的。

"我们以为太阳系是宇宙常态，但看来事实并非如此。"加利福尼亚大学圣克鲁兹分校的天文学家格里戈·劳林（Greg Laughlin）如是说。他来自NASA斯皮策太空望远镜热木星形成研究项目的科研团队，是相关论文的联合作者。

虽然我们现在知道热木星十分常见，但这些大质量魔球是如何形成的，为什么会离恒星近到这样惊人的地步？种种谜团至今仍未解开。

天文学家借助斯皮策太空望远镜对一颗代号HD 80606b的热木星进行观测，从中发现了一些解谜的新线索。这颗行星距地球190光年，公转周期111天，最不寻常的地方在于，它的公转轨道离心率特别大，也就是说，离恒星近的时候近得吓人，离恒星远的时候远离离谱，非常类似彗星轨道。在靠近恒星的时候，其光面很可能比背阴面温度高出很多，前者表面温度在距离最近时可以瞬间攀升到1100℃以上。

天文学家认为HD 80606b正在发生轨道迁徙，从半径较大的轨道逐渐调整到热木星典型的小半径轨道。目前有关热木星形成的一大主流理论就认为，这类行星本是轨道半径较大的气巨星，因为受到附近恒星或者行星的引力影响，开始以椭圆轨道绕行恒星，且轨道半径逐渐缩小，经过上亿年的调整才最终稳定在一个贴近恒星的圆形轨道上，成为热木星。

斯皮策在2009年就对HD 80606b进行过观测，但随着它对系外行星的敏感度有所提升，单次观测时间也延长到了85小时，所以科学家得以从最近的几次观测中获取更详细的信息。

从椭圆轨道迁徙到圆形轨道，HD 80606b到底要花多少时间？这是新研究要回答的一个关键问题。结果重点要看这颗行星有多"软"。星体越软，就越能够在接近恒星时将受到的恒星引力挤压转化为热量释放出去，相应地，迁移到圆形轨道上的所谓"圆化"（circularisation）过程也就越快。

劳林解释道："好比你拿着一颗解压球，快速地捏几下，这个球就会变热。这是因为解压球足够软，善于把机械能转化为热能。"

根据斯皮策最近几次观测的结果，HD 80606b在接近恒星时并没有释放出太多热量，这说明它更有可能是个硬家伙，所以，它最终稳定在圆形轨道上的时间很可能比我们原先预计的要晚，也许还要100亿年——几乎就是我们宇宙如今的年龄了！

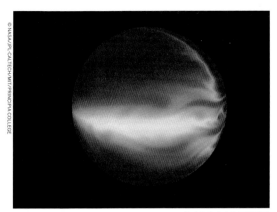

热木星湍流大气层模拟图

HAT-P-7b

这是一颗比木星还要魁梧的巨怪星球，狂风呼啸，红蓝宝石漫天飞舞，让天文学家始料未及。

HAT-P-7b（也叫Kepler-2b）自从发现了2000年，距我们约1040光年，作为系外行星，它的半径比木星大51%，质量是地球的500倍，母星比太阳重一半、大一倍。2016年，一个由英国沃维克大学大卫·阿姆斯特朗博士（Dr David Armstrong）领导的科研团队找到了证明它存在"猛烈多变大风"的线索，这也让它成了首批被发现存在天气系统的系外气巨星之一。

阿姆斯特朗团队发现，HAT-P-7b上面的风起于一股赤道急流，波及范围广，风速变化非常剧烈，最快时可以推动星球表面大量气云，形成毁天灭地般的风暴。这些气云里很可能满是刚玉，也就是构成红、蓝两类宝石的矿物。"研究结果表明，强风会持续环绕星球，将气云从背阴面吹到光面，风速变化极大，大量气云堆积起来又消散开去。"感谢阿姆斯特朗团队的开创性研究，天体物理学家现在可以着手研究系外行星天气系统的变化规律了。

HAT-P-7

恒星类型：
黄-白矮星，F8V型

天球坐标：
赤经：19h 28m 59.3534s
赤纬：47° 58' 10.229"

距离：
1040光年

所在星座：
天鹅座

视星等：
10.46

质量：
太阳的1.47倍

半径：
太阳的1.84倍

温度：
6441开氏度

自转周期：
未知

行星数量：
1颗

HAT-P-7b

行星类型：
热木星

质量：
木星的1.84倍

半径：
木星的1.51倍

公转周期：
2.204个地球日

轨道半径：
0.03676天文单位

探测方式：
凌星

发现时间：
2008年

HAT-P-11

恒星类型:
橙矮星, K4型

天球坐标:
赤经: 19h 50m 50.25s
赤纬: 48° 4' 51.10"

距离:
123光年

所在星座:
天鹅座

视星等:
9.473

质量:
太阳的0.81倍

半径:
太阳的0.683倍

温度:
4780开氏度

自转周期:
未知

行星数量:
1颗

HAT-P-11b

行星类型:
热海王星

质量:
地球的23.4倍

半径:
地球的4.36倍

公转周期:
4.89个地球日

轨道半径:
0.052天文单位

探测方式:
径向速度

发现时间:
2009年

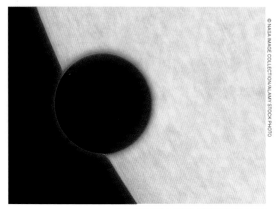

© NASA IMAGE COLLECTION/ALAMY STOCK PHOTO

HAT-P-11b的轨道半径比我们的海王星小很多

HAT-P-11b

通过分析3台NASA太空望远镜的观测数据，天文学家发现，这颗海王星大小的气态系外行星上拥有晴朗的天空和氤氲的蒸汽。

行星HAT-P-11b被归类为"系外海王星"（exo-Neptune），大小类似海王星，围绕恒星HAT-P-11运行，距我们约120光年，位于天鹅座。和我们的海王星比起来，这颗行星的轨道半径要小得多，大约5天就能绕恒星一圈。科学家推测这个温暖的星球具有岩质内核和大气层，属于气巨星，除了体积以外，与身为冰巨星的海王星并不像，倒更像土星和木星。自从2009年发现它以来，我们对这颗星球或任何类似的系外海王星的成分构成始终没有太多了解。直到2014年，马里兰大学乔纳森·弗莱恩（Jonathan Fraine）领导的科研团队才总算能展开对HAT-P-11b大气层的研究分析了。

弗莱恩的团队借助哈勃太空望远镜第三代广域照相机，采用透射光谱技术，重点考察行星移动到恒星正面时的光谱。在此期间，恒星的光线穿透行星大气层照射到镜头上，如果行星大气层中存在水汽分子，便会吸收特定波段的光线，最终在光谱照片上留下独特的印记。基于这一原理，天文学家便可考察HAT-P-11b是否存在水汽，也意味着未来有望利用这种方法观测其他系外行星，了解我们太阳系行星究竟有何不同。

探索HAT-P-11b

母星

1 这个恒星系统的母星HAT-P-11是一个富金属橙矮星，质量约为太阳的81%，半径约为太阳的68%，表面温度4780开氏度，略低于太阳。科学家口中的"富金属"（metal-rich）恒星，并不是说这个恒星富含金属，而是说与多数恒星相比，其成分中比氦重的元素占比更高。天文学家认为HAT-P-11表面存在温度较低的"恒星黑子"，类似太阳黑子。它的视星等为9.5，一个小小的非专业望远镜就可以帮助你看到它。

有水没水？

2 行星大气层的云会阻碍科学家对大气层分子成分的观测，进而影响其对行星构成与演化历史的探究。一颗海王星大小的行星上能够拥有清透的天空是个好信号，意味着其他小型行星也可能同样具备良好的观测视线。不过，在庆祝晴朗的天气之前，科学家们还有一个麻烦需要解决，那就是恒星黑子。这些温度较低的黑子本身可能含有气态水，科学家观测到的气态水到底来自它们还是来自行星，这个问题必须先搞清楚。

进一步观测

3 为了搞清这个问题，研究团队只好求助于开普勒与斯皮策两台太空望远镜。开普勒此前已对天球上的一小块区域进行了持续数年的观测，HAT-P-11b恰好就在其中。将这些可见光波段观测数据与斯皮策的红外波段观测数据整合比较，科学家判定，HAT-P-11上的恒星黑子温度还是太高，不可能存在水蒸气。到了这一步，才能放心庆祝，我们终于在一个完全不同于太阳系的异星世界里找到了水蒸气。而HAT-P-11b上晴朗的天气也让科学家信心大增：未来也许会有更多的"无云行星"可供研究。

大气成分

4 观测结果显示，HAT-P-11b的大气层里不止有水蒸气，也有氢气和其他尚待确认的分子成分。为了解释这颗行星的构成与起源，理论天文学家提出了一系列新的结构模型。加利福尼亚理工学院的希瑟·努斯顿（Heather Knutson）是该项研究论文的共同作者之一，他表示："我们认为这颗系外海王星可能具有非常复杂的成分，这表明其形成过程也非常复杂。有了此次研究得到的数据，我们可以着手尝试还原那些遥远异星世界的完整生命历程了。"

未来应用

5 天文学家计划在未来对更多的系外类海王星展开研究，并运用同样的方法探索超级地球——即质量不高于地球10倍，且同样由岩石构成的系外行星。NASA的韦伯太空望远镜将在这些超级地球上搜寻水蒸气及其他分子存在的迹象。当然，要找到拥有海洋甚至具备潜在宜居性的星球，可能还是一件很遥远的事情。

重要提示

《弗兰肯斯坦》中的人造人（我们更愿意称他为"小弗兰肯斯坦"）以尸块拼凑成身体，在狂风暴雨、闪电劈击之下活过来，面目虽然可怖，内心却充满柔情，只想获得人类的接纳，却被以貌取人的人类当成实验失败品，处处遭到嫌弃乃至憎恶，无家可归。唏嘘之余，我们倒是为他找到了一个新家园，那就是距离地球123光年的HAT-P-11b。天文学家在其大气层里发现了水以及微弱的射电波，进而推断这颗星球上应该会发生猛烈的雷暴，就像小弗兰肯斯坦活过来的那晚。只是这里的威力远超木星或地球，想必很适合人类社会所不容的"怪物"。

到达和离开

凭借今天的航天技术，前往HAT-P-11b差不多要500万年，但愿飞船上配了低温休眠舱。

HD 40307

恒星类型:
橙矮星, K2.5V 型

天球坐标:
赤经: 5h 54m 4.2409s
赤纬: −60° 1′ 24.498″

距离:
41.8光年

所在星座:
绘架座

视星等:
7.17

质量:
太阳的0.75倍

半径:
太阳的0.716倍

温度:
4977开氏度

自转周期:
31.8个地球日

行星数量:
6颗

HD 40307g

行星类型:
超级地球或类海行星

质量:
地球的7.09倍

半径:
地球的2.39倍

公转周期:
197.8个地球日

轨道半径:
0.600天文单位

探测方式:
径向速度

发现时间:
2012年

是体积适度的气巨星,还是宜居的类地行星?

HD 40307g

6颗行星环绕着HD 40307,其中,HD 40307g可能是宜居的超级地球,但也说不准只是一颗小型气巨星。

HD 40307g的体积是地球的两倍多,刚好踩在超级地球和类海行星的分割线上,科学家也不确定它的表面究竟是岩质,还是气与冰。但有一点至少是可以确定的:这颗星球的质量是地球的7倍,引力要比地球大很多很多。

HD 40307g所在的恒星系统里共有6颗行星,母星HD 40307是一颗橙矮星,位于绘架座,距地球近43光年。这些行星全都比地球重很多,HD 40307g在其中排名第二。之所以重点介绍它,是因为其他几颗行星距离恒星都太近,以至温度太高,不可能存在液态水,而它的轨道半径要大得多,处于宜居带。当然,要做到真正的宜居,这颗星球还必须具有地球那样的固态表面,这一点目前还不好说。2012年发现该星球的科研团队成员米克·图奥米(Mikko Tuomi),谈及这颗星球是否为超级地球时表示:"如果一定要猜,我只能说概率一半一半……实际情况是,我们目前并不知道它到底是一个体积较大的地球,还是一个体积较小、温度适中、没有固态表面的海王星。"在天体归类方面,再怎么小心都不为过。

这颗恒星似乎不但有行星相伴，还有小行星带

HD 69830b、c 和 d

2005年，天文学家在恒星HD 69830周围发现了系外小行星带存在的迹象，顿时引发轰动。次年，3颗行星也得到确认。

小行星带可谓是"行星垃圾场"，里面充斥着未能成型的"行星"留下的残块，偶尔彼此相撞，飘出缕缕尘埃。在我们的太阳系里，小行星也曾同地球、月球以及其他行星发生过碰撞。HD 69830的小行星带比我们太阳系的更厚，里面的物质含量高出25倍，如果挪到太阳系，我们的夜空中就会多出一条耀眼的光带。这条小行星带与其恒星间的距离比我们的小很多：我们的小行星带位于火星与木星轨道之间，而它简直比金星轨道还靠里。

发现这些行星的欧洲南方天文台在新闻中发布："这3颗行星的质量分别至少是地球的10~18倍。大量理论演算表明，最靠近恒星的很可能是一颗岩质行星，中间那颗可能是岩质或气态结构。至于最外侧那颗，很可能在形成期间积累了一定的冰质，拥有岩质或冰质内核，包裹着质量巨大的外壳。进一步计算证明，这个恒星系统已达到动态稳定结构。"

HD 69830

恒星类型：
类日恒星，G2Ⅴ型

天球坐标：
赤经：8h 18m 23.947s
赤纬：−12° 57' 5.8116"

距离：
40.7光年

所在星座：
船尾座

视星等：
5.98

质量：
太阳的0.863倍

半径：
太阳的0.905倍

温度：
5394开氏度

自转周期·
35.1个地球日

行星数量：
3颗

HD 149026

恒星类型:
黄色亚巨星, G0IV型

天球坐标:
赤经: 19h 30m 29.6185s
赤纬: 38° 20' 50.308"

距离:
250光年

所在星座:
武仙座

视星等:
8.15

质量:
太阳的1.345倍

半径:
太阳的1.541倍

温度:
6147开氏度

自转周期:
未知

行星数量:
1颗

HD 149026b

行星类型:
热木星

质量:
木星的0.36倍

半径:
木星的0.725倍

公转周期:
2.876个地球日

轨道半径:
0.042天文单位

探测方式:
径向速度

发现时间:
2005年

HD 149026b备受炙烤的光面

HD 149026b

这颗气巨星是个"两面派",光面火烧火燎,背阴面相当凉爽,本身几乎不发光。

行星HD 149026b(国际天文学联合会以高卢-罗马神话中的战神"Smertrios"为其命名)距我们约250光年,温度异常高,天文学家认为它可能完全吸收了母星的恒星辐射,几乎未发生反射。这让它成了宇宙中已知的最黑的星球之一,也是最热的行星之一,其表面温度高达2038℃,是太阳系最热行星金星岩质表面温度的3倍。

这颗温暖黑星球的温度是靠斯皮策太空望远镜测出来的。虽然并不反射可见光,但高温却促使它向外辐射出少量可见光与大量红外线。斯皮策身为红外天文探测器,主要采用"次食"(secondary eclipse)技术对红外光线加以测量。以HD 149026b为例,它是"凌日行星",也就是说,从地球看去,它会出现在恒星正面,也会绕到背面被恒星完全阻挡,后者也称"次食"。通过测定次食发生时减少的红外辐射量,天文学家就得到了行星本身的红外辐射总量,进而计算出行星的温度。斯皮策在观测中还发现,HD 149026b光面的中央存在一个高温斑点,尽管整个星体都是黑的,这个点却像个余烬未灭的炭块。天文学家认为这颗行星受到了恒星的潮汐锁定,光面固定不变,永远处于恒星的灼烧之下。

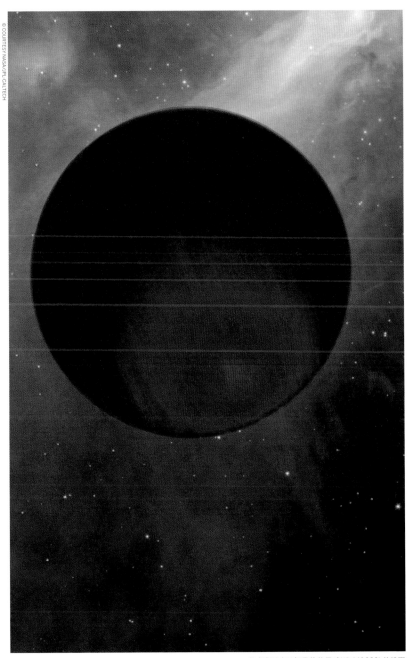

艺术家眼中已知最热的星球HD 149026b的暗面

HD 189733

恒星类型:
橙矮星, K1.5V型

天球坐标:
赤经: 20h 00m 43.71s
赤纬: 22° 42' 39.1"

距离:
63.4光年

所在星座:
狐狸座

视星等:
7.66

质量:
太阳的0.85倍

半径:
太阳的0.81倍

温度:
4875开氏度

自转周期:
11.95个地球日

行星数量:
1颗

HD 189733b

行星类型:
热木星

质量:
木星的1.16倍

半径:
木星的1.14倍

公转周期:
2.22个地球日

轨道半径:
0.031天文单位

探测方式:
凌星

发现时间:
2005年

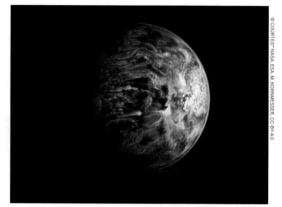

艺术家眼中的深蓝星球HD 189733b

HD 189733b

肉眼看来，这颗遥远的行星一派明亮蔚蓝，但如果某位太空旅行者据此就以为它的天空和地球一样友好，那可就犯下致命的大错了。

谜之行星HD 189733b距我们约63光年，属于热木星，母星是一颗橙色恒星，在天球上位于狐狸座。2005年，这颗行星刚好从恒星面前经过，使得恒星亮度下降了约3%，这才被天文学家发现。它是第一颗被确认的大气中含有水蒸气的系外行星，但别被它蒙蔽了，其高达1000℃的表面温度，远远谈不上宜居二字。

这颗梦魇行星是人所未见的大杀手。天气便是头一件致命凶器。刮风时，它的风速可达8700千米/小时，是音速的7倍，能将任何太空游客吹得绕着星球飞速打转，五脏六腑都能吐出来。要是遇上下雨，那就不是不便的问题了，而是千刀万剐——这个外星世界降下的很可能不是雨水，而是随劲风斜抽的玻璃。因为这颗行星所展现的艳丽钴蓝色并非来自地球上这样的热带海洋，而是它炽烈如火的迷蒙大气，里面积云高卷，硅酸盐微粒包裹云边。

这个63光年外的混乱世界是距离地球最近的可观测到凌星现象的系外行星之一。通过比较其恒星在凌星之前、期间和之后的亮度变化，天文学家推断出，它应当呈现深蔚蓝色，就像地球在太空中的面貌一样。

探索 HD 189733b

恒星系统

① 该恒星系统的母星HD 189733，半径和质量都大约是太阳的80%，但温度较低，偏橙色。事实上，它还有一个体积小很多的红矮星相伴，构成了一个双星系统。只是这两颗恒星距离很远，足有地日距离的约210倍，彼此绕上一圈要3200年，而系内行星也只围绕较大的橙色主星旋转。

行星关键数据

② HD 189733b属于热木星，质量与体积都近似太阳系的木星，但受母星引力更大，轨道半径只有地日距离的约1/30，绕恒星一圈只要2.2天。按照它的日历计算，70岁的老人一下子就变成11,613岁的老寿星了!

X射线凌日观测

③ 如今，行星凌星时因光学变化而被天文学家捕捉到已是司空见惯的事。但在2013年，天文学家把NASA的钱德拉X射线天文台（Chandra X-ray Observatory）与欧洲航天局的XMM牛顿天文台（XMM Newton Observatory，即多镜面X射线空间望远镜）对准了HD 189733，首次在电磁光谱的X射线波段下观测到凌星的情况。哈佛-史密松天体物理学中心的卡亚·波本海格（Katja Poppenhaeger）表示："重要的是我们最终能够使用X射线研究（系外行星的大气层），这将揭示出有关系外行星属性的全新信息。"

大气层

④ 据参与了上述钱德拉观测研究的论文作者说，在这颗行星凌星期间，恒星X射线辐射量的减少值估计是可见光辐射量减少值的3倍，这表明行星对于X射线的阻挡要比对可见光的阻挡力度大很多，据此，科学家可以更准确地计算行星的大气层大小。

蒸发中的世界

⑤ 早在十几年前，天文学家就知道，在主星HD 189733强烈的紫外线和X射线的照射下，HD 189733b的大气层正在不断消失，据估算，其每秒蒸发掉的质量有1亿至6亿千克。当前大气层变薄的速度看来会比其缩小之后快25%~65%。

重要提示

HD 189733b比我们地球怪许多。在这个狂躁不安的异星上，白天的温度可以接近1093℃，无论是黄铜、铝、青铜、铜、镁还是铁，许多金属都会很快变成一摊烂泥。和它比起来，金星不过是午后燠热的马尔代夫而已。NASA就曾发出警告："在那里涂多少防晒霜，吃多少冰激凌，都不会觉得好过。"我们的旅行建议是：要度假，还是找个离家近点儿的地方吧。

到达和离开

依照目前的火箭技术，前往这个火热的星球大约需要250万年——倒是为你应对即将面对的环境留出了充足的准备时间。

HD 209458

恒星类型：
类日恒星，G0V型

天球坐标：
赤经：22h 3m 10.77s
赤纬：18° 53' 3.55"

距离：
159光年

所在星座：
飞马座

视星等：
7.65

质量：
太阳的1.13倍

半径：
太阳的1.14倍

温度：
6071开氏度

自转周期：
未知

行星数量：
1颗

HD 209458b

行星类型：
热木星

质量：
木星的0.71倍

半径：
木星的1.35倍

公转周期：
3.52个地球日

轨道半径：
0.045天文单位

探测方式：
凌星

发现时间：
1999年

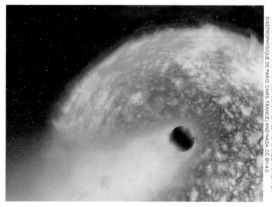

灼热系外行星HD 209458b 的惊人特写

HD 209458b

HD 209458b是颗炙烤下的气巨星，距离身为类日恒星的母星不过400万千米，大气层的消失速度叫人心惊。

行星HD 209458b距离我们150光年，位于天球上的飞马座，绰号"奥西里斯"（Osiris），取自埃及神话中的冥王。此刻，它正遭受着"骨肉分离"的折磨。这颗运行速度超过3.5万千米/小时的气巨星距离母星太近，大气层遭到母星贪婪的吸食，在宇宙中留下了一条尾巴。种种不祥之兆表明，这颗行星很快就将被恒星引力摧毁——要是有什么异星亡灵的话，也会随之全军覆没。

HD 209458b属于第一批被人类发现的系外行星（1999年），是常见的热木星，呈气态，体积虽大，轨道半径却很小，被母星赋予了1093℃的极端高温。它身上的"第一"多得吓人：第一个被凌星法探测到的系外行星；第一个确认存在大气层的系外行星；第一个被发现存在氢元素大气层且正在蒸发的系外行星（2003年由同一个研团队得出结论）；最近又成了第一个被探测到大气层中含有氧、碳两种元素的系外行星。相关科研团队的带头人是法国国家科研中心天体物理学研究所的阿尔弗雷德·维达尔-马亚尔（Alfred Vidal-Madjar），他们在2003年还借助哈勃望远镜拍到了该行星正在被撕裂的大气层。

探索 HD 209458b

恒星

1 HD 209458属于类日恒星，按照光谱可归为G0型（太阳为G2型），其质量和半径都比太阳大20%~25%，自转速度是太阳的2倍，表面温度比太阳高65℃，视星等为7.65，仍算相当明亮的天体，只需一部不错的双筒望远镜或者普通天文望远镜就能让它现身。

蒸发中的行星

2 科学家借助哈勃望远镜对凌星期间的HD 209458b进行了观测，发现这颗行星拥有一个体积很大的橄榄球型大气层，除了氢，里面还含有氧、碳两种元素，同时，一股氢元素流正以超音速飞快地逃逸，把大气层底层的氧碳原子也卷了起来，仿佛旋风扬灰。根据天文学家的估算，每秒钟逃走的氢元素至少有1吨，实际数值可能远不止于此。从诞生至今，它很可能已经丧失了相当大的质量。

早期太阳系的线索

3 科学家认为，一颗行星发生如此剧烈的质量蒸发是极不寻常的，但也许可以借此间接论证有关地球早期历史的理论推测。维达尔-马亚尔表示："直接观测到行星以气流的形式丧失质量，这在天文观测史上尚属个案。此前曾有推测认为金星、地球和火星可能都在形成之初就失去了整个原始大气层，它们现在的大气层来自小行星、彗星的碰撞，以及行星内部的气体外泄。"

氧气

4 在搜寻地外生命的任务中，我们经常把氧气当作生命存在的迹象之一，海盗号（Viking）、精神号（Spirit）和机遇号（Opportunity）等探测器都进行了相关探测。但维达尔-马亚尔表示："当然，奥西里斯上有氧气，因此可能存在生命，这听起来似乎很让人兴奋，但并不算大惊喜，我们太阳系的大行星上也存在氧气，比如木星和土星。"

谁是"奥西里斯"？

5 这颗独特的系外行星暂时又被称为"奥西里斯"。这个名字来自古埃及神话中主掌来世、冥界与重生的神，他与这颗行星一样，都有"肉身碎裂"的经历：在遭到兄弟杀害后又被分尸，只因为凶手害怕他死而复生。

重要提示

HD 209458b的蒸发机制实在是独特，以至于完全有理由将其列为一类新的系外行星，称之为"冥界行星"（chthonian planet）。"冥界"一词来自古希腊语"Khtôn"，指的是希腊神话中的烈火地狱之神。根据定义，冥界行星应属"蒸发后气巨星"的固态残核，最终公转轨道半径有可能比奥西里斯还要小。

到达和离开

依照目前的火箭技术，前往这颗行星只要大约610万年，着急赶路的话不妨把太阳神号（Helios）或者帕克号（Parker）太阳探测器抢过来自驾前往，这样一来，交通时间就可以节约九成。

HIP 68468

恒星类型:
黄矮星, G3V型

天球坐标:
赤经: 14h 1m 3.69s
赤纬: −32° 45′ 24″

距离:
286光年

所在星座:
半人马座

视星等:
9.39

质量:
太阳的1.05倍

半径:
太阳的1.19倍

温度:
5857开氏度

自转周期:
未知

行星数量:
2颗

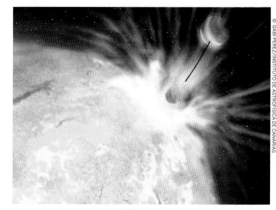

黄矮星HIP 68468吞噬行星的"凶案还原图"

HIP 68468b 和 c

HIP 68468是一颗距离我们300光年的黄矮星，表面看来慈祥和善，实则一个宇宙饕餮，专以自己的行星为食，吃到现在，只剩下两颗了。

HIP 68468其貌不扬，唯一的诡异之处在于，它像极了太阳，无论体积、质量、颜色、年龄和表面温度，都与太阳在伯仲之间，似乎就是一颗很普通的恒星。2016年，豪尔赫·梅伦德兹（Jorge Meléndez）带领团队利用智利拉西亚天文台的HARPS摄谱仪对这颗恒星进行了观测，结果在它身边发现了两颗截然不同的行星。靠外围的是一颗巨型类海王星，编号HIP 68468c，质量是地球的26倍，轨道半径0.66天文单位，公转周期194个地球日。另一颗代号HIP 68468b，轨道半径仅0.03天文单位，质量大，岩质，属于超级地球。

但这个恒星系统并不是看上去那么简单。天文学家在恒星的大气层里发现了含量极高的锂。要知道，这种金属在恒星大气层里很快就会被毁掉，之所以能保持高含量，来源只可能是恒星周围的行星，也就是说，行星正在遭受恒星的吞噬。目前尚环绕恒星运行的两颗行星，锂含量都非常高。鉴于此，该研究团队在《天文与天体物理学》上发表论文，认为其中较大的那颗行星在过去应该发生过轨道内迁，在内迁期间，"这颗行星可能把其他一些行星推向母星，使它们遭到吞噬，从而导致了HIP 68468的高水平锂含量"。他们的结论是，"这一有趣的行星吸积现象使我们有理由进行进一步观测，以便确认其他行星的存在……并聚焦于环绕这颗独特恒星的行星系统之本质"。简单来说就是: 黄矮星HIP 68468可能已经有了第一颗行星受害者。

卡普坦b模拟图

卡普坦 b 和 c

*卡普坦星几乎是天球上移动速度最快的恒星，身边
至少有一颗超级地球相伴，有可能是两颗。*

　　卡普坦星（Kapteyn's Star）属于M型红亚矮星。所谓亚
矮星，意思是它比大小相仿的普通红矮星更暗淡。人类现在已
经知道，卡普坦星的自行速度（即在天球上的移动速度）非常
快，大约每225年就能移动天空中一个月球的距离。这颗恒星
距离地球只有12.8光年，在比邻星b（距离仅为其三分之一）被
发现以前，它的行星一直被视为距离我们最近的系外行星。

　　2014年，天文学家在分析了欧洲南方天文台HARPS摄谱
仪的数据之后宣布，卡普坦星存在两颗岩质行星，质量分别是
地球的5倍和7倍。靠里的这颗代号卡普坦b，年龄是地球的两
倍多，当时被视为已知最古老的系外潜在宜居行星。可惜到现
在也只有外围的类海行星卡普坦c得到了确认。至于卡普坦b，
已经有意见质疑它当初的信号究竟是否来自行星活动，一切
还有待进一步研究正名。这个恒星系统的年龄据估算有110亿
年，是我们太阳系的两倍还多，不管它的行星数量到底是一颗
还是两颗，都是天文观测史上的重大发现。

卡普坦星

恒星类型：
亚矮星，M型

天球坐标：
赤经：5h 11m 50s
赤纬：45° 2′ 30″

距离：
12.76光年

所在星座：
绘架座

视星等：
8.853

质量：
太阳的0.274倍

半径：
太阳的0.291倍

温度：
3550开氏度

自转周期：
未知

行星数量：
1~2颗

KELT-9

KELT-9b

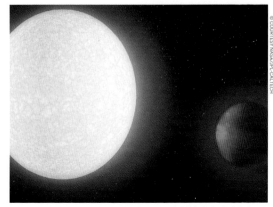

气巨星KELT-9b比它的恒星小, 但也相去不远

KELT-9b

KELT-9b也叫HD 195689b, 属于类木行星, 温度极高, 正被它的恒星蒸发, 一场"星吃星"的惨案被人类抓了个现行。

行星KELT-9b的光面温度超过4315℃, 比大多数恒星还要热, 但它自己那颗A型蓝色恒星温度更高, 此时很可能正逼迫这颗行星蒸发解体。

"这是天文观测史上发现的温度最高的气巨星。"美国哥伦布市俄亥俄州立大学的天文学教授斯科特·高迪(Scott Gaudi)说, 他负责带队对其展开研究。当然, 后来的研究发现开普勒-70b更热。两者的温度之高, 都不是一般行星所能比拟的。

KELT-9b的质量是木星的2.8倍, 密度却只有木星的一半。科学家推测其轨道半径应该也比木星要小, 但因为来自母星的辐射实在太强烈, 像吹气球一般将它的大气层吹得老大。此外, 它还遭到了恒星的潮汐锁定, 就像月球之于地球, 一个面始终面向恒星, 时刻受到紫外线的狂轰滥炸, 水、二氧化碳、甲烷等分子根本不可能形成; 一个面永远不见光明, 成分目前尚不清楚, 可就算有分子能够形成, 也不太可能稳定存在。

探索KELT-9b

恒星

1 KELT-9只有3亿岁,在恒星中算晚辈,大小是太阳的两倍多,温度是太阳的近两倍。考虑到其行星的大气层始终遭受到它高强度紫外线辐射的摧残,被蒸发的行星物质可能会在身后形成一条彗星那样的尾巴。来自田纳西州纳什维尔范德堡大学的物理学兼天文学教授、与高迪共同主持研究的凯文·斯塔松(Keivan Stassun)表示:"KELT-9的紫外线辐射强度极高,有可能最终将它的行星蒸发殆尽。"

探索成果

2 "KELT"指的是千度极小望远镜(Kilodegree Extremely Little Telescope),共两台,其中的KELT北天望远镜(KELT-North)位于亚利桑那州的怀纳天文台(Winer Observatory)。2016年5月末至6月初,天文学家通过它观测到KELT-9恒星的表面亮度发生了微小的减弱,只有大约0.5%,却也说明有一颗行星正处于凌星位置,KELT-9b就此被发现。这样的恒星亮度减弱现象,平均每1.5天就会出现一次,表示这颗行星的"一年"就是这么长。

在劫难逃

3 KELT-9b和"宜居"两个字八竿子打不着,但研究这种环境极端的非宜居星球并非没有好处。斯塔松认为:"再过几亿年,KELT-9会逐渐膨胀成一颗红巨星,所以长远考虑,行星KELT-9b也并不适合生存——当然,也不适合你去置业。"

奇怪的轨道

4 这颗行星的奇特之处在于,它的公转轨道垂直于恒星的自转轴,就相当于行星垂直于我们的太阳系平面做公转。

未来可期

5 在该项研究进行期间任职于加利福尼亚硅谷NASA艾姆斯研究中心的妮可·科隆(Knicole Colon)表示:"多亏这颗具备恒星温度的行星,它是个独特的观测对象,让我们可以在凌和食期间进行从紫外线到红外线的全光谱观测,尽可能全面地获取系外行星大气层信息。"

重要提示

天文学家希望利用斯皮策、哈勃以及计划于2021年发射的詹姆斯·韦伯太空望远镜(原计划2018年发射)等更多设备,对KELT-9b进行更为仔细的观测。哈勃的观测结果将确认这颗行星是否真的有彗尾,也能确定它在目前这个烈火地狱里到底还能撑多久。

到达和离开

如果是乘坐航天飞机前往这个恒星系统,你需要请一个2300万年的大长假。但愿你的老板善解人意,能够批准。

开普勒-10

恒星类型:
黄矮星, G型

天球坐标:
赤经: 19h 2m 43.0612s
赤纬: 50° 14' 28.701"

距离:
608光年

所在星座:
天龙座

视星等:
10.96

质量:
太阳的0.910倍

半径:
太阳的1.065倍

温度:
5643开氏度

自转周期:
未知

行星数量:
2~3颗

开普勒-10恒星系统距我们约560光年, 毗邻天鹅座和天琴座

开普勒 -10b 和 c

恒星开普勒-10已有两颗岩质行星得到了确认,都很重,而且都超热。

2011年1月,天文学家宣布开普勒探测器在类日恒星开普勒-10 (Kepler-10) 周围发现了一颗行星。该行星代号开普勒-10b,是开普勒探测器在太阳系外发现的首颗岩质行星,半径是地球的1.4倍,公转周期为0.8个地球日。同年5月,该团队再次宣布找到了另一颗行星,代号开普勒-10c,比开普勒-10b更大,半径是地球的2.35倍,公转周期45天。两颗行星都炽热无比,开普勒-10c有310℃,开普勒-10b有1560℃。此外,母星周围可能还存在第三颗轨道半径稍大的岩质行星,目前尚未得到确认。

要知道,像开普勒-10c这样的行星,本身太小太远,根本无法凭借径向速度通过地面望远镜探知,所以,研究团队结合了计算机模拟演算程序Blender与NASA的斯皮策太空望远镜两个强大武器,才终于为开普勒-10c验明正身。在得到开普勒探测器全面关注之前,恒星开普勒-10本叫"KOI 72",意思是"开普勒兴趣对象72号" (Kepler Object of Interest 72)。

类日恒星开普勒-11有6颗行星环绕

开普勒-11b 至 g

恒星开普勒-11至少拥有6颗行星，2011年秘密揭晓，天文圈大为震撼。

开普勒-11属于类日恒星，距我们约2000光年，位于天鹅座，有6颗行星环绕。以上结论都来自NASA的开普勒探测器米集的数据。最内侧的行星代号开普勒-11b，最外侧的代号开普勒-11g，前者的轨道半径是地球的1/10，后者为地球的1/2。类比我们太阳系，开普勒-11g的轨道介于水星和金星之间，公转周期为118天；其他5颗的轨道全都在水星以内，公转周期10～47天。总而言之，行星与恒星的关系要比我们太阳系亲密很多。

发现它们的存在，乃至于计算出它们各自的大小和质量，天文学家依靠的都是凌星法，也就是仔细观察行星阻挡恒星时的恒星亮度变化。事实上，2010年8月，开普勒望远镜和镜头捕捉到了这一系统中3颗行星同时凌星的现象。所有围绕黄矮星开普勒-11旋转的行星都比地球大，最大的一颗体积近似天王星或海王星。

开普勒-11

恒星类型：
黄矮星, G6 V型

天球坐标：
赤经: 19h 48m 27.6228s
赤纬: 41° 54’ 32.903”

距离：
2150光年

所在星座：
天鹅座

视星等：
14.2

质量：
太阳的0.961倍

半径：
太阳的1.065倍

温度：
5663开氏度

自转周期：
未知

行星数量：
6颗

开普勒-16AB
双星系统

恒星类型:
K型(A)和M型(B)

天球坐标:
赤经: 19h 16m 18.1759s
赤纬: 51° 45' 26.778"

距离:
254光年

所在星座:
天鹅座

视星等:
未知

质量:
太阳的0.6897倍(A)和
0.20255倍(B)

半径:
太阳的0.6489倍(A)和
0.20255倍(B)

温度:
4450开氏度(A)和
3311开氏度(B)

自转周期:
35.1个地球日(A)

行星数量:
1颗

开普勒-16
(AB)-b

行星类型:
气巨星

质量:
地球的3.33倍

半径:
未知

公转周期:
228.776个地球日

轨道半径:
0.7048天文单位

探测方式:
凌星

发现时间:
2011年

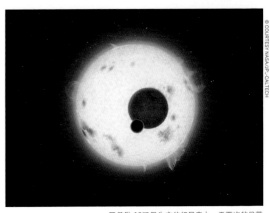

开普勒-16双星为它的行星奉上一天两次的日落

开普勒-16(AB)-b

30多年前,电影《星球大战》就曾描绘过双日同落的异星景象,现在我们知道了,这样的事情在开普勒-16b上面真的会发生。

行星开普勒-16(AB)-b简称开普勒-16b(Kepler-16b),和星战中卢克·天行者的家园塔图因一样,属于环双星行星(circumbinary planet)。它的母星不是一颗,而是一对,合称为开普勒-16AB,其体积、温度都逊于太阳,A与B之间的距离只有地日距离的五分之一。

可惜与塔图因不同,开普勒-16b是寒冷的气态行星,应该不会存在生命,但它的发现展现了银河系行星的多样性。像这种环双星行星,之前的研究仅仅是推测它的存在,一直没能证实。这一次,开普勒探测器凭借凌星法终于找到了铁证。

开普勒计划首席研究员威廉·波拉基称:"这项发现证实了一个新型潜在宜居行星系统的存在。考虑到我们银河系大多数恒星系统都是双星系统,具有潜在宜居性的环双星行星数量很可能多于普通行星。这次的发现也证实了科学家推测数十年却始终无法确认的理论,具有里程碑式的意义。"

明明是搜寻行星,为什么大家的兴奋点却集中在搜寻生命上呢?整个宇宙中的行星虽然是围绕恒星运动的,但我们对它们的探索却注定是围绕人类本身展开的。

如果开普勒-22b表面覆盖着液态海洋

开普勒 -22b

开普勒-22b的半径是地球的2.4倍，本身可能是汪洋覆盖的超级地球，也可能是一颗气态行星，一切尚无定论。

2011年，著名"追星族"开普勒探测器在恒星宜居带——即行星表面可能存在液态水的宇宙空间——找到并确认了首颗行星，一时间令世界欣喜若狂。这颗行星代号开普勒-22b，也是当时所知绕类日恒星运动的行星中体积最小的。其构成到底是以岩石、气体还是液体为主，科学家还不清楚，质量也暂且算不出来，但它的发现被认为是标志着人类在寻找类地行星的过程中又向前迈出了一步。

开普勒-22b距我们600光年，位于天鹅座，体积大于地球，290天的公转周期却与地球非常相近，其母星也与我们的太阳处于同一级别，是一颗G型恒星，只是体积略小，温度略低。

华盛顿特区NASA总部的开普勒计划研究员道格拉斯·休金斯（Douglas Hudgins）认为："这是人类在搜寻地球'双胞胎'的征途中一个重要的里程碑。"当然，随着类地星发现的数量越来越多，我们已经意识到地球不会只有一个双胞胎兄弟，只是我们还需要很长时间才能弄清楚这些类地行星的具体成分。

开普勒-22

恒星类型：
黄矮星，G5V型

天球坐标：
赤经：19h 16m 52.1904s
赤纬：47° 53' 3.948"

距离：
638光年

所在星座：
天鹅座

视星等：
11.664

质量：
太阳的0.970倍

半径：
太阳的0.979倍

温度：
5518开氏度

自转周期：
未知

行星数量：
1颗

开普勒-22b

行星类型：
超级地球或类海行星

质量：
未知，最大为地球的52.8倍

半径：
地球的2.4倍

公转周期：
289.862个地球日

轨道半径：
0.849天文单位

探测方式：
凌星

发现时间：
2011年

开普勒-62

恒星类型:
橙矮星, K2V型

天球坐标:
赤经: 18h 52m 51.0519s
赤纬: 45° 20' 59.4"

距离:
1200光年

所在星座:
天琴座

视星等:
13.75

质量:
太阳的0.99倍

半径:
太阳的0.94倍

温度:
4925开氏度

自转周期:
39.3个地球日

行星数量:
5颗

眼熟? 这是宜居行星开普勒-62f的模拟设想图

开普勒-62b 至 f

与开普勒-11、TRAPPIST-1等恒星一样, 开普勒-62属于多行星系统, 行星数量多达5颗, 其中不乏地球这样的陆地或岩质行星。

恒星开普勒-62属于K2型矮星, 半径只有太阳的三分之二, 亮度只有太阳的五分之一, 诞生于70亿年前, 年龄要比太阳大一些, 距离地球大约1200光年, 位于天琴座。这颗恒星周围环绕着5颗行星, 其中有3颗为岩质, 这3颗里又有2颗处于恒星的宜居带, 即开普勒-62e和上图展示的开普勒-62f。这一系列发现都是在2013年4月公布的, 人类探索此类行星的能力由此可见一斑。

NASA科学任务委员会(Science Mission Directorate)副主任格伦斯菲尔德(Per John Grunsfeld)提及开普勒-62这两颗宜居带行星时说: "在宜居带里发现的这两颗岩质行星, 让我们离寻找宇宙新家园的目标又近了一点。地球这样的行星到底是银河系里的常例还是个例, 这个问题总有一天能找到答案。"

在该系统的5颗已知行星里, 4颗的质量和体积都比地球大, 而另一颗两方面都类似火星。但整个系统比我们太阳系紧凑许多, 所有行星的轨道半径都小于金星。考虑到开普勒-62的半径只有太阳的三分之二, 恒星系统比太阳系的小也在情理之中。

开普勒-70的辐射能量疯狂扑向自己的行星

开普勒-70b 和 c

开普勒-70b和开普勒-70c是已知最炎热的系外行星，每隔几小时就绕高温蓝色母星旋转一圈。

开普勒-70b与开普勒-70c是开普勒探测器很有意思的两大发现。这对行星的母星开普勒-70是一颗B型亚矮星，这类恒星名列主序星（矮星）带，大小是太阳的2~16倍，很热，很亮，很蓝。开普勒-70位于天鹅座，距离我们约4200光年，其行星最特别之处也在于温度，其中的开普勒-70b大约有6800℃，是迄今已知的最热行星（也不知是美誉还是恶名），另一颗开普勒-70c也凉快不到哪儿去。这两颗行星都接收了母星惊人的辐射能量，温度不但超过了太阳，甚至把宇宙中绝大多数恒星都比了下去。

开普勒-70b和开普勒-70c的发现于2011年公布。它们原本都是木星大小的巨星，孰料母星演变成红巨星开始试图吞噬它们，逼迫它们循螺旋轨道渐渐向内侧移动。大多数行星陷入这种局面，肯定劫数难逃，但这两颗行星虽被烧得体无完肤，却活了下来，只是体积缩得比地球还小。内侧一颗的轨道半径只有日地距离的1/160，它的"一年"只有地球时间的短短5小时。当然，你在那里绝对挺不了那么久。在那样极端的温度下，你和你的太空船连熔化的时间都没有，瞬间就会灰飞烟灭。

开普勒-70

恒星类型:
亚矮星，B型

天球坐标:
赤经: 19h 45m 25.48s
赤纬: 41° 5′ 33.88″

距离:
4200光年

所在星座:
天鹅座

视星等:
14.87

质量:
太阳的0.496倍

半径:
太阳的0.203倍

温度:
27,730开氏度

自转周期:
未知

行星数量:
2颗

开普勒-78

恒星类型:
黄矮星, G型（生命末期）

天球坐标:
赤经: 19h 34m 58.0143s
赤纬: 44° 26' 53.961"

距离:
410光年

所在星座:
天鹅座

视星等:
11.72

质量:
太阳的0.81倍

半径:
太阳的0.74倍

温度:
5089开氏度

自转周期:
未知

行星数量:
1颗

开普勒-78b

行星类型:
超级地球

质量:
地球的3.1783倍

半径:
地球的1.121倍

公转周期:
0.355个地球日

轨道半径:
0.089天文单位

探测方式:
凌星

发现时间:
2013年

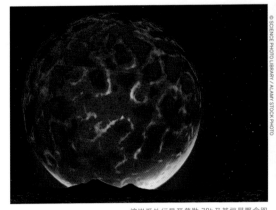

© SCIENCE PHOTO LIBRARY / ALAMY STOCK PHOTO

熔岩系外行星开普勒-78b及其恒星概念图

开普勒-78b

开普勒-78b大小类似地球，岩质结构类似地球，是人类找到的第一颗此类系外行星，2013年发现之时引起了很大的轰动。

在开普勒-78b之前，人类也发现过几颗质量、体积类似地球的行星，但它是第一颗两者都得到精准测量的类地行星。凭借这两个数据，科学家可以计算出它的密度，并分析其构成。需要注意的是，体积与地球类似，并不意味着其他方面也与地球类似，以开普勒-78b为例，它的公转周期只有约8.5小时，距离母星非常近，整个无异于烈火地狱，不管是不是岩质行星，都不适宜维持任何已知形态的生命。

当时，两支独立的科研团队同时对开普勒-78b展开确认和定性分析。一方面，他们借助地面望远镜，利用径向速度计算其质量，也就是根据恒星受到行星拉扯而产生的摆动反推行星质量。另一方面则利用太空中的开普勒望远镜，采用凌星法计算其体积，即通过恒星受行星遮挡而在亮度上产生的差值反推行星半径。

研究结果显示，开普勒-78b的半径是地球的1.12倍，质量是地球的3.178倍，密度几乎与地球相当。由此可知，其成分也应该与地球类似，以岩石和铁元素为主。其恒星体积略小于太阳，质量小于太阳，距离地球大约400光年，在天球上位于天鹅座。

开普勒-90恒星系统

开普勒-90b　开普勒-90c　开普勒-90i　开普勒-90d　开普勒-90e　开普勒-90f　开普勒-90g　开普勒-90h

太阳系

本图不反映天体间的真实距离

太阳系与开普勒-90恒星系统的行星体积对比图

开普勒 -90b

除了太阳，这个宇宙里还有谁能拥有八大行星？别的不敢说，开普勒-90就是一个。

放眼全宇宙，我们太阳系可谓是行星数量第一多的单恒星系统，不过这个头名我们不能独占，要与开普勒-90共享才行。开普勒-90属于类日恒星，距离地球2545光年，同样有8颗行星环绕，科学家借助NASA的开普勒太空望远镜采集数据，推测出了它们的存在。新近发现的它的第8颗行星代号开普勒-90i，是一颗滋滋作响的火热岩质行星，每14.4个地球日就能环绕恒星一周。它的发现多亏了谷歌开发的机器学习技术，也就是说，通过赋予计算机以人工智能，使之能像人一样去归纳总结。放在这里，就是计算机自行对开普勒望远镜的观测数据进行排查，找到凌星期间恒星亮度减弱的线索，进而判定系外行星的存在。

开普勒-90与太阳的相似之处还不止于此：两者都是G型恒星，都存在地球一样的岩质行星及体积堪比木星、土星的巨行星。但不同之处在于，开普勒-90的行星轨道半径普遍小于太阳系，所有已知行星距离母星都比地球更近，因此极其炎热，无法维系生命。不过，随着观测的持续，我们也许能在更外围的轨道上找到凉快一些的行星。

开普勒-90

恒星类型：
类日恒星，G0V型

天球坐标：
赤经·18h 57m 44.0384s
赤纬·49° 18' 18.4958"

距离：
2500光年

所在星座：
天龙座

视星等：
14.0

质量：
太阳的1.2倍

半径：
太阳的1.2倍

温度：
6080开氏度

自转周期：
未知

行星数量：
8颗

开普勒-186

恒星类型:
红矮星，M1V型

天球坐标:
赤经: 19h 54m 36.6536s
赤纬: 43° 57' 18.0259"

距离:
582光年

所在星座:
天鹅座

视星等:
15.29

质量:
太阳的0.544倍

半径:
太阳的0.523倍

温度:
3755开氏度

自转周期:
34.404个地球日

行星数量:
5颗

© NASA AMES/JPL-CALTECH-T. PYLE

艺术家眼中的类地系外行星开普勒-186f

开普勒-186b 至 f

开普勒-186拥有5颗岩质行星。其中的开普勒-186f是首颗得到证实的地处恒星宜居带且大小类似地球的行星。

开普勒-186距地球约500光年，位于天鹅座。其行星开普勒-186f每130天环绕恒星一周，由于地处恒星宜居带的外缘，所接收到的恒星辐射只是地球的三分之一。如果有机会登上它的表面，你会看到，它正午时分的"太阳"亮度和地球上日落前一小时的太阳差不多。据估算，开普勒-186f的半径比地球大17%，但具体质量（猜测质量为地球的1.71倍）、成分和密度尚不清楚。之前的研究表明，这种体积的行星有可能是岩质结构。在发现它之前，被认为最接近地球的行星是开普勒-62f，它同样处于相应恒星宜居带中，半径只比地球大41%。

该恒星系统里还有另外4颗带内行星，分别是开普勒-186b、开普勒-186c、开普勒-186d和开普勒-186e，距离恒星都比开普勒-186f近，体积远小于地球，公转周期分别为4、7、13和22个地球日，因而非常炎热，不适合任何已知形态的生命存在，不像地球，倒更接近水星。

探索开普勒-186恒星系统

你小我更小

1 最初，开普勒-186f被视为宇宙中已知最小的系外行星，可这个纪录已经被2013年发现的开普勒37b打破了——它的体积和地球不在一个级别，反倒类似我们的月球。

正名大派对

2 每发现一颗新的系外行星，天文学家通常都会以"候选系外行星"的身份将其暂时收录。由于观测数据往往极端精细，初始数据必须经过反复查验、仔细推敲才能最终认定。当然，也有幸运儿跳过这一阶段直接得到了确认。不管是一举成名还是稳扎稳打，每颗系外行星的确认都是一件值得庆祝的事情。

都爱往里挤

3 太阳系行星大多是气巨星和冰巨星，要论身材，地球可排不上号。但在这个恒星系统里，类地行星开普勒-186f却是五兄弟里最魁梧的一个。另外4个都挤在恒星身边，半径连地球的一半都不到。

"开挂"的开普勒

4 开普勒望远镜一共服役9年，直到2018年燃料耗尽才正式退休，比计划时间延迟了4年半，其间共观测530,506颗恒星，确认了2662颗系外行星的存在，收获无数重要信息，大大拓展了人类对系外行星的认知。论及功绩，开普勒-186的5颗行星不过九牛一毛而已。

"太阳"去哪儿了?

5 目前，我们还不清楚开普勒-186f是否有大气层，有的话，成分如何。对其恒星系统光谱数据的进一步分析或许可以找到揭示其化学构成的新线索。但无论如何，站在它上面看"太阳"，景象一定与地球迥异。毕竟，开普勒-186是一颗M型矮星，温度和体积远低于太阳，绝没有太阳那么明亮耀眼。

重要提示

看起来，具备宜居可能的系外行星，总得距离恒星不远不近，且成分物质恰到好处才行。这样的行星除了开普勒-186f，还不能不提开普勒-452b。据我们目前所知，这颗行星的年龄和半径都比地球略大，但的确处在适合孕育生机的好位置上。在一系列热木星之后，类地系外行星也相继现身，数量超出了天文学家的预期，未来必定有更多收获。

到达和离开

开普勒-186距地球约582光年，虽说算得上地球的"表亲"甚至"近亲"，但要想串个门儿，一时半会儿还不太可能。

开普勒-444

恒星类型:
橙矮星, K0V型

天球坐标:
赤经: 19h 19m 1.0s
赤纬: 41° 38' 05"

距离:
116光年

所在星座:
天琴座

视星等:
8.86

质量:
太阳的0.758倍

半径:
太阳的0.752倍

温度:
5040开氏度

自转周期:
49.4个地球日

行星数量:
5颗

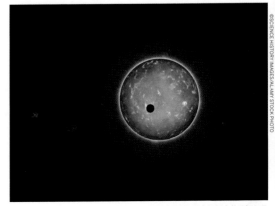

开普勒-444恒星拥有5颗轨道半径很小的已知行星

开普勒-444b至f

通过对开普勒望远镜观测数据的分析,天文学家发现,这个拥有5颗小型行星的恒星系统,其历史可追溯到银河系20亿岁的年轻时期。

类日恒星开普勒-444距我们大约117光年,在天球上位于天琴座,身边紧贴着5颗岩质行星,行星体积都介于水星和金星之间,属于系外行星界的轻量级选手。距离太阳最近的水星公转周期有88天,已经热得冒烟,可这几颗行星的公转周期连10天都不到,轨道半径远小于水星,炎热可想而知,绝非宜居之所。

开普勒-444形成于112亿年前,当时的宇宙年龄还不到今天的20%。科学家推测这颗恒星的年龄(进而推定周围行星的年龄)依据的是恒星表面亮度的变化。恒星内部温度极高,能够引发压力波,压力波传到恒星表面,使得恒星的表面温度和亮度产生非常微弱的波动变化,通过测量这种变化,就可以估算出恒星的直径、质量以及年龄。这种研究恒星内部状况的学科被称为星震学。

NASA艾姆斯研究中心开普勒/K2计划科学家斯蒂夫·豪威尔(Steve Howell)表示:"这颗恒星形成于很久以前,年龄比银河系大多数恒星都大,但到目前为止,我们还没有在它的任何一颗行星上发现生命存在或曾经存在的迹象。"

首颗系外卫星模拟图

开普勒-1625b 和系外卫星

借助哈勃与开普勒两台太空望远镜，天文学家惊喜地在这颗行星周围发现了卫星存在的迹象，史上首颗系外卫星也许会就此出现。

这颗有待确认的卫星位于天鹅座，距地球8000光年，围绕一颗气巨星运转，而作为行星的气巨星围绕名为开普勒-1625的恒星转动。根据观测到的摆动，天文学家判断这颗行星受到某种引力的拖拽，这种引力有可能来自第二颗未知行星，而非来自卫星。同时，研究者也表示，卫星的存在目前仅是一种推测，还需后续观测加以确认。尽管开普勒望远镜并没有在该恒星系里探测到第二颗行星，但或许只是开普勒的探测技术不适用于它。

顾名思义，"系外卫星"就是太阳系以外行星的卫星。它们无法直接成像，只能通过卫星凌星时造成恒星亮度的短暂减弱来反推其存在，这种凌星法已经帮助天文学家找到了许多系外行星。但寻找系外卫星难度更高，它们的体积比行星小，在衡量时长和亮度衰减程度两个指标的光变曲线上，数值变化也就更微弱。此外，与行星凌星不同，由于卫星始终围绕行星运动，每次凌星的位置也会变化。据估算，这颗行星的质量是木星的数倍，而这颗候选卫星的质量只有它的1.5%，两者质量比与地月相似。

开普勒-1625 双星系统

恒星类型：
未知

天球坐标：
赤经：19h 41m 43.0402s
赤纬：39° 53' 11.4990"

距离：
8000光年

所在星座：
天鹅座

视星等：
13.916

质量：
太阳的1.079倍

半径：
太阳的1.793倍

温度：
5548开氏度

自转周期：
未知

行星数量：
1颗

开普勒-1625b

行星类型：
气巨星

质量：
木星的3倍

半径：
木星的0.6倍

公转周期：
287.37个地球日

轨道半径：
0.811~0.8748天文单位

探测方式：
凌星

发现时间：
2016年

开普勒-1647
AB双星系统

恒星类型：
F型（A）和G型（B）

天球坐标：
赤经：19h 52m 36.02s
赤纬：40° 39' 22.2"

距离：
3700光年

所在星座：
天鹅座

视星等：
13.78

质量：
太阳的1.22倍（A）和
0.97倍（B）

半径：
太阳的1.79倍（A）和
0.966倍（B）

温度：
6210开氏度（A）和
5770开氏度（B）

自转周期：
未知

行星数量：
1颗

开普勒-1647
（AB）-b

行星类型：
气巨星

质量：
木星的1.52倍

半径：
木星的1.06倍

公转周期：
3.03个地球年

轨道半径：
2.72天文单位

探测方式：
凌星

发现时间：
2016年

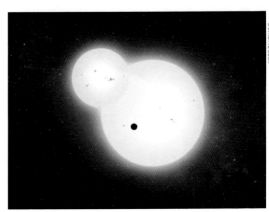

开普勒-1647b三星齐聚，双星相食与凌星同时出现

开普勒-1647（AB）-b

与开普勒-16一样，开普勒-1647也是双星系统，有一颗行星围绕着两颗恒星旋转，俨然《星球大战》里的塔图因。

　　双星系统开普勒-1647距我们3700光年，大约诞生于44亿年前，年龄和地球差不多，它的两颗恒星也和我们的太阳很像，体积一个比太阳略大，一个略小。这个系统中存在一颗行星，代号开普勒-1647（AB）-b，简称开普勒-1647b，质量、半径几乎与木星完全一样，是有史以来发现的最大环双星行星——所谓环双星行星，就是把两颗恒星当成一体加以环绕的行星。

　　环双星行星有时也被称为塔图因行星（还是因为《星球大战》）。天文学家在开普勒数据中寻找因行星行经恒星正面而造成后者亮度衰减的微弱迹象，据此推测行星的存在。相关论文共同作者威廉·威尔士（William Welsh）表示："用凌星法寻找环双星行星要比寻找单星行星难得多。因为这种凌星现象在时间上并不规律，持续时间和亮度衰减值也可能不固定。"开普勒-1647b是目前已知体积最大、轨道半径最长的环双星行星。但这并不是说轨道半径更长的环双星行星不存在，可能只是我们目前的技术还难以观测到。

　　这颗行星多半是气巨星，本身可能无法维系生命，但它位处恒星系统宜居带内，且可能已捕获多颗存在生命所需元素的岩质卫星，因此，宜居潜力依然很大。

探索开普勒-1647(AB)-b

迟到总比不到好

1 该恒星系统的观测研究由马里兰州格林贝尔特NASA戈达德太空飞行中心与加利福尼亚圣地亚哥州立大学的天文学家借助NASA的开普勒太空望远镜联合完成。论文共同作者杰罗姆·奥罗茨(Jerome Orosz)表示:"按理说,大的行星应该比小的好找,我们花了这么长时间才找到体积最大的系外行星,听来有点奇怪。但这主要是因为它的公转周期实在太长了。"

一颗行星的确认

2 SETI研究所的天文学家劳伦斯·道尔(Laurance Doyle)早在2011年就在这个双星系统里注意到了凌星现象,并与他人共同撰写论文,公布了开普勒-1647(AB)-b的存在。只不过,那时这颗行星还有待确认身份,研究者花了好几年的时间,积累数据,加以分析,运用先进的计算机程序演算,才最终证实了它的存在。

数据说话

3 这颗行星环绕母星一圈需要1107天,等于3个地球年还多一点,是目前所有用凌星法确认的系外行星中公转周期最长的。它与母星的距离也比其他环双星行星远很多,打破了学界此前认为此类行星轨道普遍半径偏小的观点。有意思的是,这样的轨道半径使它处于恒星宜居带内,也就是说,它的星球表面具备存在液态水的条件。

宜居性

4 只可惜开普勒-1647b与木星一样属于气巨星,看来不可能有生命存活。希望只能寄托在它能拥有体积较大的卫星上。威尔士认为:"抛开宜居性不讲,开普勒-1647b仍然是一个重要发现,它就像冰山一角,为大型长公转周期环双星行星在理论上的存在提供了现实证明。"

业余也专业

5 千度极小望远镜跟进研究协会(KELT FollowUp Network)是一个由天文爱好者组成的业余团体,他们的跟进观测帮助专业研究者更准确地估算出这颗行星的质量。在天文领域里,天空如此浩瀚,需要分析的数据如此之多,业内外的联手因而格外有助于推动成果产出。

重要提示

像开普勒-1647这样的环双星行星当然算不上绝无仅有,目前已被探测到的此类行星还包括开普勒-16、HW Virginis、开普勒-453等,数量虽少,却在持续增长。事实上,其中最著名的早在人类追星运动刚刚起步的1993年便被发现了,可谓是系外行星中的一大元老,其所在恒星系统代号PSR B1620-26,由一颗中子星和一颗环绕它的白矮星构成,因为行星的年龄极大,故而有了"玛土撒拉"(高寿之意)的绰号(见418页)。

到达和离开

如果想拥有一段属于自己的卢克·天行者之旅,必须要耐得住性子,因为前往那里足足需要1.4亿年。

PSR B1257+12

恒星类型:
脉冲星

天球坐标:
赤经: 13h 0mm 01s
赤纬: 12° 40' 57"

距离:
2300光年

所在星座:
室女座

视星等:
12.2

质量:
太阳的1.4倍

半径:
10千米

温度:
28,856开氏度

自转周期:
0.006219秒

行星数量:
3颗

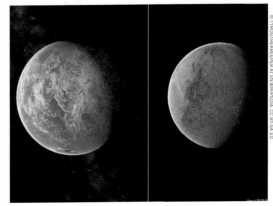

艺术家眼中的脉冲星PSR B1257+12

PSR B1257+12

这整个星系就是一片星际墓地,但在恒星大爆炸之前,它原本也是一个正常的行星系统。

PSR B1257+12是一颗古怪的脉冲星,属于恒星的尸体,它密度极大,转速极快,是恒星在惨烈的超新星爆炸后留下的残核。人类最早发现的系外行星便是围绕它运动的行星。脉冲星会朝其自转的反方向辐射出极强的射电波,仿佛宇宙中一座疯狂的灯塔。早期天文学家在给其他恒星的行星定位时,就利用了脉冲星的这一特点。

宾夕法尼亚州立大学的亚历山大·沃尔茨赞博士(Dr Alexander Wolszczan)通过测量这个会转圈的恒星尸体在脉冲频率上的变化,在它周围找到了三颗行星。这些行星被称作脉冲星行星,它们的引力作用能够改变母星的辐射节奏,通过这种"星际摩尔斯码",我们就可以反推行星的存在。沃尔茨赞在1992年宣布了其中两颗行星的存在,并在两年后确认了第三颗。当年那场超新星爆炸产生的强大冲击波足以摧毁这些行星的大气层及上面可能存在的任何生命,只留下一个个阴森死寂的岩质残骸,继续围绕熄灭的恒星旋转。

探索PSR B1257+12系统

恒星

1 PSR B1257+12也被称为Lich（死尸星），和所有脉冲星一样，体积极小，半径只有10千米左右，不过小型城市大小。这个"尸体"真的会"诈尸"，它每6.22毫秒就旋转一圈，其间辐射出强烈的电磁波，在地球上就能探测到。相应地，它的行星也就不幸地需要准时准点接受致命辐射的洗礼，整个系统堪称宇宙的"无人区"。

行星现身

2 脉冲星极规律，只有在受到行星引力牵扯时才会发生微弱的改变。正是利用这种不太常见的脉冲星计时法，天文学家分别在1992年和1994年发现了3颗行星的存在。这3颗行星是人类发现的第一批围绕系外恒星转动的行星。其编号依次为PSR 1257+12b、c和d，与众不同的是，它们都有自己的绰号，分别被称为尸鬼（Draugr）、促狭鬼（Poltergeist）和恐怖鬼（Phobetor），其中尸鬼最靠内侧。

尸鬼

3 这个名字来源于北欧神话中的不死族。尸鬼（PSR B1257+12b）的质量只有地球的0.02倍，大约是月球的2倍，不但是已知最轻的系外行星，也比不上我们太阳系里的任何一颗行星。它的半径尚不清楚，但考虑到质量这么低，想来必定是岩质行星。

促狭鬼

4 促狭鬼这个名字属于PSR B1257+12c，它位于其他两颗行星中间，质量超过地球的4倍，距离母星0.36天文单位（即地日距离的0.36倍），位置与水星类似，很可能是一颗岩质的超级地球。

恐怖鬼

5 最后一颗行星PSR B1257+12d的名字来源于希腊神话中的噩梦之神福柏托尔，姑且可以称为"恐怖鬼"，其质量是地球的3.9倍，虽然略轻于促狭鬼，但也属于超级地球，半径很可能比地球大50%，距离母星约0.5天文单位，温度据估算在269℃左右。

重要提示

PSR B1257+12距离我们2300光年，前往那里需要相当的决心与耐心。假如有一头霸王龙，在6500万年前同伴灭绝之际搭乘航天飞机飞向那里，那么此刻它还在旅途之中，需要再等2200万年才能到站。

到达和离开

这几颗脉冲星行星身处银河系最严酷的角落，上面要么像坟墓一样死寂，要么只有浑身腐臭的僵尸出没，受不了还是别去了。三颗行星中，促狭鬼（PSR B1257+12c）轨道居中，另外两颗一近一远，都是残存的星核，是扭曲磁场里围绕熄灭恒星的"行尸走肉"。PSR B1257+12有两道辐射波，转速比你眨一下眼还快，任何飞船只要靠近就会瞬间烧成灰烬，持续不断的残酷辐射为三颗行星带去永夜，或许还有诡异的极光。

PSR B1620-26
双星系统

恒星类型:
脉冲星、白矮星双星

天球坐标:
赤经: 18h 23m 38.2218s
赤纬: −26° 31′ 53.769″

距离:
12,400光年

所在星座:
天蝎座

视星等:
21.3

行星数量:
1颗

玛土撒拉

行星类型:
气巨星

质量:
木星的2.5倍

半径:
未知

公转周期:
100个地球年

轨道半径:
23天文单位

探测类型:
径向速度

发现时间:
1994年

玛土撒拉与双恒星示意图

玛土撒拉行星

130亿岁高龄的玛土撒拉行星几乎与宇宙同时诞生，是所有系外行星的老祖宗。

玛土撒拉是《圣经》中的一个重要人物——诺亚的祖父，据说寿至969岁，在大洪水来临那一年才去世。如此看来，以此命名宇宙中已知年龄最大的行星，可谓恰如其分。据估算，这颗星球（Methuselah's Planet）诞生于130亿年前，有时也被称为创世星球（Genesis），至于正式代号PSR B1620-26b就乏味得很了。不管叫什么，都无法掩盖其辉煌的历史。

想当初，玛土撒拉本是一颗木星大小的行星，围绕一颗类日恒星运转，那时我们的太阳和地球离诞生还远着呢。直到130亿年后，借助NASA的哈勃太空望远镜，天文学家才精准地计算出这颗行星的质量。身为已知最遥远、最古老的行星，玛土撒拉的身世相当传奇。它的主星是一对特别的双星系统，其中一颗是白矮星，也是它最初的母星死亡后留下的残核，另一颗飞速盘旋的恒星可能是中子星（脉冲星），整个双星系统被包裹在一个球形星团中央，生存环境可谓险恶拥挤。玛土撒拉的质量是木星的2.5倍，其存在本身就为学界此前关于行星形成的理论提供了极有力的证据: 第一批行星很可能是在大爆炸之后的10亿年内快速形成的，所以，宇宙中的行星数量可能远比我们最初预料的要多。

探索玛土撒拉系统

两颗母星

1 玛土撒拉与人类结缘是在1988年。那一年，天文学家在M4球形星团中发现了一颗代号PSR B1620-26的脉冲星，距离地球12,400光年，在夏季星空中位于天蝎座。这颗中子星每秒自转将近100圈，其间会规律释放射电波脉冲，就像灯塔一样。凭借其脉冲节奏上的微小变化，天文学家很快就在它身边找到了一颗白矮星。两颗恒星平均每年彼此环绕两圈。

行星还是褐矮星

2 在进一步观测中，天文学家发现脉冲星的辐射另有不规律表现，这说明它身边还存在第三个天体，据估算年龄足有130亿年，是地球的3倍。这个天体到底是行星还是褐矮星，当时的天文学家莫衷一是，直到请出哈勃望远镜，通过对其观测数据的分析，确认这个天体的质量为木星的2.5倍，才最终判定它就是行星。

宜居性

3 玛土撒拉很可能是一颗气巨星，没有地球这样的固态表面。再加上它形成于宇宙诞生之初，不太可能拥有大量碳、氧等元素，由此看来，玛土撒拉能够维系生命的可能性非常小。就算假设它还有一颗固态卫星，且卫星上有生命诞生，考虑到这片区域极端的宇宙环境，生命体存活的概率也非常小。

不该存在的行星

4 有理论曾经认为，球形星团形成于宇宙早期，当时大量造就重元素的恒星核聚变尚未发生，行星也就不可能形成。玛土撒拉的现身可以说是宇宙送给人类的一个惊喜。

行星不是晚辈

5 施泰因·西格德森（Steinn Sigurdsson）来自宾夕法尼亚州立大学，他表示："我们从哈勃的观测结果中找到了一个诱人的证据，那就是行星的形成过程很可能非常高效，只需要少量重元素即可。这意味着行星在宇宙诞生之初就开始形成。"

重要提示

玛土撒拉在这130亿年里可谓命运多舛。诞生之初，它很可能围绕一颗年轻的黄色恒星转动，轨道半径大致和太阳与木星距离相仿。在地球上刚刚出现多细胞生物的时候，它和自己的母星一起被拉到了M4球形星团的核心。身处年轻的球形星团之中，早年间免不了要经历造星运动的疯狂摧残，好在无论是强烈的紫外线辐射，还是超新星爆炸和冲击波，它都挺过去了。

到达和离开

12,400光年外的玛土撒拉球距离我们不是一般的远。乘坐航天飞机过去足足要花4.8亿年，哪怕将交通工具升级成目前速度最快的太空探测器太阳神B号，以70千米/秒的速度赶路，到达那里也要5400万年。

山案座 π

恒星类型:
类日恒星, G0 V型

天球坐标:
赤经: 5h 37m 9.89s
赤纬: −80° 28' 8.8"

距离:
59.62光年

所在星座:
山案座

视星等:
5.65

质量:
太阳的1.11倍

半径:
太阳的1.15倍

温度:
6013开氏度

自转周期:
未知

行星数量:
2颗

自山案座πb遥望山案座πc的虚拟图

山案座 πb 和 c

山案座π是双行星系统，一颗是块头吓人的超大质量气巨星，另一颗是超级地球，也是刚刚升空的TESS卫星发现的第一颗系外行星。

明亮的恒星山案座π（Pi Mensae）在质量和体积上都与太阳十分接近。2001年，天文学家通过安置在澳大利亚的英澳望远镜（Anglo-Australian Telescope）找到了它的第一颗已知行星，代号山案座πb。这颗行星的质量约为木星的10倍，一度被誉为已知最重的系外行星，可惜这个头衔现在落到了HR 2562b头上——它的质量是木星的30倍。事实上，山案座πb或许根本就不是行星，而是褐矮星这种发育不太成功的恒星。它的平均轨道半径为3天文单位，公转周期2083个地球日。

另一颗行星山案座πc直到2018年才被找到，它是当年4月升空的TESS卫星的首个发现。这颗行星的半径大约是地球的2倍，公转周期6天，看来应该是固态行星，有铁元素内核，只因为距离恒星太近，表面不可能存在液态水。麻省理工学院天体物理学与太空研究所（MKI）研究员、胡安·卡洛斯·托雷斯奖学金获得者切尔西·黄（Chelsea Huang）认为："我们已经知道这颗恒星有一颗叫山案座πb的行星……公转轨道很长，离心率很高。这次新发现的山案座πc却与之截然相反，距离母星很近，轨道呈圆形。它们在轨道方面的差别一定会对我们理解这个奇特恒星系统的形成起到关键作用。"

北河三b的直观展示图，它的母星早在古代便为人类所知

北河三 b

北河三距离地球33光年，位于双子座，肉眼清晰可见。这样一颗恒星的行星北河三b，自然也与众不同。

北河三（Pollux）又叫双子座β（Beta Geminorum），只要你曾在某个晴朗的冬夜仰望过夜空，那么很可能已经与它有了一面之缘，因为这颗橙巨星是夜空中最明亮的星星之一。事实上，双子座的两颗星都很有名，另一颗北河二（Castor）你一定也听说过。现在，科学家们在北河三上发现了一个新秘密：它的身边隐藏着一颗行星，半径约为木星的3倍，代号北河三b。它在2006年由两支德国团队分别独立确认。其中一个团队由萨宾·雷菲尔特（Sabine Reffert）领导，另一个由亚提·哈茨（Artie Hatzes）带队并得到了NASA的资金支持。两个团队找到并确认这颗行星使用的都是多普勒法（也叫径向速度法），也就是通过恒星受到行星引力拉扯所产生的摆动反推行星的存在。

在一个这么容易看到的恒星身边找到行星，这本身就很不寻常，而北河三b还另有特别之处：它是少数几个拥有像模像样姓名的系外行星之一。2014年，国际天文学联合会邀请公众给包括它在内的几颗行星命名，最终为它选定了"忒斯提亚斯"（Thestias）这个名字。"忒斯提亚斯"在希腊语中意为"忒斯提奥斯之女"，也就是著名的希腊神话人物勒达（Leda），之所以要绕这样一个弯，是因为"Leda"这个名字已经被一颗小行星和木星的一颗卫星占用了。新名字到底能得到多么广泛的接受，目前还不好说。

北河三

恒星类型：
橙巨星，K0Ⅲ型

天球坐标：
赤经：7h 45m 18.94987s
赤纬：28° 1' 34.316"

距离：
33.78光年

所在星座：
双子座

视星等：
1.14

质量：
太阳的1.91倍

半径：
太阳的8.8倍

温度：
4666开氏度

自转周期：
558个地球日

行星数量：
1颗

北河三b

行星类型：
气巨星

质量：
木星的2.3倍

半径：
未知

公转周期：
1.61个地球年

轨道半径：
1.64天文单位

探测方式：
径向速度

发现时间：
2006年

比邻星

恒星类型:
红矮星, M5.5 V 型

天球坐标:
赤经: 14h 29m 43.94853s
赤纬: −62° 40′ 46.1631″

距离:
4.244光年

所在星座:
半人马座

视星等:
11.13

质量:
太阳的0.122倍

半径:
太阳的0.154倍

温度:
3042开氏度

自转周期:
82.6个地球日

行星数量:
1颗

比邻星b

行星类型:
类地行星或超级地球

质量:
地球的1.3倍

半径:
地球的0.8~1.5倍

公转周期:
11.18个地球日

轨道半径:
0.049天文单位

探测方式:
径向速度

发现时间:
2016年

半人马座比邻星（红圈内）、半人马座α（左侧亮点）与半人马座β（右侧亮点）

比邻星 b

比邻星是距太阳系最近的恒星，当天文学家宣布它至少有一颗行星，且这颗行星甚至可能宜居时，整个世界都兴奋了。

区区4光年多一点的距离，令半人马比邻星（Proxima Centauri）成了距离太阳最近的恒星，这一点从名字便可见一斑。这颗"冷"恒星光线微弱，肉眼并不可见，旁边还有半人马座α A和B（Alpha Centauri AB）两颗更为明亮的恒星。

2016年，借助欧洲南方天文台安置在智利的3.6米口径望远镜，天文学家在比邻星身边发现了一颗行星。加利福尼亚州NASA喷气推进实验室行星搜索任务的下属研究员、图森亚利桑那大学副教授奥利维尔·加永（Olivier Guyon）认为："在距我们最近的恒星的宜居带里可能存在一颗岩质行星，这个发现非常了不起，是我们这个研究领域里的转折点。我们更有理由相信，像这样的行星不但存在，有些很可能还是地球的近邻。"

研究团队将这颗新行星命名为比邻星b，估算其质量至少是地球的1.3倍，可能为岩质结构，轨道半径远小于水星，只要11天就能围着那颗低质量红矮星绕行一周。过小的轨道半径决定了这颗行星绝难宜居，更何况比邻星还是一颗不断喷射强烈X射线的耀星。不过，能在茫茫宇宙里找到个邻居总是好事，据估算，比邻星未来还会以主序星的形态存在4万亿年，我们与这位邻居还要相处很久很久。

探索比邻星系统

宜居性

① 比邻星b的确处在其恒星的"宜居带"里，换言之，其表面温度允许水以液态形式存在，只是科学家尚不清楚这颗行星是否拥有大气层。此外，它的母星作为红矮星，体积和温度远小于我们的太阳，而它也有可能像我们的月球一样，永远以同一面朝向恒星，不会出现我们熟悉的昼夜更迭。恒星耀斑的辐射也是潜在的生命杀手。

稳定性

② 位于宜居带与具有宜居性是两码事。位于宜居带只说明比邻星b上可能有水，不代表真的有水，也不代表有另一个维系生命的关键元素——大气层。一个成分、性质恰到好处的大气层可以调整星球表面气候，维持液态水所需的气压，阻挡来自宇宙的危险，保证生命所需的化学物质能够稳定存在。

气候

③ 如果比邻星b真的拥有大气层，那么液态水的确有可能存在，但很可能只存在于星球的"阳面"。考虑到其自转规律、形成过程以及来自母星的强烈辐射，比邻星b的气候必定迥异于地球，而且，看起来那里并不存在季节更替。

三星系统

④ 比邻星事实上是一个三星系统的成员，另两颗恒星半人马座α A和B亮度很高，在南天球上肉眼可见，彼此相距仅23天文单位，只比天王星与太阳的距离大一点点，组成了一个紧密的双星系统。比邻星b每50万年绕行A、B双星一周。

探索潜力

⑤ 把人类的探测器送到一颗系外行星上去，这在目前看来的确是个遥不可及的梦想，但比邻星b的发现却有可能将这个梦想重新点燃。据系外行星探索先驱威廉·波拉基说，这一新发现有可能激发更多的星际探索，要是比邻星b被证明拥有大气层，影响就更大了。新一代的太空以及地面望远镜（包括正在建设中的大型地面望远镜）会提供更多有关这颗行星的信息，也许真能激发灵感，令梦想成为现实。

重要提示

身处比邻星宜居带的比邻星b，日常承受着千百倍于地球的恒星紫外线超强辐射的摧残。这些辐射产生的能量不但足以剥离轻盈的氢分子，日积月累之下，像氧、氮这样较重的分子也难逃魔爪。理论推演显示，就算这颗行星上真的有类似地球的大气层，强辐射也会很快将它剥离，它消失的速度将是地球大气层的1万倍。马里兰州NASA戈达德太空飞行中心的凯瑟琳·格拉西亚-萨热（Katherine Garcia-Sage）认为："这只是一个简单的计算，还没有纳入恒星大气层的超高温、恒星对于行星磁场的强干扰等可变因素。"

到达和离开

别让比邻星的"近"诱惑你怀抱哪怕最细微的期望。所谓"近"只是宇宙级别的，4.24光年也足有40万亿千米。靠航天飞机的话，也得不紧不慢地飞上163,000年。

PSO J318.5-22

行星类型:
气巨星

质量:
木星的6.5倍

半径:
木星的1.53倍

公转周期:
无

轨道半径:
无

探测方式:
直接成像

发现时间:
2013年

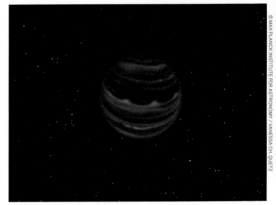

冷暗的流浪行星PSO J318.5-22没有恒星认领, 在天空中很不起眼

PSO J318.5-22

这颗行星是个异类, 没有母星, 是注定要在星际间伶仃游荡的一员。

PSO J318.5-22于2013年10月凭借直接成像法(即大视场深空摄影)被人类发现, 属于一个独特的行星类别——"流浪行星", 没有母星可以环绕, 只能独自在星际游荡。关于其成因我们所知不多, 但据理论推测, 它们可能是没能成功成形的恒星, 或是新生恒星旁被其他同类星体撞出轨道的行星。流浪行星起初还能借助形成时产生的热量发出微弱的光, 待到热量散尽, 便只能独自在黑暗中起舞了。

天文学家发现这个行星中的异类, 靠的是全景巡天望远镜(Panoramic Survey Telescope And Rapid Response System, 简称Pan-STARRS)直接成像。该项研究首席天文学家、夏威夷大学天文学研究所的迈克·刘(Michael Liu)称: "我们此前从未在太空里见过这样的流浪天体。它具有普通年轻行星的一切特征, 却偏偏只是独自漂泊。"事实上, 它的发现也纯属偶然, 当时研究团队的搜寻目标本是另一种小质量的低温天体——褐矮星。

PSO J318.5-22会随同绘架座β移动星群(Beta Pictoris)的年轻恒星们一起运动, 表现非常类似常规的系外行星, 只是无法从恒星获得能量, 星体温度很低, 基本上只能辐射红外线, 视星等连金星的十万分之一都不到。

艺术家眼中温和的罗斯128b及其母星红矮星

罗斯 128b

罗斯128b是一颗岩质行星，气候非常温和，是已知距我们第四近的系外行星系统，仅在11光年外。

借助欧洲南方天文台独一无二的猎星工具HARPS摄谱仪，一个研究团队在距离太阳系仅11光年的地方，找到了一颗气候温和且大小与地球相仿的行星——罗斯128b（Ross 128 b）。据估算，它的表面温度可能与地球十分接近。包括著名的比邻星在内，许多红矮星总会时不时弄出些耀斑，以致命的紫外线、X射线辐射摧残身边的行星。罗斯128b的母星也是红矮星，但似乎远没有那么爱发飙，所以它的行星很可能是宇宙中距离我们最近的未来舒适居所。

通过对HARPS数据的分析，研究团队发现，罗斯128b的轨道半径只有地球的1/20，公转周期仅9.9天。然而，距离虽近，母星却又小又凉又暗淡，表面温度只刚刚超出太阳的一半，因此，行星接收到的辐射能量也不过地球的1.38倍，星球表面平衡温度在−60～20℃。

母星罗斯128目前离我们有11光年，但此刻正在朝地球移动，预计再过79,000年（这对宇宙来说不过一眨眼的工夫）就会成为距离地球最近的系外恒星。到那时，罗斯128b也就将取代比邻星b，成为距离地球最近的系外行星。

罗斯128

恒星类型：
红矮星，M4V型

天球坐标：
赤经：11h 47m 44.3974s
赤纬：0° 48' 16.395"

距离：
11.03光年

所在星座：
室女座

视星等：
11.13

质量：
太阳的0.168倍

半径：
太阳的0.1967倍

温度：
3192开氏度

自转周期：
未知

行星数量：
1颗

罗斯128b

行星类型：
超级地球

质量：
地球的1.35倍

半径：
未知

公转周期：
9.8596个地球日

轨道半径：
0.0493天文单位

探测方式：
径向速度

发现时间：
2017年

TRAPPIST-1

恒星类型:
红矮星, M8Ⅴ型

天球坐标:
赤经: 23h 6m 29.283s
赤纬: −5° 2' 28.59"

距离:
39.6光年

所在星座:
水瓶座

视星等:
18.789

质量:
太阳的0.089倍

半径:
太阳的0.121倍

温度:
2511开氏度

自转周期:
3.295个地球日

行星数量:
7颗

从地球上看TRAPPIST-1的7颗行星的假想图

TRAPPIST-1

TRAPPIST-1震惊了世界: 一个拥有7颗岩质行星的恒星系统, 而且其中3颗都位于宜居带。

现在被我们称为TRAPPIST-1的这颗恒星, 是在1999年由天文学家约翰·吉泽斯(John Gizis)及同事发现的。它是一颗超低温矮星, 因为是通过2微米全天巡视望远镜(即2 MASS)观测到的, 最初的名称堪称烦冗, 叫"2MASS J23062928-0502285"。直到2016年5月, 科学家宣布在它身边找到了3颗行星, 为致敬在这一发现中居功至伟的、位于智利的TRAPPIST望远镜(Transiting Planets and Planetesimals Small Telescope, 即凌日行星及小行星小型望远镜), 遂将它改名为TRAPPIST-1。

2017年2月, 天文学家宣布, 他们运用NASA的斯皮策太空望远镜与几台地面望远镜联合观测, 又有惊喜发现。原来这颗恒星足有7颗行星环绕, 其中3颗都位于理论上的宜居带(即液态水在岩质行星上存在可能性最高的宇宙空间), 创造了太阳系外单星系统宜居带内行星数量最多的纪录。事实上, 若大气条件理想, 作为已知生命形态关键要素的液态水在这7颗行星上都有存在的可能, 只是宜居带内的3颗可能性最高。

找到新的系外行星, 即使是类似地球的系外行星, 如今已是我们见惯不怪的事情了。即便如此, 我们也只是刚刚得到这样放眼太空寻觅行星的革命性能力。在人类探寻更广阔外太空的旅途中, 在我们对于宇宙的认知和探索能力的变革中, TRAPPIST-1自有一席之地。

探索TRAPPIST-1恒星系统

迷你太阳系

1 与我们的太阳正相反，恒星TRAPPIST-1属于超低温矮星，就算是在毗邻它的行星上都可能存在液态水，这在太阳系里是无法想象的。它的7颗行星轨道半径都小于水星到太阳的距离，而且彼此间的距离也很近，如果有人能站在其中一颗行星表面抬头望去，其他几颗行星可能显得比地球夜空中的月亮还要大，甚至连上面的地质特征或云朵都能看得清楚。

7个岩石世界

2 在整个2017年，科学家利用已知信息进行了复杂的计算机建模，对这些行星进行模拟演算，并参考斯皮策、开普勒以及多台地面望远镜传来的数据，力求尽可能准确地估算出这些行星的密度。最终，所有演算结果一致表明，TRAPPIST-1的全部行星都以岩质成分为主。2018年2月，这一结论被公之于众。

大气层研究

3 借助NASA的哈勃太空望远镜，科学家确认TRAPPIST-1 b和c两颗行星不可能具有气巨星上常见的那种以氢元素为主的大气层。这一发现印证了这些行星可能为岩质结构并有望存在液态水的推断。2018年2月，哈勃望远镜的进一步观察再次揭示，另外三颗行星d、e、f也不可能具备氢元素为主的低密度大气层。至于下一个目标行星g上面到底有多少氢，还需要更多数据才能确定。

冰冻行星？

4 依据开普勒望远镜的观测结果，研究者断定，该恒星系统最外围的行星TRAPPIST-1 h公转周期为19天。即使是太阳系里最内侧的水星也要88天才能绕日一周，轨道半径也比它大很多。但TRAPPIST-1实在太孱弱，辐射能量只有太阳的0.05%，行星即便距离母星再近，所获得的热量也肯定远远不及水星，表面很可能覆盖着冰层。

寿高几何？

5 据2017年8月发表的一篇相关研究论文，TRAPPIST-1的年龄有54亿~98亿岁，最多可能比46亿年前诞生的太阳系年长2倍。恒星的年龄对于确定其行星是否可能维系生命非常重要。一般来说，年纪轻的恒星身边更难出现具有宜居潜力的行星。

重要提示

月圆之夜，黑云中分，人形之躯，突变为狼，呼噜之声，诡异可怖……要是真有狼人，把他们送到TRAPPIST-1 b上面倒是好主意。这颗行星位于恒星系统的最内侧，和其他6颗行星一样，都受到了母星的潮汐锁定，一面永远对着那颗红矮星，另一面则陷入永恒的黑暗。站在永夜的一面抬头看，6颗行星都因为反射恒星光线而发亮，看起来就像是6个月亮，因此很可能总有满月高挂，足够让狼人永葆兽形。

到达和离开

TRAPPIST-1是一个刺激的宇宙旅行目的地，只不过去那里需要足够的决心，因为尽管相对来说距离较近，乘坐航天飞机飞过去也要150万年。

TrES-2b

TrES-2b只能反射不到1%的恒星光线，比我们太阳系的任何行星或卫星都暗淡，或者说，比碳更黑。

你怕黑吗? 是否在夜幕降临之后, 总觉得有一只鬼手在脖子后面蠢蠢欲动, 随时都可能抓过来? 那样的话, 还是别考虑TrES-2b了, 因为那是一个有夜无昼的世界。它被NASA的开普勒太空望远镜发现, 是已知围绕恒星 (TrES-2 A) 运动的最暗行星, 反照率比煤炭还低, 在它的大气层里飞行, 无异于盲人过河。不过星际旅客们也无须太过恐惧, 说它黑, 也不至于寸光不见。有科学家推测该行星的大气层温度堪比地球上最滚烫的岩浆, 处于燃烧状态, 能发出一种诡异的深红色荧光, 仿佛炼狱的鬼火, 姑且可以用来指引方向。

哈佛-史密松天体物理学中心 (简称CfA) 的天文学家大卫·吉平 (David Kipping) 在2006年介绍该行星发现过程时说: "综合开普勒望远镜运转50多圈积累的精确数据, 我们发现这颗行星对恒星亮度的影响之低, 在所有系外行星中前所未见, 只有百万分之六。这也说明开普勒望远镜可以直接探测到来自行星的可见光。" TrES-2b属于气巨星, 半径与木星相仿, 绰号"煤炭星球"。至于它到底为什么这么黑, 科学家正积极展开研究, 目前尚未有明确结论。这有可能是因为它的大气层里缺少能够反射光线的云而造成了极低的反照率。另外, 虽然气巨星的内部构成可能大致相同, 但在这颗热木星上多半找不到木星标志性的"大红斑"。

TrES-2b的母星属于一个双星系统, 行星公转方向与母星自转方向相同, 公转轨道平面与恒星赤道存在一个微小的夹角。作为开普勒望远镜首批发现之一, 它可以说是一个因黑暗而抢眼的宇宙另类明星。

遥远的系外行星TrES-2b比最黑的煤炭还要黑

WASP-12

恒星类型:
类日恒星, G0型

天球坐标:
赤经: 6h 30m 32.79s
赤纬: 29° 40' 20.29"

距离:
1300光年

所在星座:
御夫座

视星等:
11.69

质量:
太阳的1.35倍

半径:
太阳的1.57倍

温度:
6300开氏度

自转周期:
未知

行星数量:
1颗

WASP-12b

行星类型:
热木星

质量:
木星的1.39倍

半径:
木星的1.9倍

公转周期:
1.09个地球日

轨道半径:
0.023天文单位

探测方式:
凌星

发现时间:
2008年

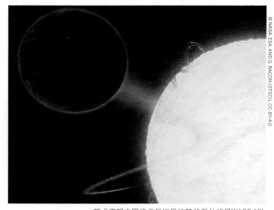

艺术家眼中围绕类日恒星运转的系外行星WASP-12b

WASP-12b

WASP-12b厄运难逃。这颗黑暗行星此刻正被母星拉扯成鸡蛋的形状,宇宙眼睛一眨,它就很可能被彻底吞掉。

哈勃太空望远镜的宇宙起源摄谱仪(Cosmic Origins Spectrograph, 简称COS)在太阳系外发现了一颗古怪的行星,其恒星投下的可见光至少有94%都被它锁在了大气层里,因为这一手"吸光"绝活,它的亮度非常低,简直和刚铺好的柏油路面一样黑。

这位系外行星界的异类代号WASP-12b, 也是一颗热木星,体积大,呈气态,轨道距离母星极近,因而温度极高。这颗行星的光面更是夸张到近乎红矮星的2538℃, 以至于大多数分子根本无法稳定存在,云气自然无法形成。没有了云气,恒星的光线也就不容易反射到太空中去,而是径直穿透大气层,被其中的氢原子吸收并转化成热量。事实上,在计算行星反照率的时候,研究者借助的是一个差值,也就是当行星运行到恒星背后时,恒星亮度(主要是可见光)发生的一个微弱的减小值,通过这个减小值就能算出行星所反射的光线量。而这一次的观测根本就没有找到反射光,说明这颗行星的光面吸收了来自恒星的几乎全部光线。

探索WASP-12b

母星信息

1 WASP-12属于黄矮星，距离地球大约1411光年，位于冬季星座御夫座（Auriga）。其行星是英国广角行星搜索组织（Wide Angle Search for Planets）在2008年发现的，编号开头的"WASP"即该组织缩写。WASP的任务是利用自动巡天设备，通过捕获行星凌日时引起的恒星亮度减弱来寻找系外行星。火热的WASP-12b距离母星非常近，只需1.1个地球日就能绕其一周。

惨遭吞噬

2 WASP-12b不但是银河系已知最热的行星之一，还可能成为"最短命"的一个。通过哈勃太空望远镜上新装备的宇宙起源摄谱仪，科学家发现它被母星拉扯成了鸡蛋形，大气层膨胀得厉害，半径已经接近木星半径的3倍，行星物质正流向恒星。预计再过1000万年，这颗行星就会被彻底吞掉。

质量转移

3 这种两颗星体之间的物质转移，常见于关联紧密的恒星双星系统。在行星上如此清晰地观测到同类现象，这还是头一次。来自英国开放大学的项目带头人卡罗尔·哈斯维尔（Carole Haswell）表示："我们在这颗行星周围观察到了大团物质流正在逃离行星，被恒星吸过去。我们在其中找到了一些此前从未在系外行星上发现过的化学元素。"

富碳行星

4 NASA的斯皮策太空望远镜发现，WASP-12b的碳元素含量高于氧元素，这让它成了有史以来首颗被观测到的富碳行星。我们地球主要由氧、硅两种元素构成，碳含量相对很低。而像木星这样的太阳系巨星，据推测碳含量也低于氧，只是目前尚无实证。与WASP-12b不同，这些行星的大气深处均储有氧元素的主要载体——水，但具体含量很难从地球上准确测定。

大气层研究

5 WASP-12b距离母星很近，受到潮汐锁定，光面和背阴面固定不变。在永远黑暗的背阴面，温度比光面至少低1093℃，水可能以气态形式存在并形成气云。哈勃望远镜此前曾在它的明暗分界线上找到过水蒸气存在的证据，其行星大气层里也可能存在云雾。

重要提示

不喜欢那种变态的人体医学实验？那么，估计这场变态的"宇宙星体实验"也不会合你胃口。恒星WASP-12此刻正凭借强大的引力对自己的行星动手术，把WASP-12b渐渐改造成鸡蛋形，同时将其慢慢肢解，把"尸块"吸到自己灼热的表面上，让自己变大变强，最后成为终极版的弗兰肯斯坦。很快（1000万年，在宇宙中不过一瞬而已），行星就将被贪婪的母星彻底吞噬，如果眼看脚下的星球四分五裂能带给你独特的快感，欢迎来做客!

到达和离开

1300光年外的WASP-12b在系外行星里面算是相当遥远了，乘坐航天飞机至少需要5000万年。

WASP-121

恒星类型:
黄白矮星,ΓGV型

天球坐标:
赤经: 7h 10m 25.0595s
赤纬: −39° 5′ 50.682″

距离:
850光年

所在星座:
船尾座

视星等:
10.4

质量:
太阳的1.353倍

半径:
太阳的1.458倍

温度:
6460开氏度

自转周期:
未知

行星数量:
1颗

WASP-121b

行星类型:
热木星

质量:
木星的1.184倍

半径:
木星的1.81倍

公转周期:
1.275个地球日

轨道半径:
0.0254天文单位

探测方式:
凌星

发现时间:
2015年

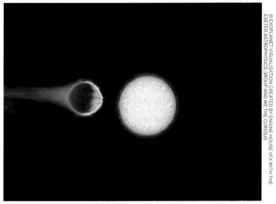

© EXOPLANET VISUALISATION CREATED BY ENGINE HOUSE VFX WITH THE EXETER ASTROPHYSICS GROUP AND WE THE CURIOUS

WASP-121b大气层受母星拉扯的示意图

WASP-121b

WASP-121b很独特,被母星引力拉成了鸡蛋形,平流层热得冒泡,里面竟有"发光水"。

科学家在WASP-121b身上找到了系外行星拥有平流层的最强证据。所谓平流层,就是大气层中温度随高度逐渐上升的部分。

根据《自然》期刊的相关文献,科学家利用NASA哈勃太空望远镜的观测数据对WASP-121b进行了研究。这颗系外行星也是热木星,质量是木星的1.2倍,半径是木星的1.9倍,比木星更显臃肿。木星公转一圈要12年,WASP-121b只要1.3个地球日,可见其距离母星之近。轨道半径哪怕再小一丁点儿,它就会被恒星的引力撕碎。也正因为这样,其大气层的上层温度高达2538℃,足够将许多金属也化成水。

相关论文联合作者、加利福尼亚州NASA艾姆斯研究中心的马克·马雷(Mark Marley)认为:"这一结果很令人兴奋,因为它表明我们太阳系大多数行星大气层共同拥有的东西——温暖的平流层——同样可以存在于系外行星大气层里。现在我们可以就不同条件下系内外行星大气层的同一进程展开对比研究了。"

探索 WASP-121b

全新类别?

1 英国埃克塞特大学研究员、相关论文第一作者汤姆·伊文斯(Tom Evans)说:"此前的种种理论模型表明,平流层以其独特的关键性物理及化学属性,也许可以成为区分新一类超高温行星的关键性指标。我们的观测结论也与此相符。"

平流层研究

2 为了研究WASP 121b的平流层,科学家利用哈勃望远镜的摄谱功能,分析了其大气层中的水分子对特定波长光线的反应。恒星光线够透射到行星大气层深处,并使得那里的气体升温,气体随后以红外线的形式将热量辐射到太空中。如果大气层上层存在温度较低的水蒸气,水分子就会阻止某段波长的红外线逃入太空。而如果上层水分子温度较高,它们本身也同样可以辐射出相应波长的光线。

仿若烟花

3 这个现象和放烟花差不多。点燃烟花时,火药内部的金属物质受热气化,其原子转换为更高的能量状态,并以光的形式释放多余能量。不同物质辐射出的光线波长也不同,比如钠元素造就橙黄色的光,锶元素产出红光,因此才有了烟花绚丽的色彩。WASP-121b大气层里的水分子在丢失能量时也会发光,只不过发出的是肉眼看不见的红外线。

新标杆

4 在马里兰州格林贝尔特NASA戈达德太空飞行中心参与此次研究及相关论文撰写的汉娜·维科福德(Hannah Wakeford)说:"WASP-121b这颗超高温系外行星将成为未来我们为行星大气层建模的标杆,是未来韦伯时代的一大重要观测目标。"她口中的"韦伯",指的是将于2021年发射升空的詹姆斯·韦伯太空望远镜。

其他系外行星的平流层

5 WASP-121b并不是第一颗被观测到存在明显平流层的系外行星。此前的研究在WASP-33b等热木星上就曾找到平流层存在的线索。WASP-121b的独特之处在于,科学家在这里首次观测到了高温水分子,因此拥有了平流层存在的最强有力证据。

重要提示

太阳系行星的平流层内部温差通常都在38℃左右。而WASP-121b的平流层上下温差高达538℃。到底是哪种化学物质导致了这种温度变化,科学家尚不清楚,但氧化钒和氧化钛的可能性较大。这两种物质常见于褐矮星,一种接近于系外行星的"不成器的恒星"。据推测,这两种物质只可能在最热的热木星上面存在,因为只有那样的高温才能让它们保持气态。

到达和离开　　

乘坐航天飞机前往这个恒星系统需要3300万年。出发前记得关掉家里的煤气灶。

沃尔夫1061

恒星类型:
红矮星, M3.5V型

天球坐标:
赤经: 16h 30m 18.06s
赤纬: −12° 39' 45.33"

距离:
14.04光年

所在星座:
蛇夫座

视星等:
10.07

质量:
太阳的0.294倍

半径:
太阳的0.307倍

温度:
3342开氏度

自转周期:
94个地球日

行星数量:
3颗

环绕恒星运动的沃尔夫1061 c

沃尔夫 1061b、c 和 d

沃尔夫1061的恒星系统至少拥有3颗行星, 其中一颗还处于宜居区, 绝对是未来宇宙房地产开发的黄金地段。

2015年, 澳大利亚新南威尔士大学的天文研究团队在红矮星沃尔夫1061 (Wolf 1061) 身边找到了3颗行星, 观测数据来自智利拉西亚欧洲南方天文台3.6米口径望远镜上配备的HARPS摄谱仪。研究论文第一作者邓肯·怀特 (Duncan Wright) 称: "这是非常激动人心的发现, 因为3颗行星的质量都足够低, 有可能为岩质并拥有固态表面, 居中的行星沃尔夫1061c更是处于宜居带内, 可能有液态水甚至生命的存在。"虽说也有少数类似的系外行星离我们更近, 但其中许多远不具备宜居的可能。

3颗行星的公转周期分别是5天、18天和217天, 质量分别在地球的1.9倍、4.3倍和7.7倍以上, 其母星体积小, 温度相对较低, 较为稳定。最外侧行星较大, 仅偏离宜居带外一点, 也可能为岩质结构; 内侧较小的行星距离恒星过近, 不具备宜居性。我们现在已经知道, 银河系就像地球这样的小体积岩质行星数量很多, 多行星系统似乎也很常见, 但大多数已知的岩质行星都在数百甚至数千光年外。

探索沃尔夫1061恒星系统

恒星简介

1 1919年，德国天文学家麦克斯·沃尔夫（Max Wolf）首次为沃尔夫1061归类编号，由他收录的天体都缀有他的名字。和所有红矮星一样，沃尔夫1061也是M型恒星。14光年外的它是距离太阳第36近的恒星系统，因为位于蛇夫座，也被称为"蛇夫座V2306"（V2306 Ophiuchi），此外，它还有一个名字叫HIP 80824，"HIP"代表欧洲航天局的依巴谷卫星（Hipparcos）。这颗恒星的质量和半径都只有太阳的30%，3342开氏度的温度比太阳低很多，光度（或称热光度）仅为太阳的1%。

沃尔夫1061b

2 在该系统已知的3颗行星中，沃尔夫1061 b最靠内侧，质量也最轻，只有地球的1.91倍左右。但据推测，它应该比地球略大，可能超过约20%。因为距离母星只有0.0375天文单位，轨道半径只有水星到太阳的十分之一，所以它的公转周期短得不可思议，只有4.9天。也正因为这样，它的表面温度想必很高，水不可能以液态的形式存在。

沃尔夫1061c

3 沃尔夫1061c才是最激动人心的发现。这颗行星轨道居中，位于恒星宜居带内侧，本身还是岩质行星，质量至少是地球的4.3倍，距离恒星0.089天文单位，每17.9天就能绕行恒星一周，轨道半径远小于水星。其星球半径可能是地球的1.5倍左右，重力约为地球的1.6倍，也就是说，一个人到了那里，体重瞬间就会增长一半。

沃尔夫1061d

4 这是沃尔夫1061已知的3颗行星中最外侧的一颗，也是最重的一颗，公转周期217天，距离母星至少0.47天文单位，轨道位置类似水星。它的质量是地球的8倍左右，虽说仍属于超级地球，可毕竟已经逼近质量上限，也可能并非岩质结构，而是类似海王星或天王星那样。其表面平均温度为-157℃，是已知最寒冷的超级地球之一。

更多行星？

5 人类目前已在沃尔夫1061身边找到了3颗行星，但其真实行星数量也许不止于此，只不过我们现有的技术还无法探测到。而且这些潜在行星周围也完全有可能存在卫星，即所谓的系外卫星。就目前来看，沃尔夫1061是一个相当紧凑的恒星系统，就算是最外围的沃尔夫1061d，轨道半径也比水星大不了多少。

重要提示

新南威尔士大学研究团队系外行星学科带头人克里斯·泰尼教授（Professor Chris Tinney）表示："我们团队开发了一种新技术来分析这台专司猎星的高精度仪器（HARPS摄谱仪）得来的数据，就沃尔夫1061而言，已经对其超过10年的观测结果进行了分析。已知具备宜居可能性且恒星温度低于太阳的岩质系外行星并不多，但数量在持续增加，现在，紧邻我们的这3颗行星也加入其中。"

到达和离开

14光年虽然已经相对很近，但比起太阳系最外围的行星海王星，沃尔夫1061仍要远上20,000倍。做好准备，凭借现有火箭技术，这段旅途需要将近54万年的时间。

来自星星的危险

　　年轻的红矮星会猛烈喷射出高温气体，它身边的年轻行星可能无法具备宜居性。在这张虚拟图中，一颗年轻躁动的红矮星（图中上方天体）正在发威，环绕它运行的行星（下方天体）的大气层正遭到剥离。科学家发现，将他们观察到的年轻红矮星（约4000万岁）与年长恒星相比较，前者耀斑的能量强度是后者的100~1000倍。他们还观测到了紫外线波段内的系外恒星最强耀斑，其能量值已经打破了我们太阳创下的纪录。

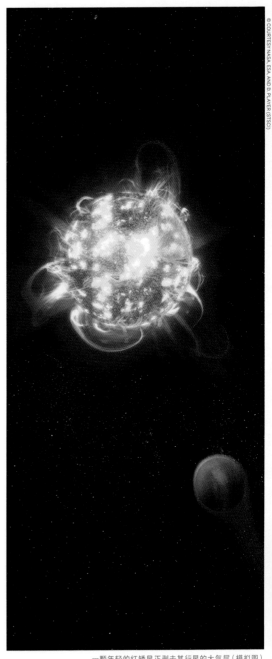

© COURTESY NASA, ESA AND D. PLAYER (STSCI)

一颗年轻的红矮星正剥去其行星的大气层（模拟图）

鲸鱼座 YZ b、c 和 d

鲸鱼座YZ是距我们最近的红矮星（M型矮星）多行星系统，拥有3颗岩质行星。

鲸鱼座YZ（YZ Ceti）是人类探索宇宙的新收获。通过研究欧洲南方天文台设在智利拉西亚天文台的HARPS摄谱仪数据，科学家在2017年发表论文宣布了它的存在。这颗恒星拥有两个"最"。首先，它距离我们仅12光年多一点，是已知最近的多行星系统。更重要的是，它的行星是有史以来利用径向速度法发现的质量最小的行星。径向速度法是通过观测恒星受行星引力牵扯而产生的微小摆动反推行星的存在。

和大多数红矮星系统一样，这个也很紧凑。最内侧的行星鲸鱼座YZ b距母星约0.016天文单位，中间的鲸鱼座YZ c是0.021天文单位，最靠外的鲸鱼座YZ d也才0.028天文单位，公转周期都只有几个地球日。过小的轨道半径决定了它们不太可能处于恒星宜居带——就算有水也被蒸发了。更何况鲸鱼座YZ属于耀星，这是一类常常爆发能量的变星，本就无法提供生命存活的良好环境。

与类日恒星相比，红矮星的耀斑在紫外线波段内表现得尤其明亮强烈。探究耀斑成因，学界认为与恒星大气层的混乱运动有关。这种混乱令恒星强大的磁场发生扭曲，一旦扭曲到了一定程度，磁场断裂重塑，其间产生的巨大能量便以耀斑的形式释放出来。这样高频次、高强度的超级耀斑爆发也许会让身边的年轻行星接收到太多紫外线辐射，从而永远失去孕育生命的可能。银河系内约四分之三的恒星都是红矮星，因此，很可能大多数处于宜居带的行星（距离母星不远不近，表面温度允许水以液态存在）都围绕红矮星运行。然而年轻的红矮星都是活跃星体，耀斑频发，所产生的紫外线辐射能量可能改变年轻行星的大气层化学成分，甚至使之剥离。哈勃望远镜的HAZMAT任务（Habitable Zones and M dwarf Activity across Time，即宜居带及M型矮星不同时期的活动研究）就是对所有年龄段的红矮星进行观测，收集有关恒星活跃性对行星具体影响的数据。这项研究将为科学家提供更多线索，来解答关于鲸鱼座YZ这类不稳定红矮星的行星是否具备持续宜居性的问题。

鲸鱼座YZ

恒星类型：
红矮星，M4V型

天球坐标：
赤经：1h 12m 30.64s
赤纬：−16° 59' 56.36"

距离：
12.11光年

所在星座：
鲸鱼座

视星等：
12.03~12.18

质量：
太阳的0.130倍

半径：
太阳的0.168倍

温度：
3056开氏度

自转周期：
68~83个地球日

行星数量：
3~4颗

恒星类天体

多拉杜斯星云内的星团正在发生融合

恒星类天体速览

来到太阳系之外，你才能看到真正有趣的宇宙。尽管我们人类最熟悉的还是地球家门口的那些天体，但我们对宇宙深处也绝非一无所知。穿越亿万年的迷人光芒，以及千奇百怪的结构和物质，都引领着我们一步步走向遥远的宇宙空间，想来实在是不可思议。

　　"恒星"这一个词说起来简单，但从刚刚诞生的婴儿恒星，到超新星、黑洞这种已然死亡的鬼魂恒星，其生命周期各有不同，所处阶段大有差异，实际上异常复杂，可谓包罗万象。在形态和大小上——更准确地说，是在辐射波长和天体质量上——恒星类天体也可以划分成许多许多种。不管是发现时间较晚的黑洞，还是早已被人类所知的变星，它们总能带给我们很多惊喜。

　　这一章的内容涵盖了处于生命周期各个阶段的恒星，并且涉及许多不同寻常的大体，

其中一些以现有的科学模型只能勉强解释，另一些在被发现的时候则彻底颠覆了现有的理论原理。此外，某些所谓的"深空天体"，特别是星云与星团，虽然严格地说并非恒星，但因为与恒星息息相关，而且备受天文爱好者与天文学家的喜爱，所以被本章收录。我们从地球的左邻右舍一直梳理到已知宇宙的尽头，一一介绍有代表性的恒星、星云、星团，希望可以让读者一窥漫天繁星不可思议的多元与奇妙。

顶级亮点

参宿四

① 一颗逃亡的恒星吞噬者，人类自从首次仰望星空，便已注意到了它独特的存在。

猫眼星云

② 一个经典的行星状星云，那令人着魔的"猫眼"实际上是昔日红巨星喷出的气体。

柱一

③ 直到近来被确认为食双星系统，柱一（御夫座ε）越来越暗的天文疑案才算最终告破。

重金属亚矮星

④ 因为发现了富含铅以及稀有重金属的HE 1256-2738与HE 2359-2844，天文学家专门为它们划分了一个门类：重金属亚矮星。

HLX-1

⑤ 这个黑洞的质量高达太阳的2万倍，前缀"HLX"的意思是"超亮X射线源"，也正是因为这些X射线，它才能被人类发现。

马头星云

⑥ 一个黑暗的分子云，如天马之首，形态惊人。

开普勒超新星

⑦ 银河系内最近一次被观测到的超新星爆炸，1604年由开普勒发现，至今只留下了遗迹。

鹿豹座MY

⑧ 这两颗近身共舞的大质量恒星，未来有可能合二为一。

昴星团

⑨ 一个群星云集的大星团，但里面只有最亮的几颗星能被人类看见，它们就是神话中著名的"七姐妹"。

参宿七

⑩ 参宿七看起来像是天上的一颗亮星，实际上是一个聚星系统。

塔比星

⑪ 塔比星的亮度为什么会有如此异常的变化，这个愁煞科学家的疑团至今未解。

盾牌座UY

⑫ 一颗超巨星，大约有2000个太阳那么大，是宇宙中已知最大的恒星。

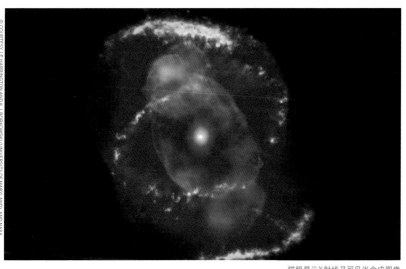

COURTESY J. P. HARRINGTON AND K. J. BORKOWSKI (UNIVERSITY OF MARYLAND), AND NASA

猫眼星云X射线及可见光合成图像

恒星类天体分类

哈勃太空望远镜在天鹅座内部拍摄到的恒星形成区域图像

生命初期：星云和原恒星

星云是宇宙中由尘埃和气体构成的巨大云团，存在于星际空间——也就是恒星之间的空间，种类多样，有些诞生于恒星死亡时的爆炸（比如超新星），有些则会孕育出新的恒星——正是因此，它们才会被叫作"恒星产房"。

行星状星云

这类星云不可以望文生义，它们并不是由行星构成的，而是因为在最初被观测到的时候具有行星的视觉特性，所以才叫行星状星云（planetary nebula）。它们不会孕育恒星，相反，其环状结构是在某颗红巨星死亡期间，其喷射物质穿过离子化气体云在星际空间里形成的。包括猫眼星云在内的许多著名星云皆为此类。

发射星云

发射星云（emission nebula）由高温气体构成，本身能够发出不同波长的光，可以孕育恒星，常常会被附近某颗高热恒星射出的高能光子电离。

反射星云

顾名思义，反射星云（reflection nebula）不会发光，里面的尘埃只能反射附近恒星的光，本身看起来一般是蓝色的。反射星云有可能孕育恒星。

暗星云

暗星云（dark nebula）也叫吸收星云（absorption nebula），不反射附近的光，而是吸收光。

原恒星

混乱动荡的星云中心会让一部分气体和尘埃扭绕成结，质量足够大的话就会凭借其引力让星云发生坍缩，其中心的物质开始升温。这种正在坍缩的星云的中心就叫原恒星（protostar），此时正处于质量吸积阶段，有朝一日会变成真正的恒星。

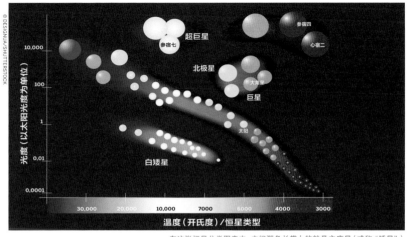

图中纵轴为 光度（以太阳光度为单位），数值从上到下为 10,000、100、1、0.01、0.0001

横轴为 温度（开氏度）/恒星类型，数值从左到右为 30,000、20,000、10,000、7000、6000、4000、3000

图中标注：超巨星、参宿七、北极星、巨星、大角星、参宿四、心宿二、太阳、白矮星

在这张恒星分类图表中，中间那条长带上的就是主序星（或称"矮星"）

主序星

一颗形成期的恒星如果能收缩到足够的程度，使得星核"燃烧"起来，以核聚变的方式把氢原子变成氦原子，那么它就是一颗主序星。主序星质量越大，亮度就越高，蓝色就越明显。主序星也可以称为"矮星"，与亮度更高的"巨星"相对。主序星是宇宙中最常见的恒星类天体之一，本身还可以细分为下列几类。

黄矮星

黄矮星也叫G型矮星，绝对是地球人最熟悉的恒星，因为我们的太阳就属于这一类。事实上，从质量和颜色来看，太阳可以说是黄矮星的一个典型代表。

橙矮星

橙矮星也叫K型主序星，体积介于红矮星与黄矮星之间，半人马座α B就是橙矮星。

红矮星

红矮星也叫M型矮星，体积较小，温度相对较低，能发出暗淡的红光，属于最常见的恒星，银河系大约75%的恒星都为此类。

褐矮星

褐矮星的体积介于大型行星（比如木星）和小型恒星之间，在大多数天文学家看来，一个天体质量如果是木星的15~75倍，就可以归为褐矮星。其质量对普通恒星来说过小，不足以维系氢核聚变，所以许多科学家给它取了个外号，叫"失败恒星"。有些褐矮星也可以归为系外行星。

重金属亚矮星

重金属亚矮星是亚矮星中的一小类，它含有大量的锗、锶、钇、锆、铅等重金属元素。

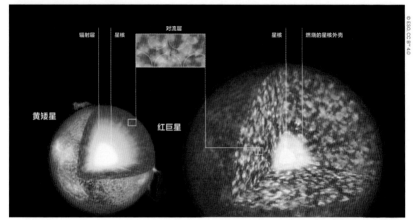

标注：辐射层　星核　对流层　星核　燃烧的星核外壳

黄矮星

红巨星

© ESO, CC BY 4.0

红巨星耗尽了星核中的所有氢元素，把核反应转移到了不断扩大的外壳里

巨星

巨星的质量是太阳的8～100倍，绝对担得起这个"巨"字。与矮星（也就是质量低于太阳5倍的恒星）相比，巨星的星核温度更高，密度更大，因此核反应速度更快。所以，尽管星核里的氢燃料要比矮星多很多，但因为烧得更快，寿命反倒比矮星短很多。巨星的死亡很有仪式感，会发生壮观的超新星爆炸，留下的残骸可能是一颗奇怪的中子星，也有可能是一个更加奇特的黑洞。

红巨星

当一颗黄矮星烧掉了星核里的所有氢原子，星核里的核反应就会停止。失去了能量的支持，星核开始坍缩，温度急剧升高。与此同时，氢聚变在星核外面一层继续进行，而高温又会把星核外壳向外推，让整颗恒星变大变凉，变成一颗红巨星（red giant）。这就是我们太阳未来的命运。

黄巨星

能够形成黄巨星（yellow star）的恒星，质量要比形成红巨星的恒星更大。黄巨星在寿命上也比红巨星更短，一般都属于变星。

超巨星

顾名思义，超巨星（supergiant）是宇宙中超级亮、超级重的恒星，目视星等为－3到－8，温度超过20,000开氏度，一般来说，半径为太阳的8～12倍。

特超巨星

特超巨星（hypergiant）是宇宙中最重的恒星，质量可以超过太阳百倍，表面温度超过30,000开氏度，辐射能量是太阳的数十万倍，但寿命仅有几百万年。这种恒星中的极端分子在早期宇宙里应该非常普遍，但到了现在，可以说极其稀有，整个银河系里的特超巨星，一只手就能数出来。

由一颗飞速旋转的白矮星和一颗红矮星构成的天蝎座AR双星系统（演示图）

双星系统和星团

许多恒星都和太阳一样，属于单星，或者叫孤星。但也有许多恒星不喜欢离群索居，而是在引力的作用下，与一颗或者几颗甚至成百上千颗恒星构成了一个集团。这些星团与星云和星系一样，都属于深空天体。

双星系统

双星系统（binary stars）这个词是天文学家威廉·赫歇尔（William Herschel）首创的，他当时在观测中发现，某些相邻的恒星有可能在夜空中携手并肩一同运行。双星系统里的两颗恒星会在共同引力的作用下彼此绕行，天文学家从中就能够精确算出其各自的质量。成对的恒星有时候关系比较稳定，有时则会慢慢地越转越近，最终撞到一起。很多时候，两颗行星的引力互动会使其形成椭圆形轨道。有些双星系统里的恒星本身还有行星环绕，轨道半径可能很小，也可能很大。科学家相信，大多数双星系统在星云阶段就已经形成了，但他们也发现，某些双星系统是被球状星团从外面捕获的恒星。双星系统里的恒星，彼此的距离有远有近，可能越来越远，也可能越来越近，这取决于它们的运行轨迹。事实上，某些科学家认为我们的太阳曾经就与另一颗恒星组成过双星系统。两颗以上的恒星可以构成聚星组。

疏散星团

疏散星团（open cluster）是由多颗恒星在引力的作用下集合成的天体结构，比球状星团更小，更松散。昴星团（Pleiades）就属于疏散星团，里面有超过3000颗恒星，只不过肉眼一般只能看到其中的7颗。多数疏散星团没有它那么大，恒星数量有上百颗。构成疏散星团的恒星大多比较年轻，随着时间的推移，也许还会分道扬镳。

球状星团

球状星团（globular star）就像由数十万颗古老恒星滚成的雪球一样，已知宇宙里最高龄的恒星都在这种星团里。这些恒星普遍年龄相仿，但也有年龄差异较大者。球状星团最初被发现的时候，常常会被误归为星云，因为以前的天文学家会把夜空中任何朦胧暗淡、难以归类的光源都叫作星云。据我们所知，仅银河系里就有大约200个球状星团在飞来飞去，有些可能是小型星系的残骸。

445

一个由超大质量黑洞赋能的遥远类星体（演示图）

生命末期

恒星的寿命很大程度上取决于其形成时的质量，但不论是数百万年还是数十亿年后，它们总会耗尽主要的燃料氢。星核里的氢一旦不够用了，那里的核反应就会停止，核反应向外产生的胀力也就不足以抵消向内的引力，恒星外层于是就会向星核方向开始坍缩。

中子星

中子星（neutron star）是大质量恒星或者巨星在燃料烧尽发生坍缩后形成的，但其本质变化实际上是在原子级别上完成的。星核因为受到了强烈的挤压，带正电的质子与带负电的电子都被硬生生挤成了不带电的中子，如果坍缩的星核质量是太阳的1~3倍，那么星核内的中子就可以阻止恒星进一步坍缩（质量要是再大，坍缩就会继续，直到形成恒星级质量黑洞），以这种状态稳定存在的天体就叫中子星。

坍缩后留下的这种中子星，质量和普通恒星类似，但大小仅仅和一座城市相仿。尽管中子星在我们银河系里到处都是，与普通恒星一样普遍，但许多都因为辐射量不够，不可能被人类探测到。不过如果条件有利，想找到它们也不困难。有少数几颗中子星，在超新星爆炸的遗迹中心，安静地发射着X射线，所以就被人类发现了。还有一些中子星存在于双星系统里，而且一直在从伴星那里吸积物质，吸积物质的引力能可以产生出足够强烈的电磁辐射，所以也被人类发现了。人类能够观测到的中子星主要分成两类，即磁星与脉冲星。

磁星

有的中子星也可以归类为磁星，一颗普通的中子星，其磁场可以达到地球的数万亿倍，而磁星（magnetar）的磁场又是普通中子星的1000倍。所有中子星的磁场都与恒星壳牢牢地束缚在一起，任何一方的变化都会对另一方造成影响。对磁星来说，恒星壳的运动就会使其强大的磁场以电磁波的形式释放出难以想象的能量。

脉冲星

大多数可以观测到的中子星都属于脉冲星（pulsar）。它们是高速旋转的中子星，会以非常规律的周期发出辐射脉冲，一个周期短则数毫秒，长则数秒。脉冲星的磁场也非常强，粒子束会沿着磁轴方向向外散射，就像灯塔的探照灯一样，但粒子束只有在正对观测者的时候才能被看到。

白矮星

白矮星（white dwarf）的名字里带着"矮星"二字，你可能会觉得它们属于主序星，事实并非如此。白矮星已经走到了恒星生命的尽头，亮度低，密度大，体积小。它们最初本为太阳那样的中低质量恒星，在耗尽核燃料、外层炸开后，残留的星核就变成了白矮星。白矮星主要由氧元素和碳元素构成，但外面常常也有氢、氦构成的薄层。作为星核的残骸，它们的半径一般只有行星那么大，而且不再能够产生能量。曾经的恒星爆炸时射出的物质，常会形成行星状星云环绕在白矮星的身边。在低质量恒星（也就是质量不到太阳10倍的恒星）的种种"死法"当中，白矮星是最常见也最不精彩的一种。

黑矮星

一旦某颗恒星走上了白矮星的不归路，再往前走就会变成黑矮星（black dwarf）。黑矮星的本质是一颗大幅度冷却后基本无法发光发热的白矮星，因此属于不可见天体。目前，人类并没有真正找到任何一颗黑矮星，它们的存在仅是一种理论推测，属于恒星整个演化过程的潜在终点之一。

蓝矮星

蓝矮星（blue dwarf）的存在目前仍属于一种猜想，是红矮星燃料耗尽后留下的残骸。可惜宇宙的年龄还不够大，红矮星都还活得好好的!

新星或超新星

超新星（supernova）源自恒星星核的变化。第一种情况发生在双星系统里，某颗碳、氧构成的白矮星从伴星那里偷取物质，偷取过多的话就会发生爆炸，这种爆炸就会诞生超新星。

另一种超新星则是由单独一颗恒星产生的。随着恒星走到了生命尽头，用光了核燃料，一部分质量就会聚集到星核上，导致星核引力过大，本身无法承受进而发生坍缩，最终引发了一场巨大的爆炸。

类星体

在许多天文学家看来，类星体（quasar）是所有能被人类探测到的天体中，距离我们最遥远的一种。"quasar"这个词是"quasi-stellar radio source"的缩写，原意为"类星射电源"，也就是说这种天体类似恒星，可以向外放出射电波。类星体于20世纪60年代首次被发现，名字也是那时候定的，并且沿用至今，只不过天文学家已经发现大多数类星体发出的射电波是相当微弱的。除了射电波和可见光，它们也能辐射紫外线、红外线、X射线和伽马射线。大多数类星体的体积都要超过我们的太阳系。

类星体释放的能量难以想象，亮度也许是太阳的万亿倍! 它们都位于某个星系的中心，科学家认为这样的能量应该是从其附近的大质量黑洞身上获得的。因为实在太亮，所在星系里其他恒星的光芒全都会被类星体掩盖住；但又因为距离地球实在太远，我们用肉眼并不能直接看到它们。能量从类星体那里到达地球的大气层，需要数十亿年，所以，今天的天文学家研究它们，就等于是在研究早期的宇宙。

黑洞

你怎么理解黑洞都行，但千万别认为它是个洞！恰恰相反，黑洞里面不但不是空空如也，反倒被物质挤得满满当当。试想把质量超过太阳10倍的一颗恒星，压缩成直径和纽约市差不多的一个球，这就叫黑洞。这种天体的引力场强大无比，就连光线都无法逃离。天文学家相信，在宇宙中几乎所有大型星系的中心（包括我们银河系的中心），都存在一个超大质量黑洞。它们本身既然是"黑"的，人们只能通过它们对周围恒星和气体产生的影响反推其存在。超大质量黑洞的形成机制存在多种可能，有一种观点认为超大质量黑洞是由中等质量黑洞融合、质量叠加造成的。

不存在中型黑洞？

科学家可以理解黑洞的基本形成方式，但有一件事直到不久前他们都想不明白，那就是为什么宇宙里黑洞的大小呈两极分化。比如单独一颗大质量恒星死亡后形成的小质量黑洞，在宇宙里数不胜数，质量可以达到太阳数百万甚至数十亿倍的超大质量黑洞，也绝不鲜见，但似乎就是没有介于二者之间的中型黑洞。不过最近，钱德拉、XMM-牛顿、哈勃等的观测结果证明，中等质量黑洞事实上还是存在的。

黑洞理论

黑洞的存在，最初是爱因斯坦广义相对论的一个推测。一颗大质量恒星死亡后，会留下一个体积小、密度大的残核，根据公式推导，如果残核质量能够超过太阳的3倍，其自身的引力就会无视其他一切外力，从而创造出一个黑洞。科学家不能直接观测黑洞，但可以通过观测黑洞对附近物质产生的影响反推它们的存在。如果一颗恒星或者星际物质云团附近有一个黑洞，那么一些物质就会被黑洞吸过去（术语叫吸积），这些物质在这个过程中会加速升温，它们释放出的X射线就可以被科学家探测到。

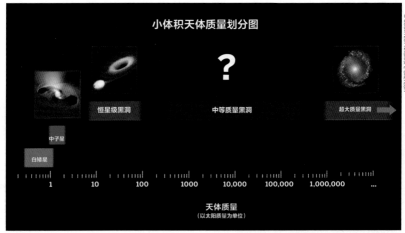

科学家正在研究恒星级黑洞与超大质量黑洞的中间环节

由钱德拉X射线天文台捕捉到的天鹅座X-1图像，它就是宇宙里的一个X射线辐射源

恒星生命周期

不管哪种恒星,其生命周期都是由其质量决定的,总结起来就是:质量越大,寿命越短。而恒星的质量是大是小,主要看被赋予了其生命的星云里面到底多少气体和尘埃可以利用,氢气尤其关键。随着时间的推移,星云里的一部分氢气会被引力拉拢到一起并开始旋转,转速越来越高,温度随之上升,氢气团这时候就变成了一颗原恒星。等到温度达到了1500万摄氏度,云团核心就会发生核聚变,开始发亮,体积略微收缩后达到稳定,从而迈入了主序星阶段。这个阶段的持续时间短则数百万年,长则数十亿年。我们的太阳目前就是一颗主序星。

像太阳这样的普通恒星,在主序星阶段,恒星外层会被持续地抛射出去,最终只留下一个星核。这个孤零零的星核就叫白矮星,等于是恒星的尸体,但余温未退,仍然热得吓人,半径和地球差不多,质量却仍然是恒星级别的。天文学家曾经想不明白,质量这么大、体积这么小的白矮星,为什么不会进一步坍缩?是什么力量撑住了这个星核?后来的量子物理学对此给出了解释,这个支撑力来自高速移动的电子所产生的压力。星核越大,形成的白矮星密度会更大,因此白矮星半径越小,质量就越大。白矮星属于相当常见的恒

星,也是我们的太阳在数十亿年后的归宿。白矮星本身非常暗淡,一是因为体积小,二是因为缺少能源,所以渐渐冷却后就会变成黑矮星,最终湮灭在宇宙之中。

不过这个结局,只会发生在质量大约在太阳1.4倍以下的单星身上。一旦质量超过了这个数[太阳质量的1.4倍,即钱德拉塞卡极限(Chandrasekhar limit)],电子提供的支撑力就无法阻止星核继续坍缩,这颗恒星也有不同的命运;而双星以及聚星系统里的恒星有其不同的演化方向。

如果一颗白矮星处在双星或聚星系统里,而且距离身边的伴星足够近,那么它有可能拥有另一种结局。它可能会从伴星那里吸积物质(主要是氢气),再次形成外层;外层的氢气积累到一定程度,核聚变就会再次启动,把白矮星突然点亮;但核聚变会很快把吸来的物质以爆炸的方式抛射出去,光亮在几天后就会消失,让它又变回白矮星;此后周而复始,亮了暗,暗了亮。这种现象叫"新星"(nova,来自拉丁文)——过去的人发现夜空中突然出现一个亮点,以为那是新诞生的恒星,其实只是将死白矮星的"回光返照",但这个叫法将错就错地传了下来。有些时候,特别是当白矮星质量足够大的时候

(也就是前文说的,质量大于太阳的1.4倍),它吸积来的质量可能会使其进一步坍缩并发生大爆炸,这种爆炸就叫超新星。

如果发生超新星爆炸的星核质量是太阳的1.4~3倍,爆炸后剩下的星核还会继续坍缩,直到把电子和质子硬生生挤成中子,形成所谓的中子星。中子星的密度高得不可思议,与原子核密度相仿,如此大的质量被束缚在如此小的体积里,其表面引力自然高得无法想象。与上文说的白矮星一样,如果中子星形成于一个聚星系统里,那么它也会凭借巨大的引力从附近的伴星身上吸积气体。

中子星同时还具有强大的磁场,原子级微粒会围绕其磁极加速运动,从而产生强烈的辐射光束。这种光束会随着中子星的自转在宇宙空间里"扫射",仿佛巨大的灯塔探照灯。中子星的自转极具规律性,如果其位置恰到好处,磁极能够周期性地出现在地球的视线里,这种粒子束也就会周期性地照射到地球上,我们也就能够在天空中观测到周期性的辐射脉冲。这样的中子星就叫脉冲星。

如果坍缩的星核质量超过太阳的3倍,那就会彻底坍缩成黑洞。黑洞的密度无限大,引力超级强,身边的任何物质都无法逃脱其束缚,连

恒星生命周期

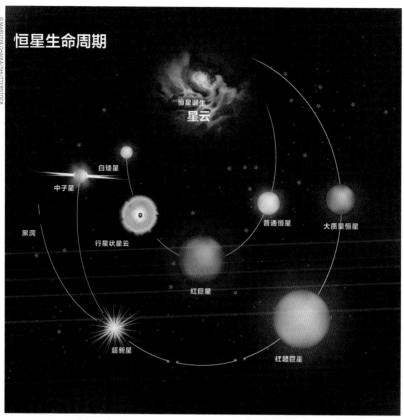

恒星诞生
星云

白矮星

中子星

黑洞

行星状星云

普通恒星

大质量恒星

红巨星

超新星

红超巨星

每种恒星都会遵循各自的路径不断演化下去

光线也不例外。既然没有光线——或者是没有光子——那么我们人类的观测仪器也就束手无策了，观测黑洞只能选择间接的方式。所谓间接观测，就是利用黑洞强大的引力对附近物质——经常是某颗伴星的外层物质——产生的吸夺现象。这些物质会转着圈被吸向黑洞，在黑洞周边形成一个旋涡形的盘状结构，其间大幅度升温，能够释放出大量X射线和伽马射线，通过观测这些射线，我们就能给隐秘的黑洞定位。

如果一颗恒星在主序星阶段质量超过太阳的8倍，那么它一定会以另一种超新星爆炸的方式结束自己的生命。要知道，超新星并不仅仅是比新星更猛烈的爆炸。新星的爆炸仅停留在恒星表层，而超新星是星核坍缩后发生的整体性爆炸。对大质量恒星来说，星核复杂的核反应会导致铁元素的形成。铁星核一旦形成，核聚变也就不再能够产生能量——因为形成比铁更重的元素的核聚变反应是在耗能，而不是产能。没了这种能量，恒星就无法支撑其巨大的质量，铁星核就会迅速坍缩，在短短几秒钟的时间里，直径会从8000多千米一下子减小到十几千米，温度则会飙升1000亿开氏度以上。恒星外层开始时会与星核一起坍缩，但随后会被如此巨大的能量反弹出去，产生猛烈的爆炸。

超新星爆炸释放的能量几乎无法想象，在几天到几周的时间里，它的光芒也许会盖过整个星系，其间，除了全部种类的天然元素，还能形成许多种亚原子微粒。一个普通的星系，平均每百年大约会出现一次超新星爆炸。我们每年在银河系以外的星系里可以找到25~50次超新星爆炸，但大多数距离我们太过遥远，只能用望远镜看到。

新星与超新星留下的尘埃碎片，会与周围的星际气体与尘埃混到一起，再加上恒星死亡时产生的重元素与化合物。最终，这些物质又会成为基本单元被循环利用，形成新一代的恒星以及恒星身边的行星系统。

F. SEWARD ET AL.; VLA/NRAO/AUI/NSF; CHANDRA/CXC; SPITZER/JPL-CALTECH; ARIMJ; NEW YORK; ESA; AND HUBBLE/STScI

蟹状星云是超新星爆炸后的遗迹，绚丽的色彩来自气体的反射

恒星所属类型可以反映这颗恒星的质量、亮度、温度和体积

恒星光谱分类

把太阳或者其他恒星发出的光根据波长集中展现出来,这就是所谓的光谱。

光谱帮助天文学家获得了很多有关太阳以及其他恒星的信息,也是恒星光谱分类的依据。主序星目前使用的分类系统叫摩根-基南光谱分类系统(Morgan-Keenan),简称MK光谱分类,共有O、B、A、F、G、K和M几个类型,所代表的恒星温度依次递减,O型最热,M型最冷。我们的太阳属于G型恒星。其中的O、B、A型恒星称为早型星,G、K、M型恒星称为晚型星——所谓的早晚,是因为学界曾经以为前者温度较高,形成时间应该更早,后者温度较低,形成时间应该更晚,现在看来,这种观点其实是错误的。除了根据温度,恒星也可以通过亮度进行分类,此外还存在C型碳恒星(C type carbon star)、S型星(常为变星)、年轻的T型星(金牛座T)以及WR星(Wolf-Rayet,也叫沃尔夫-拉叶星)。

为了从恒星光谱中挖出线索,天文学家需要仰仗原子物理学。原子物理学是现代物理学的一个分支,主要研究原子和离子以及由它们发出的光。每种原子或离子发出的光的波长集合都具有其独特性,与其他原子或离子发出的光的波长不同。这些光波当初被天文学家采集到的时候,在光谱中看起来像是许多条直线,所以现在被称为发射线(emission lines;它们构成的光谱就叫发射光谱)。

每种原子或离子都具有独一无二的发射线集合。天文学家通过研究太阳与其他恒星发射出来的光线,就可以反推它们里面有哪些原子或离子——这就像是侦探利用犯罪现场某件物品上留下的指纹来确定涉案人员身份。一旦确定了原子或离子的身份,他们一下子就可判断构成恒星的是哪些元素(离子就是某种元素的原子失去或得到一个或多个电子后形成的粒子)。又因为不同离子只能存在于特定的温度范围内,天文学家就可以借此进一步测算太阳与其他恒星的温度。氢、氦、铁、钙都是帮助他们了解观测恒星所属类型的重要元素。

发射线除了能够提供有关恒星构成和温度的信息,也能提供其他信息。天文学家有时候会通过对比不同发射线之间的亮度差,测算恒星的密度,还可以通过测量发射线波长上的变化或者光谱中发射线的形状,获得恒星运动的数据。

恒星类型:	磁星
所在星座:	仙后座
质量:	未知
温度:	未知
半径:	未知
探测方式:	X射线和伽马射线
发现时间:	1981年
距离太阳:	1万光年

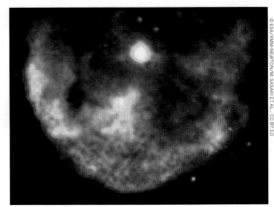

在这张X射线伪彩色图像中, 磁星1E 2259+586呈现为明亮的蓝白色

1E 2259+586

这是宇宙中仅有的20余颗已知磁星之一, 令研究者痴迷不已, 后来又被发现其自转速度突然放缓, 因此变得更加神秘。

宇宙中有无数奇妙天体不断地被人类发现, 其中大多数的表现已经被理解得比较透彻, 根据现代物理学原理是可以预测的, 真正的惊喜相当罕见, 但1E 2259+586是一个例外。在被发现后不久, 它性情突变, 给研究人员带来莫大的惊喜。

这颗恒星距离我们大约1万光年, 在天球上靠近仙后座, 属于中子星, 也就是一颗大质量恒星在耗尽燃料、开始坍缩并发生超新星爆炸后留下的残核。中子星的密度非常高, 一茶匙那么点东西大约就有10亿吨重。1E 2259+586还不是普通的中子星, 而是属于中子星里的磁星, 具有非常强大的磁场, 偶尔会产生高能爆炸或者说脉冲。

通过2011年7月到2012年4月中旬对这颗恒星的X射线脉冲的持续观测, 研究人员发现, 它的自转速度正在逐渐减慢。一般来说, 中子星的自转速度应该逐渐变快才对—— 也就是所谓的"自转突变"现象, 而1E 2259+586的表现肯定是异常的。美国宇航局戈达德太空飞行中心的研究者将这一反常现象称为"自转减速", 目前仍在继续对其进行研究, 看它接下来还会有何举动。

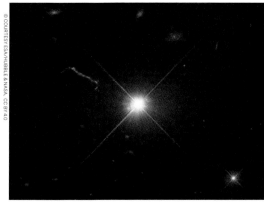

3C 273的光射到地球上，大约需要24亿年

3C 273

类星体3C 273距离地球20多亿光年，是天文爱好者利用望远镜能够观测到的最遥远的天体，因此在天文学家心中一直占据着特殊的位置。

类星体3C 273是一个极其明亮的高能辐射源，也是首个被确认的类星体，于20世纪60年代初由天文学家艾伦·桑德奇（Allan Sandage）首次发现。尽管远在24亿光年外，它仍然是距离我们最近的类星体之一——也幸亏它离得远，否则地球肯定要遭殃！

类星体意为"类星射电源"，这种天体只是在天空中看起来像恒星而已，事实上是遥远且活跃的星系中心，在那里，微粒围绕一个超大质量黑洞形成巨大的盘状结构，从而产生难以想象的能量。人们在观测中发现，包括3C 273在内的一些类星体，会向周围的宇宙空间里射出超高速射线，里面除了射电波和可见光，还包括紫外线、红外线、X射线和伽马射线。大多数类星体都比我们的太阳系还大，直径大约1千秒差距（kiloparsec，约3262光年）。

一个类星体辐射出的能量，可以达到我们银河系总辐射能量的数百甚至是数千倍，因此它们是整个宇宙里最明亮、最活跃的天体之一。对地球来说，3C 273就是"夜空中最亮的星"，如果把它挪到离地球30光年外的位置上，它看起来就会和太阳一样亮。

恒星类型：
类星体

所在星座：
室女座

质量：
未知

温度：
未知

半径：
大约1千秒差距

探测方式：
射电波

发现时间：
1963年

距离太阳：
24亿光年

恒星类型:
双星系统

所在星座:
波江座

质量:
太阳的6.7倍

温度:
15,000开氏度

半径:
太阳的7.3~11.4倍

探测方式:
直接观测

发现时间:
古代

距离太阳:
139光年

明亮的水委一事实上是一对而不是一颗恒星

水委一

小孩子画星星,要么画成五角形,要么画成圆形,而身为银河系已知最不圆的一颗恒星,水委一证明了艺术与现实之间还是存在出入的。

水委一(Achernar)在地球夜空亮度排行榜上名列第十,实际上是一个双星系统,主星叫波江座α A,即通常所说的水委一。环绕它运行的伴星叫波江座α B,也叫水委一B,两者相距大约12天文单位。水委一属于B型恒星,所以在夜空中呈现为亮蓝色。用数据说话,它的半径只是太阳的7~11.4倍,亮度却是太阳的3000多倍。在天球上,水委一位于波江座的南端。波江座得名自意大利的波江(Po River),属于大型星座,只有在每年10月至12月的南半球才能观测到,最初是由希腊天文学家托勒密编制的。

水委一的自转速度将近每秒250千米,如此高的速度使其越转越扁,赤道直径要比两极直径长56%,"腰围"远大于"身高",是银河系已知最不圆的恒星之一,所以有些属性并不容易测量。但正是因为独特,水委一才成了天文学家眼中的香饽饽。欧洲航天局就曾利用智利的甚大望远镜(VLT)对其进行过研究,目的是检验甚大望远镜在面对形状奇特、转速超高的恒星时,是否仍能完成艰巨的测量任务。

毕宿五是金牛座的"点睛之笔"

恒星类型:
红巨星

所在星座:
金牛座

质量:
太阳的1.16倍

温度:
3910开氏度

半径:
太阳的44.13倍

探测方式:
直接观测

发现时间:
古代

距离太阳:
68光年

毕宿五

红巨星毕宿五其实就是金牛座那只火红的眼睛,在夜空中非常醒目,因为颜色独特,千百年来一直令天文爱好者与天文学家痴迷不已。

除了亮度在夜空中名列前茅,毕宿五(Aldebaran)还是最早被人类神化的恒星之一。在中东、印度、希腊、墨西哥和澳大利亚等地,古代的天文学家想出了许多故事来解释其独特的红色。事实上,毕宿五因为体积很大,且表面温度相对较低,所以才有了那种颜色。把它归到金牛座里,当成那只红红的牛眼,这也是情理之中的事。毕宿五在恒星中属于高龄长者,曾经在无数年里也是太阳那样的黄矮星,可如今已经脱离了主序星的阶段,所以从地球上看显得更加明亮,在恒星肉眼亮度排行榜中名列第14。

毕宿五即金牛座α,身边有一颗系外行星环绕,名叫毕宿五b,半径是木星的6.5倍,最初在1993年被观测到,但直到2015年才确定其存在。只可惜这颗行星表面温度大约1500开氏度,不断膨胀的母星还给它造成了大量辐射,所以上面不可能存在碳基生命。我们的地球未来也将面对这样的命运。

2003年,先锋10号探测器结束了对太阳系的探索,把最后一批数据以微弱的信号传回地球,随后沿抛物线飞往毕宿五,目前只能依靠惯性,大约还要200万年才能到达这颗巨星。

恒星类型：
聚星系统

所在星座：
英仙座

质量：
**太阳的3.17倍（Aa1）、0.7
倍（Aa2）和1.76倍（Ab）**

温度：
**13,000开氏度（Aa1）、
4500开氏度（Aa2）和
7500开氏度（Ab）**

半径：
**太阳的2.73倍（Aa1）、
3.48倍（Aa2）和1.73倍
（Ab）**

探测方式：
**直接观测和光学望远镜
观测**

发现时间：
**发现于古代，1889年确认
为聚星系统**

距离太阳：
90光年

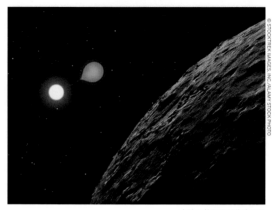

大陵五的聚星系统演示图

大陵五

明亮的大陵五在天球上位于英仙座，被称为"魔星"，
事实上是一个在宇宙中齐跳鬼步舞的恒星家族。

　　大陵五（Algol）又叫英仙座β，属于聚星系统，三个成员
分别是英仙座βAa1、Aa2和Ab，有时也称为大陵五A、B和C。
大陵五最让人着迷的地方就是会规律性地变暗，这其实是又
热又亮的英仙座βAa1定期被又大又凉的Aa2部分遮挡所造
成的，天文学中管这种现象叫作"掩"（occulting）。大约每隔
2.86天，大陵五受到掩食的影响，亮度先是减弱，后又复原，这
一过程差不多持续10个小时。这种亮度会发生改变的恒星被称
作变星，但因为大陵五亮度的变化并不是因为内部构成发生了
变化，只是因为伴星恰好运行到了它与地球之间，所以大陵五
属于外因变星，而不是内因变星。

　　早在1667年，意大利天文学家杰米尼亚诺·蒙坦雷
（Geminiano Montanari）就注意到了大陵五的明暗变化，
但直到1783年，英国业余天文学家约翰·古德利克（John
Goodricke）才首次提出了解释，认为大陵五可能本身半黑半
亮，明暗变化是自转造成的，也可能是定期遭到了遮掩。后一
种可能在1881年被哈佛大学的天文学家爱德华·查尔斯·皮克
林（Edward Charles Pickering）进一步证明，而且他将这种
掩食的双星系统称为食双星，这一观点最终在1889年得到了
证实。直到40多年后，科学家才在这个恒星家族中找到了第三
个成员——英仙座βAb。由此看来，人类最终能够解释大陵五
不同寻常的明暗变化，前前后后的观察、猜测、证实加起来，足
足用了几百年的时间。

图中左侧亮星为半人马座α，右侧亮星为半人马座β

半人马座αA

半人马座αA很像我们的太阳，身边有可能存在像地球一样的宜居行星，其所在系统还是我们的宇宙近邻。

4.3光年外的半人马座α（也称南门二）是距离地球最近的恒星系统，在天球上位于半人马座，名气很大，是由一个双星系统（类日恒星半人马座αA和B）和另一颗暗淡的红矮星（半人马座αC）构成的三星系统。半人马座αC也被称为比邻星，上图红圈中即是。

半人马座αA的正式名称为"Rigil Kentaurus"（意为"半人马之足"），不管是年龄还是所属类型，方方面面都与我们的太阳极其类似，只是略大一点。它与半人马座αB构成了一个双星系统，平均每80年就会围绕共同的重心转上一周，两者间的最小距离大约是地日距离的11倍。

因为离我们最近，半人马座αA、B与比邻星成了天文学家研究得最深入的恒星，同时还是人类寻找宜居系外行星的首选目标。尽管目前，比邻星身边的比邻星b最受关注，但最近已有一项研究，利用美国宇航局钱德拉X射线天文台的长期观测数据，发现亮度更高的半人马座αA与B身边的行星，可能并不会受到来自母星的大量辐射，这对它们的潜在宜居性来说可谓是重大利好。美国宇航局喷气推进实验室（JPL）目前已对派遣探测器前往该系统的计划进行了初步讨论，发射时间暂定为2069年！

恒星类型：
G型黄矮星

所在星座：
半人马座

质量：
太阳的1.1倍

温度：
5790开氏度

半径：
太阳的1.2倍

探测方式：
直接观测和光学望远镜观测

发现时间：
发现于古代，1689年确认为双星系统

距离太阳：
4.37光年

恒星类型:
K型矮星

所在星座:
半人马座

质量:
太阳的0.9倍

温度:
5260开氏度

半径:
太阳的0.86倍

探测方式:
直接观测

发现时间:
1689年被确认为双星系统

距离太阳:
4.37光年

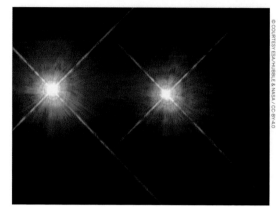

哈勃太空望远镜拍摄的半人马座 α A（左）与B（右）的图像

半人马座 αB

半人马座 α B是我们寻找宜居行星可能性最大、距离最近的目标之一，只不过在科研界的风头被兄弟半人马座 α A盖住了。

半人马座 α B的正式名称为"Toliman"，它与半人马座 α A（见前页）构成的双星系统，可以说是双星系统里的范本。两颗恒星间距只有0.21光年，又与另一颗红矮星比邻星构成了半人马座 α 三星系统，是宇宙中距离地球最近的恒星系统。

半人马座 α B属于K1型恒星，与太阳非常类似，只是比太阳略小，而且距离太阳很近，按照宇宙的标准来看，几乎只有一步之遥，因此被研究得相当全面，在科幻小说里也经常被想象为未来太空探索的目的地。它最令研究者着迷的地方，就是其身边很可能存在类地行星。比邻星的系外行星已经得到了确认，半人马座 α B的候选系外行星已于2013年和2015年被学界发现，半人马座 α A的系外行星目前尚未得到证实，相关研究仍在继续。

研究还需要确定一件事，那就是这些候选系外行星的潜在宜居性到底如何。2018年，美国博尔德科罗拉多大学的研究者发现，半人马座 α B产生的X射线辐射可能是太阳的5～6倍，而半人马座 α A的辐射则要低于太阳，这都说明如果其宜居带里存在行星，其维系生命的潜在可能性会相当高。

© COURTESY: NASA/JPL/CALTECH/STEVE GOLDEN

威尔逊山天文台拍摄到的牛郎星图像

恒星类型:
主序星

所在星座:
天鹰座

质量:
太阳的1.79倍

温度:
6900~8500开氏度

半径:
太阳的1.63~2.03倍

探测方式:
直接观测

发现时间:
古代

距离太阳:
16.7光年

牛郎星

牛郎星位于夜空中醒目的"夏季大三角"上,因为自转太快,腰围超过了身高,身材在恒星界里实在拿不出手。

北半球夏季的夜空中会出现一个明显的三角形区域,即所谓的夏大三角,牛郎星(Altair)就是其中一个著名成员。牛郎星即天鹰座α(也称为河鼓二),在日本叫彦星(Hikoboshi),与七夕节息息相关;其英文名称"Altair"来自阿拉伯语,意思就是鹰。牛郎星是天鹰座里最亮的星,位于鹰头,本身和半人马座α同属于G云(G-Cloud)——即我们的本星际云(Local Interstellar Cloud)旁边的一个星际云。牛郎星距离地球近16.7光年,是夜空中最近的可见天体之一。

美国盖恩斯维尔佛罗里达大学的大卫·奇亚尔迪(Dr David Ciardi)表示:"牛郎星的亮度在夜空所有恒星中排名第12,你可能会觉得,它身上该知道的东西人类都已经知道了。"可事实并非如此。他所在的团队此前在研究牛郎星的过程中,就发现了它的一个新特点:牛郎星并不是一个完美的球形。和水委一一样,牛郎星的自转速度很高,每秒钟超过200千米,平均每10个小时就能旋转一圈!高速自转产生的重力使它长出了一个"啤酒肚",赤道直径要比两极直径长14%。也是因为自转过快,牛郎星属于变星,亮度共有9种变化,只不过肉眼分辨不出来,需要利用精密仪器仔细观测才能察觉。牛郎星的半径虽然只有太阳的2倍左右,亮度却在太阳的11倍以上,但表面温度只有7550开氏度,比太阳热不了多少。

恒星类型:
双星系统/变星

所在星座:
天蝎座

质量:
超过太阳的15倍

温度:
3570开氏度

半径:
太阳的680~800倍

探测方式:
直接观测

发现时间:
发现于古代，1844年被确定为双星系统

距离太阳:
550光年

© COURTESY NASA/JPL/SPACE SCIENCE INSTITUTE

卡西尼号透过土星环拍摄到的心宿二

心宿二

心宿二在天球上位于天蝎座的正中央，亮度在夜空恒星中排名第15，几乎全年可见。而它那抹惊艳的红色，自古时起就令世界各地天文学家惊叹不已。

心宿二（Antares）即天蝎座α，属于红超巨星，巨大无比。它的直径是我们太阳的700倍左右，质量是15倍左右，亮度则有1万倍。一般像这样的低温超巨星，在未来1万年可能会以超新星爆炸的方式结束生命。心宿二的亮度在天蝎座里排名第一，在夜空所有恒星中也排在前列，但事实上它并非一颗恒星，而是一个双星系统，成员包括天蝎座αA（红超巨星）和天蝎座αB，后者亮度较低，而且心宿二喷射出的气体在其周围形成了一个星云，再加上偶尔还会被月球、太阳系行星等天体掩蔽住，所以研究天蝎座αB更为困难。

古希腊天文学家把火星称作"Ares"，又因为心宿二的红色与火星相仿，因此将其命名为"ant-Ares"，意思是"比肩火星"，这就是心宿二今天英文名的由来。事实上，如此明亮、如此独特的心宿二，在更为遥远的古代就已经被人类注意到了。澳大利亚原住民就留下了有关心宿二的记载，他们称它为"Waiyungari"，在数百年口口相传的故事里，还特别提到了它在亮度方面的规律性变化。进入澳大利亚原住民口头传统和故事里的红色恒星还包括参宿四和毕宿五。

© CRISTIAN CESTARO/ALAMY STOCK PHOTO

牧夫座里的大角星

大角星

大角星是夜空中的明星，是辨识现代星座的参照点，也是古代航海的导航器。

大角星（Arcturus）是一颗红巨星，位于北天球钻石形的牧夫座中，是夜空中第四亮的恒星。其英文名"Arcturus"来自希腊语"arktus"，意为"看熊人"，这是因为它会尾随大熊座划过春季的夜空。随着北半球每年春天倾向太阳，大角星与五帝座一和角宿一会共同构成所谓的"春季大三角"。大角星是一颗上了年纪的红巨星，年龄据估算大约有70亿岁，亮度大约是太阳的110倍，在天球上沿着北斗七星"勺柄"的弧线就能找到，秋季会落到地平线以下，但通过大气层的折射仍然可以看到，只是颜色偏橙。

世界上多个古代文明都发现了大角星的存在。昔日的波利尼西亚人乘船跨越太平洋，在前往夏威夷期间，有可能就是利用大角星导航的——返回时则是利用天狼星。在数百年后的1933年，大角星的星光还被用来给芝加哥世界博览会揭幕。如今，在宇宙中运行的大角星正在逐渐靠近太阳，大约再过4000年，就会到达近日点。只不过，它与太阳之间距离的变化充其量只有一光年的百分之几，在地球上不可能会被注意到。未来，在恒星外层脱离主体形成行星状星云之后，大角星将演化成一颗白矮星。

恒星类型：
红巨星

所在星座：
牧夫座

质量：
太阳的1.08倍

温度：
4286开氏度

半径：
太阳的25.4倍

探测方式：
直接观测

发现时间：
古代

距离太阳：
36.7光年

恒星类型：
红矮星

所在星座：
蛇夫座

质量：
太阳的0.144倍

温度：
3134开氏度

半径：
太阳的0.196倍

探测方式：
可见光至红外线

发现时间：
1888年和1916年

距离太阳：
6光年

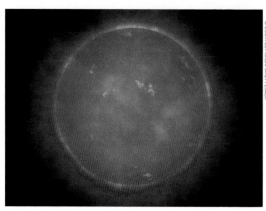

巴纳德星（假想图）为低质量红矮星，表面温度可达3200开氏度

巴纳德星

巴纳德星又小又凉，得名自首次对其运行轨迹进行了测绘的天文学家巴纳德，属于我们地球的近邻，环绕在它身旁的那颗类似超级地球的系外行星已经在天文界引发了围观。

仅仅6光年外的巴纳德星（Barnard's Star）是北天球上离地球最近的恒星，绝对属于我们的宇宙近邻，只不过想在夜空中看到它相当困难。这是因为巴纳德星属于低质量红矮星，肉眼无法观测，只有利用望远镜，尤其是红外线望远镜，才能让它闪亮现身。另外，这颗恒星在夜空中的移动速度超快，每年可以移动10.3角秒。天文观测中的1度等于60角分，而1角分又等于60角秒。虽然10.3角秒听起来并没有多厉害，但夜空中任何一颗其他恒星都达不到这个数，巴纳德星因此也有了"逃亡之星"的绰号。天文学家对这颗距离近、天体物理学属性独特的恒星已经研究了数十年，他们尤其好奇一件事：这样一颗体积小、温度低的恒星身边，是否存在可以维系生命的系外行星。

2018年末，在数十年猜测与观测之后，天文学家在巴纳德星身边真的找到了一颗系外行星。这颗行星代号为巴纳德星b，属于超级地球，半径是地球的1.3倍，质量在地球的3.2倍以上，而且距离母星相对不远，因而很适合进行进一步观测。里巴斯（Ribas）、托米（Tuomi）、雷纳斯（Reiners）等科学家已于2018年在《自然》杂志上发表了文章，提出了相关假说，认为这颗行星应该具有岩质行星幔，外面覆盖着冰或雪。

猎户座的参宿四在夜空中显而易见

恒星类型：
红超巨星

所在星座：
猎户座

质量：
太阳的11.6倍

温度：
3590开氏度

半径：
太阳的887~1090倍

探测方式：
直接观测

发现时间：
古代

距离太阳：
640光年

参宿四

亮橙色的参宿四位于猎户座，在夜空中很容易找到，可惜英文名被电影《甲壳虫汁》玩坏了，但不用怕，观星的时候就算真的三呼其名，也不会引来恶鬼缠身。

红超巨星参宿四（Betelgeuse）即猎户座α，是著名的冬季星座猎户座的一部分，绰号"恒星吞噬者"。参宿四的亮度在夜空的恒星中排名第九，在猎户座里排名第二，仅次于聚星系统参宿七。不过参宿四属于变星，其亮度并不固定，低的时候排名自然会下降，高的时候可以在夜空亮度榜上跻身前五。这种难以预测的表现以及其超高的自转速度，也许都与一场"星吃星"的惨案有关。星震学相关数据显示，参宿四可能曾经吞噬了身旁的一颗伴星。否则，根据它目前所处的演化阶段来看，其自转速度应该只有现在的1/150，状态也不可能这么不稳定。

参宿四的表面温度为3600开氏度，比太阳要低，但质量比太阳大，半径有可能在太阳的千倍以上，如果把它放在我们太阳系的中心，其外层会越过木星的轨道。不过即便现在，参宿四也是人类肉眼可以看到的最大的恒星之一。

参宿四也可以被归为逃亡之星，其在宇宙中的运行速度是每秒钟30千米，由此产生的弓形冲击波，范围可达4光年。只不过从地球上看过去，它在位置上并不会有很大变动。大约百万年后，参宿四就会以超新星爆炸的方式结束生命。

恒星类型:
发射星云

所在星座:
英仙座

质量:
未知

温度:
不定

半径:
50光年

探测方式:
照片底板搜索

发现时间:
1884年

距离太阳:
1500光年

在加利福尼亚星云的这组图像中，加利福尼亚州的轮廓依稀可辨

加利福尼亚星云

这个星云从地球上望过去，轮廓好似美国加利福尼亚州，因而得名加利福尼亚星云。里面富含氢，通过它，我们可以知道银河系另一条"胳膊"里面到底是什么样子。

好好的加利福尼亚州，跑到宇宙里干什么？这个加利福尼亚星云（California Nebula）代号NGC 1499，直径约100光年，因为轮廓仿佛美国加利福尼亚州而得名，实际上是旋涡星系银河系的猎户座旋臂里漂泊的一团气体，属于经典的发射星云。我们的太阳也在猎户座旋臂里，距离加利福尼亚星云大约只有1500光年。

因为修长独特的外形，加利福尼亚星云备受天文摄影师的青睐，可惜它表面亮度太低，在黑夜中并不明显，肉眼无法直接观测，需要利用广域望远镜才能看到。它在天球上的位置在英仙座那里，距离昴星团不远，直径在天球上跨度将近2.5°，可以说相当大。加利福尼亚星云附近有一颗蓝巨星叫英仙座ξ，它的质量大约是太阳的40倍，辐射量可以达到太阳的33万倍，它的紫外线射到氢含量很高的加利福尼亚星云上，使得氢气发生了离解，正是这个原因让加利福尼亚星云在镜头中看起来是红色的。

加利福尼亚星云于1884年由巴纳德（E. E. Barnard）首次发现。这位天文学家也是巴纳德星的发现者，而且他在加利福尼亚州利克天文台（Lick Observatory）工作期间，还发现了木星继四大木卫（即伽利略木卫）之后的首颗卫星木卫五。

国际空间站拍摄的老人星图像

老人星

老人星是地球夜空中第二亮的恒星，在南天上异常醒目，自古便是最重要的领航星之一，只不过你得足够靠南，才得见其真容。

老人星（Canopus）也叫船底座α（这个希腊字母表示的是恒星在所在星座中的亮度次序，既然是α，说明老人星的亮度排在船底座众星之首），属于一颗罕见的黄白超巨星，年龄非常大，距离地球大约300光年。一是因为亮，二是因为近，老人星才成了夜空中第二亮的恒星，仅次于天狼星。以太阳作参考，老人星的亮度是其15,000倍，直径在60倍以上，把它放到太阳的位置上，恒星外层大约在水星轨道半径的四分之三处。老人星度过了红巨星阶段，里面的氢都被耗尽，星核已经开始把氦当成燃料了。

因为特别明亮，老人星早在古代便已为人类熟知。不过，因为老人星只有在足够靠南的地区（南半球及北半球的低纬度地区）才能被看到，因此希腊和罗马的天文学记录中并不能找到相关记载，印度、埃及、贝都因、纳瓦霍等文明倒是都把它融入了自己的信仰体系，很多时候赋予了它宗教或者是皇权的意义，埃及人更是把老人星与太阳相对升落的现象当作一个一年一度的节日来庆祝。到了现代，裸眼观测老人星变得更为容易，如果你身在南半球（中国长江以南在冬季也能看到），除了老人星，还可以轻松找到天狼星、小麦哲伦云和大麦哲伦云。

恒星类型:	超巨星
所在星座:	船底座
质量:	太阳的8倍
温度:	10,700开氏度
半径:	太阳的65~71倍
探测方式:	直接观测
发现时间:	古代
距离太阳:	310光年

恒星类型:
聚星系统

所在星座:
御夫座

质量:
太阳的2.57倍(Aa)和
2.48倍(Ab)

温度:
4970开氏度(Aa)和
5730开氏度(Ab)

半径:
太阳的11.98倍(Aa)和
8.83倍(Ab)

探测方式:
照片底板搜索
(作为双星系统)

发现时间:
1899年确认为聚星系统

距离太阳:
42.9光年

御夫座的五车二看似一颗星,实为四颗星

五车二

明亮的五车二是冬季夜空中的主宰,但并不算是一位明星,因为其超高的亮度是由两对双恒星联手打造的,应该说是一个"明星组合"。

明亮的五车二(Capella)即御夫座α,是御夫座里最耀眼的存在,可事实上却是由两个双星系统构成的四星系统。主双星系统成员包括五车二Aa和五车二Ab,在距离很远的地方还有五车二H和五车二L环绕。有趣的是,每个双星系统里的成员都非常相似:Aa与Ab都是明亮的黄巨星,二者之间的距离仅有0.76天文单位,每104天就能环绕彼此一周;H与L都是较为暗淡的红矮星,彼此间的距离也要远很多。四星联手,把五车二推到了夜空群星亮度榜的第六位。不过,因为亮度上的差别,学界对于Aa与Ab的研究程度要远远超过较暗的H与L。

五车二还是"冬季六边形"的组成部分。冬季六边形与春季大三角、夏季大三角一样,都属于季节性星群,和星座一样也是由恒星在天空中组成的图案,但规模更小。冬季六边形里除了五车二,还包括毕宿五(金牛座)、参宿七(猎户座)、天狼星(大犬座)、南河三(小犬座)以及北河三(或加上北河二,双子座)。所有这些明亮的恒星以及所在的星座,都会在北半球冬季的夜空中大放光芒。

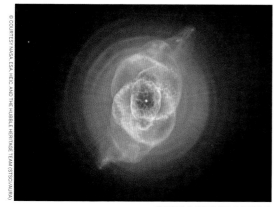

猫眼星云是行星状星云的典型代表

猫眼星云

*猫眼星云距离地球数千光年，在星际空间里向我们
抛着媚眼，也向我们揭示了太阳在未来也许会迎来
的命运。*

恒星类型：
**行星状星云
（可能包含双星系统）**

所在星座：
天龙座

质量：
核心质量与太阳相等

温度：
**核心温度7000~9000开
氏度，尘埃物质温度可低
至85开氏度**

半径：
核心半径0.2光年

探测方式：
射电波至X射线

发现时间：
1786年

距离太阳：
3000光年

　　猫眼星云（Cat's Eye Nebula）代号NGC 6543，属于深
空天体，在天球上位于天龙座之内。星云核心是一颗将死的恒
星，原本是一颗红巨星，但也有可能是一个双星系统，外面的
发光气体层则是恒星抛掉的外壳。发光气体层明显可以分为外
层与内层：外层是由简单图形构成的，在某些照片里看起来很
像切开的洋葱，科学家推测它们是由恒星向外规律性喷射自身
气体与物质产生的，每次喷射都间隔1500年；靠近核心的内层
从地球望过去很像眼睛，整个星云因此得名。

　　猫眼星云属于行星状星云，但这个术语不可望文生义。在
用小型望远镜观测时，行星状星云中的天体看起来似乎是圆圆
的行星，但其真实身份是进入晚期演化阶段的恒星，被自己抛
射出的气体物质像茧一样包裹在内，使用高清天文望远镜就可
以看出来。

　　就拿猫眼星云来说，恒星抛射出来的物质速度极快，在内
核周围形成了复杂的造型，如泡如弧，如流如结。同时，整个系
统还在经受一场恒星风的摧残，每秒钟就要丧失22万亿吨的
质量。核心处的恒星预计再过几百万年就会成为一颗白矮星。

恒星类型:
超新星遗迹星云

所在星座:
金牛座

质量:
未知

温度:
不定

半径:
5.5光年

探测方式:
**直接观测（超新星）、
光学望远镜观测（星云）
和射电波观测（脉冲星）**

发现时间:
**1054年（超新星）、
1731年（星云）和
1968年（脉冲星）**

距离太阳:
6500光年

蟹状星云拼接图像——这是哈勃太空望远镜有史以来拍摄的最大天体照片之一

蟹状星云

罕有恒星类天体可以将自己从无到有的完整过程展现在人类面前，而蟹状星云就是其中之一。身为超新星爆炸留下的遗迹，它数千年来令历代天文观测者着迷不已。

    恒星发生超新星爆炸后留下的那堆乱七八糟的东西——也就是所谓的超新星遗迹——一般都很有意思，蟹状星云（Crab Nebula）也不例外。这个惊艳的深空天体，其缔造者是代号为SN 1054的超新星，来自一颗大质量恒星死亡时的爆炸，早在1054年就被中国古代的天文学家注意到了，至今已经过去了将近一千年。

    几百年后，天文学家又发现了爆炸中诞生的这个新星云，并将其记录在案。很少有星云能够被人类从出生到演化如此完整地记录下来，而蟹状星云正是人类历史上头一个能在超新星史料中找到源头的天体，因此绝对是独一无二的存在。在查尔斯·梅西耶（Charles Messier）著名的《星云星团表》（由梅西耶编辑整理的天体名录，收录除彗星外的天体）中，蟹状星云更是被排在第一位，代号M1。时至今日，天文学家仍在研究这个星云，分析其构成，现在已经在其核心找到了一颗转速超快的中子星，内部还存在一个脉冲风星云。那颗中子星代号PSR B0531+21，也叫蟹状星云脉冲星，每秒钟可以自转30.2圈，是地球天空中最持久的X射线源。

    蟹状星云位于金牛座内，其云雾状的形态无法用肉眼直接观测，但用一架不错的双筒天文望远镜就可以让它现身。蟹状星云也是天文摄影师钟爱的拍摄对象。

© COURTESY NASA/CXC

钱德拉X射线天文台拍摄的天鹅座X-1图像

恒星类型:
黑洞

所在星座:
天鹅座

质量:
太阳的14~16倍

温度:
31,000开氏度

半径:
太阳的20~22倍

探测方式:
X射线观测

发现时间:
1964年

距离太阳:
6100光年

天鹅座 X-1

天鹅座X-1是一个强大的X射线辐射源，最初让搜寻爱因斯坦相对论证据的天体物理学家十分不解，后来又成了史上首个被冠以"黑洞"头衔的恒星天体，至今仍能激发研究者的兴趣。

天鹅座X-1（Cygnus X-1）到底是不是黑洞？20世纪70年代，著名天体物理学家斯蒂芬·霍金（Stephen Hawking）与基普·索恩（Kip Thorne）围绕这个问题打了一个赌。大约在其被发现十年后，一系列X射线与可见光观测终于对这个问题给出了答案：天鹅座X-1就是黑洞，而且还是历史上第一个被确认的黑洞。从发现到现在，45年过去了，它已经成了宇宙中被人类研究得最多的宇宙X射线源之一。

这个系统实际上是由一个黑洞和一颗蓝超巨星构成的，黑洞的质量大约是太阳的10倍，恒星的质量大约是太阳的20倍，两者距离很近。恒星抛射出的气体形成了速度很快的恒星风，部分气体以螺旋轨迹被吸入黑洞，形成了一个盘状结构。落入黑洞的气体释放的引力能，是天鹅座X-1强大的X射线辐射的能源。这个黑洞与其他恒星级黑洞相比，自转速度较低，科学家因此推测，缔造了这个黑洞的超新星爆炸应该属于一种罕见的类型。

有关天鹅座X-1的科研文章至今不下千篇，但科学家对于这个距离我们不算远的明亮的黑洞仍然兴趣不减，他们希望可以借此进一步理解黑洞的本质及其对周围环境的影响方式。

恒星类型:
超巨星

所在星座:
天鹅座

质量:
太阳的19倍

温度:
8525开氏度

半径:
太阳的203倍

探测方式:
直接观测

发现时间:
古代

距离太阳:
2615光年

天鹅座里的天津四

天津四

天津四位于天鹅座,又热又亮,十分抢眼,在天空中全年可见,本身还在辨识度很高的"北天十字架"里,所以不愁找不到。

天津四(Deneb)是一颗明亮的蓝白超巨星,即天鹅座α,英文名意为"鸟尾",是天鹅座尾巴上的那颗星,但其亮度是太阳的55,000~196,000倍,不但排在天鹅座众星之首,也是整个天空中最亮的恒星之一。此外,天津四与参宿七还都是天空中肉眼可见的最亮发光天体,二者视星等都小于+1.50,都属于一等星。视星等所代表的亮度依据对数关系递减,视星等为1的恒星,亮度是视星等为6的恒星的100倍。视星等为负数的天体亮度更高,肉眼即可轻松看到,比如太阳(−26.7)和满月(−12.7),但数量很少。

因其独特的白光,天津四也成了两个星群的组成部分,一是天鹅座的主体北天十字架,二是与明亮的织女星和牛郎星一同构成的夏季大三角。随着地球沿着轨道围绕太阳旋转,星空的样貌也会产生变化,这些星群只有在特定季节才会现身。

就夏季大三角的这三颗星而言,牛郎星和织女星距离太阳相对较近(分别为17光年和25光年),而天津四与太阳则要远上10倍。如此遥远,还能做到亮度相仿,可见天津四实际的亮度绝对是牛郎织女难以企及的。

哈勃太空望远镜拍摄的哑铃星云气体部分图像

恒星类型：
行星状星云

所在星座：
狐狸座

质量：
未知

温度：
未知

半径：
1.44光年

探测方式：
折射式望远镜观测

发现时间：
1764年

距离太阳：
1360光年

哑铃星云

哑铃星云是史上首个被发现的行星状星云，利用双筒望远镜或是初级天文望远镜就可以轻松看到，是天文爱好者的热门观测对象。

哑铃星云（Dumbbell Nebula）也叫苹果核星云（Apple Core Nebula）、M27和NGC 6853，可谓名多不压身。第一个发现它的人是查尔斯·梅西耶，他把它收录进了自己著名的《星云星团表》中，序号27。梅西耶当时并不知道，哑铃星云事实上是第一个被他收录的、现在被称作"行星状星云"的天体。构成它的那些气体，其实是一颗红巨星在收缩演化过程中抛弃的外层。

哑铃星云的核心是一颗白矮星，周围还有许多气体与尘埃绕成的结。这种结相当致密，似乎是行星状星云演化过程的天然产物，在哑铃星云附近的其他行星状星云里也能找到类似的结，全部来自同一个演化过程。它们的形成是因为恒星风不够强大，不足以吹散较大的物质团，而只能吹散小颗粒，因此在物质团后面吹出一条尾巴。随着星云扩张，这些结的形态也会发生改变。

太阳正在一步步膨胀成红巨星，最终也会演化成白矮星，就和哑铃星云中央的那颗一样。如此看来，天文学家观测哑铃星云，实际上也是在预览我们太阳系的未来。

恒星类型:
食双星

所在星座:
御夫座

质量:
太阳的2.2~15倍

温度:
7750开氏度

半径:
太阳的143~358倍

探测方式:
直接观测

发现时间:
1821年确认为变星

距离太阳:
1350光年

柱一系统的伴星及其尘埃盘假想图

柱一

柱一在亮度上的持续变弱,是数百年来一大天文谜题,好在最终利用现代科学技术得到了破解。

柱一(即御夫座 ε,Epsilon Aurigae),还有一个名字叫"Almaaz",在阿拉伯语中是公山羊的意思。几百年来,人类一直在观察这颗明亮的星星,发现它每隔27年就会开始在夜空中渐渐变暗,亮度最终下降至平常的五分之二,然后慢慢还原,这一过程约历时2年。这个现象始终成迷,直到上一个十年,研究者才找到答案:原来它属于食双星系统。

在此之前,曾有不少科学家相信柱一应该是一个三星系统,主星是一颗明亮的超巨星,相伴的双星系统被尘埃盘环绕,当其运行到主星与地球的视线之中时,就会产生所谓的"食",让整个系统亮度减弱。

美国宇航局斯皮策太空望远镜后来的观测推翻了这一理论。柱一实为一个食双星系统,主星是一颗质量远低于超巨星的将死恒星,身边只有一颗带有尘埃盘的恒星围绕,是它让柱一产生了明暗变化。在明亮状态下,北半球的观测者仅凭裸眼就可以看见柱一——哪怕置身城区也有可能。通过研究柱一这样的恒星系统,天文学家可以更好地理解恒星演化,但也会撞上人类认知的新围墙。

斯皮策拍摄的船底座星云"南柱"区域红外线图像

海山二

要是天上某颗星星先变暗,后消失,接着再次现身,而且亮度翻倍,它的身上一定藏着一个有趣的故事。海山二就讲了一个这样的故事:两颗恒星死亡慢舞,最终同归于尽。

海山二(即船底座 η,Eta Carinae)是距离地球1万光年内亮度最高、质量最大的恒星系统,19世纪因为两次出人意料的"爆发"扬名立万,至今仍令科学家十分费解。海山二位于南天船底座,是由两颗大质量恒星构成的双星系统,成员包括海山二A和海山二B,两颗恒星都依椭圆形轨道环绕,每隔5.5年,两者间的距离就会到达最小值,近得出奇,只有2.25亿千米,与火星与太阳的平均距离差不多。

如此亲密的宇宙探戈,可能会产生一个火爆的结局,两颗恒星有朝一日都会以超新星爆炸的方式结束生命。对恒星来说,质量决定命运。一颗恒星在燃料耗尽、发生坍缩之前有多少质量可以流失(恒星风以及前面提到的无法解释的爆发,都是流失质量的途径),能够决定它最终的结局。对海山二这个双星系统来说,它在不久的将来至少会发生一次超新星爆炸——当然,在天文学里,"不久的将来"可能指的是100万年后。海山二在19世纪40年代的大爆发,已经在宇宙中缔造了气云翻腾的侏儒星云(Homunculus Nebula)。海山二的恒星本身是船底座星云的一部分,船底座星云又是Trumpler 16疏散星团的一部分,后者位于银河系船底座-人马座旋臂上。

恒星类型:
双星系统

所在星座:
船底座

质量:
太阳的120~200倍(A)和30~80倍(B)

温度:
9400~35,200开氏度(A)和37,200开氏度(B)

半径:
太阳的60~881倍(A)和14.3~23.6倍(B)

探测方式:
光学望远镜观测

发现时间:
1677年

距离太阳:
7500光年

恒星类型:
行星状星云

所在星座:
长蛇座

质量:
未知

温度:
未知

半径:
未知

探测方式:
光学望远镜观测

发现时间:
1785年

距离太阳:
1400光年

斯皮策拍摄的木星鬼影红外线图像

木星鬼影

木星鬼影既非木星,也非鬼影,而是宇宙中一个实实在在的行星状星云,观测它可以让我们洞见太阳数十亿年后化身白矮星的未来。

　　木星鬼影(Ghost of Jupiter)代号NGC 3242,看起来很暗淡,却也很像太阳系头号气巨星木星,所以才有了这个名字。木星距离地球只有40光分,木星鬼影距离地球要远得多,据估计可达1400光年,两者不可同日而语。

　　太阳这样的恒星,当星核的核聚变结束后,就会抛掉自己的外层,在宇宙中形成华丽而又短暂的行星状星云。木星鬼影就是这样一个行星状星云,星云中央的那颗白矮星就是残留下的星核。天文学家还在木星鬼影外面发现了一个巨大的光晕,仿佛一个淡淡的光球把星云包在里面,其形成原因和成分目前尚不十分清楚,但其成分很可能是最初的那颗红巨星在星核变成白矮星之前抛射出的物质;也有可能是原本存在于星际的气体,因为距离白矮星太近,获得了它的能量,所以才向外发出紫外线。该星云边界处还存在高速低电离辐射区(Fast Low-Ionization Emission Regions,简称FLIER),那是高速移动的气体留下的尾巴,形成时间较晚。

　　木星鬼影直径2光年,由威廉·赫歇尔首先发现,是深受业余天文爱好者喜爱的观测目标,利用小型望远镜看起来是蓝绿色的,利用大型望远镜还可以观测到外层光晕。

GRS 1915+105所在区域图像

GRS 1915+105

GRS 1915+105是由一颗恒星与一个黑洞构成的双星系统，能放出强大的X射线，有时还被发现会产生"心跳"，别看名字蹩脚，却属于宇宙中非常有趣的恒星天体。

　　GRS 1915+105属于双星系统，也是迄今发现的质量最大的恒星级黑洞系统。主体黑洞质量为太阳的14倍左右，一直在凭借强大的引力从身边的那颗伴星上吸取物质，充实自己。这些气体可不是一下子直接掉到黑洞里的，而是转着圈被吸进去的，仿佛水槽排水，在宇宙中形成了一个螺旋结构，术语叫吸积盘。

　　这个黑洞系统的微粒与放射物，周期从几秒到几个月不等，变化性极强，很难预测，目前已知的就有14种喷射模式。其中一种X射线脉冲亮度高、持续时间短，每50秒一个脉冲，规律性很强，酷似人类心脏的心电图信号，只是略慢一点，很有意思。另外，利用X射线可以发现，黑洞周围的吸积盘有时候会吹出热风，周期性截断喷射流，原因据推测应该是热风吹走的物质正是喷射流赖以为继的燃料。热风停止后，喷射又会重新开始。这似乎说明这样的黑洞具有一种能够调节自身增长速度的机制。

恒星类型：
恒星级黑洞双星系统

所在星座：
天鹰座

质量：
太阳的14倍

温度：
未知

半径：
未知

探测方式：
X射线

发现时间：
1992年

距离太阳：
35,000光年

恒星类型:
重金属亚矮星

所在星座:
长蛇座

质量:
未知

温度:
38,000开氏度

半径:
未知

探测方式:
欧洲南方天文台的甚大望远镜

发现时间:
2003年

距离太阳:
1000光年

图为HE 1256-2738所在星座——长蛇座

HE 1256-2738

这颗重金属亚矮星和什么摇滚演唱会可没有关系,叫这样一个名字只是因为里面的重金属元素含量很高。这是一种不久前才被发现的新型恒星,弥补了恒星演化过程中缺失的一个环节。

HE 1256-2738在天球上靠近长蛇座,距离地球1000光年,相对来讲算是比较近的恒星了,但事实上在几十年前才被人类发现,这多少有些意外。随着天文观测技术不断发展,反映在整个电磁波谱上的每种恒星现在都可以被轻松找到,即便如此,HE 1256-2738(以及与它类似的HE 2359-2844)的光谱特征仍然极其独特,以至于研究者为它单独划出了一个恒星类型:重金属亚矮星。亚矮星可以说是介于主序星(比如太阳)和白矮星(比如织女星,以及哑铃星云中心的那颗恒星)之间的一种恒星。

这类恒星本有机会让严肃的天文学与流行文化走得更近,可惜名字的由来并非因为它们爱听重金属音乐,而是因为其成分中的锗、锶、钇、锆、铅等重金属元素占比非常之高。单就这颗HE 1256-2738来说,其主要的重金属元素是铅,在恒星大气层中浓度很高。又因为所在环境温度极高(被测量到的表面温度为38,000℃),其原子发生了电离,每个原子有三个电子发生了游离——这些都是由中国台湾与英国的一个联合科研团队发现的。

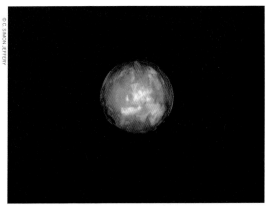

西蒙·杰弗瑞博士绘制的新型恒星重金属亚矮星的可视化图像

HE 2359-2844

重金属亚矮星HE 2359-2844含有很高比例的铅、钇和锆，它的发现增进了天文学研究者对于恒星生命周期的理解。

HE 2359-2844与HE 1256-2738发现于同一时间，研究者专门为它们划设了重金属亚矮星这一新的恒星类型。对这颗HE 2359-2844来说，主要重金属元素是铅，其浓度竟超过太阳的1万倍。而它的锆与钇（一种稀土元素）含量也高达太阳的1万倍。

这一新型恒星的发现进一步提升了研究者对恒星光谱的理解，在我们太阳这样的主序星与白矮星之间加入了一个过渡环节。其实，HE 2359-2844这样的重金属亚矮星也属于热亚矮星，只不过常见的热亚矮星主要由氦、氢构成，绝对没有那么高比例的重金属。此外，至今发现的重金属亚矮星，轨道离心率很高，非常多变，具体原因尚不清楚，可能与恒星年龄偏大有关，而且与大多数主序星不同，重金属亚矮星内部没有对流层。种种特点都让研究者对于宇宙中恒星的多样性有了更深的认识。

恒星类型：
重金属亚矮星

所在星座：
玉夫座

质量：
未知

温度：
38,000开氏度

半径：
未知

探测方式：
欧洲南方天文台的甚大望远镜

发现时间：
2003年

距离太阳：
800光年

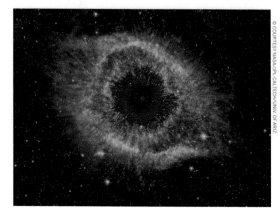

斯皮策太空望远镜拍摄的螺旋星云红外线图像

螺旋星云

想不想知道恒星在死亡的时候会有怎样的表现？这个螺旋星云就是一颗类似太阳的恒星临终时痛苦挣扎的样子。

螺旋星云（Helix Nebula）其实是一颗将死的恒星，只不过它并不肯安然离世，而是大发雷霆，垂死挣扎，把自己的外层转着圈抛向太空，尘埃物质在高温星核强烈紫外线的照射下莹莹发光。

螺旋星云代号NGC 7293，属于典型的行星状星云。行星状星云这类极具艺术美的天体首次发现于18世纪，因为长得很像气态巨行星，所以被当时的天文学家误取了这个名字。事实上行星状星云与行星无关，而是类似太阳的恒星在烧光了氢燃料、发生超新星爆炸后留下的残骸。螺旋星云就是距离我们太阳最近的行星状星云之一，当年造就它的那场超新星爆炸一定在地球的天空中留下了一场震撼的星光秀，只可惜那时候人类还没有诞生呢。

那颗恒星在没有变成螺旋星云之前，应该能够维系着一个很像我们太阳系的系统，周围井然有序地环绕着彗星，甚至也可能有行星。它变身螺旋星云，虽然让今天的天文观测者饱了眼福，却让它身边的天体遭了大难：任何近轨行星，在恒星膨胀过程中要么已被烧掉，要么被吞掉；而星核烧尽氢燃料后会把外层炸飞，外围的行星和行星际的冰块也都会被抛来甩去，彼此碰撞，碎片横飞，在宇宙中形成一场大规模尘埃风暴。

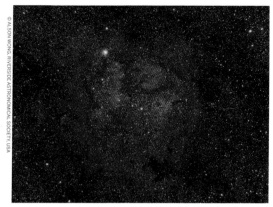

图中左上部分的那颗橙红色星就是石榴星

石榴星

石榴星高悬北天，颜色深红，是我们在地球上能够观测到的最大、最亮的天体之一。

石榴星全称赫歇尔的石榴石星（Herschel's Garnet Star），在中国叫造父四，在西方也叫仙王座μ（Mu Cephei），少数情况下还叫Erakis。18世纪末，这颗恒星被天文学家威廉·赫歇尔描述为具有石榴石一样的颜色，石榴星的名字因此也就流传了下来。石榴星属于红超巨星，本身还是一颗变星，1881年至今，天文学家一直在研究其亮度上的变化。石榴星位于天球上的仙王座，目视星等4.08，利用双筒望远镜就能看到。

石榴星的运行速度大约每秒80千米，被认为是一颗逃亡之星，亮度将近太阳的10万倍，半径在太阳的1000倍左右，如果把它放到太阳的位置上，其表层应该在木星与土星轨道之间，是裸眼可见的最大恒星之一。从1943年开始，学界便把石榴星的光谱特征当成了参照标杆，用以给新发现的恒星分类。通过对这颗恒星的观测以及对其辐射变化的分析，天文学家相信石榴星正在走向死亡：像太阳这种年富力强的主序星，应该是把氢通过核聚变的方式变成氦，而石榴星已经开始将氦聚变成碳了，等到燃料耗尽，就会发生超新星爆炸，尸体有可能会形成一个黑洞。

恒星类型：
红超巨星

所在星座：
仙王座

质量：
太阳的19.2倍

温度：
3750开氏度

半径：
太阳的1260~1650倍

探测方式：
轨道望远镜

发现时间：
1848年（变星）

距离太阳：
2840光年

恒星类型：
中等质量黑洞

所在星座：
凤凰座

质量：
太阳的20,000倍

温度：
未知

半径：
未知

探测方式：
欧洲航天局的XMM-牛顿
卫星

发现时间：
2009年

距离太阳：
2.9亿光年

ESO 243-49星系华丽的侧向图像，HLX-1就在这个星系里

HLX-1

天文学家在研究恒星、星系的生命周期过程中，也在试图理解黑洞的形成、演化与增长过程，而HLX-1就为他们提供了一个重要线索。

天文学家知道黑洞是由大质量恒星坍缩形成的，但对于位于星系中央、质量可达太阳数十亿倍的超大质量黑洞的形成过程，他们就说不清了。有一种理论认为，超大质量黑洞可能是较小的黑洞融合产生的，而2009年，澳大利亚悉尼天文学研究所（Sydney Institute for Astronomy）的天文学家肖恩·法瑞尔（Sean Farrell）有了一个重要发现，让该理论获得了更多证据的支持。

这个发现就是HLX-1（全称Hyper-Luminous X-ray source 1，即超亮X射线源一号）。这个黑洞位于ESO 243-49星系，距离地球大约2.9亿光年，其质量据估算"只有"太阳的2万倍，恰恰属于那种不大不小的黑洞。肖恩·法瑞尔表示："在此之前，我们只是怀疑中等质量黑洞可能存在，但是现在，我们甚至可以理解这种黑洞的起源。我们在HLX-1身边找到了一个非常年轻的星团，这表明，中等质量黑洞的前身应该是一个超低质量矮星系的中心黑洞。HLX-1原先的那个矮星系，可能已被一个质量更大的星系吞噬了，我们银河系就做过这种大吃小的事情。"

HLX-1的发现与研究，让天文学家进一步理解了黑洞的演化方式，也让他们找到了银河系中心的超大质量黑洞（即人马座A*）生命周期中缺失的一个关键阶段。

马头星云及其附近宇宙空间的彩色合成图像

马头星云

马头星云是天空中最具辨识度的星云之一，那熟悉的身影纯属是宇宙造物的巧合，即便是业余天文学爱好者也可以轻松地找到并拍下它。

猎户座的马头星云（Horsehead Nebula）也叫巴纳德33（Barnard 33），本身是一个巨大而黑暗的分子云团，其独特的形态是在19世纪末一张天文照片底板上首次发现的。那个分子云团距离我们大约1400光年，因为它的尘埃恰好挡住了另一个明亮星云，产生了背光效果，轮廓酷似马头，因此才被人类找到。在马头星云的图像中，你可以在灰蒙蒙的马头里找到一些较为明亮的区域，那里就是恒星正在形成的地方。在千万年后，随着云团内部的运动以及来自附近辐射的影响，马头的样子一定会发生改变。

马头星云紧挨着参宿一（也就是猎户腰带三星中最东边那颗星）的南边，是天文学家与天文爱好者最喜爱的观测对象之一，利用望远镜就可以轻松看到那个影影绰绰的马头。马头星云的气体与尘埃中，还存在一个低温分子云团，里面的物质有可能成为塑造未来恒星、行星的"原材料"，其他区域里则藏着已然形成的恒星，正在向外辐射高温等离子。因为尘埃云过厚，阻挡了光线穿过，所以马头星云才会显得那么黑暗。

恒星类型：
暗星云

所在星座：
猎户座

质量：
未知

温度：
未知

半径：
3.5光年

探测方式：
哈佛大学天文台照片底板搜索

发现时间：
1888年由威廉敏娜·佛莱明发现

距离太阳：
1500光年

恒星类型:
变星

所在星座:
杜鹃座/小麦哲伦云

质量:
未知

温度:
3450开氏度

半径:
太阳的916倍

探测方式:
哈佛大学天文台照片底板
搜索

发现时间:
1908年由勒维特发现

距离太阳:
未知

小麦哲伦云HV 2112周围部分的图像

HV 2112

HV 2122大致和小麦哲伦云在同一方向（也可能就是其一部分），除此之外人类对它几乎一无所知，它的存在再次证明人类若想真正理解宇宙，还有很长的路要走。

HV 2112的名字来源于发现者——天文学家亨丽爱塔·勒维特在哈佛大学编制的同名目录中给它的编号。这颗恒星很不寻常，其属性和表现至今仍未得到充分理解。这颗恒星看起来是在小麦哲伦云里面，但天文学家也不敢说它到底是这个星系的一个成员，还是仅仅恰好挡在了星系视线前。

从它被发现到现在已过去了百余年，天文学家可以肯定它在亮度上存在变化，但还是搞不清它的具体类型，至今主要发展出了两种假说。其中可能性较小的假说认为，HV 2112属于索恩-祖特阔夫天体（Thorne-Żytkow object）。这是一个由理论推测出来的恒星类型，于1977年由著名天体物理学家基普·索恩（Kip Thorne）与安娜·祖特阔夫（Anna Żytkow）首次提出，是一颗红巨星或者红超巨星与一颗中子星发生碰撞，前者的核心是被中子星取代的结果。可能性更大的假说认为，HV 2112属于渐进巨星分支（asymptotic giant branch）红巨星，一种亮度至少千倍于太阳的低温恒星。如果事实真是这样，那么HV 2112亮度的变化很可能是由身旁的一颗伴星引起的。

勒维特当年仔细分析了天文照片底板上的一系列恒星，并根据亮度将其排序录入，最终从中发现了造父变星（Cepheid variable）光变周期与光度之间的关系。这颗著名的HV 2112虽然也是变星，其变化的不规律性却要远远超过造父变星。

IGR J17091-3624黑洞吸积盘吹出的恒星风演示图

恒星类型:
黑洞

所在星座:
天蝎座

质量:
太阳的3~10倍

温度:
未知

半径:
未知

探测方式:
欧洲航天局INTEGRAL
卫星

发现时间:
2003年

距离太阳:
28,000光年

IGR J17091-3624

IGR J17091-3624可以说是黑洞界的小不点儿,却能产生迄今为止几乎速度最快的恒星风,还提升了研究者对于黑洞辐射"心跳"的理解。

天文学家在2003年发现了一个黑洞,并根据其在天球上的坐标将其命名为IGR J17091-3624。它其实是一颗普通恒星与一个黑洞构成的双星系统,其中黑洞的质量可能不到太阳的3倍,几乎快到了形成黑洞所需质量的理论最小值,是有史以来被人类发现的最小的黑洞之一。它本身在银河系的隆起部分内,从地球上观测,它应该在天蝎座里。

就和GRS 1915+105一样,IGR J17091-3624系统也有"心跳",也就是说黑洞核心向外喷射的粒子模式类似人类的心电图。研究者发现这个系统的电磁波"心跳"强度只有GRS 1915+105的1/20,速度则是其8倍,每一"拍"只有短短5秒。这两个黑洞的"心跳"数据有助于研究者理解黑洞质量的增加对于其喷射的影响。IGR J17091-3624的"心跳"要比质量远大于它的GRS 1915+105快,这就好比人的心跳要快过大象。IGR J17091-3624吸积盘上吹出的恒星风,速度可达光速的3%,换算过来就是每小时3200万千米,不但是有史以来观测到的最快的恒星风,更比第二名快了10倍。种种属性还表明,这个黑洞可能进行着低速自转或者逆向自转。

恒星类型:
反射星云

所在星座:
仙王座

质量:
未知

温度:
未知

半径:
3光年

探测方式:
望远镜观测

发现时间:
1794年由威廉·赫歇尔发现

距离太阳:
1300光年

身为反射星云，鸢尾花星云的蓝色因周围尘埃的反射而更加鲜艳

鸢尾花星云

鸢尾花星云是宇宙大花园中的一朵鲜花，凭借其独特的蓝色成为天文学家和天文爱好者的首选观测对象。

鸢尾花星云（Iris Nebula）的正式代号为NGC 7023或者Caldwell 4，仿佛星辰沃土上盛开的一朵鲜花，那些精致的花瓣实际上是星际尘埃与气体构成的云团。宇宙中花朵般的星云并非只有它一个，玫瑰星云（Rosette Nebula）也是一个著名的例子。鸢尾花星云的中心是一颗高温、年轻的恒星，目前正处于成长期，代号SAO 19158，因为被星云的尘埃物质围在当中，显得更为抢眼。这些尘埃云团之所以会呈现棕色，部分原因是所谓的光致发光（photoluminescence）过程，也就是紫外线辐射被尘埃变成了红光。星云主要呈蓝色是尘埃颗粒反射星光造成的——地球上的天空之所以呈现蓝色，也是同样的原因。鸢尾花星云亮蓝色部分的直径大约为6光年。

天文学家经常研究鸢尾花星云，主要是因为星云内的多环芳烃（Polycyclic Aromatic Hydrocarbon, 简称PAH）出奇的多——在地球上，木材燃烧不充分就会释放这种复杂的分子。天文爱好者喜欢它，主要是因为它独特的蓝色，在晴朗的夜晚，使用小型望远镜就可以看见。

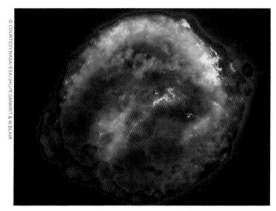

© COURTESY NASA/ESA/JHU/R.SANKRIT & W.BLAIR

恒星类型:
超新星遗迹星云

所在星座:
蛇夫座

质量:
未知

温度:
未知

半径:
未知

探测方式:
直接观测

发现时间:
1604年

距离太阳:
20,000光年

开普勒超新星伪色合成图像

开普勒超新星

开普勒超新星给了天文学家一个难得的机会，让他们可以在几百年里观测一颗超新星不断演化，并推测其最初的诞生过程。

1604年10月，天文学家开普勒在天空中发现了一颗超新星，其亮度在三个月的时间里超过了夜空中任何一颗恒星。这场恒星大爆炸后来被命名为开普勒超新星（Kepler's Supernova），至今仍是我们银河系内已知最近的一次超新星爆炸，爆炸产生的能量化宇宙云团，就叫开普勒超新星遗迹（Kepler's Supernova Remnant）。

随着那颗超新星减弱，它又于17世纪初在天空中创造了一颗明亮的新恒星。因为没有望远镜，开普勒以及同时代的天文学家并没有办法解释这一"灵异事件"。我们现在知道了，开普勒超新星属于1a型超新星，是一颗白矮星的热核爆炸，是重要的宇宙测距尺，可以跟踪记录宇宙的加速膨胀。

21世纪初的天文学家带着对恒星演化的新理解，继续在整个电磁波谱范围内探索不断扩大的开普勒超新星遗迹碎片云。近期研究表明，缔造它的那场超新星爆炸，应该是由两颗较小的矮星之间的物质转移引发的。物质不断地从一颗矮星转移到另一颗矮星身上，最终使后者的质量达到了钱德拉塞卡极限，也就是太阳质量的1.4倍。质量一旦超过这个数，恒星就会失去稳定，发生坍缩，产生超新星爆炸。

恒星类型:
超新星遗迹和脉冲星

所在星座:
天鹰座

质量:
未知

温度:
未知

半径:
未知

探测方式:
钱德拉X射线天文台

发现时间:
2000年

距离太阳:
19,000光年

从钱德拉X射线天文台拍摄的合成图像可以看出Kes 75正在扩张

Kes 75

超新星遗迹Kes 75因为太过暗淡在地球上未被看到，但里面藏着已知最年轻的一颗脉冲星，所以如今在学界备受瞩目。

有些大质量恒星坍缩并发生超新星爆炸后，它们留下的遗迹中会包括中子星——一种"浓缩版"的恒星。Kes 75就是这样一个超新星遗迹，它里面包含着银河系已知最年轻的脉冲星PSR J1846。

Kes 75的爆炸大约发生在500年前。与开普勒超新星等同时代的爆炸不同，当时的人并没有观测到它，因此史料上并没有任何相关记录。为什么会这样呢? 后来的观测发现，地球和Kes 75的连线上，充斥着银河系浓密的星际尘埃与气体，对地球上的观测者而言，Kes 75的爆炸一定显得非常暗淡，再加上当时还没有望远镜——史上第一架望远镜诞生于1608年，天文学家只能通过肉眼观察夜空变化，收集相关信息，所以自然就把它漏掉了。

脉冲星PSR J1846之所以让天文学家特别感兴趣，是因为它非常年轻，可以让他们更好地了解脉冲星生命初期的情况。之所以敢说它非常年轻，原因有二: 首先，这颗脉冲星就在Kes 75超新星遗迹内部，这说明它还没来得及从诞生地逃走，年龄自然不大; 其次，它的自转速度正在快速变慢，据此计算，其年龄应该不会超过884岁，在宇宙天体中不过是个婴儿!

小哑铃星云图像，绿色和红色部分为氢分子

恒星类型：
行星状星云

所在星座：
英仙座

质量：
未知

温度：
未知

半径：
0.61光年

探测方式：
望远镜观测

发现时间：
1780年

距离太阳：
2500光年

小哑铃星云

宇宙中不乏巧合，小哑铃星云虽与哑铃星云处于天空中的不同区域，形态却非常相似，当年就已被梅西耶收录在册，可惜天文爱好者观测起来难度较大。

18世纪，查尔斯·梅西耶把一个天体收录进了自己的《星云星团表》，给它的代号是M76，并将其描述为"仙女座右脚方向的一个星云"。M76本身位于英仙座内，在《星云星团表》中算是很暗淡的天体，未经过专业训练的天文爱好者很难找到它，就算专业的天文学家现在仍在不断研究，以期弄清它的大小、形态或者距离（目前普遍认为它距离地球2500光年）。这个天体有一个流传更广的别号——小哑铃星云（Little Dumbbell Nebula）。

小哑铃星云虽然不如哑铃星云（即M27）明亮，却和它一样都属于行星状星云，也就是一类似太阳的恒星在临近消亡时抛掉的气态外壳。科学家认为，小哑铃星云真正的形态应该更像一个甜甜圈，因为几乎是侧向地球，所以较为明亮的中心区域看起来才像是一个盒子，再加上气体物质从中间的那个洞向外加速逃离，远端形成了较为暗淡的环，所以整体看起来才像哑铃。小哑铃星云的另一个编号是NGC 650，也被称为杠铃星云（Barbell Nebula）或软木塞星云（Cork Nebula），名字里虽带个"小"字，但直径也有1.23光年！

恒星类型:
双星系统

所在星座:
鲸鱼座

质量:
太阳的1.18倍(A)

温度:
2900开氏度(A)

半径:
太阳的332~402倍(A)

探测方式:
直接观测

发现时间:
1596年确认为变星

距离太阳:
300光年

米拉"尾巴"里的物质总质量据估算应该是地球的3000倍

米拉

米拉是一个双星系统,当初被发现它的古代天文学家亲切地称作"神奇之星",至今仍然凭借自身独特的表现和形态令研究者沉醉不已。

米拉(Mira)即鲸鱼座o(Omicron Ceti),17世纪的天文学家就发现它的亮度会发生剧烈的变化,现代天文学家则以它为参照,划分出了一整类恒星,名为米拉变星(Mira-type variable;又称刍藁变星)。此类恒星属于温度较低、有脉冲表现的红巨星,光变周期很长,直径大约是太阳的700倍。

米拉本身早已为人类所知,在大约400年前才被确定为一颗变星,是史上首颗变星。米拉光变的细节目前仍在研究,但研究者推测这与这颗恒星大气层部分厚度的周期性变化有关。近期拍摄的高清图像显示,米拉并不是一颗球形恒星,而是一个双星系统,主星米拉A是一颗红巨星,伴星米拉B是体型较小的白矮星,两颗恒星相伴,环绕运行。

红巨星米拉A正在发生激烈的脉冲,在一年的时间里,亮度可以增加100倍以上,它抛掉的物质流动到星际空间里,在它身后形成了类似彗尾的结构。部分物质被吸向米拉B,在米拉B周围形成了一个吸积盘。在这样一个双星系统里,伴星白矮星的吸积盘应该可以发射出一定量的X射线。

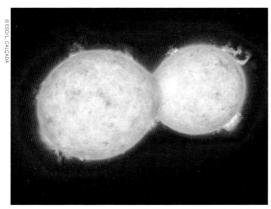

鹿豹座MY看起来就像一对正在接吻的恒星

鹿豹座 MY

两颗恒星相撞会有什么结果？那得看是什么恒星！双星系统鹿豹座MY里面有两颗势均力敌的恒星，马上就要撞在一起，天文学家正在密切监视，看它们会不会双星合一。

　　天文学家偏爱聚星系统，因为聚星系统的表现非常有趣，成员恒星不同的形成、演化以及互动方式，常常会产生独一无二的结果。鹿豹座MY（MY Camelopardalis）是已知质量最大的双星系统之一，两个成员都是巨大的蓝色O型恒星，一直以来都在慢慢地越绕越近，相撞不可避免。

　　根据估算，这两颗恒星的质量都在太阳的30倍以上，此时已经相距非常近，只需要1.2天就可以环绕彼此一周，它们的气态外层实际上已经发生了接触融合，严格地说已经碰上了，只不过还没有发生质量交换。两颗恒星最终相撞时到底会发生什么，天文学家还不能给出准确预测，但想必不会像两颗白矮星相撞时一样发生超新星爆炸。更可能的结果是，它们最终会融合成一颗质量超过太阳60倍的超级大恒星，但也有可能是基本上维持现状，两颗恒星彼此交织，却又大体上保持着独立性，继续紧紧地彼此环绕下去。

恒星类型：
双星系统

所在星座：
鹿豹座

质量：
太阳的37.7倍（A）和31.6倍（B）

温度：
42,000开氏度（A）和39,000开氏度（B）

半径：
太阳的7.60倍（A）和7.01倍（B）

探测方式：
北天变星勘测任务

发现时间：
2004年确认为双星系统

距离太阳：
13,000光年

恒星类型:
发射星云

所在星座:
天鹅座

质量:
未知

温度:
未知

半径:
未知

探测方式:
望远镜观测

发现时间:
1786年

距离太阳:
1600光年

© MARCEL DRECHSLER/SHUTTERSTOCK

天鹅座的北美洲星云

北美洲星云

和许多深空天体一样，北美洲星云的名字也来自其独特的轮廓。在这个巨大星云内，尤其是"中美洲"那一块，恒星正在不断地孕育诞生。

就像人们经常在云彩里面发现各种熟悉的造型一样，天文学家也能经常在宇宙中发现形态熟悉的天体——有的时候，他们甚至会琢磨形态类似是否说明两者间存在某种关联。就拿北美洲星云（North America Nebula）为例。这个发射星云是由威廉·赫歇尔发现的，正式的名称是NGC 7000，之所以名气那么大，一部分原因就是它的形态非常像地球上的北美洲，因此它的绰号反而更响亮。

只不过宇宙中的这个"北美洲"能做地球上的北美洲做不了的一件事情：造星。这个星云里存在一个明亮的区域，把比喻进行到底的话，可以说是在中美洲及墨西哥的位置上，那里其实是由气体与尘埃构成的"恒星产房"，因为在天球上位于天鹅座内，因而被称作"天鹅座墙"（Cygnus Wall）。

北美洲星云在天球上的面积很大，可惜比较暗淡，不用双筒望远镜或者天文望远镜的话，轻易看不到，而即使用了这些装备，它看起来也只是一个雾蒙蒙的斑块，只有利用天文滤镜过滤掉某些波长的光，才能真的看出北美洲的轮廓。

欧洲南方天文台拉西亚观测站拍摄的半人马座ω球状星团图像

半人马座 ω

半人马座ω是我们在地球上能够看到的最明亮的星团，形成年代十分久远，内部恒星竟存在数十亿年的年龄差。

在地球上出现人类之前，有恐龙出没之前，甚至在地球还未诞生之前，银河系里的有些恒星就已经集结起来，在星系中飘来荡去。现存的球状星团大约有200个，都已年迈。其中的半人马座ω（Omega Centauri）成员恒星超过1000万颗，体量远远大于同类。

科学家曾经以为，像半人马座ω这样的球状星团，应该是由同时诞生的恒星集结成的。可后来有证据表明，半人马座ω里面的恒星，年龄在100亿岁到120亿岁之间，这20亿年的差别，对恒星的生命周期来说绝对不是个小数。有些天文学家认为半人马座ω可能本来是一个小型星系，在遥远的过去遭到了银河系的引力瓦解，丢掉了很多恒星和气体，才变成了球状星团。

半人马座ω同时还是最明亮的球状星团，在南半球地区仅凭裸眼即可看见，古代天文学家托勒密就曾观测到它的存在，只不过被确定为星团是几百年之后的事。这个星团在南天上看起来像是一个云状小斑块，很像一颗彗星，寻找的时候要花些心思。观测它的时候不妨想象一下，里面的星星已经存在了多少年，看过它们的人已经延续了多少代，心中一定会感慨万千。

恒星类型：
球状星团

所在星座：
半人马座

质量：
太阳的405万倍

温度：
未知

半径：
86光年

探测方式：
直接观测

发现时间：
1603年确认为星团

距离太阳：
15.8光年

恒星类型:
反射/发射星云

所在星座:
猎户座

质量:
太阳的2000倍

温度:
最高10,000开氏度

半径:
20光年

探测方式:
直接观测

发现时间:
古代

距离太阳:
1344光年

利用三种不同的天文滤镜,把硫、氢、氧元素的光过滤后拍摄的猎户座星云图像

猎户座星云

猎户座星云是天空中最美丽、最显眼的天体之一,在神话中被赋予了造物的神力。这一点与科学事实不谋而合,因为它是一个恒星产房,里面已经孕育了超过千颗恒星。

猎户座星云(Orion Nebula)也叫M42,是我们地球附近的一个恒星产房,和我们的太阳位于银河系同一条旋臂里,本身是一个巨型星际分子云的边缘部分,发光的气团中包裹着年轻的高温恒星。很少有天体能像这个星云那样激发人类的想象。

人类历史上的许多文明都注意到了猎户座星云的存在,古玛雅人甚至相信它是具有造物神力的宇宙之火。猎户座星云的确像是猎户座里面燃烧的火焰,事实上它是距离地球最近的恒星形成区域,里面据推测拥有超过1000颗年轻的恒星。

这个星云紧挨着猎户座腰带的下边,位置醒目,再加上亮度很高,裸眼即可轻松找到,利用望远镜更可以看到恒星诞生的精彩场面,因此成了夜空中观测最充分、拍摄最多的天体之一。只可惜如此美丽的景象并不能永远存在。一旦造星期结束——也就是未来10万年内,包含猎户座星云、马头星云在内的所谓"猎户座大星云"就会慢慢消散。此时不看,更待何时!

闪烁的猫头鹰星云

恒星类型：
行星状星云

所在星座：
大熊座

质量：
未知

温度：
123,000开氏度

半径：
约1光年

探测方式：
望远镜观测

发现时间：
**1781年由皮埃尔·梅钦
发现**

距离太阳：
2030~2800光年

猫头鹰星云

从地球上看过去，猫头鹰星云看起来像是一只猫头鹰的面孔，揭示了我们太阳这样的黄矮星未来的命运，不管你的天文素养如何，都应该好好看看它。

　　猫头鹰星云（Owl Nebula）在梅西耶著名的《星云星团表》中编号97，所以也叫M97。这只"猫头鹰"在天球上位于北斗七星的"勺底"附近，露着一张圆脸，睁着两只又黑又大的眼睛望向地球。

　　猫头鹰星云是梅西耶星表中较为暗淡的天体，也是其中仅有的四个行星状星云之一，发光的"圆脸"实际上是一颗将死的类日恒星在耗尽核燃料之后抛掉的气态外层。我们的太阳在50亿年后也会耗尽核燃料，所以同样会变成这个样子。猫头鹰星云体积很大，质地离散，直径大约是海王星轨道直径的2000倍，正中心仍然可以看到原来那颗恒星收缩成的白矮星。

　　猫头鹰星云共由三个同心气体层构成，它们都是在原来的红巨星演化成白矮星的过程中被抛射出来的，最外面的气体层一直在扩张，根据其目前的体积估算，天文学家认为猫头鹰星云应该形成于8000年前。

© STEVEN KOVICK/SHUTTERSTOCK

昴星团名为"七姐妹",实际上拥有数千颗恒星

恒星类型:
疏散星团

所在星座:
金牛座

质量:
未知

温度:
未知

半径:
未知

探测方式:
直接观测

发现时间:
古代

距离太阳:
444光年

昴星团

昴星团是地球天空中最具辨识度的星团之一,英文名Pleiades意为"七姐妹",指的是希腊神话中阿特拉斯神的七个女儿,细细观察,里面的恒星数以千计,姐妹何止七个!

昴星团属于疏散星团,除了"七姐妹"的名号叫得最响,此外也称M45,里面包含3000多颗恒星,在引力的作用下较为松散地聚集在一起。所谓"七姐妹",实际上指的是星团里可以用肉眼看到的七颗较亮的恒星,只不过时过境迁,其中一颗亮度减弱,现在用肉眼已经看不到了,只剩下了六位姐妹。实话实说,昴星团里可以裸视的恒星并无确数,能看见几颗与观测点的光污染程度与观测者的视力水平有关。

昴星团里的恒星主要是年龄小、温度高、亮度高的蓝色恒星,那几位"姐妹"都属此类,只不过天文学家还在星团里发现了低质量的褐矮星。因为早已被古人注意到,昴星团并无具体的发现者,但伽利略——也就是那位发现了四大木卫、捍卫了日心说的意大利科学家——是第一个用望远镜对其进行观测的人。因为在全球各地都能看到,昴星团也在许多古文明的神话中扮演着关键角色,澳大利亚原住民口口相传的故事里有它,埃及和凯尔特的传说中也有它,昴星团的升起还被阿兹特克人视为新年伊始。

© COURTESY NASA, ESA, G. BACON (STSCI)

北极星聚星系统位置独特，亮度很高，是夜空中的天然灯塔

北极星

北极星像是钉在北天上的一个光点，实际上由3颗恒星构成。人们原先以为它不会移动，因为它恰好位于地球的自转轴上，但随着地球自转轴的变化，北极星未来肯定也会动起来。

北极星（Polaris）即小熊座α，名为北极，是因为它刚好位于地轴的延长线上，因此从地球上看它永远在正北方，所有星星似乎都围着它转，它也因此成了航海、辨认天体的参照点。只不过，地球的地轴并不是固定不变的，一万多年前——这对宇宙来说并不算长——当时的"北极星"还是织女星，所以有朝一日，今天的北极星也会被另一颗星星取代，不过那是后话，暂且不提。除了位置独特醒目，北极星还有一个奇怪的表现，那就是其亮度会发生缓慢的变化，周期几天，幅度有百分之几。因为这两个原因，数百年里天文学家对北极星进行了广泛的研究。

2006年，天文学家利用哈勃望远镜得到了一个重大发现。原来千百年来为水手指引方向的那个光点，实际上是一个三星系统，成员包括小熊座α Aa、Ab和B。其中的B属于伴星，用小型望远镜就可以轻松看到，但另外两颗恒星距离极近，要不是天文学家凭借哈勃上的高清镜头进行了长期拍摄，我们根本不可能将它们分出彼此。

恒星类型：
聚星系统

所在星座：
小熊座

质量：
太阳的5.4倍（Aa）、
1.26倍（Ab）和1.39倍（B）

温度：
6015开氏度（Aa）、
未知（Ab）和
6900开氏度（B）

半径：
太阳的37.5倍（Aa）、
1.04倍（Ab）和1.39倍（B）

探测方式：
直接观测

发现时间：
发现于古代，
1779年确认为聚星系统

距离太阳：
323~433光年

恒星类型:
双星系统

所在星座:
小犬座

质量:
**太阳的1.499倍(A)和
0.602倍(B)**

温度:
**6530开氏度(A)和
7740开氏度(B)**

半径:
**太阳的2.048倍(A)和
0.01倍(B)**

探测方式:
直接观测

发现时间:
古代

距离太阳:
11.46光年

南河三所在小犬座的区域图像

南河三

南河三双星系统距离地球相对不远，能够让天文学家一窥太阳这样的恒星进入下一个演化阶段后的样貌。

南河三(Procyon)位于小犬座，在天文学界的正式名称是小犬座α(Alpha Canis Minoris)，其亮度在夜空所有恒星中排在第八位。其英文名"Procyon"来自古希腊语，意为"犬之前"，"犬"也就是我们说的天狼星，"犬之前"指的是南河三相对天狼星的位置，二者有不少相似之处。

南河三事实上属于双星系统，主星南河三A是一颗主序星，体积比太阳略大，伴星南河三B是一颗暗淡的白矮星。南河三A尤其让天文学家感兴趣，因为它处于主序星末期，再过1000万到1亿年就会演化成一颗红巨星。这对宇宙来说不过须臾之间，如果根据卡尔·萨根(Carl Sagan)提出的"宇宙年"的概念进行换算，也就是1~3"天"后的事情。

南河三和天津四类似，同时属于两个季节性星群。它与天狼星和参宿四构成了冬季大三角，本身还是冬季六边形的一部分。冬季六边形的六个顶点分别是南河三、天狼星、参宿七、毕宿五、五车二和北河三(或加上北河二)，几乎是肉眼可以看到的最亮的一批恒星，再加上六边形的图案又大又规整，在北半球冬季的夜空中很容易找到。南河三拥有0.4的视星等，亮度为小犬座第一，在整个夜空里也能排在第八，虽归为小犬，却不容小觑。

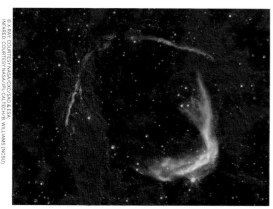

由4台太空望远镜的数据合成出的RCW 86多波段图像

RCW 86

当年一场绚丽的超新星爆炸，在夜空上亮了8个月才消失，留下的遗迹便是这个RCW 86。它的球状外观大得奇怪，直到最近才被科学家理解。

这场大爆炸源自公元185年，至今已将近2000年。当时，中国的天文学家发现天空中莫名出现了一颗星，亮了8个多月的时间又消失了，他们称之为"客星"。直到20世纪60年代，科学家才认定，这个神秘的天体其实是有史以来首次被记录下的超新星。随后，他们又在圆规座里找到了这场大爆炸留下的遗迹，将其命名为RCW 86，但是谜团还未全部解开。这个超新星遗迹比预想的要大，外观呈球形，直径足有85光年，如果用红外线进行观测，它在夜空中竟然比满月还大，这样大的体积是天文学家始料未及的。

在近十年里，他们为了解释这个问题继续对RCW 86（又名SN 185，"SN"代表超新星，"185"指的就是其观测年份）进行研究，最终发现，当年的超新星爆炸应该是在宇宙的一个"物质空洞"里发生的。没有了宇宙物质的阻挡，爆炸崩出来的物质速度就要快很多，形成的遗迹范围自然大很多。这种超新星爆炸被称为"Ia型超新星"，常见于双星系统，主星是一颗高密度的白矮星，属于太阳这种黄矮星以相对温和的方式死亡后留下的尸体。白矮星不断地从附近的伴星身上吸积物质（或者是燃料），结果就发生了爆炸，留下的遗迹就是今天RCW 86这样的天体。

恒星类型：
超新星遗迹星云

所在星座：
圆规座和半人马座

质量：
未知

温度：
未知

半径：
太阳的42.5倍

探测方式：
直接观测及红外线观测（超新星遗迹）

发现时间：
185年确认为超新星

距离太阳：
9100光年

恒星类型:
聚星系统

所在星座:
狮子座

质量:
太阳的3.8倍(A)、
0.8倍(B)和0.3倍(C)

温度:
12,460开氏度(A)、
4885开氏度(B)、
未知(C)

半径:
太阳的3.092倍(A)、
未知(B)、未知(C)

探测方式:
直接观测

发现时间:
古代

距离太阳:
75光年

狮子座中明亮的轩辕十四

轩辕十四

轩辕十四可说是四星合一,四星各异,为天文学家展现了太阳这种主序星的多种特征。

　　轩辕十四(Regulus)即狮子座α,是狮子座最亮的星,在人类历史上,狮子常被视为皇权的象征,狮子座里的星星因此也总有些王者之气。事实上,轩辕本就是中国的黄帝,而轩辕十四的英文名"Regulus"在拉丁语里恰好还是"少帝"或者"王子"的意思,难怪它会被奉为帝王之星。

　　轩辕十四其实是四颗星(目前已知)构成的聚星系统。我们肉眼看到的,实际上是其中一个系统的主星轩辕十四A,一颗蓝白主序星。它身边的伴星从未被真正观测到,其存在是通过轩辕十四A的表现与形态推测出来的,可能是一颗白矮星。轩辕十四B和C都是暗淡的主序星,体积和亮度都不如太阳。整个系统里似乎还存在一颗轩辕十四D,但它可能是一个毫无关系的背景天体,与其他几颗恒星不存在引力作用,只是碰巧出现在了轩辕十四与地球之间,为它增光添亮而已。事实上,弄清楚某些天体到底仅仅是看起来比较近,还是在宇宙空间里真的很近,是天文学家始终要面对的一个挑战,好在如今的探测方法和统计模型越来越先进,混淆的情况并不容易发生。

参宿七与轩辕十四一样,明亮的光芒来自多星合力

参宿七

参宿七位于猎户座的"膝盖"上,是冬季六边形的明星成员,看起来是一个亮亮的光点,实际上至少由3~5颗恒星构成。

一个猎户座,里面竟有参宿四、参宿六、参宿五和参宿七(Rigel)等好几颗亮度极高的星星,难怪在夜空中的辨识度会那么高。其中的参宿七,亮度在全天恒星中排名前十,在太阳1000光年范围内排名第一,与橙色的参宿四堪称猎户座最抢眼的两颗星。可惜,参宿七的绝对星等虽然高居猎户座群星之首,目视星等却不如参宿四,根据天体命名规范,只好把代表星座主星的那个α让给参宿四,自己留下了猎户座β的学名。

和我们看到的许多亮星一样,参宿七并不是一颗恒星,而是一个聚星系统,成员可能包括3~5颗恒星。其中两颗构成了一个双星系统,知名度最高,被研究得最多。主星参宿七A是一颗蓝白超巨星,亮度在太阳的6万倍以上,质量是太阳的21倍;伴星参宿七B亮度只有主星的1/500,只有利用望远镜才能看到。可不要因为暗就小瞧它:天文学家已经得出了结论,认为参宿七B本身也是一个聚星系统,里面可能含有两颗主序星,分别叫参宿七Ba和参宿七Bb,身旁还有自己的伴星参宿七C。这三颗恒星比较暗淡,研究得不是很多,但可能具有类似的大小,处于类似的演化阶段。你迷糊了吗?别急,还有一个暗淡遥远的参宿七D,它可能与整个系统毫无关系,只是恰好出现在了地球的视线中。

恒星类型:
聚星系统

所在星座:
猎户座

质量:
太阳的21倍(A)、
3.84倍(Ba)、2.94倍(Bb)
和3.84倍(C)

温度:
12,100开氏度(A)

半径:
太阳的78.9倍(A)

探测方式:
直接观测,通过望远镜观
测确定为双星系统

发现时间:
发现于古代,1781年确认
至少为双星系统

距离太阳:
860光年

恒星类型：
白矮星和行星状星云

所在星座：
天琴座

质量：
太阳的0.62倍

温度：
125,000开氏度

半径：
1.3光年

探测方式：
望远镜观测

发现时间：
1779年由佩莱伯克发现

距离太阳：
2000光年

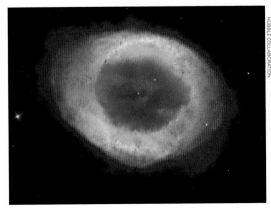

奇妙的指环星云多少有点像《指环王》里的索伦之眼

指环星云

指环星云造型经典，辨识度高，因此备受天文观测者的喜爱。不过，想看就快去看，因为再过大约1万年，这个星云就会在夜空中彻底消散。

指环星云（Ring Nebula）在《星云星团表》中的正式编号是M57，属于行星状星云，是一颗类似太阳的恒星在漫长的演化之后留下的发光遗迹。星云中间的那个小白点，就是原来那颗恒星的高温星核，如今是一颗体积小、密度大的白矮星。指环星云利用一架中型天文望远镜就能观测到，最早是由法国天文学家安东尼·达丘尔·佩莱伯克（Antoine Darquier de Pellepoix）于1779年发现的。

这个星云的指环型结构正好面向地球，显得简单规整，最开始让研究者低估了其整体结构的复杂性。星云中间的那个蓝色圆圈看起来是空的，实际上充斥着气体，而且是橄榄球形的，被指环套在中间，因为橄榄球的尖儿冲着地球，所以看起来才是一个圆。田纳西州纳什维尔范德堡大学的C.罗伯特·奥戴尔（C. Robert O'Dell）在2013年领导科研团队，利用哈勃以及几台地面望远镜对指环星云进行观测，只为能够看到它最清晰的面貌。用他的话说，"这个星云的中间充满物质，可不是简单的面包圈，而是带馅儿的果酱甜甜圈。"

指环星云距离地球大约2000光年，直径大约1光年，在天球上位于天琴座，独特的形态让它成了业余天文爱好者和天文摄影师很喜爱的"模特"。

玫瑰星云图像，中心是代号NGC 2244的星团

恒星类型：
发射星云

所在星座：
麒麟座

质量：
太阳的10,000倍

温度：
100万~1000万开氏度

半径：
65光年

探测方式：
望远镜观测

发现时间：
经多次观测逐步发现

距离太阳：
5000光年

玫瑰星云

这是夜空中的一朵玫瑰，绽放的花瓣实际上在宇宙里绵延了数光年。自从有了它，无论是天文爱好者还是天文学家，在观测夜空的时候都可以随时放下工作，闻花香，赏花色。

玫瑰星云也叫Caldwell 49，并不是宇宙中唯一一个形态似花的气体尘埃云（鸢尾花星云也很受喜爱），但绝对是最有名的一个。要是给它安上别的名字，看起来就未必这么可爱了。

玫瑰星云在天球上位于麒麟座一个大型分子云的边缘部分，它的"花瓣"事实上是恒星产房，美妙对称的形态是由中心星团吹出的恒星风以及发出的射线雕凿成的。这个星团非常活跃，里面的恒星只有几百万岁，年龄小，温度高，它们产生的恒星风也在玫瑰星云中间吹出了一个洞，让我们可以一窥花心。整个星云非常大，不同区域都各有自己的NGC代号。

天文学家观测玫瑰星云，是为了进一步理解恒星演化的早期阶段，但天文爱好者不用想这么多，只需饱眼福就是了。在地球上大多数没有光污染的地方，用一架小型望远镜就可以让它轻松现身。

恒星类型:
超大质量黑洞

所在星座:
人马座

质量:
太阳的4.31×10^{6}倍

温度:
10^{-14}开氏度

半径:
120天文单位

探测方式:
美国国家射电天文台干涉仪

发现时间:
1974年

距离太阳:
27,000光年

© COURTESY NASA/CXC/COLUMBIA UNIV./C. HAILEY ET AL.

人马座A*以及附近恒星级黑洞的X射线图像

人马座 A*

因为黑洞能毁掉身边的一切光线和物质,所以名声普遍都不好,幸好我们银河系中央的这个黑洞比大多数同类要乖一些。

你也许对人马座A*(Sagittarius A*)这个黑洞一无所知,但你每天都能感受到它的影响,要是没有它,银河系就不会是现在的样子。这个黑洞位于我们银河系的中心,质量是太阳的400万倍,名字里那个星号在英语里读作"star",听起来很亲切。长久以来,天文学家一直猜测,宇宙中包括银河系在内的大多数旋涡星系和椭圆星系,中心都有人马座A*这样的一个超大质量黑洞,关于黑洞快速吞噬周围物质和光线的过程,也已经形成了一些结论。

在我们观测的那些活跃而又遥远的星系里,中心黑洞的表现非常野蛮,相比之下,人马座A*可以说是文质彬彬,吞噬周边物质时的吃相也很文雅,只是偶尔会发发脾气,向外喷射能量。它为什么会与其他黑洞如此不同,天文学家目前仍不是特别清楚。另外,这个黑洞凭借其引力,把周围3光年以内的许多恒星级黑洞都牵引了过来,在自己身边形成了大批随从。人马座A*可以说是我们银河系的发动机,通过研究它附近的射线与恒星,天文学家将持续深化对黑洞这一天体类型的理解。

© NAOJ/SUBARU

SAO 206462与身边显眼的盘状结构

恒星类型:
主序星

所在星座:
豺狼座

质量:
未知

温度:
未知

半径:
未知

探测方式:
太空以及地面望远镜联合观测

发现时间:
2011年

距离太阳:
460光年

SAO 206462

SAO 206462是一颗年轻的恒星，身边环绕着一个形态奇特的气体尘埃盘，对天文学家而言，这诚然是搜寻系外行星和研究早期太阳系的理想对象。

能在宇宙里找到年轻的天体，总是一件令人兴奋的事情。SAO 206462据估算诞生于900万年前，按照我们人类的标准已经老得不成样了，但按照宇宙标准来说相当年轻，属于恒星中的少年郎，形态和结构尚未稳定。

2011年，天文学家发现SAO 206462身边环绕着一个气体尘埃盘，其形态非常独特，类似我们银河系旋臂那种旋涡结构。这个盘的直径大约225亿千米，差不多是冥王星轨道直径的2倍，其旋臂中有可能藏着行星，只是目前尚未发现。

SAO 206462盘状结构里的那两条旋臂并不是对称的，这意味着悬臂两边是不同的世界。根据计算机模拟演算反推，天文学家认为盘状结构内存在扰动，有可能存在系外行星。尽管它们的存在还停留在猜想阶段，尚未得到天文学家的证实，但这颗处于成长期的恒星很像40亿年前的太阳，太阳系的行星就是那时候由碎片云中的物质受到吸积而形成的，所以它也完全有可能正在孕育自己的行星。不管真相如何，研究者将在未来几十年内对其进行持续观测。

恒星类型:
反冲黑洞或类星体

所在星座:
狮子座

质量:
太阳的6亿倍

温度:
未知

半径:
4.5天文单位

探测方式:
斯隆数字巡天项目

发现时间:
2008年

距离太阳:
6.85×10⁹光年

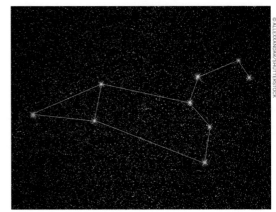

这个类星体在天球上位于狮子座,本身无法被观测到

SDSSJ0927+2943

不是说黑洞一般都会镇守星系的中心吗?那为什么SDSSJ0927+2943这个黑洞会在宇宙里飘来荡去呢?答案与所谓的引力波有关。

SDSSJ0927+2943,名字一口气都念不下来,感觉像是某个没人知道的星表里一个没人记得的天体——事实上,前面四个字母SDSS是"Sloan Digital Sky Survey"的缩写,意为斯隆数字巡天项目,该项目旨在利用多光谱成像技术搜寻天体,它就是在项目进行期间被发现的。SDSSJ0927+2943除了名字独特,性质也很独特,属于罕见的类星体,具有罕见的放射规律,有可能是人类找到的第一个"反冲黑洞"。

简单地说,这个超大质量黑洞似乎从某个星系的中心被喷出来了,到底为什么会这样,天文学家只能运用物理学原理进行猜测,但学界的普遍共识是:SDSSJ0927+2943是由两个黑洞碰撞融合而成的。两个重量级选手的相遇,自然会有惊天动地的反应,融合过程中产生的引力波十分强大,以至于将这个新形成的超大质量黑洞推出了星系。

SDSSJ0927+2943距离地球68.5亿光年,目前的表现如何,未来将飞到何处,因为太过遥远,研究者所知有限。但是,他们一定会继续深化自己对黑洞、引力波以及星系互动的理解,所以对于身藏关键线索的SDSSJ0927+2943,他们也一定会继续观测下去。

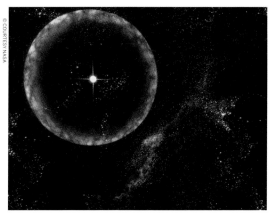

© COURTESY NASA

SGR 1806-20爆射伽马射线假想图

恒星类型:
软伽马射线复发源/磁星

所在星座:
人马座

质量:
未知

温度:
136,000开氏度

半径:
10千米

探测方式:
伽马射线观测

发现时间:
1979年

距离太阳:
50,000光年

SGR 1806-20

像SGR 1806-20这样的天体，人类在全宇宙里总共才找到了4个。另外，它还曾引发了银河系里最强烈的伽马射线大爆射，纪录至今未被打破。

　　2004年，科学家探测到了一起无比强烈的光爆，范围横跨整个银河系，部分射线经过月球的反弹，点亮了地球大气层的上层。人类从来没有在太阳系外发现过如此耀眼的光源，它的持续时间为十分之一秒多一点。到底发生了什么？科学家经过研究发现，这个光源是靠近银河系中心的一颗磁星，代号SGR 1806-20，这场前所未有的光爆就是由它发出的，只不过在50,000年后才到达地球。这个现象术语叫作"星震"（starquake），是由中子星外壳快速的结构调整造成的。

　　中子星其实是质量数倍于太阳的恒星，在发生超新星爆炸后剩下的星核密度很高，自转速度很快，而且具有很高的磁性。如果中子星的磁性非常高，就可以被归为磁星，这一类中子星目前只找到了12颗。其中有4颗更为独特，会发生随机性的光爆，射出伽马射线，因此被统称为软伽马射线复发源（soft gamma repeater，简称SGR）。SGR 1806-20就是其中之一。通过研究SGR 1806-20，科学家可以进一步理解伽马射线的本质、来源及其对地球上的科技仪器和人类生活产生的影响。如果当时那场光爆发生在地球10光年以内，我们的臭氧层可能就被摧毁了。

恒星类型:
主序星与白矮星构成的双星系统

所在星座:
大犬座

质量:
太阳的2.06倍(A)和1.02倍(B)

温度:
9940开氏度

半径:
太阳的1.71倍(A)和0.008倍(B)

探测方式:
直接观测

发现时间:
发现于古代,
1862年确认为双星系统

距离太阳:
8.6光年

天狼星双星系统假想图,大的那颗是主星,远处那颗是伴星

天狼星

天狼星在西方俗称"犬星",人们在仰望夜空时总会被它的光芒所吸引。这颗近邻恒星的性质与太阳很像,身边的那颗伴星是后来才被发现的一个惊喜。

天狼星是夜空中最亮的星,你在数星星的时候几乎不可能漏掉它。因为它也是大犬座里最亮的星,所以学名为大犬座 α(Alpha Canis Majoris),其质量只有太阳的两倍多,但亮度却在太阳的20倍以上,视星等为−1.46——不要误会那个负号,视星等为负数的天体,亮度都特别高。

天狼星看起来像是一颗星,实际上是两颗星。主星叫天狼星A,是一颗类似太阳的主序星,亮度很高,伴星叫天狼星B,是一颗很小的白矮星。伴星是在1862年才被发现的,亮度只有主星的万分之一,当时是人类在宇宙中找到的第一颗白矮星,身材虽落后于主星,在恒星演化阶段上却更超前。两颗恒星距离很近,每50年就能环绕彼此一周。自发现之日起,研究者特别希望能够通过它深化自己对白矮星演化阶段的理解,可惜主星太过耀眼,伴星很难看清楚。

在未来6万年里,天狼星会慢慢靠近地球,所以亮度还会更高,"夜空中最亮的星"的称号至少还能保持21万年。那时候,人类也许真的会开启一场星际旅行,去探望一下我们的这个宇宙邻居。既然外号叫犬星,那么作为人类的好朋友,天上的这只"狗"想必也不会不欢迎我们。

借助角宿一（左上亮点）就可以找到乌鸦座（右边）

© M ANDRY/SHUTTERSTOCK

恒星类型：
双星系统

所在星座：
室女座

质量：
太阳的11.43倍（主星）和7.21倍（伴星）

温度：
25,300开氏度（主星）和20,900开氏度（伴星）

半径：
太阳的7.47倍（主星）和3.74倍（伴星）

探测方式：
直接观测

发现时间：
古代

距离太阳：
250光年

角宿一

如果天文学家能在一颗星身上找到两种不同的光谱特征，那就说明它不是一颗星，而是两颗星。太阳附近的角宿一就是这种似一实二的系统，只不过两颗星靠得太紧，都被对方拉变形了。

角宿一（Spica）的蓝色光芒在夜空中总是那么醒目，它的亮度在室女座众星之中排名第一，因此赢得了室女座α（Alpha Virginis）的头衔，在全天所有恒星中也能跻身前20位。这颗蓝色的星星在历史上早就已经被人类发现了，它的英文名Spica就是古时候传下来的（拉丁语，意为"麦穗"）。角宿一与五帝座一和大角星共同构成了北半球的春季大三角，其视星等为0.98，在夜空中很容易找到，可以帮助天文观测者寻找附近的乌鸦座、长蛇座和巨爵座。

角宿一事实上是一个双星系统，主星为蓝巨星，伴星为变星，因为距离过近，两颗星在环绕彼此运行的时候，都把对方拉变形了，实际形态并非球形，而是鸡蛋形。也是因为距离过近，使用光学望远镜根本看不出它们是两颗星，必须通过光谱特征才能将其区分出来——两颗恒星的性质差别很大，所以用光谱特征区分也很容易。另外，角宿一也是距离太阳最近的双星系统，因此得到了天文学家的广泛研究。

恒星类型:	**主序星**
所在星座:	**天鹅座**
质量:	**太阳的1.43倍**
温度:	**6750开氏度**
半径:	**太阳的1.58倍**
探测方式:	**美国宇航局开普勒太空望远镜**
发现时间:	**2016年被发现具有异常变暗的表现**
距离太阳:	**1470光年**

塔比星身边环绕着一个不均匀的尘埃环（猜想图）

塔比星

塔比星是一颗很像太阳的恒星，但在搜寻系外行星的开普勒任务中，一些兼职研究员发现它的亮度发生了异常变化。关于背后的原因，科学家与天文观测者已经提出了许多种猜想。

关于宇宙，我们的确有很多东西还不懂，但对于恒星的表现，我们觉得自己已经研究得很透彻了。所以，当一些参与搜寻系外行星计划的兼职研究员发现，宇宙中有一颗恒星的表现与众不同而且目前所未见的时候，大家一下子都变得非常兴奋。率先研究这颗恒星的论文第一作者是塔贝莎·S.博亚吉安（Tabetha S Boyajian），所以这颗恒星就被命名为塔比星（Tabby's Star）或者博亚吉安星（Boyajian's Star），正式名称是KIC 8462852。不管叫它什么，天文学家从它的观测数据中发现，这颗恒星正在以异常的速度变暗。让它变暗的是环绕它运行的行星吗？是某种未知天体吗？是外星人的大型飞船吗？这个问题越想越有趣，越想越让人激动。

根据肩负搜寻行星任务的开普勒太空望远镜最初的观测，塔比星亮度的异常波动有可能是由一大群彗星造成的。这个猜想得到了斯皮策太空望远镜观测数据的进一步支持，只不过除了大批彗星，还涉及一个尘埃云。但塔比星的变化非常复杂，科学家并不百分百确定这个猜想能够完全解释得通，想要把这颗奇妙恒星身上的谜团彻底解开，只能寄希望于持续的观测。

© BILL SNYDER

图像中心被尘埃气体盘包围着的就是金牛座T

金牛座 T

身为变星的金牛座T被天文学家当成了T型星的范本，并通过对它的研究加深了我们对恒星早期状态的理解。我们的太阳在从无到有的形成期，也许就是它的样子。

一颗正在诞生的恒星是什么样子？我们的太阳在还没有行星环绕的时候是什么样子？正在欣德变光星云（Hind's Variable Nebula）里孕育的变星金牛座T，就是原始恒星的一个模板。金牛座T有可能是一个聚星系统，主星叫金牛座TN，身边存在两颗尚未被探测到的伴星金牛座TSa和Sb，其他成员可能正在宇宙云中孕育。

像金牛座T这样的系统，术语叫金牛座T型星，学界认为它们普遍都是年轻的类日恒星，尚处于形成初期，年龄不过几百万岁。此类系统周围存在一个气体云团，类似金牛座T所在的欣德变光星云，在恒星引力的作用下会发生收缩。气体挤成一团，发生碰撞，会产生大量的热，所以部分气体一下子又会以风的形式被抛出来。再过几百万年，中央气团越缩越热，有可能达到足够高的温度而引发核聚变，那时候，外围的物质要么会被吸进来，要么会以恒星风的形式吹出去，一颗能够发光的主序星就此诞生，附近可能还有尚未进入这一阶段的年轻邻居。所以说，我们现在看到的金牛座T，其实就是恒星演化过程中一张精彩迷人的"抓拍照"。

恒星类型：
变星

所在星座：
金牛座

质量：
太阳的2.12倍（N）和 0.53倍（S）

温度：
未知

半径：
未知

探测方式：
望远镜观测

发现时间：
1852年

距离太阳：
600光年

恒星类型:
类星体

所在星座:
狮子座

质量:
太阳的$(2+1.5/-0.7)\times10^9$倍

温度:
未知

半径:
未知

探测方式:
红外线

发现时间:
2011年

距离太阳:
12.9×10^9光年

遥远的ULAS J1120+0641是一个由黑洞提供能量的类星体(假想图)

ULAS J1120+0641

ULAS J1120+0641是我们有史以来观测到的最遥远的天体之一,里面藏着一个形成于宇宙早期的超大质量黑洞。

ULAS J1120+0641发现于2011年,当时是人类找到的最遥远的类星体(现在成了第二名,最远的是2017年被发现的ULAS J1342+0928),名字里的ULAS指的是使其现身的英国红外深空巡天任务(UKIDSS Large Area Survey),后面的数字则是其在天球上的坐标。

观测数据显示,该类星体中心的黑洞,质量大约是太阳的20亿倍,绝对属于超大质量黑洞。目前有关超大质量黑洞形成的理论认为,黑洞从周围宇宙空间里吸积物质、增加自身质量,是一个相当漫长的过程,可这个黑洞据分析形成于宇宙早期,那时候大爆炸才刚刚结束,宇宙中并不应该出现质量如此巨大的天体,到底要如何解释,天文学家们也有些挠头。因为黑洞这么大,由它提供能量的类星体ULAS J1120+0641自然相当明亮,亮度据估算能达到太阳的6.3×10^{13}倍,电磁波有相当一部分(10%~15%)来自中性(非离子化)氢,这也许说明它正处于星系形成的初期。

ULAS J1120+0641发出的电磁波从出发到到达地球被我们发现,已经在宇宙里走了129亿光年,也就是说,它是在大爆炸发生短短7.7亿年后产生的。中央的那个超大质量黑洞到现在可能已经发生了天翻地覆的变化,到底是什么样,我们永远也不可能知道。我们观测这个类星体,其实就是在观测刚刚诞生的宇宙。

盾牌座UY

太阳

特超巨星盾牌座UY的估算半径是黄矮星太阳的1700倍

盾牌座 UY

盾牌座UY不但是其所在小星团中最大的恒星，也是人类观测到的最大的恒星——只不过这个头衔竞争激烈，尚存在很大的争议。

想赢得"已知宇宙最大恒星"的头衔，得有怎样的实力？目前把持着这个头衔的红特超巨星盾牌座UY（UY Scuti），半径将近太阳的2000倍，要是把它放到我们太阳系的中心，连木星都要被它装到肚子里！

盾牌座UY是在19世纪中期由德国天文学家率先发现的，很快就被确定为一颗脉动变星，其视星等每740天就会发生规律性变化。研究者现在已经提出了一个推测，认为盾牌座UY忽明忽暗的变化与包裹着它的尘埃云有关。

因为表现异常，周围可能存在尘埃云，再加上距离地球超过5100光年，有关盾牌座UY恒星构成以及周围物质和天体的关键信息很难得到证实，它的真实体积可能要比目前估算的小。包括大犬座VY在内的好几颗恒星都有可能比它更大。所以，盾牌座UY"已知最大恒星"的王座坐得并不安稳，随时面临着其他恒星的挑战。值得一提的是，这颗特超巨星的体积不知比太阳大多少，可质量仅仅才是太阳的30倍，所以密度要远远低于太阳——任何膨胀的巨星与主序星比较起来，都是这样。

恒星类型：
红特超巨星

所在星座：
盾牌座

质量：
太阳的7~10倍

温度：
3365开氏度

半径：
太阳的1708倍

探测方式：
望远镜观测

发现时间：
1860年

距离太阳：
5100光年

恒星类型:
主序星

所在星座:
天琴座

质量:
太阳的2.135倍

温度:
9602开氏度

半径:
太阳的2.362倍

探测方式:
直接观测

发现时间:
古代

距离太阳:
25.04光年

天琴座图像——那个最亮的光点即是织女星

织女星

明亮的织女星是人类历史上被研究得最透彻、意义最重要的恒星之一,随着地球的姿态不断地晃动(即地轴倾斜),它在未来的地位还会上升。

织女星的亮度在夜空中排名第五,在天琴座诸星中排名第一,在它与来自其他两个星座的两颗星构成的夏季大三角中,仍然排名第一。这颗直径将近太阳3倍的恒星,在人类天文史上的"履历"实在是惊人。在大约14,000年前,地球真正的"极星"——也就是位于地球两极延长线上的明亮恒星——并非现在的北极星,而是织女星,当时天空中的所有星星似乎都在围着它转。

织女星被4000年前的古人称为"Ma'at",从这一点上就可以看出,我们的祖先尽管缺少望远镜,却仍然掌握了丰富的天文知识。织女星的英文名源自阿拉伯语,意为"石鹰",而在中国,它与牛郎星是神话中的一对情侣,每年夏季的七夕节,纪念的就是他们的坎坷情路。再过12,000年,织女星又会重新成为极星。

天文学家仍在不断研究织女星,希望能够了解它的构成以及天体系统。他们已经发现,织女星身边似乎环绕着一个很大的小行星带,类似我们太阳系的小行星带和柯伊伯带。因此,他们也推测在织女星周围有可能存在富含液态水、可以维系生命的行星。织女星并非只是联系古今神话的纽带:因为距离地球只有大约25光年,它在未来一定会成为天文学家不容忽视的研究对象。

巨大的面纱星云是天空中最大的超新星遗迹之一

恒星类型:
超新星遗迹

所在星座:
天鹅座

质量:
无

温度:
无

半径:
38.5光年

探测方式:
光学望远镜观测

发现时间:
1784年由威廉·赫歇尔
发现

距离太阳:
大约1470光年

面纱星云

几千年前，在银河系里离我们不远的地方发生了一场大爆炸，被炸碎的那颗恒星本有20个太阳那么大，结果灰飞烟灭，只剩下虚无缥缈的面纱星云。

面纱星云（Veil Nebula）属于超新星遗迹天鹅座环的一部分，是天空中最大、最壮观的同类天体之一。因为看起来像是宇宙中飘逸的一条精美面纱，所以才有了这个名字，而那实际上是很多年前一场超新星爆炸形成的冲击波。爆炸大约发生在8000年前，那颗恒星本是银河系里一颗大质量恒星，质量是太阳的20倍，爆炸后尸骨无存，只剩下如丝如线的气体。爆炸产生的冲击波，冲进了一面温度较低、密度较高的星际气体墙，点亮了那里的气体，因此才可以被观测到。另外，紧挨着面纱星云的还有一个体积很大的低密度气体泡，而这个气体泡实际上是那颗恒星在自我引爆前抛到太空里的物质。

在爆炸发生的时候，飞速膨胀的气团有可能和新月一样亮，在几个星期的时间里始终可见，不过那时候的人类尚未学会用文字符号记录历史，因而无从考证。到了今天，这个超新星遗迹已经暗淡下来了，至少需要用一架小型天文望远镜才能看得见，其实际体量巨大，真实半径据推测长达38.5光年，从地球上看上去有5个满月那么大！也是因为太大，一个面纱星云又被分成了若干部分分别编号命名，这里面就包括女巫扫帚星云（Witch's Broom Nebula）和丝状星云（Filamentary Nebula）。

恒星类型:
红特超巨星

所在星座:
大犬座

质量:
太阳的17倍

温度:
3490开氏度

半径:
太阳的1420倍

探测方式:
望远镜观测

发现时间:
1801年

距离太阳:
3820光年

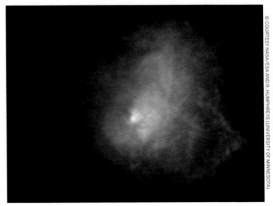

大犬座VY可见光波段图像

大犬座 VY

大犬座VY是宇宙中已知最大的恒星之一，研究它有助于让天文学家了解寿命短于太阳的超巨星。

大犬座VY（VY Canis Majoris）属于大质量红特超巨星，是人类有史以来找到的最大的恒星之一，身材与盾牌座UY相仿，半径超过太阳的1400倍，亮度在银河系众多恒星中也可跻身前列，能达到太阳的10万倍。因为处于红超巨星演化阶段，它既会发光，也会向外喷射气体，流动到太空中的气体类似太阳黑斑，只不过里面的能量要比耀斑大许多许多，而且规律难以预测。而向外喷射气体形成的反射星云阻碍了人类对它的观测，大犬座VY也被归为变星。

我们太阳这样的恒星可以活数十亿年，而大犬座VY体积大很多，射出的能量也多，寿命却比太阳短。一旦它最终发生超新星爆炸，释放的能量将是普通超新星的100倍，同时也会产生巨量伽马射线，周围星云里的气体和物质中可能会诞生新的恒星甚至是行星。你先别急着激动：在爆炸发生前，大犬座VY还能在天空中继续亮上好几百万年。

伽马射线绝对会给附近的恒星、行星造成威胁，就算那些行星上存在生命，肯定也会被强烈的伽马射线摧毁。幸运的是，地球离大犬座VY很远很远，它的厄运即使真的到来，我们也不会受到什么影响。

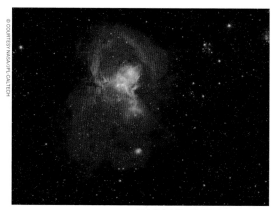

斯皮策太空望远镜拍摄的W40星云图像

恒星类型:
弥漫星云

所在星座:
巨蛇座蛇尾区域

质量:
太阳的10^4倍

温度:
大约250,000开氏度

直径:
视差8角分

探测方式:
赫歇尔空间天文台

发现时间:
2009年

距离太阳:
1400光年

W40

W40看起来仿佛宇宙中一只红色的蝴蝶,在这个恒星产房中,有数百个婴儿恒星嗷嗷待哺。

星云W40全名Westerhout 40,是宇宙中一个由气体和尘埃构成的巨大云状结构,里面能孕育新的恒星。W40的外观像一只蝴蝶,两只"翅膀"实际上是高热星际气体构成的气泡,是星云中温度最高、质量最大的一些恒星吹出来的。那些丝线一样的区域存在高密度气体核,其中许多都会在引力的作用下发生坍缩,形成恒星。除了看起来很美,W40也体现了宇宙中一个耐人寻味的现象:被星云赋予生命的恒星,最终竟会夺走星云赋予生命的能力。具体地说,星云里的气体和尘埃在引力的作用下聚集成了一个个节点,当密度突破了临界值,恒星就会以节点为核诞生出来。一旦某些恒星获得了非常大的质量,它们释放的辐射与恒星风有时候就会在星云中产生气泡,这些恒星最终爆炸时也会喷射物质。所有这些都会造成星云内气体与尘埃的离散,原本密度很大的节点遭到瓦解,星云孕育恒星的能力因此减弱甚至消失。

W40的中间是一个密集的星团,两边的翅膀就是由它喷射出来的。星团中温度最高、质量最大的一颗恒星就位于星团的正中心,代号W40 IRS 1a,形成时间不过几百万年,按照宇宙标准算是相当年轻了。W40与著名的猎户座星云距离太阳大约都有1400光年,只不过它们在天球上的位置相隔有180°的夹角。这两个星云是至今观测到的距离我们最近的恒星产房,里面的恒星质量能达到太阳的10倍以上。

星系

SDSS J1110+6459星系团引力透镜效应演示图

星系速览

把视线投向太阳系和星团之外，你会发现我们的宇宙是由无数个年龄不同、质量不等的星系构成的。

我们所在的星系是银河系，里面有数以千亿计的恒星，其中的气体和尘埃加起来足以再形成数十亿颗恒星，而隐藏其中的暗物质更是10倍于这些恒星和气体的总和，所有这些物质都被引力牢牢地结合在了一起。银河系里有我们所在的太阳系，还有诸多与我们邻近的恒星，其质量相当于1.9万亿颗太阳。这似乎已经大到无法想象了，但仅是在我们已经观察到的宇宙中，这样的星系估计就有2万亿个。

在这些已知的星系中，有超过三分之二都呈旋涡状结构，银河系也不例外。旋涡的中央会产生大量能量，偶尔还会喷射出艳丽的耀斑。能有那么大的引力让那么多恒星运转起来，又能喷出那么大的能量，天文学家因此推断几乎所有星系的中心都是一个特大质量的黑洞。除了旋涡星系，宇宙中还有椭圆星系，以及少量牙签状星系、环状星系等稀奇古怪的星系结构。哈勃深空视场（Hubble Deep Field，简称HDF）是在10天内对着天空中的一小块区域拍摄后合成的一张影像，上面就发现了大约3000个星系，大小、形状和颜色千差万别。不仅如此，这些星系在引力的控制下还会形成星系团甚至是超星系团，里面的星系数量少则50个，多则50,000个。

顶级亮点

仙女座星系

1 距离银河系最近的大型旋涡星系，是我们了解星系演变过程的一座宝库。

黑眼星系

2 星系中的"黑美人"，内有大量模糊尘埃，外围区域的旋转方向与内核区域相反。

超新星SN 1993J

3 波德星系为了安慰这颗爆炸后的超新星，给它找了一个伴儿。

大犬座矮星系

4 已知星系中离我们最近的，是麒麟座环的一部分。

雪茄星系

5 这个星系正在发生"星爆"，大量恒星呱呱坠地。

秃鹰星系

6 秃鹰星系直径超过52.2万光年，半径是银河系的5倍。

霍格天体

7 一个罕见的环状星系，中央聚集着苍老的红星（表面温度较低的恒星），外环里则是年轻的蓝星（表面温度较高的恒星），成因至今不明。

麦哲伦云

8 麦哲伦云一大一小，不是云，而是星系，还是银河系最大的伴星系。

M87

9 人类有史以来拍摄到的第一个特大质量黑洞就在M87星系里，浩瀚的星系中心藏着无数秘密等待科学家去揭开。

风车星系

10 这个星系状如风车，颜值很高，超新星特别多。

触角星系

11 曾经的两个旋涡星系发生碰撞后紧紧地缠绕在一起，形成了这个触角星系。

室女座星系团

12 如果说太阳系"大"，银河系和本星系群"很大"，那么由近5万个星系构成的室女座星系团就根本不是"大"字能够形容的。

NASA的风车星系（M101）合成图像，这个旋涡星系比银河系大70%

类型:
棒旋星系

直径:
25万光年

所在星座:
仙女座

视星等:
3.4

距离太阳系:
250万光年

发现时间:
首个已知记载是在964年,出自波斯天文学家苏菲

© ROBERT GENDLER

仙女座星系体现了旋涡星系的典型特征

仙女座星系

仙女座星系又称M31,是银河系在宇宙中最近的大个儿"邻居"。

仙女座星系(Andromeda Galaxy)由多达1万亿颗恒星构成,呈现出壮观的旋涡状结构,大小与我们的银河系相仿,距离我们只有250万光年,仅凭肉眼就可以在晚上观察到。这位"邻居"得名自其所在的北天星座仙女座,在秋天的夜空中,仙女座上那一抹雪茄形状的光斑就是它。

仙女座星系又被天文学家称为M31,数千年来一直是地球夜空中的"标配",很难说谁是第一个发现它的人,但波斯天文学家阿卜杜勒-拉赫曼·苏菲(Abd al-Rahman al-Sufi)964年撰写的《恒星之书》(*The Book of Fixed Stars*)是已知最早记载仙女座星系的文献。在数百年里,人们一直以为仙女座星系是我们银河系的一部分。

这种错误观点未来真的会"弄假成真",因为银河系和仙女座星系目前处于碰撞轨道上,大约在45亿年后就会合二为一,形成一个巨大的椭圆星系。

重要提示

如果你一定要去仙女座星系,又担心燃料不够,那不妨耐心等等。这位旋涡邻居此时正朝着银河系撞过来,在夜空中会越变越大,再过个几亿年也就到家门口了。如果觉得"远水不解近渴",《星际迷航》《神秘博士》《超人》和漫威系列里都有仙女座星系的重头戏,还有毁誉参半的游戏《质量效应:仙女座》,不妨借助这些著名的科幻作品提前一窥其面貌。

到达和离开

仙女座星系是距离银河系最近的大型星系,但也有250万光年远,就算你可以坐着波音747飞机飞过去,花的时间指不定比它存在的时间都长。

仙女座星系亮点

大"撞"临头

1 仙女座星系目前正以每小时40万公里的速度在太空中飞快移动，而且正朝着银河系直扑过来。在20世纪初，科学家就知道这两个星系注定要发生碰撞，但碰撞发生的具体时间和方式尚不确定，多个团队都在对此进行研究。根据目前的预测，仙女座星系会在大约45亿年后从侧面撞上银河系，碰撞时两个星系大约相距42万光年，星系盘并不会彼此影响，但暗物质形成的晕部分将发生"刮蹭"。刮蹭之后，两个星系掉头改变运行轨迹，然后再次相撞，并在其后约10亿年间循环往复，直至合并成一个全新的巨大椭圆星系。

这听起来似乎是恒星和行星的惊天浩劫，但事实上，星系内部空间很大，恒星稀疏，真正能撞到一起的恒星少之又少，更多的是高热的气体撞击挤压，迸发出新的恒星。如果地球到那时仍然健在，我们就会在天空中看到这一过程产生的色彩风暴。

大饱眼福

2 仙女座星系的视星等高达3.4，在没有月亮的夜空中直接用肉眼就能看到，稍微有些光污染也没问题。仙女座星系在秋季会高悬北天，那时最易于搜索观察。视野不好的话，它看起来只是一个模糊的光斑，但完整的星系在夜空中应该是一个纺锤体形状，长度6倍于满月直径。使用双筒望远镜或者小型支架式天文望远镜可以看得更清楚，仙女座星系可能会占满望远镜的整个目镜。

黑洞数量之谜

3 天文学家已经在仙女座星系里观测到了35个黑洞，这是银河系以外的所有星系中可能存在黑洞数量最多的一个。2013年，天文学家宣布，他们使用钱德拉X射线天文台在13年的时间里成功观测到了其中26个黑洞。这些黑洞属于恒星级质量黑洞而不是在星系中心大发淫威的特大质量黑洞，质量是太阳的5~10倍，是一颗质量巨大的恒星坍缩死亡后产生的。据估算，银河系的黑洞数量约1亿个，仙女座

星系的黑洞数量可能比这还要多得多。

为仙女"画像"

4 科学家花了三年多的时间，通过哈勃太空望远镜拍摄的7398张照片，竭尽全力将仙女座星系盘上大约三分之一的恒星——定位，最终拼接合成为一张名为哈勃仙女座星系全色图库（Panchromatic Hubble Andromeda Treasury，简称PHAT）的图片。这可是有史以来我们人类给这位星系近邻拍摄过的最清晰的一张"留影"，放大的话，每一颗恒星都可以看得真切，NASA打了个比方，就好比给一片海滩拍照，竟能做到沙子颗粒分明!

这张全景图覆盖了仙女座星系长逾6.1万光年的煎饼形星系盘，其中有数以千计的星团和超过1亿颗恒星。照片显示，星系核球（即星系中央区域的核心）的恒星密集度很高，沿着由恒星、尘埃构成的"通道"越往外绕，恒星越是稀疏。外围那大片大片的年轻蓝星说明那里是星团所在之处，也是恒星诞生之所，画面中那些深色区域则是结构复杂的宇宙尘埃。

身份疑云

5 直到20世纪初，天文学家一直以为我们的银河系占据了整个宇宙，天空中像仙女座星系这样的光斑只不过是银河系里的星云。1912年，维斯托·斯里弗（Vesto Slipher）对所谓"仙女星云"的移动速度进行了测量，结果发现它正在朝地球飞扑过来，速度之快，不可能是银河系的一部分。1917年，希伯·柯蒂斯（Heber Curtis）在"仙女星云"中观测到了一颗新星，根据其爆炸产生的亮度推算出"仙女星云"的位置肯定在50万光年以外。1925年，埃德温·哈勃（Edwin Hubble）借助造父变星计算出"仙女星云"的精确距离，发现它根本就是一个极其遥远的独立星系，这位"仙女"的身份才盖棺定论。

巨大的气状晕

6 仙女座星系本就很大，但围在四周的气状晕竟然更大，从星系主体向外延伸了

仙女座星系醒目的蓝白色环带是由附近炽热年轻的大质量恒星构成的

差不多100万光年，边界大约在仙女座星系与银河系的中间位置。气状晕射出的高温等离子在夜空中形成了一个巨大的气泡，看上去比满月大100倍，可惜这个气泡肉眼几乎看不见。天文学家通过哈勃太空望远镜来研究晕是如何过滤遥远类星体发出的明亮背景光线的——这一现象就好比隔着浓雾看到手电筒灯光，从而确定了气状晕的存在。

他们估算这个巨大的气状晕质量大约是仙女座星系恒星总质量的一半，并且猜测它与仙女座星系同时形成于100亿年前。但气状晕中也能找到恒星爆炸（即超新星）留下的化学指纹图谱：星系盘上的这种爆炸将很多重元素炸到了太空中，使得气状晕的构成变得更为复杂。

© COURTESY NASA AND THE HUBBLE HERITAGE TEAM (AURA/STScI)

类型：
旋涡星系

直径：
5.4万~7万光年

所在星座：
后发座

视星等：
9.8

距离太阳系：
约1700万光年

发现时间：
1779年由爱德华·皮戈特发现

M64有一条尘埃带遮住了明亮的核心，辨识度很高

黑眼星系

黑眼星系里面大约住着1000亿颗恒星，星系内有一条吸收了宇宙尘埃的壮观黑带，一定程度上遮蔽了原本明亮的星系核心，因而很有辨识度，别名还包括M64、NGC 4826、魔眼星系和睡美人星系。

翻腾的尘埃带将这个"美人"裹得严严实实，也将一个险恶的秘密掩盖其下：这个星系（Black Eye Galaxy）不久之前与一个小星系相撞，然后将其吞噬，因此产生的气体尘埃才会如此翻腾错乱。星系外围区域的气体与星系核心相距4万光年，旋转方向也与内部区域的气体和恒星相反，这种同心反旋的运动模式非常罕见。在这两个反向旋转带的交界处，气体受到压缩碰撞，从而催生了新的恒星。

黑眼星系最早由英国天文学家爱德华·皮戈特（Edward Pigott）于1779年发现，位于北天星座后发座。后发座中的"后"，指的是埃及托勒密王朝的统治者女王贝勒尼基二世（Queen Berenice II of Egypt）。传说这位女王曾把一缕头发献给爱神阿弗洛狄忒作为贡品，后来头发在神庙中莫名消失，跑到天上成了星座，也就是后发座。观看这个星系最好选择5月，需要一架中等大小的望远镜。处于星系核心的有刚刚形成的炽热蓝星以及由氢气组成的粉红色云团，当后者暴露在前者产生的紫外线下时，就会发出闪烁的荧光。

类型：
旋涡星系

直径：
9万光年

所在星座：
大熊座

视星等：
6.94

距离太阳系：
1180万光年

发现时间：
1774年由约翰·波德发现

波德星系内核中是年代久远的黄星，旋臂里的恒星是更年轻的蓝星

波德星系

波德星系也叫M81，属于旋涡星系，距离我们不到1200万光年，在天空中比较大，也比较亮，所以经常会遭到天文爱好者和天文学家的"盯梢"。

波德星系（Bode's Galaxy）由德国天文学家约翰·波德（Johann Elert Bode）于1774年发现，也叫M81，是夜空中最明亮的星系之一，视星等有6.94。几条旋臂伴随着几条婀娜的尘埃带一直绕到了内核里。旋臂由过去几百万年中形成的年轻的炽热蓝星组成，里面也有一些恒星是在大约6亿年前的一次造星运动中诞生的。

波德星系的核球与银河系的相比要大很多，里面的恒星与旋臂里的相比形成要早很多，颜色也更红。哈勃望远镜之前的观测发现，一个星系核心内的黑洞大小应该与该星系的核球质量成正比。而波德星系中心的黑洞质量等于7000万个太阳，大约是银河系中心黑洞质量的15倍，从而印证了哈勃的发现。

波德星系属于大熊座，最佳观测时间在4月，与M82（即雪茄星系）处于同一视域，使用普通双筒望远镜可以看到模糊的光斑，使用小型天文望远镜就能看清楚内核。

波德星系亮点

超新星SN 1993J

1 1993年，天文学家在波德星系中探测到了一颗超新星，也就是一颗大质量恒星在死亡时发生的大爆炸。在监测爆炸产生的光线后，科学家将其定性为"Ⅱb型超新星"，并将其命名为"SN 1933J"。这种类型的超新星非常罕见，这个是已知距离我们最近的，科学家认为发生这类爆炸的恒星应该拥有一颗伴星。

在之后的20年里，天文学家一直在密切监测这颗超新星不断衰弱的光，希望能够在爆炸的余晖中找到一颗幸存的伴星。2014年，这颗伴星终于被找到了。伴星热量极高，向外辐射紫外线，它的发现印证了科学家对于这一独特超新星的判断：恒星在死亡之际把伴星紧紧抱在怀里，体内燃起大火，发生自爆，"内脏"随即被抛入太空。

星系能"拔丝"

2 波德星系与NGC 3077和M82这两个星系处于一个碰撞轨道上，且与后两者之间有细长的气体"桥"，"桥"上散落着许多匪夷所思的"蓝色斑点"（blue blob）。大约10年前，科学家借助哈勃太空望远镜对它们进行了仔细观察，认为这些斑点事实上是一个个亮蓝色的星团，质量是太阳的数万倍。一般来说，在星系际宇宙空间里，形成新的恒星所需的物质分布得极为稀疏，能在这种地方找到星团，可以说是非常罕见的。

科学家随后又对这些星团的形成年代进行了测算，发现大多数都诞生于不到2亿年前，有些甚至不到1000万年。这一发现印证了科学家此前的猜测：在2亿年前，波德星系应该就与这两个星系发生过一次碰撞，擦身而过时，就像拔丝土豆一样从两个星系那里扯出了两道气体"桥"，"桥"内温度极高，物质运动剧烈，足以产生这些年轻的恒星。

忽明忽暗，才好计算

3 在很长一段时间里，波德星系与我们之间的距离一直无法确定，估计短则450万光年，长则1800万光年。等到了20世纪90年代初，天文学家把目光聚焦到波德星系的星系盘上，专心在那里搜寻一种叫造父变星的脉动星，这种恒星会以10~50天的周期交替发生明暗变化。通过研究造父变星的脉动规律，我们可以确定其本征亮度，从而准确计算天体距离。目前，天文学家已在波德星系里找到了不下30颗造父变星，波德星系的距离也被精确到了1180万光年。

重要提示

波德星系是性价比超高的宇宙旅行目的地，花一份钱就能玩到3个星系！波德星系位于M81星系团之内，这个星系团共由34个星系组成，就在我们本星系群的隔壁，所以交通很便利。波德星系在M81星系团中规模最大，与NGC 3077和M82（即雪茄星系）这两位近邻之间存在引力造成的摄动（即一个大质量天体受到一个以上质量体的引力影响而发生的可察觉的复杂运动），从而引发了星系之间剧烈的造星运动，最终会"三分归一统"。

到达和离开

波德星系距离我们有1180万光年，也就是说光从那里射过来所花的时间足整个人类历史的60倍，但这对宇宙旅行来说，路程算近的了。

大犬座矮星系

类型:
不规则矮星系

直径:
未知

所在星座:
大犬座

距离太阳系:
距离太阳25,000光年,距离银河系中心42,000光年

发现时间:
2002年

大犬座矮星系是距离人类最近的"星系邻居",可惜2002年以前我们对它一直视而不见。长久以来,这个头衔一直被大小麦哲伦云占据,1994年,天文学家又把它扣到了人马座矮椭圆星系的头上。8年后,科学家在利用可以穿透宇宙尘埃的红外线研究银道面(即银河系主要的质量形成的盘状平面)时偶然发现了这个大犬座矮星系,它到银河系的距离只有大麦哲伦云到银河系距离的四分之一!

大犬座矮星系(Canis Major Dwarf)里面仅仅有10亿颗恒星,形状大致是椭圆形,大多数区域都被银道面里的宇宙尘埃遮住了。星系内多是年代久远的红巨星,核心已经完全退化,准确地说,只是一个星系的尸体。

你可能想不到,大犬座矮星系正在与我们的银河系发生碰撞。这是一场实力悬殊的交手,银河系的引力最终会把这个星系撕得粉碎,只留下一条晶莹的恒星带。此时,败局已露迹象,大犬座矮星系已经被撕出了一条长20万光年如丝般的细流,里面都是恒星、气体和宇宙尘埃,并且围着银河系绕了3圈,被称为"麒麟座环"(Monoceros Ring)——正是因为这个环,我们才确定了大犬座矮星系的位置。预计在10亿年后,这个星系就会被银河系完全吞没。

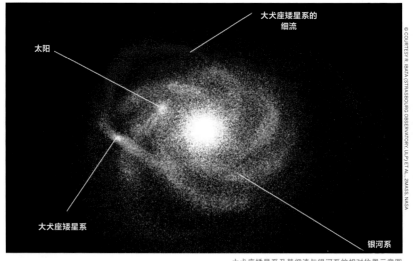

太阳

大犬座矮星系的细流

大犬座矮星系

银河系

© COURTESY R. IBATA (STRASBOURG OBSERVATORY, ULP) ET AL., 2MASS, NASA

大犬座矮星系及其细流与银河系的相对位置示意图

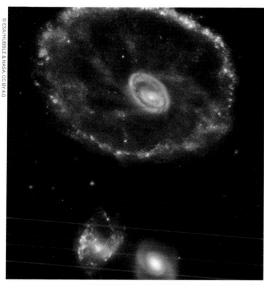

类型:
环状星系

直径:
15万光年

所在星座:
玉夫座

视星等:
15.2

距离太阳系:
约5亿光年

发现时间:
1941年由弗里茨·兹威基发现

图中所见的车轮星系的造型来自一场猛烈的星系碰撞

车轮星系

车轮星系距离我们将近5亿光年，属于玉夫座，造型奇特，仿佛一个正在爆炸的马车车轮，核心亮度很高，呈旋涡状，环绕着核心的外环也很明亮，由年轻的恒星构成，纤细的轮辐状结构物质将外环与核心连接起来。

科学家怀疑，一个较小星系几乎迎面而来的撞击造成了车轮星系（Cartwheel Galaxy）的奇特结构。大约在2亿年前，这个小星系一下子砸到了车轮星系的中间，由此突然引发了一系列由内向外扩散的造星运动，仿佛投石入水，涟漪外泛。如今这一同心环的波前（即波在介质中传播时，波动所达到的各点所连成的曲面中最前面的那个曲面）就是那个由大质量恒星组成、环绕着星系核心的明亮外环。在碰撞发生前，车轮星系很可能呈现与银河系类似的旋涡结构。车轮星系据估算拥有至少数十亿颗年轻的恒星，总质量等于30

亿颗太阳，造星运动如此剧烈，原因之一就是那场撞击所产生的能量。

今天的车轮星系是地球夜空中紫外线亮度最高的天体之一。星系内也有十几个高强度X射线源，这种现象通常都与恒星气体被吸入伴星的黑洞有关。车轮星系经历了如此猛烈的碰撞，大质量恒星常常会快速诞生，快速死亡，在这种情况下出现大批黑洞也是情理之中的事。车轮星系和上图中出现的几个星系同属于一个星系团，距离我们的太阳系至少有4亿光年。

类型：
**透镜状星系/椭圆星系
（活跃星系）**

直径：
超过6万光年

所在星座：
半人马座

视星等：
6.8

距离太阳系：
约1100万光年

发现时间：
1826年由詹姆士·敦洛普发现

哈勃太空望远镜拍摄的半人马座A星系可见光及紫外线图像

半人马座A星系

面目古怪的半人马座A星系距离我们只有1100万至1200万光年，是离地球最近的活跃星系之一，几乎是地球天空中射电波最多的天体。这个星系别名NGC 5128，跨度6万光年，被归为椭圆星系，但形状相当奇特，好像一个明亮的光斑被一条沾满灰尘的暗黑色丝带裹住了一样。

半人马座A星系（Centaurus A）由一堆混乱而又绚丽的星团和壮观的尘埃带组成，很可能是两个平平无奇的星系撞击的结果。在星系中央附近，撞击留下的宇宙残骸正在逐步被一个中央大黑洞吞噬，黑洞质量超过太阳10亿倍。吞噬过程释放了大量射电波、X射线与伽马射线，射出的高能量粒子流长达100万光年。天文学家估算喷射源附近的物质向外运行的速度差不多是光速的三分之一。喷射流与周围气体产生的强烈互动也许会改变星系的造星速度。正是因为这些喷射流的存在，

半人马座A星系才拥有了辐射源和星系的双重身份，也是人类最早发现的此类天体之一。如果我们能够看到这些射电波，那么半人马座A星系将是夜空中最大、最亮的天体之一，半径逼近满月的20倍。

作为天空中第五亮的星系，半人马座A星系是天文爱好者观测和摄影的人气之选。使用双筒望远镜或小型天文望远镜就可以观测到该星系的核球以及弯曲的尘埃带，在北半球低纬度地区以及南半球观测这个活跃星系要更容易。

类型：
（侧向）旋涡星系

直径：
3.7万光年

所在星座：
大熊座

视星等：
8.4

距离太阳系：
1200万光年

发现时间：
1774年由约翰·波德发现

因为身材又瘦又长，M82才有了雪茄星系这么一个奇怪的称号

雪茄星系

M82属于旋涡星系，从地球上看到的刚好是其侧面，仿佛是一支燃烧的雪茄，因而得名雪茄星系，外表相当壮观。它的引力场与相邻的M81星系相互作用，所以造星速度非常快，是一个星爆星系。

在雪茄星系（Cigar Galaxy）的中央，恒星诞生速度要比银河系快10倍，造星时产生的气体和宇宙尘埃向星系上下方分别飘了出去，形成了那种红色的"烟雾"。在星系内部，新生恒星释放出的辐射和高能粒子能把足够多的气体再次挤压成数百万颗恒星。只不过造星速度过快，大量物质在造星过程中就会被快速消耗或者摧毁，想孕育新的恒星，就会变得原料不足，乃至于最后无料可用，星爆通常在几千万年内就会发生衰减。

雪茄星系的气体和尘埃被猛烈的宇宙风吹到了星系间的太空中，科学家通过同温层红外天文台（Stratospheric Observatory for Infrared Astronomy，简称SOFIA）对这些物质进行了更为细致的研究，发现从雪茄星系中央吹出的宇宙风的轨迹与磁场方向一致，风中携带的气体和尘埃质量奇大，相当于5000万到6000万个太阳。观测数据表明，这种与星爆现象相关的强烈宇宙风，可能给附近的星系际空间传播物质并输入了一个磁场。如果宇宙诞生之初也发生过类似的现象，那么第一批星系的演化一定受到过它们的影响。

雪茄星系位于大熊座，视星等8.4，4月为最佳观测期，使用普通双筒望远镜观看是一个光斑，使用较大的天文望远镜可以清晰地看到核心。

类型：
赛弗特星系

直径：
1400光年

所在星座：
圆规座

视星等：
12.1

距离太阳系：
1300万至1400万光年

发现时间：
1975年

可在圆规座星系观测到明亮的丝状结构

圆规座星系

圆规座星系外表好似女巫炼药的坩埚，里面旋转翻腾，冒着荧光烟雾。尽管它是距离我们最近的大型星系之一，却因为躲在银河系平面里的气体和尘埃身后，几乎没有被人类探索过。

圆规座（拉丁语名字的意思是指南针）里的这个圆规座星系（Circinus Galaxy）距离我们只有1300万至1400万光年，是离地球最近的活跃星系之一，也就是说其亮度主要由星系核心产生，而不是星系盘中的恒星亮光。只要是活跃星系，都拥有一个活跃星系核。在圆规座星系，环绕着星系核的区域造星速度非常快，过程中产生的尘埃和丝状结构会因为红外辐射变热发光。这种具有典型强发射线的活跃星系就可以归为赛弗特星系（Seyfert galaxy）。

圆规座星系的中心是一个特大质量黑洞，质量是太阳的数百万甚至数十亿倍，此刻正在慢慢吞噬外围星系盘上的气体和尘埃。随着物质掉入这个黑洞，温度就会变得非常高，足以产生强烈的X射线和紫外线。这些放射线不但本身就很亮，还可以给星盘外围的尘埃加热，让它们开始发出红外线。此外，星系边缘附近还有一个小黑洞，属于超亮X射线源（ultraluminous X-ray sources，简称UXL）。构成UXL的黑洞都处在活跃的吸积阶段，也就是已知俘获并吞噬伴星的物质的阶段。NASA借助核光谱望远镜阵列（Nuclear Spectroscopic Telescopic Array，简称NuSTAR）在圆规座星系外围找到了这个小黑洞，又利用其他望远镜对其展开进一步观察，发现其质量大约是太阳的100倍。

类型：
棒旋星系

直径：
52.5万至70万光年

所在星座：
孔雀座

视星等：
12.7

距离太阳系：
2.12亿光年

发现时间：
1835年6月由约翰·赫歇尔发现

基于欧洲南方天文台的数据加工而成的秃鹰星系图像

秃鹰星系

秃鹰星系又名NGC 6872，是一个壮观的棒旋星系，也是人类观测到的最长的恒星系统之一——"之一"两个字去掉也无妨。从一条旋臂到另一条旋臂，距离竟可以超过52.2万光年，5倍于我们的银河系。

秃鹰星系（Condor Galaxy）这么大的星系在宇宙中并不常见，仅星系的中央棒就有2.6万光年，比某些星系还要长！科学家推测其大小和外形来自与另一个星系IC 4970的相互作用。这个星系要比秃鹰星系小很多，质量只是它的五分之一。一般来说，像我们银河系这样的大型星系成长期有数十亿年，其间要吞噬掉无数小型星系。但秃鹰星系与IC 4970的引力互动却似乎在反其道行之，未来并不会形成更大的星系，而是会在今天的秃鹰星系东北旋臂附近孕育出一个小星系。

天文学家根据波长对秃鹰星系的能量分布进行了分析，发现它那两条大旋臂里面的恒星年龄体现出了一种明显的规律：在东北旋臂外端将诞生潮汐矮星系（tidal dwarf galaxy）的位置，恒星年龄最小，不到2亿年，在紫外线下散发出强烈的光；越靠近星系核心，恒星年龄越大；西南旋臂也有同样的规律。这应该与星系碰撞引发的造星波有关。在秃鹰星系中央棒里，人们并未发现距今较近的造星迹象，说明它至少形成于几十亿年前。这些"高龄"恒星为我们研究星系早期恒星构成提供了样本。

类型:
旋涡星系

直径:
20万光年

所在星座:
波江座

视星等:
10.9

距离太阳系:
6000万光年

发现时间:
**1784年10月由威廉·赫歇尔
发现**

大旋涡星系正面图像充分展示了其旋臂

大旋涡星系

大漩涡星系又名NGC 1232，要是有人让你画一个旋涡星系，样子应该就和它差不多，估计就因为这样，人们简单粗暴地给它起了这么个名字。

大漩涡星系（Grand Spiral Galaxy）几乎正面直对地球，它的那张"面孔"很美，直径20万光年，星系中央区域的恒星年龄更大，颜色更红，数不胜数的旋臂内则有蓝色的年轻恒星以及不少造星区域。这个星系拥有一个叫NGC 1232A的伴星系，形状扭曲，类似希腊字母 θ，对伴星系来说体量有些大。2013年，NASA的钱德拉X射线天文台在观测中发现，大旋涡星系里存在一个大质量气体云，温度高达数百万摄氏度，很可能是与一个较小的矮星系碰撞的结果。这些高温气体就是在碰撞产生的激波中形成的，并随着星系移动，形成了彗星那样的尾巴。据估计，这些高温气体的质量是太阳质量的4万至100万倍，具体取决于它在整个星系中的分布情况。星系的碰撞也为造星运动提供了肥沃的土壤。

大旋涡星系位于天赤道以南，属于波江座。这个星座早在托勒密时代就被发现了，因为形似一条蜿蜒的河流而得名，"河水"从猎户座的脚部（靠近天赤道）一直流到杜鹃座，横跨南天北天，是第六大现代星座。

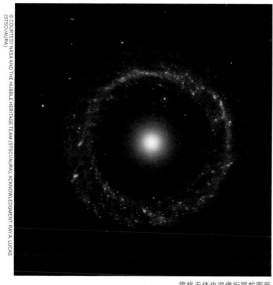

类型：
环状星系

直径：
10万光年

所在星座：
巨蛇座

视星等：
16

距离太阳系：
6亿光年

发现时间：
1950年由亚特·霍格发现

霍格天体也很像衔尾蛇图案

霍格天体

霍格天体的外部由炽热的蓝星构成一个近乎完美的圆环，环绕着其黄色的核心，是星系中一个另类的存在。

霍格天体（Hoag's Object）是一个极具辨识度的环状星系，直径大约10万光年，比我们的银河系略大。蓝色的外环与亮黄色的核心对比极为鲜明，前者由年轻的大质量恒星星团构成，后者则主要是年龄更大的恒星。外环与核心之间的"空隙"也许并没有看上去那么空，里面也可能存在一些星团，只不过光线太弱看不出来。

虽然也发现了其他类似的天体，但这仍然相当罕见。对于如此古怪构造的成因，天文学家还不是非常清楚。有人说这源自一场远古时期的星系碰撞，有人说霍格天体和一些旋涡星系一样，曾经存在一个中央棒，虽然它早已消失，但其引力作用造就了星系现在的形状。

更有意思的是，霍格天体这个大环里还套了一个小环，就在环内空隙1点钟的位置。它很可能是一个遥远的环状星系，只不过在拍照时误入了背景，并不属于霍格天体本身。霍格天体距离我们大约6亿光年，在天球上朝向巨蛇座方向。1950年，天文学家亚特·霍格（Art Hoag）首次观测到了它的存在，于是人们就直截了当地将其称为"霍格天体"。

类型:
不规则矮星系

直径:
1.4万光年(大),
7000光年(小)

所在星座:
剑鱼座和山案座(大),
杜鹃座和水蛇座(小)

视星等:
0(大),2(小)

距离太阳系:
约16万光年(大),
约20万光年(小)

发现时间:
古代

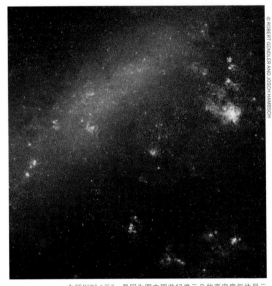

之所以叫"云",是因为图中那些好像云朵的高密度气体星云

大小麦哲伦云

大小麦哲伦云是银河系最大的两个伴星系,彼此间距离大约7.5万光年,在南天半球上很容易就能观测到。

大小麦哲伦云本身都不算大,但因为距离我们太近了,所以看起来很大。16万光年外的大麦哲伦云(Large Magellanic Cloud,简称LMC)更是南天夜空中最显眼的天体之一,悬挂在剑鱼座和山案座附近,看起来像是从银河系里揪出来的一撮绒毛。大麦哲伦云的质量还不到银河系的十分之一,却是正儿八经的星系(不规则矮星系),恒星总质量大约是太阳的100亿倍,其中的多个产星区光芒四射。恒星诞生最显著的标志就是星云,而大麦哲伦云里就散落着许多明亮的星云,比如LHA 120-N 11星云和蜘蛛星云(Tarantula Nebula),后者可是我们这个"宇宙社区"里最明亮的"恒星产房"之一。

小麦哲伦云(Small Magellanic Cloud,简称SMC)既然名字带个小字,自然更小,直径大约只有大麦哲伦云的一半,质量仅是其三分之二,约等于70亿个太阳。和"大哥"一样,小麦哲伦云也有一个中央恒星棒,但没有大哥那样的旋臂。

小麦哲伦云距离银河系将近20万光年,在天球上位于杜鹃座和水蛇座之间,是人类能用肉眼看到的最遥远的天体之一。小麦哲伦云也是不规则星系,也许是银河系的引潮力造成它的星系盘扭曲变形。

大小麦哲伦云亮点

造父变星

1 在100多年前，小麦哲伦云里的脉动星帮助天文学家算出了天体的距离。1912年，亨丽爱塔·斯万·勒维特（Henrietta Swan Leavitt）在小麦哲伦云里发现有25颗恒星会忽明忽暗。她随后对其中每一颗恒星的明暗脉动周期进行测算，发现这种星星越亮，脉动周期就越长。我们现在称其为造父变星，并且知道它的脉动与其本征亮度一致。通过给远在1300万光年外的造父变星脉动周期"计时"，天文学家就可以知道一颗恒星的亮度，并借此计算出其实际距离。

蜘蛛星云

2 大麦哲伦云是恒星诞生的温床。这个星系富含星际气体和尘埃，有大约60个球状星团和700个疏散星团。其中最显眼的一个造星区域就是蜘蛛星云。蜘蛛星云直径接近1000光年，外观精巧细致，浩瀚的气体云在里面发生坍缩形成新的恒星。一个国际天文学家团队近来在蜘蛛星云里发现了9颗巨无霸级的恒星，质量百倍于太阳，是迄今为止观测到的最大的超大质量恒星。

重要提示

人们长久以来一直认为距离我们最近的星系是大小麦哲伦云，直到1994年科学家发现了人马座矮椭圆星系，后来又变更为大犬座矮星系。别看这两个星系离我们更近，观测起来却没有麦哲伦云那么容易。麦哲伦云位于南天球，据说航海家麦哲伦在环球航行时曾依靠它们导航，所以才有了这个名字，可事实上，澳大利亚原住民、新西兰毛利人和南太平洋岛民早早就注意到了它们的存在。

到达和离开

麦哲伦云的确是我们的邻居，在南半球很容易看到，也确实可能是离太阳系最近的大型星系，但到大麦哲伦云的路程长达16万光年（到小麦哲伦云20万光年），旅途肯定漫长无比，科幻迷们可以期盼一下何时能在技术上取得突破。

大麦哲伦云内的蜘蛛星云直径将近1000光年

超新星SN 1987A

30多年前——具体来说是1987年2月23日——天文学家在大麦哲伦云里观测到了一颗重量级的超新星，爆炸产生的亮度在400多年里几乎前所未有。这颗超新星被命名为SN 1987A，在发现后的几个月里，就释放了相当于1亿个太阳的能量，这场壮观精彩的"光电秀"至今仍令天文学家痴迷不已。

超新星SN 1987A是一颗蓝超巨星爆炸死亡时发生的现象，在随后的30年里，人类一直在使用强大的太空望远镜监测爆炸的余波，并观测到恒星尸体周围出现了多个发光的圆环（3个，并不同心）。根据哈勃太空望远镜传来的影像推断，光环由高密度气体构成，直径大约1光年，可以辐射可见光，光环至少在爆炸发生2万年前便已存在，因为从爆炸瞬间产生的紫外线那里获得了能量，所以才能在这30年内持续发光。

天文学家尚未确定那颗超巨星爆炸后到底是坍缩成了黑洞，还是成了一颗中子星，只不过根据爆炸释放的中微子推断，肯定还有某种形式的致密天体留存了下来。

合二为一

3 距离地球大约16万光年的大麦哲伦云长久以来一直仜与银河系共舞，舞步虽慢，总有告终之时。很快，这两个星系就会合二为一。最新的观测显示，大麦哲伦云的质量比此前预测的更大，将在20亿年之内与银河系相撞——远远早于银河系与仙女座星系的碰撞。撞击后大麦哲伦云将永远消失，小麦哲伦云最终也劫数难逃。

星系拔河

4 大小麦哲伦云此刻正在进行一场拔河比赛，大量气体从一个星系被拉向另一个星系。这些支离破碎的气体汇成了一条气体带，被称为"导臂"（Leading Arm），形成于10亿至20亿年前，此刻正在被银河系吞噬。近期，科学家通过哈勃太空望远镜观测，确定这些气体是从小麦哲伦云流向大麦哲伦云，这场拔河比赛的胜负可想而知。

展翅欲飞

5 小麦哲伦云的东南区域内有一个被称为"翅膀"（The Wing）的结构，"翅尖"是一个璀璨的星云，好似一张吞进了许多星星的大嘴。天文学家最近发现，翅膀里的恒星正在脱离星系主体，这些恒星都以相似的速度向大麦哲伦云而去，这表明两个星系此前已经发生过碰撞，时间也许就在几亿年前。

小麦哲伦云内的疏散星团NGC 346

哈勃太空望远镜捕捉到的低表面亮度星系UGC 477的图像

类型：
低表面亮度旋涡星系

直径：
65万至75万光年

所在星座：
后发座

视星等：
15.8

距离太阳系：
11.9亿光年

发现时间：
1986年由大卫·麦林发现

麦林 1 星系

麦林1星系亮度不高，但反而因此显得不同凡响。其体量十分巨大，大约比银河系长7倍，属于巨型低表面亮度星系的“杰出代表”。因为实在太暗淡，它直到1986年才被人类发现！

巨型低表面亮度星系（low surface brightness galaxies，简称LSB星系）是一种极为稀疏暗淡的星系，观测起来很难，人类对它们也知之甚少。迈克·迪士尼（Mike Disney）在1976年便已提出了此类星系存在的假说，但直到1986年大卫·麦林（David Malin）发现了麦林1星系（Malin 1 Galaxy），这一假设才得到了印证。LSB星系极为昏暗模糊，亮度一般只有所谓“标准”星系的1/250，很容易在“宇宙人口普查”中被科学家漏掉，所以这些巨大的天体在宇宙所有星系中的实际占比可能相当高。新一代太空望远镜和探测器对于低表面亮度的敏感度越来越高，未来也许会帮助人类破解此类天体形成及演化方式的种种谜团。

人们在很长一段时间里总觉得巨型星系为了“长大个儿”，应该会对周围小星系一通“狼吞虎咽”。但2016年，科学家通过加拿大-法国-夏威夷望远镜（Canada-France-Hawaii Telescope），使用6种波长仔细打量了麦林1星系一番，发现该星系的吃相相当“文雅”，巨大的星系盘内相对较为平静，恒星在数十亿年的时间里缓慢形成，之前的观点因此遭到了质疑。

© COURTESY NASA, ESA, THE HUBBLE HERITAGE (STSCI/AURA)-ESA/HUBBLE COLLABORATION, AND A. EVANS (UNIVERSITY OF VIRGINIA, CHARLOTTESVILLE/NRAO/STONY BROOK UNIVERSITY)

类型：
1型赛弗特星系

直径：
未知

所在星座：
大熊座

视星等：
13.6

距离太阳系：
约6亿光年

发现时间：
1969年

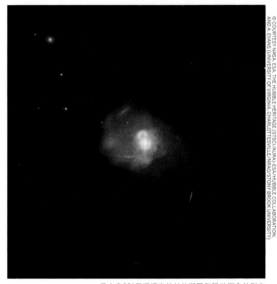

马卡良231星系拥有长长的潮尾和躁动不安的形态

马卡良231星系

马卡良231星系是拥有类星体的星系中离我们最近的。类星体就是一个活跃、翻腾不停的星系核心，因为亮度很大，接近恒星，所以才得名。马卡良231本身拖着长长的潮尾（即从一个星系延伸至太空中的薄且长的恒星和星际气体区域），形态躁动不安，这说明它正和邻近的一个星系发生着强烈的相互作用。

马卡良231星系（Markarian 231，简称Mrk 231）正在发生一场激烈的星爆，在中心周围的环形带里，无数恒星呱呱坠地，每年诞生的恒星质量据估算能超过太阳的100倍。2015年，科学家使用哈勃太空望远镜对该星系进行了一次细致观察，发现为其中心类星体提供能量的很可能是两个相互旋转、拼命撕扯的特大质量黑洞。据估计，中央黑洞的质量是太阳的1.5亿倍，另一个黑洞是被马卡良231吞噬的小星系残留的核心，质量是太阳的400万倍。这个"活力二人组"大约每1.2年就会绕

着彼此转一圈，其间释放出巨大的能量，所以才让马卡良231的核心比外围数十亿颗恒星都亮。不过，如此酣畅的双人舞并不能一直跳下去：预计在几十万年内，越绕越近的两个黑洞最终会合而为一。

听起来很刺激？可惜，根据后来发表在《天文物理期刊》上的分析，上述推测也许并不成立。为马卡良231的类星体提供能量的可能并非一对黑洞，而是一个黑洞，而所谓的另一个黑洞，也许只是这个黑洞在类星体对侧的"镜像"。

类型:
棒旋星系

直径:
10万至17万光年

所在星座:
鲸鱼座

视星等:
9.6

距离太阳系:
4700万光年

发现时间:
1780年由皮埃尔·梅钦发现

作为赛弗特星系，M77的中心极其活跃，受到气体遮蔽

M77

M77最初由法国天文学家皮埃尔·梅钦（Pierre Méchain）于1780年发现，但被他误认成了星云，事实上这是《星云星团表》中最大的星系之一，呈现出美丽壮观的旋涡形态，在夜空中位于鲸鱼座，距离地球约4500万光年。

M77是夜空中名气最大、被研究得最充分的星系之一，旋臂仿佛旋转的风车叶，里面散布着一些亮眼的造星区域，活跃的核心上横盖着一条条黑暗的尘埃带。M77属于棒旋星系，又是距离我们最近、亮度最高的赛弗特星系。赛弗特星系的特点是充满高温、高度离子化的气体，非常明亮，并从接近类星体的核心发出强烈的辐射。事实上，因为M77是最亮的赛弗特星系，所以被科学家当作了研究此类星系的样本。

M77核心存在一个黑洞，质量是太阳的1500万倍，物质被拖向黑洞，围着它不停旋转，温度增加，辐射增强，亮度有时候会达到常规星系的数万倍。

M77的视星等为9.6，使用小型天文望远镜就可以观测到，12月是最佳观测时间。2018年11月，科学家在M77里首次观测到了超新星爆炸，强度等级为15级，并将其命名为超新星SN 2018ivc。

类型:
椭圆星系

直径:
12万光年以上

所在星座:
室女座

视星等:
9.6

距离太阳系:
5400万光年

发现时间:
1781年由查尔斯·梅西耶发现

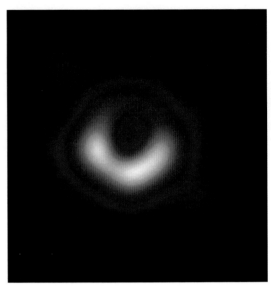

人类史上首张黑洞照片, 拍的就是M87星系中央的特大质量黑洞

M87

椭圆星系M87可谓"无所不用其极": 星系内的恒星数量可以万亿计算, 古老的星团多达1.5万个——要知道, 我们的银河系才有几千亿颗恒星, 球状星团只有大约150个。更厉害的是, M87的中央黑洞质量竟可超过30亿个太阳。如此一员猛将, 把一股股高能粒子抛进太空, 在宇宙中形成了一条跨度达4000光年的光带。

M87直径12万光年, 是室女座星系团中的"主力", 属于椭圆星系, 与银河系这种旋涡星系不同, 它好像宇宙里的一个大鸡蛋。因为缺乏恒星诞生所需要的气体和尘埃, M87里面的恒星年龄较大, 随机抱团, 才让星系呈现出了独特的红黄色。

M87最早于1781年由查尔斯·梅西耶(Charles Messier)发现, 距离地球5400万光年, 属于室女座, 视星等9.6, 使用小型天文望远镜即可观测到, 5月观测条件最佳。但是, 如果想要一睹星系中央那个黑洞的风采, 寻常的望远镜可就没辙了。2019年, 科学家将事件

视界望远镜(Event Horizon Telescope, 简称EHT)"对准"M87, 在那里拍摄到了有史以来首张黑洞照片。这并不是一架真的望远镜, 而是一个天文观测计划, 通过汇总全球多个射电望远镜传来的数据, 以足够的清晰度呈现那个特大质量黑洞的面貌。当然, 你看到的并不是黑洞本身, 而是任何光线都无法逃离的"事件视界"(黑洞是时空曲率极端强大的物质, 以至于粒子、电磁辐射、光都无法逃逸。这个区域的边界就叫事件视界), 该计划也因此得名。M87之所以能射出4000光年长的等离子流, 靠的就是那个特大质量黑洞的能量。

M87 亮点

"心"潮澎湃

1 M87核心周围有一个由高温气体构成的旋涡形星系盘围着它旋转，把星系中央那个特大质量黑洞藏了起来。那个黑洞的质量至少是太阳的65亿倍，所占空间却只有我们太阳系那么大。因为M87的黑洞体量大，距离相对较近，所以常常被天文学家当作研究对象，以便理解黑洞如何对星系提供能量、产生影响。通过分析M87核心辐射出的X射线，天文学家发现其中央黑洞发生过一系列"喷射"，产生了一个个由高温气体组成的"圆环"和"泡泡"。也许是受到了磁场的捕获，高温气体中被剥离出了一些物质，形态犹如细丝，X射线辐射强度很高，在宇宙中绵延10万多光年。

事件视界望远镜

2 2019年4月，一群天文学家集体宣布他们拍摄到了有史以来第一张黑洞照片，照片上的主角就是M87星系核心里那个时空泯灭、狂躁不安的特大质量黑洞。黑洞照片是整个团队利用散布于地球各处的射电望远镜和天文台构建出来的，整个计划名为"事件视界望远镜"，是人类首次尝试拍摄星系中心根本无法被看到的黑洞。在银河系核心位置旋转的黑洞人马座A*将成为该团队的下一个"模特"。

奇怪的光带

3 M87从核心向外甩出了一道弧形光带，仿佛宇宙中的一个探照灯，是大自然最震撼的现象之一。光带由超高温气体和亚原子粒子构成，速度接近光速，绵延4000多光年。1918年，希伯·柯蒂斯（Heber Curtis）首次观测到这道光带时，将其描述为"一道直直的古怪射线"。我们现在知道光带的能量来自M87星系中央那个巨无霸级的黑洞。星系中央的气态物质被拽进黑洞从而释放出能量，由此产生亚原子粒子流，并加速到了准光速级别。

球状星团

4 天文学家推测巨型星系在成长中需要吞噬周边个头较小的邻居，M87星系也不例外。该星系内部以及两侧有许多古老恒星抱团，数量多得不正常。这种闪亮的天体被称为球状星团，很可能是巨型星系从附近矮星系那里偷来的"赃物"。

重要提示

因为人类首次捕捉到了中央黑洞的影像，M87星系成了近来最炙手可热的"科学目的地"。那个黑洞的质量是太阳的65亿倍，为了拍摄它的影子，科学家一共动用了地球上8台射电望远镜，从而打造出了一个和地球一般大的"模拟望远镜"。这次成功拍摄并没有驱散黑洞身上的谜团，而是令人类的解谜热情空前高涨。黑洞附近的粒子怎么会获得如此巨大的能量，以至于可以从黑洞两极以近乎光速的速度喷射出来，形成奇幻的光带？物质被吸入黑洞之后，能量又跑到哪里去了？

到达和离开

M87距离我们大约5000万光年，位于室女座，具体方位在室女座ε与狮子座β（五帝座一）这两颗恒星的中间点偏左。祝你旅途愉快，但切记要避开星系中央那个特大质量黑洞。

类型:
棒旋星系

直径:
3.5万光年

所在星座:
时钟座

视星等:
11.1

距离太阳系:
3800万光年

发现时间:
1826年由詹姆士·敦洛普发现

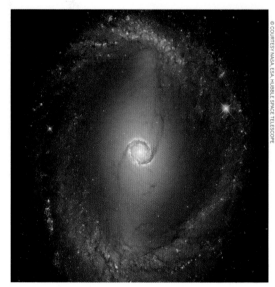

NGC 1512中央是一个明亮的核心环，外围还有一个大环

NGC 1512

壮观的棒旋星系NGC 1512距离我们超过3000万光年，在天球上位于时钟座，直径3.5万光年，拥有双环造型，结构十分复杂。

大多数星系都没有环，NGC 1512却一下就有两个。环绕星系中心的那个核心环由诞生不久的恒星构成，亮度很高，但该星系大部分恒星及与其相伴的气体和尘埃都在半径更大的另一个环上，虽然该环距离星系中心更远，但被称为"内环"，这是因为它与星系稀疏的星棒相连，故而得名。

据推测，这种双环结构是该星系在长期演化过程中由于自身的不对称性而产生的。因为该星系的引力结构（含星棒）具有这种不对称性，在漫长的旋转过程中，内环上的气体和尘埃就会逐渐被吸到核心环上，从而提高了核心环的造星速度。某些旋涡星系甚至在更远的位置上环绕着第三个环，即外环。NGC 1512的核心环直径2400光年，里面都是明亮的蓝色幼年恒星，环绕着星系核心；内环比核心环大很多，暗很多，稀疏很多；贯穿核心环的星棒仿佛一根管道，把内环上的物质不停地吸过来。

科学家认为星棒和核心环的形成至少在一定程度上源自一场"宇宙斗殴"。当事双方分别是身材巨大的NGC 1512和隔壁体型较小的矮星系NGC 1510。两个星系在过去4000万年的时间里一直在缓慢地互相逼近，目前相距大约4.5万光年，最终的结局就是"以大吃小"。

类型:
旋涡星系

直径:
10万光年

所在星座:
狮子座

视星等:
12.3

距离太阳系:
9800万光年

发现时间:
1784年由威廉·赫歇尔发现

在遥远星系的映衬下，旋涡星系NGC 3370若隐若现

NGC 3370

NGC 3370是一个壮观但暗淡的旋涡星系，大小和形态都类似银河系，精致的旋臂上点缀着高温造星区域，描绘着纹路清晰的尘埃带，但星系核心却是朦朦胧胧的，很奇怪。

旋涡星系NGC 3370长得很美，但绝非只有一张漂亮脸蛋儿。这里也正见证着恒星从生到死的循环。1994年11月，天文学家在这个星系里观测到了一颗恒星爆炸死亡发出的光芒，这颗超新星的亮度一时间超过了该星系的另外数百万颗恒星。在宇宙中，这种爆炸每几秒就会出现一次，可谓司空见惯，但这颗被命名为SN 1994ae的超新星却很不一般。首先，它是当时距离我们最近、观察效果最好的超新星之一；其次，它属于Ⅰa型超新星，可以用来测量天体距离，计算宇宙扩张速度。科学家对此次爆炸放出的光进行了持续两周的密切观测，由于它发生在离地球足够近的地方，可以增进天文学家对恒星复杂死亡过程的理解，进而实现对全宇宙更为详细的测绘。SN 1994ae超新星和它所在的NGC 3370星系距离地球9400万年。这个星系有时也被称为西尔维拉多星系（Silverado Galaxy），在天球上属于狮子座。

(USA); J. BREGA (UNIVERSITY OF PADUA); J. HOGG (UNIVERSITY OF WISCONSIN-MILWAUKEE); K. RODGERS (UNIVERSITY OF URBANA); IMAGE PROCESSING: DAVIDE DE MARTIN (ESA/HUBBLE); CFHT IMAGE: CANADA-FRANCE-HAWAII TELESCOPE/J.-C. CUILLANDRE/COELUM; NOAO IMAGE: GEORGE JACOBY; BRUCE BOHANNAN; MARK HANNA/NOAO/AURA/NSF

类型:	**旋涡星系**
直径:	**17万光年**
所在星座:	**大熊座**
视星等:	**7.9**
距离太阳系:	**2087万光年**
发现时间:	**1781年由皮埃尔·梅钦发现**

风车星系的这张红外线及可见光成像照片由10年内拍摄的51张底片叠加而成

风车星系

风车星系即M101，是由恒星、尘埃和气体构成的一个巨型旋涡星系，17万光年的直径几乎是我们银河系的两倍，造型之抢眼，在夜空中难觅其俦。

风车星系壮观的旋臂上点缀着大片大片的星云，那是造星运动十分剧烈的区域，外面包裹着巨大的氢气云团。刚刚诞生的恒星温度高、颜色蓝，由它们组成的年轻而又璀璨的星云勾勒出了星系旋臂。风车星系据估算包含至少1万亿颗恒星，数量是银河系的两倍有余，又因为它正好正面朝向地球，我们可以全面地欣赏到那些壮观的细节。

1781年，查尔斯·梅西耶的同事皮埃尔·梅钦率先发现风车星系。它是最后一批被收录于《星云星团表》的天体之一，距离地球2100万光年，属于大熊座，视星等7.9。想一睹其独特的风车造型，先在大熊座身上找到勺子一样的北斗七星，再往斗柄的弯曲处附近寻找。使用小型天文望远镜即可成功观测，4月观测条件最佳。

风车星系亮点

跑偏的风车

1 M101看起来的确像一个风车，不过是那种"跑偏了"的风车。这种不太对称的形态来自其与附近几个星系的相互作用。星际间的氢气受到引力的拉扯挤压，在风车星系的旋臂上引发了造星运动。具体地说，风车星系附近有5个比较大的星系，分别是NGC 5204、NGC 5474、NGC 5477、NGC 5585和Holmberg Ⅳ。这6个星系共同构成了一个巨大的星系团，名叫M101星系团。

超新星中的"天王巨星"

2 2011年，天文学家以近乎"实时播放"的形式在风车星系里探测到了一个超新星。随着光线从爆炸源处如波浪般扩散出来，天文学家意识到这是一个Ⅰa型超新星，对于我们理解宇宙的扩张至关重要，对它的观测也有助于人类理解这种爆炸。

这个超新星被命名为SN 2011fe（或PTF 11kly），是1987年以来距离我们最近、最亮的一次爆炸，用小型支架式天文望远镜就可以观测到。更重要的是，天文学家捕捉到了恒星爆炸的过程，这为他们提供了一个史无前例的好机会，可以从爆炸早期阶段就开始研究超新星。我们知道Ⅰa型超新星来自白矮星，那是类似太阳的恒星在坍缩后留下的尸体，爆炸时产生的亮度是可以预测的。

通过比较Ⅰa型超新星的预测亮度与实测亮度，天文学家就可以计算出天体的距离。通过对数十个Ⅰa型超新星光度的比较，他们又发现宇宙正在加速扩张之中，也就是天体距离越远，运行速度越快。这一发现导致了"暗能量"这一神秘现象进入科学视野，并在2011年令几位科学家赢得了诺贝尔物理学奖。

白矮星到底为什么会爆炸，这个问题很难解答。天文学家知道当白矮星吸积了过大质量的物质时就会引发爆炸，但哪种恒星能够给白矮星提供那么大质量的物质仍是个谜。对于SN 2011fe的研究表明，为这颗白矮星提供物质的伴星必定要比太阳小很多（可以说杯水车薪）使科学家推翻了之前颇为普遍的一种设想，反倒令这个谜题更加难解了。

类型：
矮椭圆星系

直径：
1万光年

所在星座：
人马座

视星等：
4.5

距离太阳系：
7万光年

发现时间：
1994年由罗德里戈·伊巴塔、
盖瑞·吉尔摩尔和迈克·埃尔
文发现

人马座矮椭圆星系因为太过暗淡，直到1994年才被人类发现

人马座矮椭圆星系

人马座矮椭圆星系（切莫与人马座矮不规则星系混淆）体量小，亮度低，在将近10年的时间里一直被误认为是离银河系最近的星系，其位置在太阳系7万光年外，大约是太阳系到大麦哲伦云距离的三分之一。

因为稀疏且被银河系的恒星盖住了光芒，直到1994年，天文学家才注意到人马座矮椭圆星系（Sagittarius Dwarf Elliptical Galaxy，简称SagDEG）。今天，我们知道这个星系每10亿年左右就会绕行银河系一周，是银河系的伴星系。但科学家们怀疑，这个小星系和2003年抢走了它"离银河系最近星系"头衔的大犬座矮星系一样，正在逐渐被银河系的引力慢慢撕扯。

星系内有几个恒星聚集成的球状星团。这些星团诞生自远古时期，年龄比银河系本身还大，其中一个叫M54，亮度很高，非常鲜明，天文学家因此怀疑它是人马座矮椭圆星系残存的核心，来自该星系更宏伟、更明亮的"黄金时代"。

这位近邻在银河系中位于太阳的对侧，距离我们大约7万光年，距离银河系中心5万光年，其中一些恒星事实上已经位于银河系最外围区域。

类型:
旋涡星系

直径:
9万光年

所在星座:
玉夫座

视星等:
8（天球上最亮的星系之一）

距离太阳系:
1142万光年

发现时间:
1783年由卡洛琳·赫歇尔发现

位于玉夫座的玉夫座星系

玉夫座星系

玉夫座星系又名NGC 253或银元星系，所在星系团在南半球可以观测到。它拥有壮观的旋臂和一个中央棒，因为核心造星运动非常剧烈，也被认定为星爆星系。

身为一个星爆星系，玉夫座星系（Sculptor Galaxy）新生成的恒星令周围的尘埃云加热升温，从而使星系核心显得特别明亮。这是距离银河系最近的星爆星系，也是天球上亮度最高、尘埃最壮观的星系之一。玉夫座星系又被视为活跃星系，其释放的能量有相当大一部分并不来自星系中常见的主序星（我们的太阳就是银河系的一颗主序星），而可能主要来自射电波和X射线辐射源，这说明一个黑洞也许正在形成中。随着研究深入，人类未来一定会在玉夫座星系里找到不少惊喜。

卡洛琳·赫歇尔是红外线的发现者威廉·赫歇尔爵士的妹妹兼工作伙伴，她在1783年发现了玉夫座星系。该星系因其在天球上所属的星座而得名，是继仙女座星系之后最容易观测的星系，在良好的条件下，南半球的观测者仅凭一架不错的双筒望远镜就可以看到。

类型:	透镜状星系或旋涡星系
直径:	5万光年
所在星座:	室女座
视星等:	8
距离太阳系:	2800万光年
发现时间:	1781年由皮埃尔·梅钦发现

© COURTESY NASA/ESA AND THE HUBBLE HERITAGE TEAM (STScI/AURA)

哈勃太空望远镜拍摄的草帽星系拼接图像，尘埃带与恒星晕圈十分醒目

草帽星系

草帽星系即M104星系，几乎完全侧向地球，看起来像是一顶草帽，故而得名。其由恒星构成的核球异常的大，还特别长，被醒目的黑色尘埃带一分为二。

草帽星系（Sombrero Galaxy）的核球很大，里面有数十亿颗高龄恒星，光线朦朦胧胧。星系总质量是太阳的8000亿倍，是室女座星系团附近质量较大的天体之一。有些人视之为透镜状星系，有些人则视之为旋涡星系，事实上，一个"沧桑"的旋涡星系在形态上本就接近透镜状星系，这导致天文学家在某些情况下对于如何区分两者产生了争议。而另一方面，来自其他星系引力的影响，即所谓潮汐干扰作用，可使星系逐渐从一种形态变成另一种形态，也导致了这种争议的产生。

草帽星系里的许多光点事实上是由恒星构成的古老球状星团，其数量据估算接近2000个，是银河系中球状星团的10倍，但这两个星系中球状星团的年龄相仿，都形成于100亿至130亿年前。

草帽星系视星等为8，相对较暗，虽然肉眼无法看到，但借助小型天文望远镜即可一睹风采，5月观测条件最佳。草帽星系距离地球2800万光年，位于室女座，视直径是满月的五分之一。

哈勃太空望远镜拍摄的向日葵星系图像，那些光点就是形成不久的蓝白色巨星

类型：
絮状旋涡星系

直径：
10万光年

所在星座：
猎犬座（靠近大熊座）

视星等：
9.3

距离太阳系：
2930万光年

发现时间：
1779年由皮埃尔·梅钦发现

向日葵星系

因为形似向日葵，M63俗称向日葵星系，在天文学中被归为絮状旋涡星系。

造星运动是宇宙演化中最重要的过程之一。除了孕育新的恒星，这一过程还生成了行星系统，在星系的演化进程中堪称主角，只不过天文学家对于这一基本过程尚有不少不明之处。孕育了恒星的那种强大力量对于一种被称为絮状旋涡星系（flocculent spiral galaxy）的独特星系尤为重要。不同于普通旋涡星系那种宏伟、鲜明的结构，絮状旋涡星系的旋臂相当模糊，似乎是由许多条断臂构成的。根据所谓的SSPSF模型理论（stochastic selfpropagating star formation，即随机自生式恒星形成模型），这种形态应该是受到了星系内部恒星随机自我繁衍的影响。

向日葵星系（Sunflower Galaxy）就是一个絮状旋涡星系。尽管它确实只有两条旋臂，但看上去就像是有许多条旋臂环绕在黄色的核心周围。旋臂中的放射物来自形成不久的蓝星，使用红外线进行观测更为清楚。

向日葵星系距离地球大约2700万光年，在天球上位于猎犬座，1779年由皮埃尔·梅钦首次发现，是这位法国天文学家给《星云星团表》贡献的24个天体中的第一个。向日葵星系的视星等为9.3，使用小型天文望远镜观测是一片模糊的光斑，5月观测条件最佳。作为一个星系团中的"主力"，向日葵星系很可能是因为受到伴星系潮汐力的破坏，才形成了模糊漫长、好似一条条星流的特征。向日葵星系的辐射覆盖整个电磁波谱，科学家认为它一定经历过剧烈的造星运动。

类型:
被破坏的棒旋星系

直径:
19.5万光年

所在星座:
天龙座

视星等:
14.4

距离太阳系:
4.2亿光年

发现时间:
2002年

阿尔普188因为那条长长的尾巴才有了蝌蚪星系的外号

蝌蚪星系

在北天星座天龙座那里悬浮着一只宇宙"蝌蚪",它距离我们"仅仅"4.2亿光年,学名阿尔普188(Arp 188),又称蝌蚪星系,那条醒目的"尾巴"长达28万光年,里面都是明亮的大质量蓝星组成的星团。

蝌蚪星系(Tadpole Galaxy)的尾巴是银河系直径的2倍长,是另一个星系"肇事逃逸"后留下的现场。科学家认为曾有一个更为致密的星系在蝌蚪星系面前横着蹿了出来,然后又被蝌蚪星系的引力甩到了身后。这次亲密接触产生的潮汐引力把蝌蚪星系里的恒星、气体和尘埃扯了出来,形成了那条壮观抢眼的尾巴。尾巴长约28万光年,里面都是明亮的大质量蓝星构成的星团,尾巴里有两个显眼的星团被一条裂隙隔开,未来可能会各自形成矮星系,绕着蝌蚪星系的晕圈旋转。

据估算,那个"肇事"星系此时位于蝌蚪星系身后大约30万光年的地方,透过蝌蚪星系最显著的那条旋臂就可以看到。和地球上的蝌蚪一样,这条宇宙蝌蚪也可能会随着它的年龄增长而失去尾巴——尾巴上的星团会形成较小的伴星系,绕着蝌蚪星系旋转。人类也曾发现过类似形态的星系,它们都是因为受到了入侵者的干扰才长成了这个模样。

类型:
旋涡星系

直径:
6万光年

所在星座:
三角座

视星等:
5.7

距离太阳系:
270万光年

发现时间:
1654年前后由乔瓦尼·巴蒂斯塔·霍迪尔纳发现,后于1764年被查尔斯·梅西耶发现

三角座星系内可观测到巨大的NGC 604星云

三角座星系

三角座星系也叫M33,位于天球上的三角座,距离我们大约300万光年,是本星系群中一个美丽的正向旋涡星系,也是其中最小的星系。

三角座星系(Triangulum Galaxy)很小,直径仅6万光年,总质量是太阳的100亿至400亿倍,中央并没有明亮的核球,也没有星棒,但气体和尘埃含量极其丰富,因而恒星形成速度很快。因为其旋涡形态十分规整,天文学家推测这个星系不喜欢和邻居勾三搭四,长期以来只顾着闷头造星,可以说是一个性格内向的星系。但指不定将来它就会性格突变,判若两人:三角座星系离我们就只比仙女座星系稍微远那么一点儿,科学家怀疑它是仙女座星系的一个伴星系,而且两者都正在直奔我们而来,等40多亿年后仙女座星系与

银河系发生碰撞的时候,三角座星系说不好也会插上一脚。

银河系、仙女座星系和三角座星系是本星系群的"三巨头",三角座星系则是三巨头中的"老幺",通过比对三角座星系和它亲密的小伙伴,我们能够收获非常有价值的信息。其中最值得一提的就是三角座星系的造星速度是仙女座星系的10倍,其中NGC 604星云是该星系最大的造星区域,也是整个本星系群里规模最大的"恒星产房"之一。夜间气象条件极佳时,在三角座的位置肉眼可见一个模糊的光斑,即三角座星系。

类型：
热尘埃遮蔽星系
（俗称热狗星系）

直径：
未知

所在星座：
宝瓶座

视星等：
未知

距离太阳系：
124亿光年

发现时间：
**2015年由广域红外线巡天探
测卫星发现**

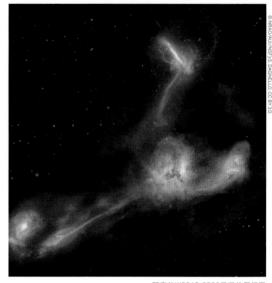

明亮的W2246-0526星系的假想图

W2246-0526

*这个星系名字很烦琐，叫WISE J224607.55-052634.9，简称W2246-0526，辐
射强度是太阳的350万亿倍，是已知最亮的星系。*

和许多星系一样，W2246-0526正在吞噬
邻近的星系，只不过一两个都嫌不够，吃3个
才过瘾。它和地球相距124亿光年，远得出奇，
但要是把所有星系都排到和地球等距的位置
上，它肯定是会最明亮的那一个。

天文学家近来利用智利的一组天文望远
镜对这个星系进行了观测，发现它正在从相
邻的3个小型星系那里吸夺物质，这些物质构
成了清晰的尘埃带，质量已经和小型星系本身
差不多了。这3个小型星系是会逃出魔掌，还
是终将被这个邻居吃掉，目前尚不可知。可以
确定的是，W2246-0526中央是一个特大质量
黑洞，质量据估算等于40亿个太阳，星系把吸
夺来的物质用来造星以及生成黑洞周围一个
亮度超高的炙热云团。

W2246-0526的亮度之所以能打破宇

宙记录，除了依靠里面的恒星，更要仰仗聚
集在星系中心周围的高温气体和尘埃。受到
强大引力的作用，物质会以超高速度掉入黑
洞，其间受到挤压碰撞，温度可升至数百万
摄氏度，因而才形成了亮得不可思议的类星
体。这种由黑洞助力、亮度极高的星系核心，
术语叫AGN，即活动星系核（active galactic
nucleus）。

如此巨大的能量输出自然需要同样巨大
的补给，这就和地球上发动机的运作原理一
样。同时也意味着必须获得大量气体和尘埃，
才能在中央黑洞周围生成恒星，补充黑洞周
围的云团。新的研究表明，这些补给物质都是
W2246-0526从宇宙邻居身上抢来的，并且足
以维持该星系惊人的亮度。

来自智利圣地亚哥迭戈波塔利斯大学

（Universidad Diego Portales）的塔尼奥·迪亚兹-桑托斯（Tanio Diaz-Santos）是该星系的研究者之一。他说："这场宇宙疯狂捕食可能已经进行一段时间了，我们预计未来还要持续至少几亿年。"这种星系相食的"惨剧"在宇宙中并不鲜见。天文学家在离我们不远的地方就观测过相邻星系间发生兼并或者物质掠夺的现象。比如被称为"双鼠星系"（Mice Galaxies）的一对星系，其中每个都拖着一条细长的"尾巴"，那就是被掠夺的物质形成的尘埃带。

W2246-0526是已知最遥远的多源掠夺星系，光从那里射到地球上要用124亿年，而整个宇宙现在才138亿岁，也就是说，天文学家此刻看到的正是宇宙在十几亿岁时的青春样貌。因为距离如此之远，被吸入星系的那些尘埃带才会显得那么暗淡、那么不容易探测到。

像W2246-0526这种特别明亮的类星体，学名叫热尘埃遮蔽星系（hot, dust-obscured galaxies），简称比较有趣，叫"热狗星系"（Hot DOGs）。天文学家认为大多数类星体都需要从外界吸取部分物质，吃法可能是"细水长流"，也就是持续缓慢地从星系之间的空间吸取物质，也可能是"暴饮暴食"，也就是一下子吞掉一个星系。W2246-0526似乎属于后者。目前尚不清楚这个星系到底是那些被厚厚尘埃云遮住中心的类星体之中的典型，还是一个特例，但它的确拥有与众不同之处：星系中央那个特大质量黑洞的质量是太阳的40亿倍。这质量可的确不轻，但如果要提供W2246-0526这种极端的亮度，质量至少应该再大3倍。如何解释这个显而易见的矛盾，还需要人类的进一步观测。

科学家假设一个星系如果吸入了太多物质，最终肯定会把这些物质以气体和尘埃的形式反吐出来。这个星系现在这么暴饮暴食，恐怕只会自取灭亡。

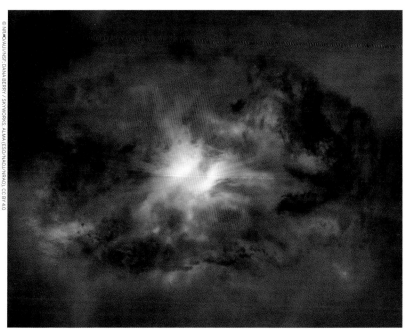

另一幅W2246-0526星系的红外线假想图

类型:
宏象旋涡星系

直径:
6万光年

所在星座:
猎犬座

视星等:
8.4

距离太阳系:
约3000万光年

发现时间:
1773年由查尔斯·梅西耶发现

M51与伴星系NGC 5195

涡状星系

涡状星系又名M51，是人类发现的首个旋涡星系，也是旋涡星系的一个华美典范。

M51气势恢宏，仿佛一道螺旋楼梯，楼梯的扶手栏杆事实上就是星系那两条盘绕的旋臂，主要由恒星和气体构成，夹杂着缥缈的宇宙尘埃。如此醒目壮观的旋臂是宏象旋涡星系的标志，M51正是此类星系的典范。星系中央直径大约80光年，亮度等于1亿个太阳，里面隐藏着一个特大质量黑洞。

一些天文学家认为，M51的旋臂之所以如此明显，原因来自它与另一小星系的亲密接触。这个淡黄色的小星系名叫NGC 5195，位于M51一条旋臂的最外端，似乎一直在拉扯着那条旋臂，释放出来的引潮力引发新的恒星形成，所以才让旋臂显得那么清晰。这次擦身而过持续了数亿年，此时NGC 5195已经跑到了M51的身后。

M51距离地球约3100万光年，属于猎犬座，视星等8.4，使用小型天文望远镜即可观测到，5月观测条件最佳。因为M51刚好面向地球，距离地球又近，所以天文学家把它当成了研究旋涡星系经典形态以及恒星形成过程的理想对象，借助可见光谱、红外光谱和X射线光谱对它进行了细致的观测。其中的红外光可以揭示星系中年龄最大、温度最低的恒星，X射线则可以探测到黑洞与中子星的辐射——这是因为黑洞或者中子星常常都会与一个类似太阳的主序星形成双星系统，旋转中就会辐射X射线。另外，超新星爆炸也会把周边气体加热到极高温度，从而释放X射线。

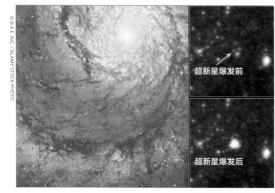

超新星爆发前

超新星爆发后

超新星SN 2005cs特写图

超新星的"星工场"

M51星系里超新星尤其多，1994年、2005年和2011年都观测到了超新星爆发，对一个星系而言这速度可谓超快！2011年6月的那次被命名为SN 2011dh，属于Ⅱ型超新星，视星等至少12.7。2005年那次也是Ⅱ型超新星，名叫SN 2005cs，视星等达到14.1，因为在天球上紧挨着北斗星，位置好找，颜值还高，所以在天文观测爱好者里人气居高不下。其实，SN 2011dh本身并不显眼，本该在爆发高潮时才会被我们注意到，但熟悉M51星系平时形态的敏锐观测者们留意到了它的激波，从而察觉到了星系全新的外观特征。1994年的那次超新星爆发被命名为SN 1994I，属于Ic型超新星，由大质量恒星爆炸引发，很快获得了官方证实。率先发现它的人是来自亚特兰大天文俱乐部的天文学家杰瑞•阿姆斯特朗（Jerry Armstrong）和蒂姆•普柯特（Tim Puckett），许多机构和个人随后也都各自观测到了它的存在。这就是网红星系的好处：超新星爆发，一次也不会被漏掉！

M51星系合成图像，数据来自钱德拉X射线天文台（X射线）和哈勃太空望远镜（可见光）

碰撞星系

星系间的碰撞互动好比"神仙打架",是宇宙为我们奉上的最磅礴、最震撼的一出大戏。

当两个星系运行到足够接近的位置,它们的引力便会试图进一步拉近彼此。距离越近,引力越大,引力越大,距离越近,最终合二为一,彼此内部的恒星和气体交织在一起,从而诞生出一个更大的全新星系。到那时,两个星系中央的特大质量黑洞也将发生碰撞,释放出巨大的能量,形成引力波,在整个宇宙泛起细浪。

在最终融合之前,两个星系之间的互相作用会在宇宙中留下痕迹。当它们擦肩之时,其中一个星系会从另一个星系身上拖出一部分恒星与气体,在其身后形成不规则的波状形态。这些气体受到碰撞挤压,会掀起轰轰烈烈的造星运动,在造星区域辐射出大量光和热。你也许觉得这些事件与我们风马牛不相及,可事实上,我们银河系与仙女座星系再过将近50亿年就会撞到一起,在劫难逃。在碰撞最终发生前,它们会绕着彼此盘旋靠近,从而彻底改变地球上的夜空天象。

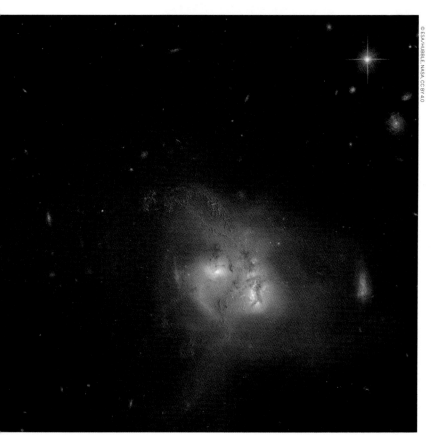

合成图像中的NGC 5256就是一对即将合并的星系

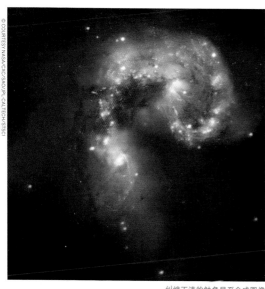

类型:
相互作用星系

直径:
6.1万光年

所在星座:
乌鸦座

距离太阳系:
6500万光年

发现时间:
1765年由威廉·赫歇尔发现

纠缠不清的触角星系合成图像

触角星系

被统称为触角星系的NGC 4038和NGC 4039正紧紧地抱在一起跳一支"死亡之舞"。

触角星系(Antennae Galaxies)的两位成员原来和银河系一样,都是普普通通、安分守己的旋涡星系,但在过去几亿年里却打得不可开交,形成了如今这样混乱不堪的结构。冲突十分激烈,恒星从原本所在的星系中被撕扯出来,星系间形成了一条弧形细带。触角星系的恒星形成速度之快,已经达到了星爆级别,也就是星系中的所有气体都参与到了造星运动中。星爆不可能永远持续下去,两个星系也不可能一直僵持下去,等到它们的核心最终融为一体,它们将以一个大型椭圆星系的身份过上安稳的日子。这两个旋涡星系的相互作用始于几亿年前,这也使触角星系成了距离我们最近、最年轻的碰撞星系之一。

在大多数触角星系的影像中,近乎半数暗天体都是由数万颗恒星构成的年轻星团。天文学家发现,这些新形成的超星团只有大约十分之一能够活过1000万岁。因这两个星系的相互作用而形成的超星团中有大多数都会分崩离析,里面的恒星各自泯没于触角星系之中。不过,据信有大约100个最巨大的星团会幸存下来,形成普通的球状星团,就和银河系中的同类一样。

这场碰撞已经持续了1亿多年,并且仍在继续,星系间的大量尘埃和气体因而催生了数百万颗恒星。其中质量最大的那些恒星在几百万年里就已经经历演化,爆炸成了超新星。超新星爆炸又在星系间形成了高温气体云团,并带来了氧、铁、镁、硅等丰富的物质储备,未来又可以造出新一代的恒星和行星。在星爆期里,物质还会落入大质量星残骸形成的中子星或者黑洞中,有些黑洞的质量甚至可以达到太阳的近100倍。新生恒星也会把热量传给星系里的尘埃云,使其发光,两个星系重叠部分的尘埃云亮度最高。年龄较大的恒星和恒星形成区域仍然健在,隶属囊括数千恒星的星团。从这对星系的大视场图像上看,碰撞产生的引潮力在星系间扯出大量分布广泛的恒星和气体带,形成长长的潮尾,看起来很像是昆虫的触须,这也就是这对星系得名的原因。这些潮尾是2亿~3亿年前两个星系初次交锋时的产物,我们由此可以想见几十亿年后银河系与仙女座星系碰撞时的情形。

图像中那些蓝色的造星区域说明触角星系正处于星爆期

类型：
相互作用星系

直径：
未知

所在星座：
仙女座

距离太阳系：
3亿光年

发现时间：
1966年由霍尔顿·阿尔普发现

阿尔普273的扭曲形态来自两个星系的相互作用

阿尔普273

阿尔普273（Arp 273）号称"宇宙玫瑰"，是两个遥远星系相互作用的产物，在天球上位于仙女座，距离地球大约3亿光年。

UGC 1810星系是两个星系中体量更大的那个，其星系盘受下方伴星系的引力作用而扭曲，形成了花朵般的形态。花瓣顶部那条晶莹如珠宝的蓝色细边事实上是由许多星团聚合在一起形成的光芒，这些星团里面都是高亮、高热的年轻恒星，紫外线辐射极其强烈。

那个较小的伴星系名叫UGC 1813，几乎侧面朝着地球，核心表现出了强烈造星运动的显著特征，动力也许来自两个星系的互动。两个星系距离彼此大约10万光年，中间连着一座似有似无的"桥"。

UGC 1810上一系列不同寻常的旋涡结构显露出了两者相互作用的迹象。那条较大的外围旋臂似乎已经合围成了一个圆环，当一个星系穿过另一个星系时会产生这一特征。也就是说，UGC 1813是朝着偏离UGC 1810中心的位置一头深深地插了进来。内侧的那组旋臂已经翘出了星系平面不少，其中一条明显绕到了核球的后侧，又从另一侧绕了出来。这两个旋涡结构是如何连接的，目前尚不清楚。UGC 1810的质量大约是UGC 1813的5倍。在这类体重悬殊的组合间，小星系以相对较快的速度穿过大星系时就会对大星系的旋涡结构产生影响，使其发生侧倾或者变得不对称。在这种碰撞中，小星系一般都会先于大星系发生星爆。

类型:
相互作用星系

直径:
6.5万光年

所在星座:
大熊座

距离太阳系:
4.5亿~5亿光年

发现时间:
1940年由尼古拉斯·梅奥尔发现

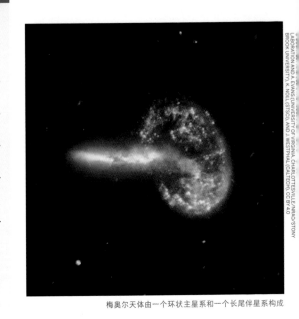

梅奥尔天体由一个环状主星系和一个长尾伴星系构成

梅奥尔天体

梅奥尔天体又名阿尔普148，是两个星系交会后留下的震撼景象，其中的大星系仿佛交织的圆环，小星系犹如拖着长长的尾巴。梅奥尔天体在天球上属于大熊座，距离我们大约5亿光年。

这两个星系碰撞产生的激波先把物质吸向中心，后又导致物质向外扩散形成一个圆环。这使得梅奥尔天体（Mayall's Object）活脱脱就是一张星系碰撞时的"抓拍图"：细长的伴星系正从主星系圆环的正中穿心而过。圆环上那些特别明亮的蓝光说明那里的造星运动非常活跃；圆环的核心呈黄色，也被一条条尘埃带遮盖住了。发生相互作用的星系向来是宇宙中的"沃土"，尽管不同相互作用星系的引力也不尽相同，但碰撞产生的激波总会引发剧烈的造星运动。

难怪天文学家霍尔顿·阿尔普（Halton Arp）在编撰《特殊星系图集》（*Catalog of Peculiar Galaxies*）时会把这对怪模怪样的组合收录在内，编号148。而梅奥尔天体这个名字则来自这对星系的发现者尼古拉斯·梅奥尔（Nicholas U. Mayall）。这位天文学家通过利克天文台（Lick Observatory）研究深空天体，为人类理解宇宙的年龄以及银河系的质量做出了巨大贡献。梅奥尔天体在天球上位于大熊座，但作为深空天体，它的亮度极低，使用非专业天文望远镜很难观测到。

旋涡星系"二人组" NGC 2207和IC 2163

类型:
相互作用星系

直径:
未知

所在星座:
大犬座

距离太阳系:
1.1亿光年

NGC 2207 和 IC 2163

这两个旋涡星系在天球上位于大犬座附近，仿佛两艘雄伟的飞船正在夜空中相会。其中较大的星系代号NGC 2207、较小的星系代号IC 2163。前者强大的引潮力让后者发生了扭曲变形，从它身上拉出来的恒星和气体形成了一条细带，长度大约10万光年。

计算机模拟演算表明，IC 2163以逆时针方向转动穿过NGC 2207，两者之间离得最近的一次发生在4000万年前，然后距离逐渐拉远。但是，IC 2163并没有实力彻底摆脱NGC 2207的引力，未来注定还会被拉回来，再次穿过NGC 2207，数十亿年后，二者最终会合二为一，形成一个质量更大的星系。

在过去15年里，两个星系里一共发生了3次超新星爆发，其间产生大量超级明亮的X射线光，数量之巨，史上罕见。这种特殊物体叫"超亮X射线源"（详见下页）。参与研究这一对星系的科学家发现，星系不同区域里X射线源的数量与该区域恒星形成速度有很大关系。X射线源集中在星系旋臂里，而那里也是大量恒星诞生的地方。

超亮X射线源

超亮X射线源(简称ULXs)是利用NASA钱德拉X射线天文台的数据发现的一类天体,往往集中在两个相互作用的星系里。超亮X射线源通常位于X射线双星里。这里的X射线双星是指由一颗恒星紧紧围绕着一颗中子星或者一个恒星级黑洞而形成的物理双星。中子星或者恒星级黑洞强大的引力会从伴星夺取物质,在这一过程中,被吸夺物质会产生高达数百万摄氏度的热量,从而产生强烈的X射线。

超亮X射线源的X射线亮度要远高于绝大多数普通的X射线双星,尽管关于其本质仍然存在争议,但很可能就是一类特殊的X射线双星。一些超亮X射线源内的黑洞质量也许已经超过了恒星级黑洞,科学家由此提出了一个尚未经过证实的假说,即在恒星级黑洞和特大质量黑洞之间,应该还存在一类质量不大不小的中等质量黑洞。

科学家在NGC 2207和IC 2163之间一共找到了28个超亮X射线源,其中有12个在数年间发生了变化,包括7个因为在前期观测时恰好处于"安静期"而被漏掉的超亮X射线源。在这种安静期里,因为没有X射线源的干扰,科学家反倒可以对其双星的伴星进行更为准确的测量,并借助这些信息估算核心中子星或者黑洞的质量。就大多数超亮X射线源而言,其双星系统中的伴星很可能是个年轻的大质量主序星。

众所周知,这样的一对碰撞星系会发生强烈的造星运动。碰撞中形成的激波类似超音速飞机产生的冲击波,会导致气体云坍缩形成星团。事实上,研究者推测与超亮X射线源有关的恒星年龄很小,可能只有大约1000万岁——而我们的太阳寿命接近50亿岁,比它们的资历可要老不少。另外,分析发现,如果根据质量计算这对星系里恒星形成的速度,相当于每年会产生24颗太阳,而银河系这种星系的造星速度差不多是每年1~3颗太阳,相比之下要慢许多。

正在合并的NGC 2207和IC 2163,一对冰蓝色的眼睛就是两个星系的核心

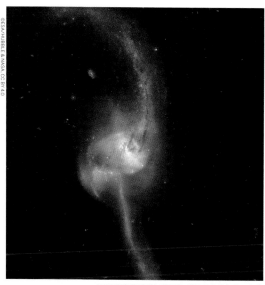

类型:
相互作用星系

直径:
5万光年

所在星座:
巨蟹座

距离太阳系:
2.5亿光年

发现时间:
1885年由爱德华·让-马里·斯蒂芬发现

NGC 2623又名阿尔普243, 好像宇宙中打了一个结

NGC 2623

NGC 2623又称阿尔普243，旋涡混乱，形态独特鲜明，是两个星系碰撞融合后形成的"大杂烩"。

两个星系激烈的交锋形成了NGC 2623，也导致两个星系内部的气体云受到挤压震荡，引发强烈的造星运动，在NGC 2623中形成了一块块亮蓝色的造星区域，集中分布在NGC 2623中央以及弯弯的尾巴上。这种弯曲的尾巴被称为潮尾，由尘埃和气体构成，从一端向另一端绵延大约5万光年。下方那条潮尾很显眼，里面布满了明亮的星团，已经观测到的有100个。究其成因，这条尾巴原本可能和上方那条尾巴同属于一个大环，也可能是由被吸入核心的撞击碎屑构成的。除了有活跃的造星运动，星系的两条旋臂里也有很多非常年轻的恒星，正处于演化的初级阶段。

和某些正在发生碰撞的星系不同，NGC 2623此时已经走到了融合的尾声。科学家相信，在几十亿年后，银河系与仙女座星系发生碰撞时也会呈现出类似的形态。碰撞赋予了NGC 2623巨大的能量，仅红外线辐射就是太阳的4000亿倍! 数值如此之高，造星数量可想而知。因此学界认为这是一个极亮红外星系(ultraluminous infrared galaxy, 简称ULIRG)，即一种通过碰撞达到它们现有体型的巨大星系。

类型:
相互作用星系

直径:
未知

所在星座:
船帆座

距离太阳系:
1亿光年

© ESA/HUBBLE & NASA, CC BY 4.0

NGC 3256是过去的一次星系融合的产物

NGC 3256

NGC 3256是特殊星系中的一个典范，是远古时期一次星系碰撞的产物。

NGC 3256那种扭曲的形态以及那两条又长又亮的尾巴，都说明这里曾经发生过一次星系碰撞，正因如此，它成为研究星系碰撞引发的星爆的理想对象。尾巴上点缀的那些年轻的蓝星，就是当年在气体和尘埃的疯狂撞击中孕育的。

NGC 3256属于长蛇座-半人马座超星系团，为人类在地球附近研究潮尾年轻星团的特性提供了一个方便的模板。同时，该星系中央内藏双核，还有纠缠错乱的尘埃带，因而成为不少研究的对象——它的亮度很高，距离我们不远，再加上星系盘正面朝向地球，正便于天文学家从正面观察其壮美外观。

NGC 3256位于天球上的船帆座，距离我们大约1亿光年，大小与银河系相仿。人们认为该星系的尾巴形成于5亿年前两个星系初次相撞之时。星系中央拥有超过1000个明亮的星团，可谓光华夺目，还有纵横交错的黑色尘埃带，以及由两个核心组成的巨大星系盘。这两个核心是原先那两个星系的残留物，周围盘绕着分子气体，其中一个核大部分都被尘埃挡住了，只有用红外线、射电波和X射线才能探测到。

原来的两个星系似乎在交手中难分胜负，因此科学家推测它们应该质量相仿，都含有大量的气体成分。它们的旋涡形星系盘如今泯然难辨，可能再过几亿年，两个核也会彻底合一，从而形成一个巨大的椭圆星系。

星系团

所谓星系团（Galaxy cluster），就是星系的集团，里面的星系可能有成千上万个，年龄、形态和体量千差万别，总质量可能是整个银河系的数千倍。星系团属于整个宇宙中靠引力结合的最大的天体，单一个室女座星系团里面就有超过1000个星系。

星系团的存在能够帮助人类探究暗能量、暗物质这些神秘的宇宙现象。星系团内的物质之多，导致它的引力会对周围产生明显的影响。引力会扭曲星系团的时空环境结构，让光线沿着弧线在太空中穿行。这种现象能够产生一种放大效应，让那些躲在星系团背后、原本不可能观察到的天体进入人类视野。阿尔伯特·爱因斯坦在1915年提出的广义相对论中就预言了光的这一特性，他认为天体会使周围时空发生扭曲，任何光线在经过天体附近时都会发生偏转，并将这一现象称为"引力透镜效应"。只不过，这种现象只有在质量非常大的天体周围才足够显著。目前，人们已经在宇宙中找到了数百个强大的引力透镜，可惜大多数都太过遥远，因而无法精确测量其质量。哈勃太空望远镜的观测再次证实了广义相对论的这个预言。

不仅如此，天文学家在边远领域计划（Frontier Fields Program）中，利用哈勃太空望远镜观测6个大质量星系团，证明星系团内光（intracluster light）——即星系团内各星系之间的散射光——能够追踪暗物质的踪迹，比现有的X射线观测法更精确地映射出其分布。星系团内光是星系间互相作用的副产品，这种互相作用扰乱了星系的结构，有些恒星于是趁乱生事，脱离了原本星系引力的束缚，按照整个星系团的引力分布重新排队。这一动荡地带也正是大量暗物质的栖息地。原先通过X射线探测只能知道星系间互相碰撞的位置，却无法得知整个星系团的结构，因而对暗物质的追踪没有那么精确。如今通过星系团内光监测这些星系团的运动，可以更准确地呈现暗物质的分布，令我们慢慢更加清晰地认识整个宇宙更为宏观的结构。人类发起边远领域计划的初衷，就是利用星系团的引力透镜效应，对星系团以外那些极其遥远的星系进行观测，由此洞见早期宇宙（也就是遥远的宇宙）的性质以及星系演化的历史。对这一计划来说，充斥于星系团内部的光在一定程度上会令遥远星系晦暗不清，很讨人厌，却能为破解天文学上的一大谜团——即暗物质的性质——带来重要启示。

SDSS J033+0651星系团

所在星座：
室女座

距离：
22亿光年

星系数量：
约1000个

总质量：
大约是太阳的千万亿倍

阿贝尔1689星系团可见光及红外线成像图

阿贝尔 1689

阿贝尔1689内部拥有大约1000个星系，总质量约为太阳的千万亿倍，是已知最大的星系团之一，在天球上位于室女座，距离地球约20亿光年，因引力透镜效应而著称。

近期研究发现，阿贝尔1689（Abell 1689）星系团里大约有1万个球状星团，数量之多，恐怕堪称史上之最。内部部分星系的物质一直在流失，感觉像是正在朝太空里"滴水"。天文学家借助钱德拉X射线天文台在星系团内部发现了高热气体的存在，温度超过1亿摄氏度，这说明其内部正在发生星系融合与撞击。

阿贝尔1689质量极大，因而可以放大其后方的物体，这种作用叫引力透镜效应，天文学家借此可以探索其背后极其遥远的宇宙空间。在该星系团的许多图像上，我们可以在其内部星系间看到弯曲的光弧，这些光弧就是遥远的星系受到引力扭曲传过来的"修图"。2014年，科学家利用该星系团的放大效果探测到了58个遥远的星系。能在如此遥远的深空找到这么小、这么暗、这么多的星系，这在历史上绝无先例。

所在星座:
船底座

距离:
37亿光年

星系数量:
40个

总质量:
未知

子弹星系团(1E 0657-558)合成图像

子弹星系团

子弹星系团形似子弹,是两个巨大的星系团发生碰撞的结果。

子弹星系团(Bullet Cluster)的速度、形态以及其他一些属性都说明在大约1.5亿年前发生了一场星系团之间的碰撞。小星系团从大星系团中间穿过,由此在宇宙中引发了一场"大撞车",恐怕是自大爆炸以来最为惨烈的事故之一。

碰撞发生时,这两个巨型星系团的速度都超过了每小时数百万公里,猛烈的撞击让星系团内的可见物质(包括恒星、气体等)与看不见的暗物质互相挣脱开来。当子弹星系团中的星系们相交而过互相融合时,星系内的恒星却毫发无伤地继续它们的旅程。这似乎很是令人费解,因为这些明亮的星星看上去无穷无尽、密密麻麻,感觉应该很容易撞到

一块儿去,可事实上恒星间相距甚远,好比两艘船航行在茫茫大海上,会错身而过,毫发无损。相比之下,星系团中的气体云就要艰辛得多了。当气体云混合到一起的时候,气体分子的剧烈摩擦撞击产生了摩擦力,令气体云的速度变慢,所以星系团相遇后,恒星可以继续运行,气体云却举步维艰,没过多久,星系就彻底摆脱了气体云,跑到了干干净净的太空里。

暗物质构成了至少80%的宇宙,但对我们来说基本上仍是一团迷雾,因为它们并不会与常规物质相互作用,科学家只能通过各种方法间接推测其存在。子弹星系团中的暗物质竟能与可见物质分离,这既说明了碰撞之剧烈,也证明了暗物质确确实实是存在的。

什么是暗物质?

据信至少80%的宇宙是由暗物质和暗能量构成的。坏消息是,我们真的不知道这东西到底是什么。好消息是,我们相当确定这东西到底不是什么。既然名字里带个"暗"字,暗物质自然不是恒星、行星这种可以通过电磁波谱看到或者探测到的物质形态。由于不可见,因而只能从宇宙的整体质量中缺失的部分推断出来。科学家通过观测发现,宇宙中的可见物质太少,与他们所推测的不匹配,因此必定存在暗物质以弥补这一缺失。我们可观察到的那些都属于"常规物质",由重子构成,重子所构成的重子云和重子天体可以吸收穿过的辐射,从而被人类探测到。但暗物质也不是反物质,因为见不到反物质与物质碰撞时会产生的独特伽马射线。人们曾经以为星系级的特大黑洞应该就是一种暗物质,但现在这个观点也被推翻了。

由计算机绘制的暗物质分形背景图

所在星座:
凤凰座

距离:
72亿光年

直径:
772万光年

星系数量:
几百个

总质量:
太阳的3000万亿倍

大胖子星系团距离地球72亿光年,由两个发生碰撞的星系团构成

大胖子星系团

这是人类在遥远宇宙中发现的最大的星系团,绰号在西班牙语中意为"大胖子",绝对是名副其实。

像大胖子(El Gordo)这种体量的星系团在宇宙中并非没有敌手,处于附近宇宙的子弹星系团就和它差不多。但大胖子星系团距离我们72亿光年,比子弹星系团要远得多,年龄也要大很多,它长到现在这么大块头时,宇宙的历史大约才是现在的一半——据估计宇宙现在已经138亿岁了。

和子弹星系团一样,大胖子星系团也是两个大型星系团碰撞的结果。碰撞赋予它彗星般的形态,让它长出了两条尾巴。它目前直径700万光年,根据天文学家在2014年的计算结果,它的总质量大约是太阳的3000万亿倍。和阿贝尔1689一样,大胖子也是宇宙中的一个前景透镜,能拉伸和扭曲背景光线,科学家正是通过测算它遥远背景中的星系的扭曲程度才计算出了它的质量。

大胖子星系团内几百个星系的质量全加起来才只有星系团总质量的百分之一,可谓九牛一毛,其余的质量有相当一部分来自星系间的高温气体,剩下的则全部来自暗物质,也就是大量充斥于宇宙中的一种看不见、摸不着的物质。其中恒星和气体的比例与其他大质量星系团的比例差不多。和子弹星系团一样,大胖子星系团里面也存在常规物质(主要是高热、高X射线辐射的气体)与暗物质分离的现象,这是星系团碰撞时常规物质受阻减速,而暗物质我行我素的结果。

所在星座:
天炉座

距离:
6500万光年

体量:
半径2.62~5.18兆秒差距

星系数量:
大星系约60个
矮星系约60个

总质量:
太阳的0.4~3.32x10^{14}倍

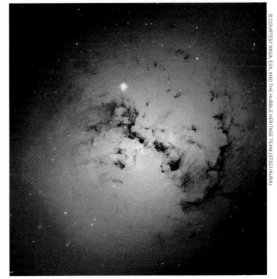

天炉座星系团中的NGC 1316星系

天炉座星系团

天炉座星系团位于南天半球，在距地球1亿光年以内的星系团中，其星系数量名列第二（仅次于室女座星系团）。

和大多数星系团一样，天炉座星系团（Fornax Cluster）没有清晰的边界，因此很难确定它的具体起止位置。但天文学家估计该星系团的中心距离地球大约6500万光年，是离我们最近的星系团之一，内含近60个大型星系和差不多数量的矮星系。

天炉座星系团中心盘踞着星系团内最主要的一个星系——NGC 1399。这是一个大型椭圆星系，因为其辐射光几乎完全来自高龄恒星，其较短的红外线波长在红外线空间望远镜中就会呈现蓝色。星系团中最具颜值的成员是NGC 1365，这个巨大的棒旋星系也是这个星系团中少见的造星能手，两条灰蒙蒙的旋臂便是恒星诞生的产房，尘埃在年轻恒星的加热下释放出了较强的红外辐射。

天炉座星系团属于星系团中的常见类型，展现了引力的巨大影响力。内部各星系虽然彼此相距很远，但仍能在引力的作用下聚集到同一个区域中去。对该星系团的光学研究发现，星系团外围的一大群星系似乎正在朝着星系团核心撞过来。这些星系的运动表明，它们位于一个视觉不可见的大型纤维状结构之上，而构成这个结构的，主要是正朝着一个共同的引力中心流动的暗物质。天炉座星系团位于天炉座，在南半球可以观测到。

天炉座星系团亮点

天炉座星系墙

1 　天炉座星系团属于体量更宏大的天炉座星系墙（The Fornax Wall）。这是一种由许多星系团构成的超大结构天体，因为一个坐标轴的长度远大于另一个坐标轴的长度，所以被称为"墙"。天炉座星系墙中除了天炉座星系团，还包括剑鱼座星系群。该星系群同样位于南天区，是由若干旋涡星系和椭圆星系构成的一个结构松散的星系组合，虽然体量还达不到星系团的水平，但也是地球附近星系数量较多的星系群。

食星魔NGC 1399

2 　天炉座星系团的中心有一个靠吞噬小星系成长的"食星魔"，术语叫cD型星系。该星系代号NGC 1399，表面上看似乎就是一个普通的椭圆星系，只不过体型更大，还有一个长长的、淡淡的"罩"。近期观测发现，该星系与相邻的小星系NGC 1387之间存在一道非常暗淡的"桥"，桥的颜色比任何一个星系都更蓝，这说明前者正在吸食后者的气体，气体碰撞形成了恒星，而年轻恒星的颜色就是蓝色。

狂躁派NGC 1316

3 　天炉座星系团里星系那么多，偏偏NGC 1316最出众。这个星系内部包含一个特大质量黑洞，质量是太阳的1.5亿倍，黑洞在从周围吞噬物质的过程中会释放出强烈的射电波，所以才让它在射电天空中显得那么抢眼。另外，在这个星系璀璨的外围有许多环形和弧形结构，这说明该星系在过去一定多次吞噬过小型星系，性子很野，很狂躁。

蒸汽浴

4 　天炉座星系团笼罩在一个温度高达1000万摄氏度的巨大气体云团里。2003年，科学家通过NASA钱德拉X射线天文台对该气体云进行了长达143小时的观测，发现气体云向后倾倒，形似彗星，长度超过50万光年。这说明这个高热气体云正在一个更大、更稀疏的气体云里"逆风而行"。

贪吃兽NGC 1365

5 　NGC 1365直径大约20万光年，粗壮显眼的星棒穿过核心，两端分别甩出一条旋臂，可以说是典型的大型旋涡星系。但透过这个表象，NGC 1365还有很多不为人知的地方：为其明亮、活跃的星系核心提供动力的是一个特大质量黑洞，正在贪婪地吞噬恒星、气体以及尘埃，因此该星系又被归类为赛弗特星系。

重要提示

通常，星系团正中央的那个星系亮度最高，但天炉座星系团却是例外。它的"亮点"代号NGC 1316，也被称为天炉座A星系，位于天炉座星系团边缘，是天空中最大的射电波来源之一。射电波在星系两侧形成了两个又大又长的辐射瓣，只不过肉眼看不到，需要使用对这种辐射敏感的特殊望远镜才能观测到，形成辐射瓣的能量就来自星系中央的一个特大质量黑洞。

到达和离开

天炉座星系团的中心距离我们只有6500万光年，按照宇宙旅行的标准来说，就等于是去隔壁串门，只不过目前去那里度假是不可能的——因为压根就去不了！

所在星座：
漫天都是！

距离：
0，"只缘身在此山中"

直径：
1000万光年

星系数量：
超过30个

总质量：
未知

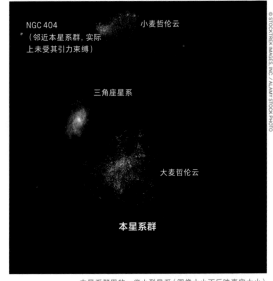

NGC 404
（邻近本星系群，实际
上未受其引力束缚）

小麦哲伦云

三角座星系

大麦哲伦云

本星系群

© STOCKTREK IMAGES, INC. / ALAMY STOCK PHOTO

本星系群里的一些小型星系（图像大小不反映真实大小）

本星系群

顾名思义，本星系群就是我们银河系所在的星系群，里面共有30多个星系，因引力而彼此束缚在一起，直径大约1000万光年。

本星系群里最大的星系就是银河系旁边的仙女座星系，论规模、论质量都要大于银河系。而狮子座I星系、三角座星系（M33）和大麦哲伦云（银河系的伴星系，本星系群中的第四大星系）也都是其重量级成员。本星系群的中心位于银河系和仙女座星系之间，而这两个星系都有若干矮星系相伴。

本星系群的动态结构正在发生改变，在遥远的未来，银河系与仙女座星系会碰撞融合，在本星系群核心形成一个巨大的椭圆星系。此外，本星系群以及内部的星系此时正在被拉向一处位于长蛇座-半人马座方向上的巨引源（Great Attractor），有朝一日也许会与距离我们最近的星系团室女座星系团融为一体。

重要提示

1936年，本星系群得名自天文学家埃德温·哈勃，他将银河系所在的这个星系团描述为"一个典型的小型星云群，孤立地存在于广义场内"。在很长一段时间内，天文学家把银河系外的星系误认为是银河系内部的小型星团，而哈勃向他们证实了像仙女座星系这样的天体结构并非银河系的成员，而是距离我们非常遥远的星系。根据他的定义，本星系群一共由12个星系构成，包括仙女座星系、银河系、三角座星系、大小麦哲伦云、M32、NGC 205、NGC 6822、NGC 185、IC 1613、NGC 147以及可能是其中一员的IC 10。

本星系群亮点

星系际云

1 在仙女座星系与三角座星系之间的太空中，悬浮着一团由中性氢构成的星系际云（Intergalactic Cloud）。它完全不受任何星系的引力左右，直径约2万光年，距离我们230万光年，此刻正在以每秒330公里的速度扑向地球，属于超高速云（hyper velocity cloud），此外还有一个毫无诗意的学名HVC 127-41-330。它是天文学家在星系际空间里探测到的第一个此类云状结构，其总质量有80%左右来自暗物质，因而被怀疑是一个质量极小、无力造星的矮星系。

银河系的"跟班儿"

2 银河系周围有数十个小型伴星系，它们受到银河系引力的束缚，正在慢慢向我们靠近，慢慢被撕裂，其中一些已经在环绕银河系的轨道上留下了恒星构成的"残肢"。这些伴星系包括本星系群里最大的两个星系——大小麦哲伦云，以及距离银河系最近的两个星系——人马座矮椭圆星系和大犬座矮星系。

仙女座星系的"跟班儿"

3 250万光年外的仙女座星系是距离我们最近的星系，也是本星系群中的第一大星系。和银河系一样，也有许多小型伴星系被束缚在其引力场内，数量超过一打，其中最大的两个叫M32和M110，其他较小的伴星系被命名为仙女座 I 至仙女座 XXII 等。再过大约40亿年，仙女座星系就会与银河系发生碰撞，融为一体。

三角座星系

4 三角座星系是本星系群第三大星系，属于旋涡星系，体量只有银河系的一半，距离我们大约300万光年，可能是仙女座星系的一个大型伴星系。根据逻辑推导，三角座星系要么在以极其漫长的60亿年为周期环绕仙女座星系，并在过去就已经成为仙女座星系的伴星系，要么就是此时是它首次向仙女座星系靠近。根据对两个星系内各恒星运动轨迹的研究，科学家近来得出结论，真相应是后者。

天外有天，团外有团

5 本星系群与相邻的室女座星系团（内有2000个星系）、M66星系群、M81星系群、M101星系群以及其他几个星系团共同构成了更加宏大的室女座超星系团。但这个超星系团并不能自立为王，而是隶属拉尼亚凯亚超星系团（Laniakea Supercluster）——一个囊括10万多个星系的庞然大物，是已知宇宙里规模最大的天体结构之一。

不合群的星系

6 在本星系群里，人马座矮不规则星系是距离星系团核心最远的成员。它离我们超过350万光年，直径仅1500光年，身材非常小，也是人类已知最缺少金属的星系之一，里面几乎找不到比氦更重的元素，星系年龄根据科学家的推测已至耄耋。

到达和离开

想去本星系群？自家的小区边说什么去不去的！只要天黑时出来，看看头顶那一条星光熠熠、弯弯曲曲的银河就是了，有机会去南半球旅行观星的话，本星系群的另外两个成员——大小麦哲伦云也很容易就能欣赏到。不过要是想去邻居那里串个门儿，这辈子还是别指望了。

所在星座：
巨蟹座

距离：
52.3亿光年

直径：
800万光年

星系数量：
未知

总质量：
未知

火枪弹星系团

火枪弹星系团直到2012年才被发现，是大约7亿年前一场"星系大车祸"的结果。

这个新发现的天体系统和子弹星系团一样，都是由于星系团之间的碰撞造成的，但这里的碰撞发生时间更早，速度更慢，因此得了个绰号叫"火枪弹星系团"（Musket Ball Cluster）。它的正式名称是DLSCL J0916.2+2951，估计这辈子也叫不响。

当年肇事的两个星系团撞到一起时，事故极其惨烈，竟能将包括数百万摄氏度高温气体在内的常规物质（也叫重子物质）和看不见、摸不着的暗物质生生撞得扭曲了。暗物质

是宇宙质量的主体，大多数情况下，常规物质和暗物质都是同进同退的，星系可以说是嵌在暗物质组成的环晕里。这次似乎是因为撞击导致它们分道扬镳，但真相究竟如何，还需要对这些星系团的融合进行进一步研究。

事实上，在发现火枪弹星系团之前，科学家一共找到了6个由星系团撞击融合产生、常规物质和暗物质发生分离的星系团，这些撞击发生在1.7亿年至2.5亿年前，子弹星系团就是其中之一。与这些天体不同的是，形成火枪弹星

在这张火枪弹星系团的合成图像中，高热气体以红色标出，数据来自钱德拉X射线天文台，
星系大多以白色或黄色标出，数据来自哈勃太空望远镜可见光波段的观测

星系团的碰撞融合

系团的两个星系团在碰撞时相对速度比较慢，而且那次碰撞大约发生在7亿年前，也就是说，哪怕把星系团形成时间的不确定性估算进去，碰撞后的演化时间也是类似天体的2~5倍之多。正是这一点给了科学家了解星系团演化后期阶段的机会。

在火枪弹星系团的合成图像中，红色代表高温气体，黄色和白色代表星系，蓝色代表暗物质。

星系团内具有特殊的环境，比如与其他星系团或星系群频繁碰撞产生的作用，又比如存在大量星际间的高温气体，这些都很可能会对星系团内部星系的演化产生重要影响。不过，星系团的撞击融合到底是会激发造星运动还是抑制造星运动，抑或对造星运动并无显著的直接影响，目前仍不得而知。火枪弹星系团有望为我们破解这道难题。另外，火枪弹星系团也让科学家可以对暗物质之间是否存在相互作用进行独立研究，搞清楚了这个问题，他们就可以缩小排查范围，进一步理解构成暗物质的粒子性质。到目前为止，火枪弹星系团里尚未发现内部的相互作用，这和此前对子弹星系团等类似天体的研究结果是一致的。

所在星座:
矩尺座、南三角座

距离:
2.22亿光年

直径:
未知

星系数量:
未知

总质量:
太阳的1000万亿倍

面向巨引源所见的景象

矩尺座星系团

2.22亿光年外的矩尺座星系团是距离银河系最近的大型星系团，也叫阿贝尔 3627。

矩尺座星系团（Norma Cluster）质量极大，引力自然极大，所在区域被天文学家称为巨引源，是宇宙里我们这个片区的"主宰者"。尽管体格在周边星系团里首屈一指，距离我们也才2亿光年多一点，按照宇宙的标准绝不算远，但矩尺座星系团却很不容易观测。这是因为从地球上看过去，它的位置很靠近银道面。一方面，银道面群星璀璨，本页图像中的无数光点都是银道面内的恒星，星系团的光自然泯然难辨。另一方面，银道面浓密的宇宙尘埃遮挡住了它背后许多天体的光。因而，我们很难在可见光波段观测到巨引源。但如果施展妙计，使用红外线或者射电波波段进行观测，巨引源的真面目还是可以看到的，只不过

银河系中心宇宙尘埃最浓，天文学家对被那里挡住的区域几乎仍是一无所知。

矩尺座星系团横跨南天上的两个星座，位于南三角座和矩尺座的边缘。这些年来，科学家利用各种天文望远镜对它进行了多次观测。2014年，哈勃太空望远镜观察到一个叫ESO 137-001的大型旋涡星系正在从星系团中心的高热气体中穿过，其间受到了猛烈的撕扯破坏，在太空中留下了亮蓝色支离破碎的"遗体"。

这个神秘、庞大、引力极强的星系团正在把我们银河系乃至整个本星系群慢慢地朝自己拉过去。

所在星座:
玉夫座

距离:
39亿光年

直径:
未知

星系数量:
未知

总质量:
未知

潘多拉星系团诞生于4个星系团的碰撞融合

潘多拉星系团

潘多拉星系团至少由4个星系团经过3.5亿年的相互作用与融合而成，可谓星系团中的巨无霸。

潘多拉星系团（Pandora's Cluster）也叫阿贝尔2744，距离我们将近40亿光年，在天球上位于南天星座玉夫座，由4个较小的星系团经过3.5亿年的碰撞融合而成。

巨大的星系团相撞后，现场惨不忍睹，但也为天文学家提供了大量重要信息，其中像星系的分布排列这种信息相对来说很容易通过观测获得，但有些则不然。

潘多拉星系团里的星系亮度很高，但其质量仅占星系团总质量的不到5%。余下的质量中，可能有20%来自温度极高的气体，只会向外辐射X射线，而另外的75%则来自暗物质。这种物质看不见，科学家只能通过光子行动轨迹出现了弯曲偏离来推断出其存在。

和子弹星系团、火枪弹星系团一样，塑造了潘多拉星系团的那场复杂的碰撞似乎也使得暗物质与质子和中子等"常规"重子物质（但像电子和轻子这种对弱力、引力和电磁力有反应的亚原子粒子并不属于重子）相分离。两种物质至今仍彼此分离，在潘多拉星系团的可见星系附近，甚至根本没有暗物质的存在。

潘多拉星系团亮点

暗物质

① 暗物质鬼鬼祟祟，本身不发光、不吸光、不反光，但可以通过与外界的引力相互作用而"刷存在感"。为了确定这种物质的具体位置，科学家需要借助引力透镜效应。根据爱因斯坦的描述，遥远星系发出的光线在经过暗物质引力场时出现弯曲的现象就叫引力透镜效应。通过研究遥远星系图像中所呈现的扭曲，科学家们就可以将星系团中主要由暗物质构成的区域测绘出来。

宇宙放大镜

② 2014年，天文学家在距离我们大约130亿光年的地方发现了一个体量极小、光线极弱、年龄极大的星系。这个小家伙直径只有850光年，质量只是太阳的4000万倍。一般来说，距离这么远的这种迷你星系根本不可能被我们找到，它的发现完全有赖于潘多拉星系团。

充满暗物质的潘多拉星系团就好似一个宇宙放大镜，能让经过的光线发生偏离，因而使背景天体放大、变亮并且扭曲，令天文学家有机会找到许多遥远暗淡、原本不可能被发现的天体。

那个又小又老的星系就是其中之一。潘多拉巨大的引力产生了3个该星系的影像，每个都比本体大10倍、亮10倍。天文学家认为此类星系诞生于宇宙的"幼年"时期，当时已有恒星开始成长发光，但并未积累到足够的物质，所以没有清晰的形态。

一弹穿心

③ 在潘多拉星系团的核心附近有一个子弹型的结构，那是当年两个星系团碰撞留下的伤疤。高热气体在那里相互碰撞，产生了典型的冲击波，一般呈弹道导弹的形态。虽然高热气体在碰撞中被滞留在了现场，被冲击波推成了子弹造型，但暗物质却丝毫没有受到碰撞的影响，行动轨迹照旧。在星系团的另一个区域，科学家发现了星系和暗物质的存在，却找不到高热气体，他们据此推断，气体在碰撞中可能被完全剥离了，只在身后留下了一条淡淡的痕迹。

奇怪的外围

④ 潘多拉的中心已经很奇怪了，但在星系团外围还有更怪的事。外围里有一个区域包含大量暗物质，却找不到发光的星系或者高热气体；相反，一个气体团被射到了星系团以外，也就是说，这些气体与暗物质的分离，并不是因为减速，而是因为加速。这很是令人困惑，但或许能为天文学家理解暗物质的行为方式乃至整个宇宙不同成分的互动机制提供一些线索。

重要提示

潘多拉星系团中的"潘多拉"，指的就是希腊神话中打开魔盒、把邪恶释放到人间的那个女人。密歇根大学（University of Michigan）的雷纳托·杜普克（Renato Dupke）是2011年首次揭示该星系团狂暴历史的研究团队成员，他说："我们之所以叫它'潘多拉星系团'，就是因为造就它的那次碰撞产生了太多奇怪的现象，其中不少都是前所未见的。"其中就包括不同物质在宇宙中复杂而又不均匀的分布，在科学家看来就是"极不寻常，十分迷人"的现象。

到达和离开

不管用什么标准来衡量，潘多拉星系团都是一个遥远的目的地。即便你可以以光速行驶，到达那里也要将近40亿年，那时候，潘多拉早已面目全非了。

所在星座:
英仙座

距离:
2.401亿光年

直径:
1100万光年

星系数量:
约190个

总质量:
太阳的660万亿倍

英仙座星系团中的"气湾"

英仙座星系团

大约2.4亿光年外的英仙星座系团是距离我们最近的星系团之一，但通过可见光波段却很难探测到。

和所有星系团一样，英仙座星系团（Perseus Cluster）中可以被观测到的物质主要就是高热气体。这种气体遍布星系团各处，温度可达数千万摄氏度，只能在X射线下发光。因为英仙座星系团质量又大，气体又多，所以是天空中X射线波段下亮度最高的天体之一。

星系团内部共190个星系，最大的是一个叫NGC 1275的椭圆星系。星系团内另外还有约30个矮椭圆星系，其中一些是在最近10年才被找到的。英仙座星系团的"上级"是英仙座-双鱼座超星系团，内有1000多个星系，体量大得不可思议。

利用钱德拉X射线天文台进行的观测发现，英仙座星系团的直径大约有1100万光年。根据牛津大学一个团队最近的分析，该星系团内部的暗物质粒子似乎正在同时吸收和释放X射线。我们已知宇宙的80%都是由神秘无形的暗物质构成的，如果牛津大学的推断是正确的，那么科学家就可以顺藤摸瓜，有朝一日破解暗物质的本质。

顾名思义，英仙座星系团就位于北天球英仙座方向。

英仙座星系团亮点

宇宙大潮

① 一道由高热气体构成的气浪正在英仙座星系团中翻滚而过。这场"宇宙大潮"跨度大约20万光年，是银河系的2倍。科学家认为它形成于数十亿年前，是一个小型星系团在距离英仙座星系团中心65万光年的边缘与其擦身而过的结果。这个小型星系团的质量可能是银河系的1000倍，它的引力导致英仙座星系团的气体产生激烈动荡，由此引发的气浪历经数十亿年仍未平息。

偏安于乱世

② 英仙座星系团中心附近有4个矮星系，呈现平顺对称的球形外观，说明它们并未受到这个密实的星系团内部强大引力的破坏，而周围那些更大的星系则在其伙伴们的连拉带挤下体无完肤。科学家怀疑这4个矮星系可能都嵌在了一个由暗物质构成的"厚垫"里，周围的纷争动荡难奈其何，所以才能偏安于乱世。

集团主力

③ NGC 1275是英仙座星系团的主力，位于星系团中心附近，是一个巨大的椭圆星系，也是一个活跃星系，别名英仙座A星系，内部拥有一个特大质量黑洞，质量约等于8亿个太阳，正在吞噬周围的邻居。该星系被无数条由低温气体构成的细丝包围，每条细丝都有20万光年长，在其星系核心附近聚集着大约50个球状星团。

冷锋

④ 一股强大的"冷锋"正在席卷英仙座星系团。这一宇宙天气系统是细长的垂直结构，跨度大约200万光年，在宇宙中已经推进了50多亿年，比太阳系的历史还久。它时速大约48.2万公里，背后的动力来自英仙座星系团与其他小型星系集团的碰撞。科学家怀疑冷锋因为受到了周围磁场线的包裹保护，才能够在这么长时间以后仍然锋芒不减。

奇怪的气

⑤ 根据钱德拉X射线天文台在绕行地球期间传回的数据，科学家发现英仙座星系团里的气体呈现出种种不同的结构，比如不停翻滚的巨大气浪，比如星系团中央NGC 1275内的特大质量黑洞吹出来的大气泡，再比如令人费解的凹面"气湾"，还有从星系团中心袭来的气势汹汹、神秘莫测的冷锋。

重要提示

2002年，科学家在英仙座星系团中央的特大质量黑洞那里探测到了声波。这是我们人类在宇宙中探测到的最低沉的"天籁"，等于是大自然演奏了一把降B调。可惜人类并没有办法听到，因为这个声音比中央C还要低57个八度，比人类低音听力极限还要低将近10亿倍。科学家发现它也不是靠耳朵，而是通过弥漫在英仙座星系团内部的气体泛起的涟漪，这些涟漪就是由星系团中央黑洞发出的声波造成的。

到达和离开

英仙座星系团是距离我们最近的高亮度星系团，但哪怕你的速度能达到光速的四分之一，到达那里也要10亿年。

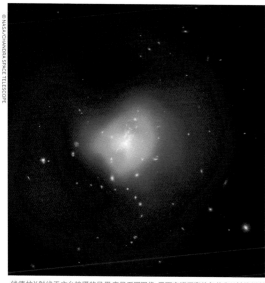

所在星座:
凤凰座

距离:
57亿光年

直径:
150万光年

星系数量:
数千个

总质量:
太阳的2000万亿倍

钱德拉X射线天文台拍摄的凤凰座星系团图像,里面充满了高热气体和X射线辐射

凤凰座星系团

发现于2010年的凤凰座星系团拥有好几个最高头衔:它是地球天空上X射线亮度最高的天体之一,它是质量最大的星系团之一(质量等于2000万亿个太阳),它的中心还存在一个史上造星速度最快的星系。

凤凰座星系团(Phoenix Cluster)又名SPT-CLJ2344-4243,正中心是一个拥有活跃星系核的巨大星系,这个星系本身就非常值得一提。首先,它真的很大,真的很霸道,其中央特大质量黑洞的质量等于200亿个太阳,在已知宇宙中数一数二,其事件视界据说有39.5天文单位,等于从地球到冥王星那么远。另外,这个星系团正处于快速星爆期,每年造出的恒星总质量相当于740个太阳,同时产生大量X射线。相比之下,我们银河系据说一年才能诞生1~3颗恒星。

这些恒星诞生于宇宙气体和尘埃形成的长长丝状物中,这些细丝从星系团中心向外绵延16万至33万光年不等。中央星系黑洞向外喷射出的巨大能量在星系团的高温气体内形成了一个个"空洞",细丝便缠绕在空洞周围。空洞距离星系团中央较远,说明凤凰座星系团的中央黑洞大约在1亿年前曾剧烈爆发过。

所在星座:
室女座

距离:
5500万光年

直径:
1000万~1500万光年

星系数量:
1000~2000个

总质量:
太阳的1200万亿倍

受到室女座星系团引力束缚的成员星系NGC 4388

室女座星系团

仅仅5000万光年外的室女座星系团是距离我们最近的星系团,在天球上位于黄道星座室女座,直径1000万至1500万光年,星系成员多达2000个,还凭借巨大的引力将众多星系及星系团拉向自己,我们本星系群就是其中之一。

室女座星系团(Virgo Cluster)的成员可谓形形色色,包括巨型椭圆星系、我们银河系这样的旋涡星系,以及体量只有一般星系数百分之一的矮星系。在这些星系之间还存在着高温气体、不规则恒星以及组成星系团大部分质量的大量暗物质。

人们认为室女座星系团是一个相对比较年轻的星系团,M87、M86和M49这三个主力星系聚集在星系团中心,周围环绕着一些小型次星团。目前,这些次星团仍在合并形成更加致密规整的星系团,室女座星系团内大约2000个星系成员的分布尚不对称,这也就是室女座星系团形状不规整的原因之一。室女座星系团本身是巨大的拉尼亚凯亚超星系团的一部分。

重要提示

室女座星系团的直径与本星系群大致相同,都是1000万至1500万光年,但前者的星系数量却是后者的50倍,因此引力强大无比,能把其外部的几个星系群拉向自己。这些被它牵引的星系团以室女座星系团为核心形成了室女座超星系团,其中就包括我们所在的本星系群。超星系团中的每个星系群都在朝着室女座星系团移动,其中一些最终还会被它彻底吞并。

到达和离开

室女星座系团是距离我们最近的星系团,大约在5000万光年外,而且我们本星系群正在被它吸过去,所以这个距离未来会越变越小。

室女座星系团亮点

M87

1 M87星系是室女座星系团里的头号猛将，哪方面都厉害。该星系距离我们大约5300万光年，恒星数量多达数万亿，还拥有球状星团约15,000个，中心位置的那个特大质量黑洞，质量竟是太阳的65亿倍。相比之下，我们银河系只有几千亿颗恒星和约150个球状星团，中心黑洞质量才是太阳的400万倍，实在拿不出手。M87的那个黑洞一直在向太空里喷射强大的超高能粒子流，向外绵延至少4000光年。最近，参与了事件视界望远镜计划的科学家成功捕捉到了M87星系那个特大质量黑洞的影像，虽然只是影子，却也是有史以来人类首次亲眼见到这些庞然大物。

M49

2 巨型椭圆星系M49是室女座星系团里最亮的星系，由查尔斯·梅西耶发现于1771年，是该星系团里首个被人类观测到的天体，也是人类在银河系本星系群外找到的首个椭圆星系。M49内球状星团也不少，有将近6000个。你在地球上通过普通的双筒望远镜就可以看到它，5月的观测条件最好。

混血星系NGC 4388

3 室女座星系团里的NGC 4388距离我们大约6000万光年，此刻正处于变身阶段。星系外围形态平顺，体现了椭圆星系的典型特征，但其炽热核心却伸出了两条对称的旋臂，里面缠绕着明显的尘埃带，这又是旋涡星系的经典面貌。尽管看起来似乎是个混血儿，这个星系仍被划为旋涡星系，据科学家分析，其不同寻常的形态应该来自与周围邻居们引力的相互作用。

次星系团

4 人们在室女座星系团里一共找到了3个大型次星系团，以巨型星系M87为核心的那个叫室女座A次星系团，以最亮星系M49为核心的那个叫室女座B次星系团，第三个次星系团以M86星系为核心。这些大型次星系团周围还围绕着几个小型星系群，最终它们会合并形成一个更为平顺的星系团。不过就目前来说，室女座A次星系团一方独大，正在以超高的速度把其他星系团成员拉向自己。

马卡良链

5 在室女座星系团内M87的北边，大约有12个星系排成了一条线，仿佛是串在一起的一条宇宙珠链。这条"珠链"名叫马卡良链（Markarian's Chain），里面的"串珠"除了明亮的M84和M86星系，还有几对相互影响的星系，其中很有名的一对叫"马卡良之眼"（Markarian's Eyes）。事实上，这条星系链上有至少7个星系确实是靠引力"串"到了一起，在宇宙中同步运行，而其他星系只是从地球上看过去像是和其他星系在同一条链上而已。

星系际星云

6 室女座星系团有10%的恒星位于星系际空间里，这些无家可归者是因为星系之间剧烈的引力作用才被扫地出门的。其中一些恒星拉帮结派，形成了一种如丝如絮、如诗如画的星云，即行星状星云。行星状星云事实上是恒星垂死挣扎留下的痕迹，隔着星系团也能被观测到。天文学家视其为"化石"，通过研究它们的运行轨迹，就可以知道一个星系团形成历史中内部星系的相互作用，弄清星系团内部不同区域恒星的数量、类型和运动。

老熟人

⑦ 人类早在几百年前就知道了室女座星系团的存在，只不过当时并未将它视作银河系外部的一个巨大星系团。18世纪末，法国天文学家查尔斯·梅西耶将16个天体收录到了自己著名的《星云星团表》中，并将它们归类为"不含恒星的星云"，这些事实上都是室女座星系团的成员。1784年，他在室女座的位置上注意到了此类星云聚集的异常现象。今天，我们知道这些所谓的星云其实是星系，依靠引力被束缚在一起。

貌合神离的草帽星系

⑧ 草帽星系也称M104，是宇宙中最气派、最上镜的星系之一。尽管它在天球上位于室女座星系团南缘，看起来是星系团的一部分，但事实上位于星系团前方离地球更近的位置（但离地球也有将近3000万光年）。这个旋涡星系的典型特征就是亮白色的球根状核心四周围着一圈厚厚的尘埃带，酷似高顶宽檐的大草帽，所以才有了这样一个名字。草帽星系将将超过了裸眼观测极限，使用小型天文望远镜就可以让它轻松现身。其质量约等于8000亿个太阳，在室女座星系团里也找不出几个比它更重的。

室女座星系团中的NGC 4522正在遭受"宇宙大风"的吹袭

术语表和索引

术语表

Albedo: 反照率，也就是一个物体反射的光与接收到的光之间的比例，数值从0到1，0表示完全不反光，1表示完全不吸光。

Aphelion: 远日点，指围绕太阳（或其他恒星）运行的天体在轨道上距离太阳（或其他恒星）最远的位置。

Apparent Magnitude: 视星等，能够反映天空中的恒星在一个观察者看来到底有多亮。

Arcsecond: 角秒，英文缩写为"arcsec"，衡量天体角距离的单位，太阳表面的1角秒约等于725公里。60角秒为1角分，3600角秒为1度，这两个单位也都会在天文学中使用。

Asterism: 星群，类似星座，指的是天空中某几颗恒星构成的形状清晰、好认好记的图案。

Asteroid: 小行星，环绕太阳运行的小型岩质天体，轨迹虽然与行星类似，但体积要比行星小很多，而且形状常常并非规则的球形，历史上也被称为"亚行星"或"类行星"。

Asteroid Belt: 小行星带，位于太阳系火星与木星轨道之间，里面尽是年代久远的小行星，其中最大的灶神星直径大约530公里，最小的直径还不到10米，总质量加到一起也比不上月球。

Asteroseismology: 星震学，研究恒星内部状况的学科。

Astronomical Unit: 天文单位，英文简称"AU"，由国际天文学联合会定义的距离单位，数值为149,597,870,700米，即太阳与地球之间的平均距离。

Atmosphere: 大气层，受到行星引力吸引、被行星吸附在表面的气体层。

Baryonic Matter: 重子物质，即由质子、中子、电子等重子构成的物质，也就是我们人类最熟悉的物质。

Big Bang: 大爆炸理论，一个有关宇宙起源的前沿理论。这种理论认为宇宙最初是一个由中子、质子、电子、反电子（即正电子）、光子和中微子构成的混沌奇点，小到不可思议，温度高达100亿摄氏度，随后发生了爆炸式膨胀，温度渐渐变低，才形成了恒星与星系。

Binary Stars: 双星系统或双合星，由两颗恒星在引力的牵扯下形成的恒星系统。在大多数双星系统里，两颗恒星都是遵循椭圆轨道，围绕着同一个引力中心运行的。

Black Hole: 黑洞，一种体积非常小、质量非常大的天体，一般是由一颗大质量恒星坍缩形成的。黑洞的引力场非常强大，即使是光线也无法逃离。恒星级黑洞还会合并成超大质量黑洞，科学家相信宇宙中大多数星系中心都有这样一个黑洞。

Centaur: 半人马小行星，在木星与海王星轨道之间环绕太阳运行的一种小天体，半径与普通的小行星相仿，但成分类似彗星。因为非此非彼，所以才用希腊神话中那种半人半马的怪物来命名。

Cepheid Variable: 造父变星，英文也作"Cepheid"，属于标准烛光。这类恒星会发生周期性的明暗变化，因此可以作为标尺，用来测量数百万光年外的天体距离。

Comet: 彗星，环绕太阳运行的一种小天体，可以说是由固态气体、岩石和尘埃构成的"大雪球"。

Dark Matter: 暗物质，也就是重子物质的对立面。宇宙中大约有27%的物质属于暗物质，其性质尚未被人类充分理解。

Dayside: 向日面或向星面，也就是行星面对其围绕的恒星的那一面。

Dwarf Planet: 矮行星，此类天体环绕太阳运行，质量足够大到使其基本呈现出球形，但并没有清空其轨道附近的其他天体，本身也不是任何一颗行星的卫星。

Eccentricity: 偏心率或离心率，椭圆形半焦距与半长轴之间的比值。对地球公转轨道来说，半长轴就是日地平均距离。

Ecliptic Plane: 黄道面, 对地球来说, 就是地球环绕太阳运行的轨道平面。

Electromagnetic Spectrum: 电磁波谱, 各种类型的电磁波的集合, 包括可见光、射电波、微波、红外线、紫外线、X射线和伽马射线。

Event Horizon: 事件视界, 也就是所谓的"黑洞表面", 在这个视界以内, 光线都无法逃逸。

Event Horizon Telescope (EHT): 事件视界望远镜, 这是个国际天文观测项目, 通过全世界8个地面射电望远镜把地球变成了一台巨型望远镜观测宇宙, 2019年拍摄出了人类历史上首张黑洞 (M87) 照片。

Exomoon: 系外卫星, 也就是环绕太阳系外某颗行星运动的卫星。

Exoplanet: 系外行星, 英文有时也叫作"extrasolarplanet", 指的是环绕太阳系外某颗恒星运动的行星。

Fossae: 槽沟, 指某个天体上由大气压造成的某种类似山岭、山谷的凹槽地貌。

Gas Giant: 气巨星, 行星的一种, 体积很大, 密度相对较低, 主要成分是氢和氦。太阳系的木星和土星就是气巨星。

Globular Cluster: 球状星团, 由数十万颗年龄较大的恒星构成的球状集团。

Gravitational Lensing: 引力透镜, 包含暗物质的星系团引力非常强大, 能够让光线发生弯曲, 借助这种引力透镜效应, 我们就可以看到星系团身后那些更为遥远的星系。

Habitable Zone: 宜居带, 某颗恒星周围的一部分宇宙空间, 那里的条件允许水以液态的形态在行星表面汇聚。

Heliopause: 日球层顶, 太阳磁场的边界, 太阳风的终止线。

Heliosphere: 太阳风层, 太阳会向四面八方"吹"出太阳风, 在周围形成的那个大气泡就叫太阳风层, 其范围早已跨过了行星轨道。

Hot Jupiter: 热木星, 类似木星的系外气巨星, 但轨道半径很小, 距离其恒星很近, 温度要比木星高很多。

Hot Neptune: 热海王星, 质量类似天王星和海王星的气巨星, 但距离其恒星一般不到1天文单位, 所以非常热。

Hubble Constant: 哈勃常数, 单位为千米/(秒·百万秒差距), 有时也简化为千米/秒, 这个数值一般用来反映宇宙目前的扩张速度, 具体数值以及计算方法尚存在争议。

Ice Giant: 冰巨星, 行星的一种, 大气层和云层下方是冻非冻的冰质行星幔, 与气巨星和岩质行星不同。太阳系里的天王星和海王星就属于冰巨星。

Interacting Galaxy: 相互作用星系, 两个及以上存在引力场相互作用的星系。

Intergalactic Space: 星系际空间, 也就是星系团之间的宇宙空间。

International Astronomical Union (IAU): 国际天文学联合会, 由世界天文学家组成的国际组织, 旨在研讨制定天文学相关标准规范, 并处理天文学领域的其他问题。

Interstellar Space: 星际空间, 对太阳系来说, 指的是太阳风层以外、不受太阳磁场影响的宇宙空间。

Kuiper Belt: 柯伊伯带, 太阳系形成早期留下的遗物, 在海王星轨道外, 距离太阳50天文单位。名字叫"带", 实际上很厚, 仿佛一个巨型甜甜圈。

Kuiper Belt Object (KBO): 柯伊伯带天体, 包括矮行星、小行星和微小的冰块、岩块。

Light Year: 光年, 光在1个地球年的时间里穿越的距离, 普遍用来衡量宇宙天体间的距离。1光年大约等于9万亿公里。

Magnetar: 磁星, 中子星的一种变体, 磁场强度可达$1×10^{15}$高斯 (要知道, 太阳的磁场强度大约才5高斯), 是普通中子星的1000倍, 是普通电冰箱磁场的大约100万亿倍。磁星常会毫无征兆地突然爆发, 每次持续数小时甚至数月, 随后变暗消失, 周而复始。

Main Sequence Star: 主序星, 恒星的一种, 宇宙中大约90%的恒星, 包括我们的太阳, 都属于此类。主序星的特点是内核通过核聚变，将氢原子变成氦原子来产生能量，本身还可以根据亮度和颜色分成许多类，小到红矮星，大到特超巨星，都是主序星。

Mass: 质量，也就是一个物体内物质的含量，也是物体在引力场内产生重量的关键属性，但一定要注意，物体的质量并不由其重力决定。在同样的力的作用下，质量大的物体加速更慢。

Moon: 卫星，也叫天然卫星，即环绕行星或小行星运行的天体。

Nebula: 星云，宇宙中由尘埃和气体构成的巨型云状结构，可以分成反射星云、暗星云、发射星云、超新星遗迹和行星云（来自将死的白矮星）等许多种。

Neutron Star: 中子星，宇宙中除黑洞外密度最高的恒星类天体，诞生于恒星的坍缩，原来的质子和电子因为受到了强烈挤压而形成了中子。

Nightside: 背日面或背星面，也就是行星背对其围绕的恒星的那一面。

Oort Cloud: 奥尔特云，太阳系外包着的一个"壳"，距离太阳非常遥远，里面都是彗星一样的冰冻天体，学界认为大多数彗星都源自那里。

Open Cluster: 疏散星团，一种恒星集团，结构相当松散，里面的恒星诞生于同一个分子云，年龄大致相仿。

Orbit: 轨道，宇宙中的一个天体围绕另一个天体运行的轨迹，具有规律性和重复性。所有天体的轨道都是椭圆形的，只是有些看起来近似圆形而已。

Parsec: 秒差距，以1天文单位为底边，以1角秒（也就是1/3600度）为顶角画一个等腰三角形，这个三角形的腰长就是1秒差距，换算过来等于3.26光年。

Perihelion: 近日点，指围绕太阳（或其他恒星）运行的天体在轨道上距离太阳（或其他恒星）最近的位置。

Planet: 行星，环绕太阳或其他恒星运行的球形天体。

Potentially Hazardous Asteroid（PHA）: 具有潜在危险的小行星，只要一颗小行星与地球的最小轨道相交距离小于等于0.05天文单位，且绝对星等小于等于22，那就可以视为具有潜在危险的小行星。

Pulsar: 脉冲星，能够发出脉冲辐射的中子星。

Quasar: 类星体，英文全称意为"类星射电源"，是宇宙中最遥远的一类天体，位于星系中心，其吸夺并喷射出的能量据推测就来自星系中心的黑洞。

Runaway Greenhouse Effect: 失控温室效应，也就是行星从恒星吸收的能量大于辐射到太空中的能量。温室效应失控的行星，特点是在表面温度升高的同时，星球的热损耗反倒下降。

Runaway Star: 速逃星，此类恒星在太空中运动的速度要大于周边星际物质，因此等于正在逃离自己形成的宇宙空间。

Satellite: 中文常译作"人造卫星"，事实上泛指一切环绕另一个天体运行的物体，除了人造卫星，身为行星的地球和身为卫星的月球都可以叫"satellite"。

Spectroscopy: 光谱学，天文学家借助天体发出光线中的光谱特征，就可以反推该天体的元素构成。

Super Earth: 超级地球，系外行星的一种，半径在地球的10倍以上，但又远小于冰巨星。

Supernova: 超新星，恒星在生命周期的末尾发生的爆炸。

Syfert Galaxy: 赛弗特星系，活跃旋涡星系的一种，星系中心或者说星系核在可见光波段内非常明亮。

Syzygy: 朔望，多星连线，即三个或三个以上天体连成一条直线的现象，凌、食都属于这种现象。

Terrestrial Planet: 岩质行星或类地行星，也就是水星、地球这种主要由硅酸盐或矿物质等岩质成分构成的行星。

Tidal Locking: 潮汐锁定，发生潮汐锁定的天体，面向恒星或行星的那一面始终不变。

Trans-Neptunian Object (TNO): 外海王星天体,太阳系里任何轨道在海王星之外的天体。

Transit: 凌,也叫凌日或凌星,即太阳或其他恒星被一颗行星或者其他天体遮挡的现象。

Trojans: 特洛伊小行星,与另一个更大的天体共享轨道的小型天体。木星就有许多特洛伊小行星跟随。

Ultraluminous X-ray Source (ULX): 超亮X射线源,黑洞的一种,其X射线辐射量高于恒星级黑洞靠吸积可以产生的数值,但远远达不到超大质量黑洞。

Variable Star: 变星,也就是亮度会发生变化的恒星,这种变化可能有规律,也可能没规律。

Visible Light: 可见光,电磁波谱中,所有人眼可以看到的电磁波的统称。

索 引

幕 后

说出你的想法

我们很重视旅行者的反馈——你的评价将鼓励我们前行，把书做得更好。我们同样热爱旅行的团队会认真阅读你的来信，无论是表扬还是批评都非常欢迎。虽然很难一一回复，但我们保证将你的反馈信息及时交到相关作者手中，使下一版更完美。我们也会在下一版特别鸣谢来信读者。

请把你的想法发送到**china@lonelyplanet.com.au**，谢谢！

请注意：我们可能会将你的意见编辑、复制并整合到Lonely Planet的系列产品中，例如旅行指南、网站和数字产品。如果不希望书中出现自己的意见或不希望提及你的名字，请提前告知。请访问lonelyplanet.com/privacy了解我们的隐私政策。

特别致谢

感谢劳拉·林赛（Laura Lindsay），没有她就没有本书；感谢格蕾丝·多贝尔（Grace Dobell）；感谢来自美国国家航空航天局（NASA）的劳里·坎蒂略（Laurie Cantillo）和伯特·乌利奇（Bert Ulrich），以及NASA首席科学家詹姆斯·格林博士（Dr James Green）早早就投入的热情和远见。

关于本书

这是Lonely Planet《宇宙》的第1版。本书的作者为奥利弗·巴瑞（Oliver Berry）、马克·A.加利克博士（Dr Mark A. Garlick）、马克·麦肯齐（Mark Mackenzie）和瓦莱利·斯迪马克（Valerie Stimac）。

本书为中文第一版，由以下人员制作完成：

项目负责	关媛媛
项目执行	丁立松
翻译统筹	肖斌斌　李昱臻
翻译	李冠廷
内容策划	李昱臻　林妍
	杨蔚　刘维佳
视觉设计	李小棠
协调调度	沈竹颖

总编	朱萌
执行出版	马珊
责任编辑	叶思婧
编辑	戴舒
特约编辑	薛平
流程	孙经纬
终审	杨帆
排版	北京梧桐影电脑科技有限公司

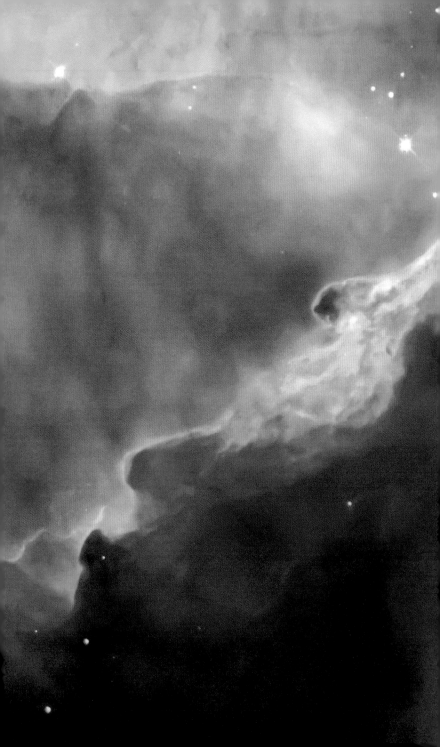

我们的作者

奥利弗·巴瑞（Oliver Berry）

奥利佛是一位作家、摄影师以及电影制作人，在旅行、自然和户外方面颇有专长。他曾走访过69个国家，足迹遍布五大洲。奥利弗的作品曾被世界上数家顶尖媒体出版，包括Lonely Planet、BBC、Immediate Media、John Brown Media、《卫报》和《每日电讯报》。

马克·A.加利克博士（Dr Mark A. Garlick）

加利克博士1993年因在英国穆拉德空间科学实验室对双子星的研究拿到了博士学位。在英国的萨塞克斯大学进行了3年研究工作后，他"跳槽"了。现在的马克是一名自由撰稿人、插画师兼计算机动画工程师，尤其擅长涉及天文学的内容。

马克·麦肯齐（Mark Mackenzie）

马克定居在伦敦，作为编辑和作者的他，参与编写了Lonely Planet的*Curiosities and Splendour: An Anthology of Classic Travel Literature*。

瓦莱莉·斯迪马克（Valerie Stimac）

定居在奥克兰的瓦莱莉是一位旅行作家及天文狂热爱好者。她创建了在线《太空旅行指南》，并且参与了Lonely Planet《夜观星空》的撰写工作。

宇 宙

中文第一版

书名原文: *The Universe* (1st edition)
© Lonely Planet 2020
本中文版由中国地图出版社出版

© 书中图片由图片提供者持有版权, 2020

图书在版编目(CIP)数据

宇宙 / 澳大利亚 Lonely Planet 公司著;李冠廷译. -- 北京:中国地图出版社,2020.11
书名原文:The Universe
ISBN 978-7-5204-2011-2

Ⅰ.①宇… Ⅱ.①澳…②李… Ⅲ.①宇宙－普及读物 Ⅳ.① P159-49

中国版本图书馆 CIP 数据核字 (2020) 第 227868 号

出版发行	中国地图出版社
社　　址	北京市白纸坊西街3号
邮政编码	100054
网　　址	www.sinomaps.com
印　　刷	北京华联印刷有限公司
经　　销	新华书店
成品规格	197mm×128mm
印　　张	19
字　　数	1034千字
版　　次	2020年11月第1版
印　　次	2020年11月北京第1次印刷
定　　价	168.00元
书　　号	ISBN 978-7-5204-2011-2
图　　字	01-2020-5972

如有印装质量问题,请与我社发行部(010-83543956)联系